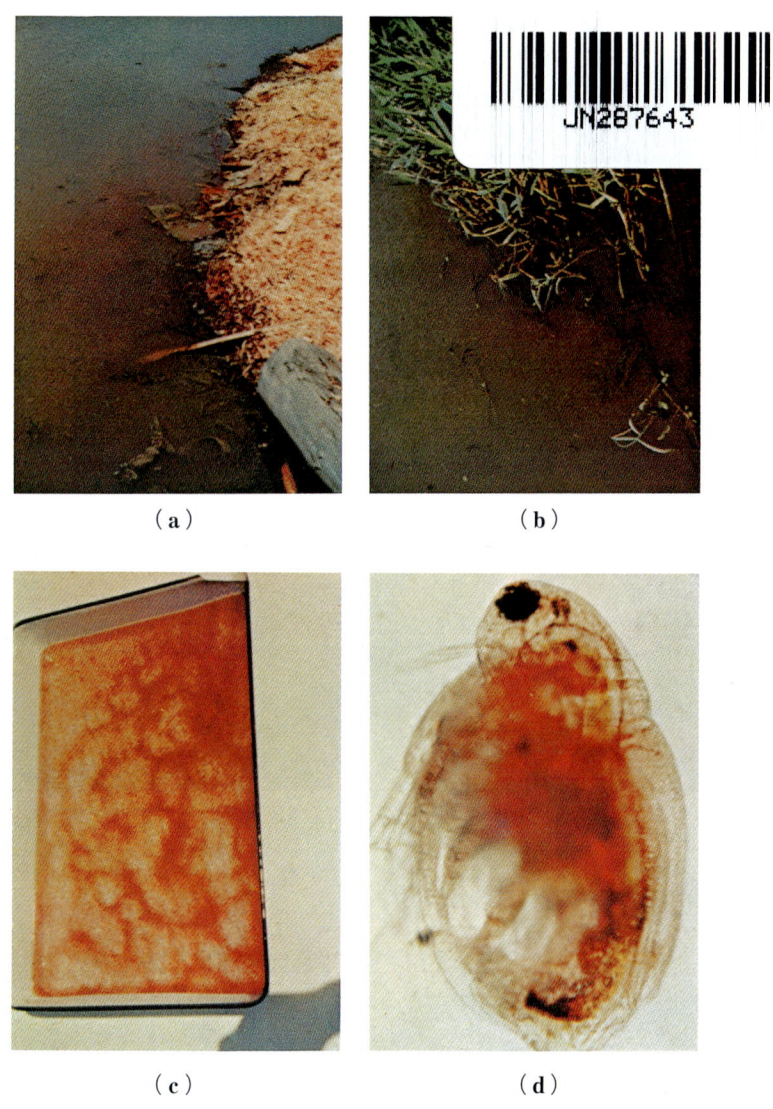

Plate I　ミジンコ（*Moina macrocopa*）のヘモグロビン増加による赤化現象．
(a) "red water" の遠景，(b) "red water" の近景，(c) 白色容器に入れたもの，(d) 赤化ミジンコ1個体（元 新潟大教授 星猛夫氏の御提供による）．

(a) (b)

Plate Ⅱ クスサンの繭の硬化着色.
できたばかりのときは白色(a)であるが，次第に硬化して暗褐色(b)になる（岩手医大 矢後素子博士の御提供による）.

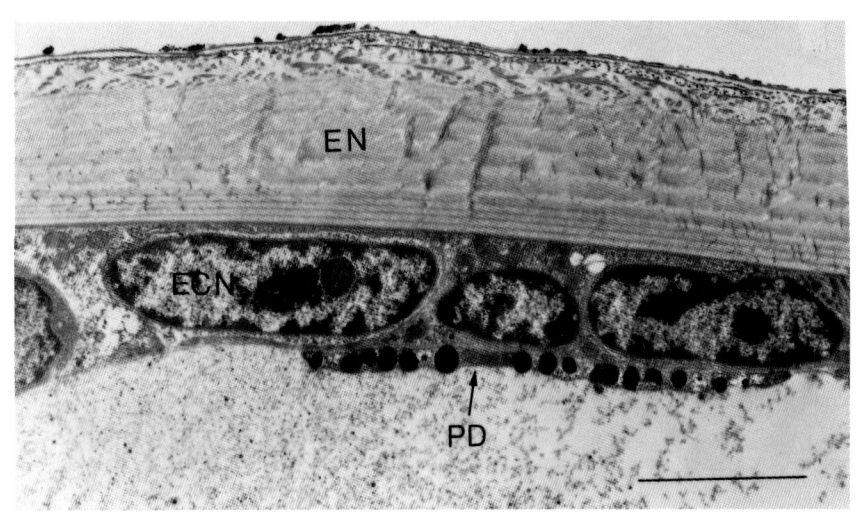

Plate III オカダンゴムシ2齢幼虫の皮膚の電顕写真.
- 色素細胞が真皮細胞層に存在し，樹状突起（PD）を真皮細胞層の下に出している．そこにオモクローム色素顆粒が存在している．EN，内角皮；ECN，真皮細胞核[71]（慶応大 根岸寿美子，長谷川由利子博士の御提供による）．

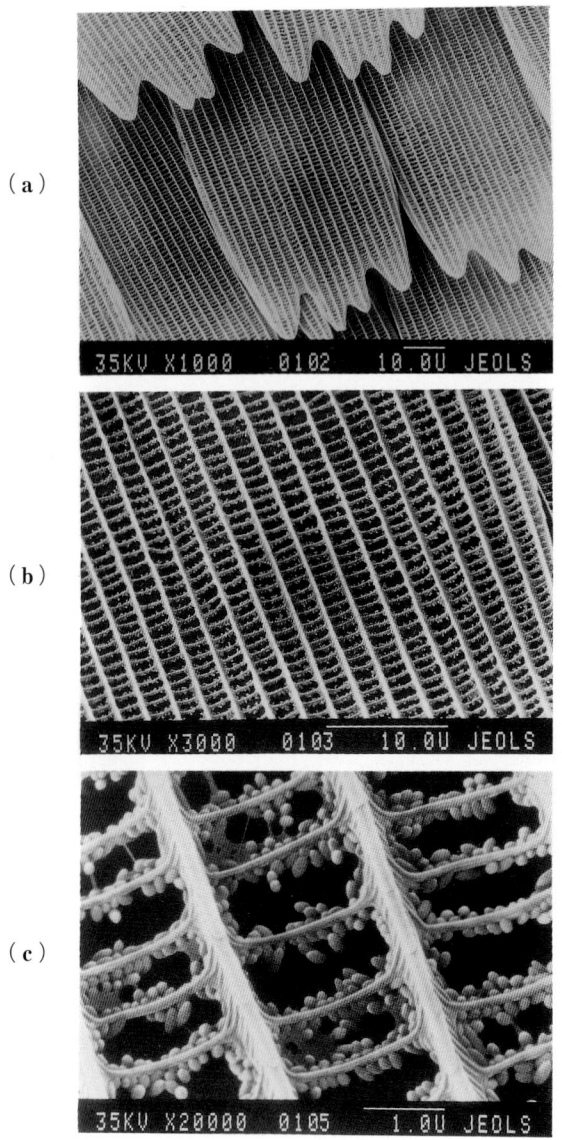

Plate IV モンシロチョウ（♂）の鱗粉の走査電顕写真．
紡錘型顆粒は色素顆粒と考えられている．（a）×1000,（b）×3000,（c）×20000倍（元 京都工芸繊維大教授 和久義夫氏の御提供による）．

Plate V （a）Greater flamingo および（b）ショウジョウトキ.
((a)名古屋，東山動物園にて撮影，1994；(b)名護市，自然動植物公園にて撮影，1993).

Plate VI (a)ナミアゲハ,(b)オナシアゲハ,(c)キアゲハの翅.
いずれも,右側は翅表面,左側は裏面.これらの翅の主な色素はパピリオクロームである.

まえがき

　動物には海産無脊椎動物，昆虫，魚類，鳥類など美しい色彩を持つものが多く，古くから多くの生物学者や化学者を引きつけてきた．これらの動物の体色に貢献する色素は，植物の花の色素に較べて種類が多く，その性質，生合成，存在様式も多岐にわたっている．

　動物の色素には，動物自身が体内で合成するものと，動物は合成せず，そのもとは食物（餌）の植物に由来するものとがある．前者に属するものには，プテリジン系色素，メラニン，インドール系色素，オモクローム，パピリオクローム，テトラピロール系色素などがあり，後者はカロチノイドやフラボノイドがある．しかし，動物の色素の中には，その由来がまだ解明されていないものもあるし，また体内に共生する微生物からくる色素もある．さらに，一般に動物が合成する色素でも，ある種では海産藻類由来のものを蓄積している場合もある．

　本書は，動物の体色に関与する色素を，動物自身によって合成されるもの，植物由来のもの，体内微生物由来のものを含めて「動物の色素」として解説したものである．その内容は，主として，色素の構造，化学的性質，分類，分布，生合成などを含んでいる．体内での色素の生理作用や色素細胞，また斑紋や生態的意義などについては本書の範囲外であるが，必要に応じて簡単に説明を加えてある．

　なお，動物の色には，色素の存在によるもののほかに，表面構造や細胞内の物質層などによる光の干渉，回折，散乱などが原因の色もある．これらを一般に構造色，一方，色素による色を化学的な色という言葉で表すことがある．しかし構造色の場合でも，実際には構造に加えて色素による裏打ちのある場合が多い．そこで本書では，最後の章で構造色についても簡単に述べることにした．

　海外には以前から動物の色素に関する成書があり，この方面について調べたり，勉強したりするのが便利であったが，我が国には，この種の書物が今まで

全くなかった．いまここに本書を出版して，動物の色素を調べる必要のある人，興味のある人に少しでもお役に立てば幸いである．

なお，各章に対する参考文献，および動物の色素全般や色また天然物化学に対する参考書は巻末にまとめてあげた．文献は全て，各章ごとに1からの番号で引用してある．また，色素全般，色，天然物化学に関する参考書はG1からG18の番号を付してある．

巻末の索引は二つあり，一つは事項別のものであり，他は動物名（学名および和名）によるものである．適宜利用していただければ幸いである．なお，本書に記載された動物の学名は，全て参考文献に使用されているものをそのまま引用してある．できるだけ，和名，学名の両方を記してある．

最後に，プレートに使用した種々の写真を御提供下さった星　猛夫，和久義夫，根岸寿美子，長谷川由利子，矢後素子の各氏および図版の使用を御許可下さった田畑　洋氏の御好意に深く感謝し，ここに厚く御礼申し上げる．

2000年1月

梅鉢　幸重

目 次

まえがき ……………………………………………………………………………i

1 カロチノイド

- 1-1 基本構造・名称・由来…………………………………………………1
- 1-2 種類と構造…………………………………………………………………5
- 1-3 カロチノプロテイン………………………………………………………5
  クラスタシアニン　*Homarus* 属以外の甲殻類のカロチノプロテイン　オボヴェルジン　オボルビン　*Velella* の色素　その他
- 1-4 分　　布……………………………………………………………………13
  原生動物　海綿動物門　腔腸動物門　軟体動物門　環形動物門　節足動物門　棘皮動物門　原索動物門　脊椎動物門
- 1-5 動物におけるカロチノイドの起源と代謝……………………………77
  体色の摂取カロチノイド依存　代謝経路
- 1-6 カロチノイド代謝と内外要因…………………………………………89
  サケ，マスの婚姻色　ムクドリのくちばしの色　光とカロチノイド　温度とカロチノイド　カロチノイドと他の色素との関係
- 1-7 黄色素胞と赤色素胞……………………………………………………93

2 フラボノイド

- 2-1 基本構造と名称…………………………………………………………95
- 2-2 分　　布……………………………………………………………………97
  鱗翅目昆虫　鱗翅目以外の昆虫　腔腸動物　軟体動物　オーロンの存在

3 プテリジン系色素

- 3-1 研究の歴史……………………………………………103
- 3-2 種類・構造・分布……………………………………105
  キサントプテリン　ロイコプテリン　イソキサントプテリン　エリスロプテリン　レピドプテリンとエカプテリン　クリゾプテリン　バイオプテリン　セピアプテリン　イヒチオプテリン　プテロロジン　ドロソプテリン
- 3-3 生合成…………………………………………………111
  プリン環からプテリジン環の生成　ジヒドロネオプテリン-3-燐酸からセピアプテリン，バイオプテリンなどへの合成経路　昆虫におけるキサントプテリン，ロイコプテリン，エリスロプテリンの生成　キイロショウジョウバエの発生過程におけるプテリン生合成
- 3-4 色素細胞，色素顆粒，変異など……………………117
  オカダンゴムシ　シリアゲムシ　家蚕　シロチョウ科の翅　ショウジョウバエの眼　魚類　両生類　ホヤの類

4 メラニン

- 4-1 種類と研究の歴史……………………………………125
- 4-2 生合成と酵素…………………………………………126
- 4-3 構造……………………………………………………131
- 4-4 物理的・他学的性質…………………………………133
  溶解性　吸収スペクトル　蛍光　酸化と還元　遊離基　陽イオン交換　金属イオンの結合　光照射　スカベンジャーとしての働き　メラニンと薬物　メラニンの安定度と分解
- 4-5 メラノフォア，メラノサイト，メラノソーム……138
  メラノフォアとメラノサイト　メラノソーム
- 4-6 種々の生物現象………………………………………140
  哺乳類の皮膚と毛の色　光による皮膚の暗色化　メラノーマ　アルビニズム　体色変化　ホルモン　肝臓のメラニン　昆虫の体液　体

色と環境など

5　インドール系色素

- 5-1　動物のインドール系色素 …………………………………………155
- 5-2　帝王紫による染色の歴史 …………………………………………156
  貝の種類　ヨーロッパ・地中海　メキシコ・中米　ペルー　北米
  日本での貝紫
- 5-3　帝王紫の構造と生成反応 …………………………………………159
  帝王紫の構造　帝王紫の生成

6　キノン系色素

- 6-1　ナフトキノン色素 …………………………………………………163
- 6-2　アントラキノン色素 ………………………………………………165
  カイガラムシの色素　ウミユリ類の色素　ハラクローム
- 6-3　ポリサイクリックキノン …………………………………………172

7　オモクローム

- 7-1　研究の歴史と分類・名称 …………………………………………175
- 7-2　種類と構造 …………………………………………………………176
  オマチン　オミジン　オミン
- 7-3　生合成 ………………………………………………………………184
  トリプトファンオキシゲナーゼ　キヌレニンフォルムアミダーゼ
  キヌレニン3-ヒドロキシラーゼ　オモクローム合成
- 7-4　分布 …………………………………………………………………192
- 7-5　オモクローム生成と他の色素との関係 …………………………193
  メラニンとの関係　プテリンとの関係
- 7-6　色素細胞および色素顆粒 …………………………………………196
  軟体動物頭足類の皮膚　節足動物の複眼　節足動物の皮膚　蝶の鱗

粉細胞でのオマチン合成

7-7 発生過程におけるオモクロームの量的変化……………………199
家蚕休眠卵のオモクローム形成　シャチホコガの終齢幼虫　ゴマダラチョウとオオムラサキ　クロバエの蛹から羽化後にかけて　キイロショウジョウバエの蛹から羽化後にかけて　Protophormia terrae-novae の場合

8　昆虫クチクラの硬化と着色

8-1 昆虫クチクラの構造と硬化……………………………………207
8-2 キノンタンニング………………………………………………208
8-3 β-硬化（α, β-硬化）…………………………………………211
8-4 クチクラ中のメラニン…………………………………………214

9　パピリオクローム

9-1 アゲハチョウの色素……………………………………………215
9-2 パピリオクロームIIの性質と構造……………………………216
9-3 パピリオクロームIIの生合成…………………………………220
9-4 パピリオクロームの種類と分類………………………………222
パピリオクロームIIとIII　パピリオクロームM　パピリオクロームR

10　テトラピロール系色素

10-1 基本構造と名称…………………………………………………227
基本構造　主なポルフィリン　ポルフィリン金属錯体
10-2 ポルフィリンの生合成と分解…………………………………230
10-3 ポルフィリン系色素の種類と分布……………………………233
ヘモグロビン　クロロクルオリン　ツラシン　遊離のポルフィリン
10-4 ビリン系色素の種類と分布……………………………………240

　　　　腔腸動物　環形動物　軟体動物　節足動物　魚類　鳥類

11　その他の色素

11-1　ヘモシアニン …………………………………………………249
11-2　ヘムエリスリン ………………………………………………254

12　構　造　色

12-1　多層薄膜による干渉色 ………………………………………255
　　　鱗翅目昆虫の鱗粉　甲虫目の昆虫　その他の昆虫　甲殻類　その他
　　　の無脊椎動物　魚類，両性類，爬虫類　鳥類　哺乳類
12-2　回折による色 …………………………………………………260
　　　鱗翅目昆虫　鞘翅目昆虫　膜翅目昆虫その他　多毛環虫綱　貝類
　　　有櫛動物門
12-3　散乱による色 …………………………………………………262
　　　チンダルブルー　緑色　紫色　白色
12-4　湿度による体色変化 …………………………………………265

文　　献 ……………………………………………………………267

事項索引 …………………………………………………………337
動物名索引 ………………………………………………………351

1 カロチノイド

1-1 基本構造・名称・由来

　カロチノイド（carotenoids）は，動物の体表面，体内ともに広く存在している大きな色素グループである．とくに体色の原因となる色素としては，メラニン（4章参照）とともに動物界に豊富に存在している．

　カロチノイドという名は，ニンジン（carrot）の根に多量に存在するβ-カロチン（β-carotene）から由来するとされている．ニンジンのほか，トマト，ミカンなどの色素がこのグループに属する．一般に，緑色植物に広く存在している．一方，動物では，ニワトリの卵の黄味の黄色，カニやエビの赤色，金魚の橙色などの色素である．

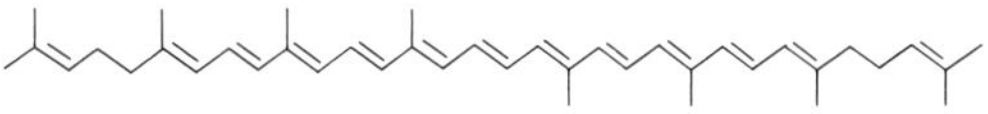

(a) リコペン

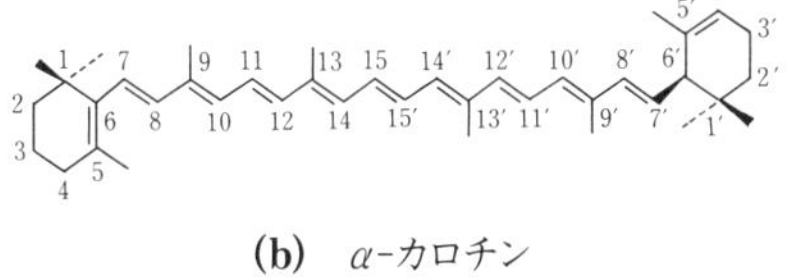

(b) α-カロチン

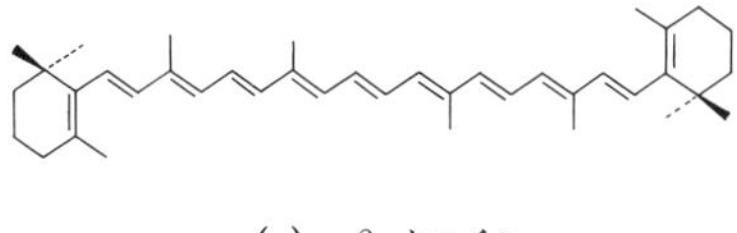

(c) β-カロチン

図1.1　カロチノイドの基本構造．

1 カロチノイド

カロチノイドの基本構造は，図 1.1 に示すように炭素数 40 個から成る炭化水素である．多くの誘導体が存在し，脂質の中の一つの重要なグループをつくっている．

生体成分をその生合成の観点から見ると，脂質はアセチル CoA から出発して合成される一大グループに属している．その中でも，イソプレン（炭素数5）の重合によって，モノテルペン，セスキテルペン，ステロイド，カロチノイドが合成される経路は，イソプレノイドあるいはテルペノイドと呼ばれる大きなグループをつくっている．この合成経路，とくにステロイド生合成の経路は，たいていの生化学教科書にのっている．図 1.2 は，炭素数のみに基づいてこの経路の概略を示したものである．

まず，アセチル CoA とアセトアセチル CoA からメバロン酸（C_6）が形成され，脱炭素を経て C_5 のイソペンテニルピロリン酸となる．これとその互変異性体のジメチルアリルピロリン酸とから，C_{10} のゲラニルピロリン酸が合成される．これが，モノテルペン（C_{10}）のグループである．これに，さらにイソペンテニルピロリン酸が結合してファルネジルピロリン酸（C_{15}）となる．

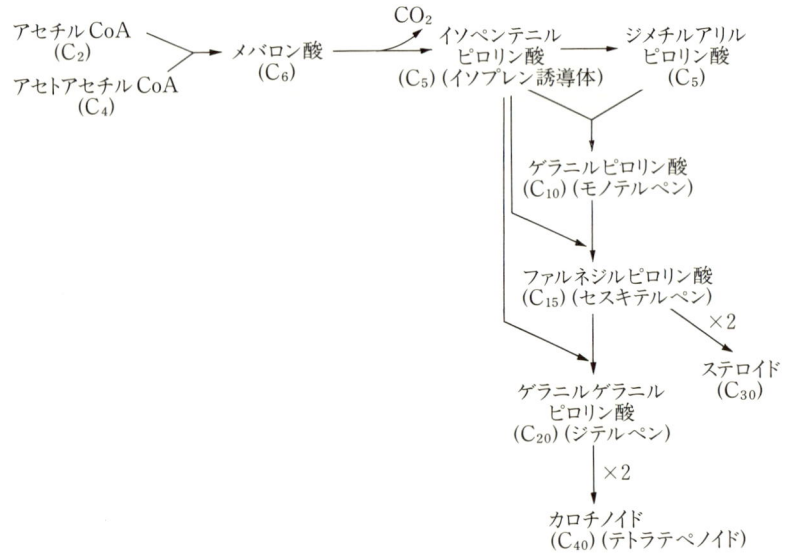

図 1.2　イソプレン重合体の生成経路（炭素数のみを示したもの）．

これがセスキテルペノイドのグループである。モノテルペノイド，セスキテルペノイドは，植物の香気成分その他の揮発性成分として重要なものである。また，昆虫の幼若ホルモンはセスキテルペノイドのグループに属する．

この C_{15} の成分が2分子結合して C_{30} のグループが合成され，種々のステロイドがつくられる．また，C_{15} にさらにイソペンテニルピロリン酸が結合して C_{20} の化合物（ゲラニルゲラニルピロリン酸）がつくられる．この C_{20} 成分が2分子結合して，C_{40} の鎖状炭化水素になったのがカロチノイドの骨格である．すなわち，テトラテルペノイドである．

さて植物はステロイドもカロチノイドも合成するが，動物は一般にカロチノイドの鎖をつくっていないとされている．したがって，動物のカロチノイドは直接，間接に，食物として摂取した植物に由来するか，共生微生物に由来している（一方，C_{30} のステロイドの方は，昆虫を除くほとんどの動物は合成し得る）．

ただし，動物は食物から取ったカロチノイドを体内で酸化して，自分のカロチノイドに変化することはできる．動物の種類によって，植物由来のカロチノイドをそのまま蓄積するものもあるし，動物が自分の体内で変化してつくったカロチノイドをもっぱら蓄積するものもあるが，食物由来のものと自分で変化してつくったカロチノイドの両方を蓄積するものもある．

さて上記の C_{40} の炭化水素の鎖は，図1.1 b，c の α-カロチン，β-カロチンに示されるように，両端が C_6 の環とその側鎖（全炭素数9）を形成しており，その間が炭素数22の鎖でつながっている．この22Cの鎖に，9個の二重結合が一つおきに存在する．このような多数の共役二重結合の存在，とくに両端のシクロヘキセンの二重結合も共役することが，カロチノイドの発色の原因である．多くのものは400-500 nmの光を吸収し，黄から赤色を呈している．

天然のカロチノイドでは大部分，中央の C_{22} の鎖は all-*trans* 構造になっている．両端の環状構造には図1.3に示されるように種々のものがあり，それぞれ β-，γ-，ε-，χ-，ϕ-，χ-と呼ばれている．β-カロチン（図1.1 c）は両端が β-環なので詳しくは β,β-カロチンと書かれ，α-カロチン（図1.1 b，α-carotene）は β,ε-カロチンである．図1.1 a のリコペン（lycopene）のように末端の C_9 が環状構造をとらない場合 ψ-と呼ばれ，リコペンは ψ,ψ-カロチンである．

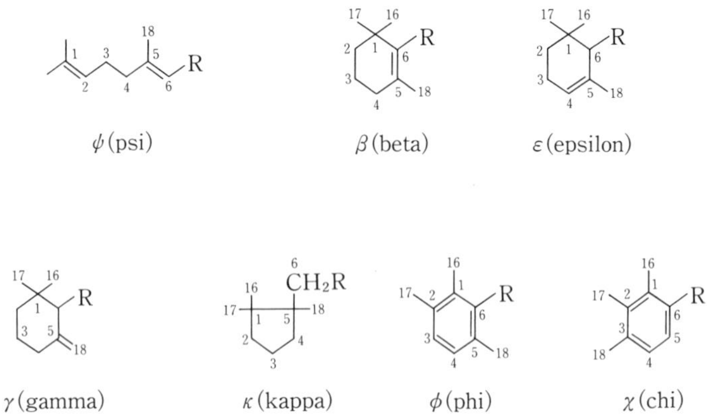

4　1　カロチノイド

ψ(psi)　　β(beta)　　ε(epsilon)

γ(gamma)　　κ(kappa)　　φ(phi)　　χ(chi)

図1.3　カロチノイド鎖両端の環状構造の例と名称.

　カロチンは酸素原子を含まないが，酸化されて-OHや=COその他の基をもつもの（hydroxyl-, carbonyl-, epoxy-, alkoxy-, carboxyl-）が多数存在している．このように酸素原子を含むものをキサントフィル（xanthophyll）と総称する．しかし，もともとキサントフィルという語はカロテノール（carotenols, 例えばルテイン）に対して使われたものである．さらに狭くルテイン（lutein, 図1.4）を指していたこともある．
　なお，カロチノイドの炭素骨格が末端からいくつか切断されたものをapocarotenoidと総称する．例えば，β-カロチンの8′のところで切断されたものは8′-apo-β-caroteneである．
　カロチノイドは一般に水に不溶または難溶で，石油エーテル，ベンゼン，クロロホルム，アセトン，高級アルコールなどに可溶である．カロチンは全くの炭化水素で，石油エーテル類には易溶，アルコール類には不溶であるが，キサントフィルは石油エーテル類よりもアルコールに可溶である．カロチノイドは脂肪にも溶け，このような色素をリポクローム（lipochrome）と総称することもある．

1-2 種類と構造

　動物界に存在しているカロチノイドの種類は非常に多く，皮膚や殻などに蓄積して体色に関与しているものだけでも，その種類は多種多様である．その中で動物界に広く分布しているもの，量的に豊富に存在するもの，および構造上特徴のあるものなど18種類を図1.4に示した．

　このうちルテインと，図1.1にあげた β-カロチン，α-カロチンは植物由来である．これに対して，アスタキサンチン（astaxanthin），カンタキサンチン（canthaxanthin），ゼアキサンチン（zeaxanthin），クリプトキサンチン（cryptoxanthin），ツナキサンチン（tunaxanthin），フェニコキサンチン（phenicoxanthin），タラキサンチン（taraxanthin）などは，β-カロチンなど植物由来のものから動物体内でつくられたもので，その合成経路については後述（生合成の項）する．また，renieratene のように末端の環がベンゼン環となっているもの，trikentriorhodin のように五員環をもつもの，alloxanthin のようにアセチレン結合をもったものなど特徴的なものがある．これらは分布の項のところで後述する．

　これらのカロチノイドは，（1）遊離型として，（2）エステルとして，（3）タンパク質と結合あるいは顆粒に含まれるなど種々の様式で存在している．

1-3 カロチノプロテイン

　カロチノイドは，動物体内でも体表面でも，タンパク質と何らかの結合をして存在している場合が多い．これには大きく分けて2種類存在する．その一つは，カロチノイドとタンパク質とが化学量論的に結合しており，またカロチノイド以外の脂質を含まない．これを"真の"カロチノプロテイン（"true" carotenoprotein）と呼んでいる．もう一つは，カロチノイド-（リポ）タンパク質複合体（carotenoid-protein complex）で，カロチノイドとタンパク質との関係は必ずしも化学量論的ではない．ある場合は，カロチノイドはリポプロテインの脂質部分に溶けた状態で存在している．

　また，カロチノプロテインをそのタンパク質成分から分類すると，タンパク

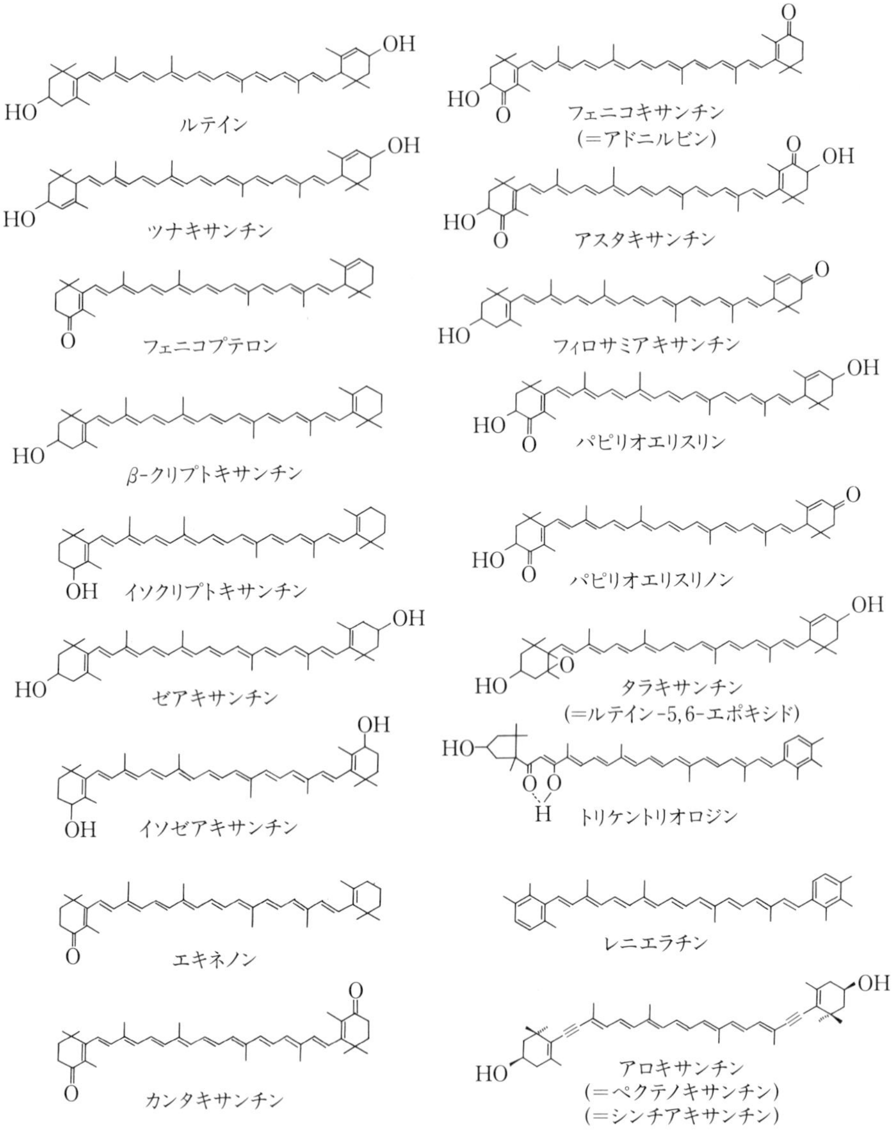

6   1 カロチノイド

ルテイン

ツナキサンチン

フェニコプテロン

β-クリプトキサンチン

イソクリプトキサンチン

ゼアキサンチン

イソゼアキサンチン

エキネノン

カンタキサンチン

フェニコキサンチン
(＝アドニルビン)

アスタキサンチン

フィロサミアキサンチン

パピリオエリスリン

パピリオエリスリノン

タラキサンチン
(＝ルテイン-5,6-エポキシド)

トリケントリオロジン

レニエラチン

アロキサンチン
(＝ペクテノキサンチン)
(＝シンチアキサンチン)

図1.4 動物のカロチノイドの例（その1）.

質，糖タンパク質，糖リポタンパク質（グリコリポタンパク質，glycolipo-protein）の三つに分けられる．

　上記の狭い意味での真のカロチノプロテインとカロチノイド-リポタンパク質複合体の両方を含めて，広い意味でカロチノプロテインとかカロチノイド-タンパク質複合体という語を使うこともある．これらは動物界に広く存在しているもので，例えば，多くの動物の血液や体液にカロチノイド-タンパク質複合体が存在する．人の血液の血漿が黄色を呈しているのは，カロチノイド含有タンパク質の存在によるものである．鳥の血漿にもカロチノプロテインが存在する．さらに昆虫の体液にも，カロチノイド-タンパク質複合体が存在する(1-3(6)参照)．上述のようにカロチノイドは水に不溶または難溶であるが，タンパク質と結合することによって可溶性となる場合が多く，血液や体液中のカロチノイドがその例である．

　またニワトリの卵の黄味のカロチノイドはルテインとゼアキサンチンが主成分であるが，いずれもタンパク質と結合して存在する．一般に，血液，卵，卵巣に存在するものは，糖リポタンパク質とカロチノイドの複合体である．さらに多くの動物の皮や殻にカロチノプロテインが存在する．ここでは主として，動物の体色に関するカロチノプロテインで，比較的よく研究されているものを以下に説明する．

（1）　クラスタシアニン（crustacyanin）

　これは甲殻類，十脚目，ザリガニ亜目に属する *Homarus* 属（*H. gammarus* = *H. vulgaris* や *H. americanus*）の甲殻（外骨格）に存在する青色のカロチノプロテインである．

　結合しているカロチノイドはアスタキサンチンである．アスタキサンチンの吸収スペクトルの λ_{max} はほぼ 480-490 nm であるが，タンパク質と結合してクラスタシアニンになると λ_{max} は 630 nm 付近へ深色移動する．

　甲殻の色素は，DEAE-セルロースのカラムで α-クラスタシアニン，β-クラスタシアニン，黄色色素の三つの成分に分かれる．いずれもアスタキサンチン結合タンパク質である．

　α-クラスタシアニンは天然の青色カロチノプロテインで，分子量約 380,000 である．これは 8 個の β-クラスタシアニンから成っており，アスタキサンチ

ン16分子を含んでいる．すなわち，β-クラスタシアニン1個につき，2分子のアスタキサンチンを含んでいる．

β-クラスタシアニンは，λ_{max} 585-587 nm，分子量約48,000である．アポタンパク質2分子が会合して一つの β-クラスタシアニンを形成している．一つのアポタンパク質に1分子のアスタキサンチンが結合している．アポタンパク質1分子の分子量は約20 kDaである．後述のように，アポタンパク質にはタイプⅠとⅡが存在するが，この異なったタイプのアポタンパク質が二つ集まって β-クラスタシアニンをつくっている．同じタイプのアポタンパク質が二つ会合はしないとされている[1]．なお，β-クラスタシアニンは，天然の甲殻にも存在している．Zagalsky は β-クラスタシアニンの推定モデルを報告している[2]．

α-クラスタシアニンの四次構造についても，いくつかの研究がなされている．α-クラスタシアニンの四次構造には，カロチノイドの4,4′位の両方にケト基があり，さらに3,3′位にケト基あるいは水酸基が存在することが必要である．しかし3,3′,4,4′-テトラケトになると，β-クラスタシアニン構造の方が有利である．4,4′位の両方にケト基が存在するとアポタンパク質の2量体形成がおこるが，もし4,4′位の片方が-OH基になると，そのカロチノイドはアポタンパク質に結合するが2量体形成はおこらないとされている．明らかに，カロチノイドがアポクラスタシアニンに結合するにはケト基が必要である．

アポクラスタシアニンは電気泳動で，五つの成分に分かれる．これらはタイプⅠとⅡに分けられる．タイプⅡには A_2（主成分）と A_3 の二つの成分が含まれ，タイプⅠには A_1 と C_1（主成分）と C_2 の三つの成分が含まれる．A_2（174アミノ酸残基）と C_1（181アミノ酸残基）のアミノ酸配列は，retinol-binding protein（RBP）/β-lactoglobulin（BLG）superfamily のタンパク質に低い（20-25％）類似性を示すと報告されている．A_2 や C_1 は，人血清の retinol-binding protein に対するモノクロナール抗体と交差反応を示す[5]．この superfamily（lipocalines）に属するものは，RBP，BLG のほかに，β-lactoglobulin や insecticyanin などがある[2]．

このアポタンパク質がアスタキサンチンと結合して，β-クラスタシアニン，さらに α-クラスタシアニンを形成する能力は，アポタンパク質1分子につき平均3-6チロシン残基の修飾（tetranitromethaneによる）によって失われ

る．チロシン残基は，アポタンパク質の三次構造を保つのに必要である[3]．

同じ *Homarus* 属のクラスタシアニンを異なった種で比較すると，吸収スペクトルは同じでもそのサブユニット構造は異なっている．

（2） *Homarus* 属以外の甲殻類のカロチノプロテイン

（a） **アメリカザリガニ**（*Procambarus clarkii*）　この甲殻のカロチノプロテインは比較的によく研究されている．カロチノイドはアスタキサンチンである．

青，紫，赤色の3種類のカロチノプロテインが存在しており，その量的割合は甲殻の色によって異なっている．カロチノプロテイン以外に，非結合型のカロチノイドも存在し，両者の共存で甲殻の色が決められるという．青，紫，赤色の3種類のカロチノプロテインのうち，赤色のものは青および紫色のカロチノプロテインの酸化によって生ずるといわれている．

青と紫色のカロチノプロテインのアポタンパク質は，異なったサブユニットで構成されている[6-8]．アスタキサンチンは，遊離の状態では不安定であるが，タンパク質と結合した状態ではより安定である．Garate *et al.*（1986）によれば，このカロチノプロテインは，pH 5.5-8.0 の範囲および 30℃以下で安定である[10]．なお，ザリガニを熱すると赤くなるのは，カロチノイドとタンパク質との結合の開裂およびその後の酸化によるのみならず，色素タンパク質そのものの赤変にもよっているという[9]．

また Milicua *et al.*（1985）によれば，アメリカザリガニの甲殻の赤色カロチノイドリポタンパク質（吸収極大 λ_{max}＝482 nm；分子量は約 140,000）では，カロチノイドはアスタキサンチンのほかアスタキサンチンエステルも存在している．このカロチノイドリポタンパク質1 mg に，タンパク質 0.166 mg，脂質 0.833 mg，N-アセチルグルコサミン 0.032 μg，アスタキサンチン 0.178 μg が含まれている．この赤色カロチノイドリポタンパク質は疎水性であり，抽出に界面活性剤を必要とする．

なお，アメリカザリガニの甲殻に含まれるアスタキサンチンは，（3R，3′R）20％，（3R，3′S）21％，（3S，3′S）58％である[11]．

（b） ***Orconectes limosus***　これもザリガニ亜目の一種で，甲殻から黄

赤色のカロチノプロテインが抽出，精製されている．結合しているカロチノイドはアスタキサンチンとカンタキサンチンである．タンパク質の方は，12種のアミノ酸（Lys, His, Asp, Thr, Ser, Glu, Gly, Ala, Val, Ile, Leu, Met (trace)）から成り，Tyr と Phe は含まないという[12]．

(c) *Upogebia pusilla*　ザリガニと同じく十脚目で，ヤドカリ亜目に属する．アナジャコの類で，北部スペインの砂丘に存在する．真皮と外骨格に青色のカロチノプロテインをもっている．毎年6月の初めから7月の終りまでの産卵期に，大部分の個体は青色になり，産卵後褪色し，秋に明るい褐色になる．この体色の季節変化は，この動物が産卵のときに砂の上へ出てくるので，カムフラージュと日光に対する保護に役立っていると思われる．

　この青色のカロチノプロテインは，分子量363,000で，上述の *Homarus* の α-クラスタシアニンの380,000，*Carcinus maenas* の青色カロチノプロテインの365,000に近い．*Upogebia* のカロチノプロテイン（天然のものは α 型という．$\lambda_{max}=622$ nm）は電気泳動下解離して，β 型（分子量は63,000；$\lambda_{max}=600$ nm）となる．α 型は β 型×6 と考えられる．SDS-PAGE では，分子量21,000の一つのバンドを与える．天然のもの（α 型）は，このサブユニット18から成っていると思われる．一方，アスタキサンチンは12分子含まれるという．

　天然のもの（α 型）は pH 5.5-9.0，37℃以下で安定である[13]．

(d) *Carcinus maenas*　やはり十脚目で，カニ亜目の一種である．甲殻にアスタキサンチン含有の青色カロチノプロテインが存在している．分子量は約365,000で $\lambda_{max}=625$ nm である．SDS-PAGE で 38,200 Da の単一バンドを与える．青色カロチノプロテインは8量体と考えられている．このカロチノプロテインは，アスタキサンチンとタンパク質以外に，他の脂質および糖質は含まないとされている[14]．

(e) **その他の十脚目**　Zagalsky *et al.* (1970)[15] は，上記以外の十脚目数種（*Aristeus antennatus*, *Scyllarus arctus*（セミエビの類），*Clibanarius erythropus*, *Eriphia spinifrous*, *Palinurus vulgaris*, *Pachygrapsus marmor-*

atus（イワガニの類）, *Galathea strigosa*）の青色カロチノプロテインの性質について調べている．いずれもカロチノイドはアスタキサンチンである．一方，タンパク質の方は，その化学的，物理的性質が種によってさまざまである．

このほか，*Astacus leptodactylus*（ザリガニ亜目）にもアスタキサンチン含有タンパク質が存在し，そのアスタキサンチンは (3R, 3′R)：(3R, 3′S)：(3S, 3′S) ＝ 21：42：38 である．

またアカテガニ（*Sesarma haematocheir*）の甲殻にもアスタキサンチン含有の赤色タンパク質が存在する．

（f）***Gammarus lacustris***　甲殻類の端脚目に属する *Gammarus lacustris*（ヨコエビの類）の青色カロチノプロテインもアントキサンチンを含んでいる．外骨格は灰色で，わずかに青色がかっている．この青色カロチノプロテインも，クラスタシアニングループに属するものとされている[16]．

（3）オボヴェルジン（ovoverdin）

これは *Homarus gammarus*（クラスタシアニンの項ですでに述べたザリガニ亜目（1-3（1）参照））の卵や卵巣に存在している緑色のグリコリポタンパク質で，アスタキサンチンを含んでいる．アスタキサンチン-リポビテリン（astaxanthin-lipovitellin）の一種である．

吸収極大は 25°C で約 465 nm（460-476 nm）と約 667 nm（630-675 nm）である．吸収スペクトルは，5°C と 25°C とで可逆的に変わる．低温では深色移動し，微細構造をもつようになる[17]．オボヴェルジンの二つの λ_{max} のうち，480 nm 付近（460-480 nm）のものは遊離のアスタキサンチンの λ_{max} が移行せずに現れており，一方約 640 nm 付近のものは，共鳴ラマンスペクトルにおいてクラスタシアニンに見られるものに似ているといわれる[18]．しかし，後者の波長領域でも，CD スペクトルはオボヴェルジンとクラスタシアニンとで異なっている[218]．

オボヴェルジンは SDS-PAGE 電気泳動で二つのグリコプロテインサブユニット（約 140×10^3 および 105×10^3 Da）に解離する．*Homarus americanus* の

卵にもオボヴェルジンが存在しているが，その性質は *H. gammarus* のものと少しの違いがある．

　Salares *et al.* (1979)[18)] は *H. americanus* のオボヴェルジンとクラスタシアニンの共鳴ラマンスペクトルを研究し，オボヴェルジンの 460 nm 付近の吸収と，オボヴェルジンおよびクラスタシアニンの 640 nm 付近の吸収は，アスタキサンチンがタンパク質の異なる部位に結合していることを示していると報告している．ゆえに，オボヴェルジンには，二つの異なったアスタキサンチン結合部位が存在していると思われる．このほか，*Homarus* の場合は，また別の部位でアスタキサンチンとタンパク質が結合しているとされており，ザリガニ族ではアスタキサンチンの結合部位は三つあると考えられる．

　Eupagurus bernhardus（十脚目，ヤドカリ亜目のヤマトヤドカリの仲間）の卵および卵巣の紫色色素も，アスタキサンチン含有のカロチノプロテインで，λ_{max} は 280，465，495，580 nm である．卵には β-カロチンおよび遊離とエステル化アスタキサンチンが存在するが，この色素タンパク質の補欠分子族はエステル化アスタキサンチンである[19)]．

　上記以外にも *Cancer pagurus* の卵巣や *Plesionika edwardsi* の卵のカロチノプロテインについても研究され，いずれもアスタキサンチンを含むことが報告されている[20)]．

（4）　オボルビン（ovorubin）

　これは *Pomacea canaliculata*（軟体動物，腹足綱，南米の Freshwater snail）の卵の鮮やかなローズレッドの色素（λ_{max}=480，510，545 nm）である．アスタキサンチン-糖タンパク質で，糖質含量約 20% である．アスタキサンチンは，おそらくエステルあるいはエーテル化している．カロチノイド含量から計算された最小分子量は約 33,000 である．この色素タンパク質は熱変性に安定である．カロチノイドの結合により安定化されている[21)]．

　上記以外にも，*Pecten maximus*（イタヤガイの類）の卵のアスタキサンチン含有タンパク質についても研究されている[20)]．

（5）　*Velella* の色素

　Velella は腔腸動物，管水母目のカツオノカンムリの類で，青色カロチノプロ

テインを含んでいる．カロチノイドはアスタキサンチンである．

Velella velella の青色色素は $\lambda_{max}=620$ nm で，V_{620} と呼ばれている．これはハロゲン化物の存在しない条件下で $\lambda_{max}=600$ nm の V_{600}，さらに $\lambda_{max}=570$ nm の V_{570} に変化する．V_{600} は V_{570} の8量体である．V_{570} はアスタキサンチン4分子を含んでいる．また V_{570} はアポタンパク質2分子から成っている．このアポタンパク質は芳香族アミノ酸含量が少ないといわれる[22,23]．

同様の色素は，*Velella lata* においても報告されている．

（6） その他

上記のほかにも，カロチノプロテインは動物界に広く存在している．海綿にも，ヒトデの類の表皮にも，またバッタの翅にも報告されている．詳しくは巻末の参考書[24]を見られたい．ヒトデの類には，タンパク質と結合しているカロチノイドとして，acetylenic や aromatic 誘導体も存在している[24]．例えば，*Asterias rubens*（ヒトデの類）の asteriarubin（$\lambda_{max}=570$ nm）では，糖タンパク質にアスタキサンチンおよびその 7,8- や 7,8,7′,8′-アセチレニック誘導体を結合している[25]．また，*Linckia laevigata*（ヒトデ綱）の linkiacyanin（$\lambda_{max}=395, 612$ nm）では，アスタキサンチンのほか芳香族カロチノイドである clathriaxanthin を含んでいる[27]．

また脊椎，無脊椎動物を問わず，体液，血液，卵にはカロチノプロテインの存在が普通である．体液のカロチノイド含有グリコリポタンパク質は，脂質の輸送タンパク質として働いている．例えば，鱗翅目昆虫の体液にはジアシルグリセロール輸送タンパク質が存在している．カロチノイド含有グリコリポタンパク質で，北大の茅野，片桐[26]によって詳細に研究されており，リポフォリン（lipophorin）と名付けられている．ジアシルグリセロールのほかに，炭化水素やコレステロールの輸送も行っている．

1-4 分　　布

この項では，動物の各門，綱によって，カロチノイド存在の主なものを述べる．さらに詳細は参考書[28]を見られたい．

(1) 原生動物（Protozoa）（原生生物）

鞭毛虫綱（Mastigophora＝Flagellata，あるいは肉質鞭毛虫亜門 Sarcomastigophora）の植物性鞭毛虫亜門（Phytomastigophora）にカロチノイドが報告されている．*Gonyaulax polyedra*（渦鞭毛虫目 Dinoflagellida）は赤潮の原因となるものであるが，カロチノイドを含んでいる．南カリフォルニアの赤潮の海水では1リッターにつき数百万個体にも達すると書かれている[G2]．同じく赤潮の原因となる *Gonyaulax tamarensis*（＝*Alexandrium minutum*）もカロチノイド（peridinin（図1.9）と diadinoxanthin）を含んでいる．クロロフィルも存在している[29]．やはり渦鞭毛虫目の *Porocentrum micans* もカロチノイドを含んでおり，黄色あるいは橙色である．

植物性モナス目（Phytomonadida）の *Chlamydomonas nivalis* はアスタキサンチンを含んでいる．水溜り，みぞ，堀，泥沼などに存在し，"red snow" や "red rain" の原因となるという．*Dunaliella salina* は多量の β-カロチンを含んでいる．これも海水の赤化の原因となる．

ユーグレナ目（Euglenida）の *Euglena gracilis*（ミドリムシの類）その他の眼点にはカロチノイドが存在している．また，カロチノイドによって赤，

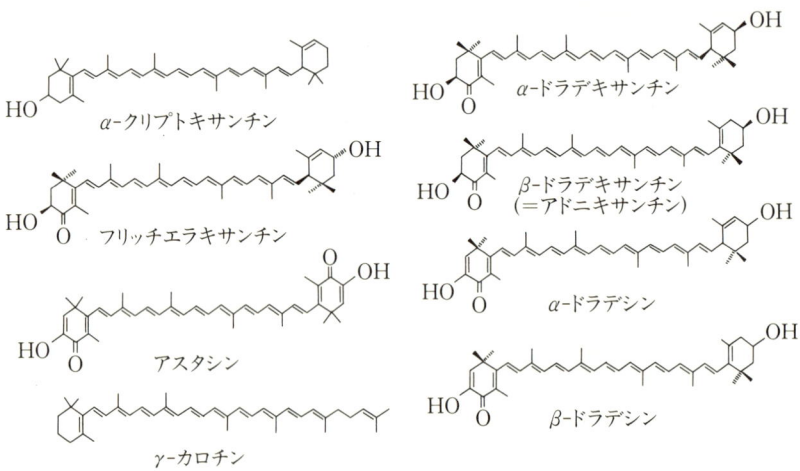

図1.5 動物のカロチノイドの例（その2）．

橙，黄色を呈しているものもあるといわれる．

肉質綱（Sarcodina），有孔虫目（Foraminiferida）の *Globigerina* 属にはカロチノイドによってスカーレット色を呈しているものがある．

繊毛虫綱（Ciliata＝Ciliophora）では，カロチノプロテインによる紫，赤，緑，青色が見られる．*Spirophyra* 属のある種では，カロチノイドを橈脚類（甲殻類の一種）の眼から取っている．また *Polyspira* 属や *Gymnodinioides* 属のある種では，ヤドカリに寄生して，その眼の色素を奪っている．この場合，寄生の眼の青色のカロチノプロテインを食胞で消化して，生ずる赤色のカロチノイドを使用している．これを同化し，新たにタンパク質と結合させて色素タンパク質としているという．

（2） 海綿動物門（Porifera）

海綿には，α-，β-，γ-カロチンやトルレン（tolulene，図1.6）やアスタキサンチン，その他種々のカロチノイドが存在するが，海綿のカロチノイドの特徴は，ベンゼン環をもったものが存在していることである．

ベンゼン環をもったカロチノイドは，最初，*Reniera japonica* から報告され，renieratene（図1.4），isorenieratene, renierapurpurin（図1.6）と名

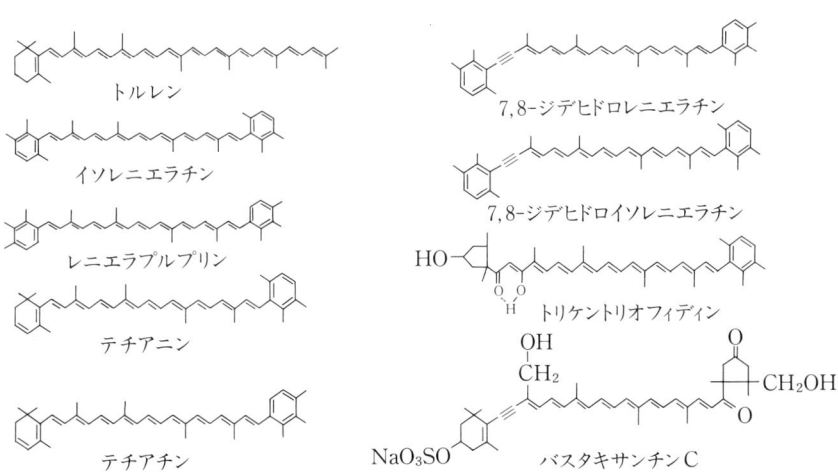

図1.6 海綿類のカロチノイドの例．

付けられた．この海綿には，これらのほか，7,8-didehydrorenieratene, 7,8-didehydroisorenieratene（図1.6），renieraxanthin（＝spheroidenone），α-カロチン，β-カロチンが存在している．

Reniera japonica での上記3種の芳香族カロチノイドの発見以来，他のいくつかの芳香族カロチノイドのほか，海綿に特徴的なものが見出されている．例えば，trikentriophidin（図1.6），trikentriorhodin（図1.4），tethyanine, tethyatene（図1.6），isorenieracistene（＝7-*cis*-renieratene），isorenieradicistene, bastaxanthin C（図1.6）などである．この中には，trikentriorhodin のように五員環（図1.3の κ）をもったものもある．*cis*-カロチノイドも存在する．

海綿には，その食物である植物性プランクトンや動物性プランクトンのカロチノイドをそのまま蓄積するものや，共生菌類や細菌からのカロチノイドをそのまま蓄積するものもあるが，食物のカロチノイドを体内で変化して海綿のカロチノイドをつくるものもある．上記のベンゼン環をもつものや五員環の形成がこれにあたる．ただし，海綿の芳香族カロチノイドが光合成細菌のような細菌によって合成される芳香族カロチノイド由来だという可能性もある．

以下に，カロチノイドについて報告されている海綿の例をいくつかあげる．

Acanthella acuta：主なカロチノイドはアスタキサンチンである．次いで，ルテインや α-doradexanthin（図1.5）が多く，さらに少量のゼアキサンチン，trikentriorhodin, β-カロチンが存在する[30]．

Tethya aurantium（トウナスカイメンの類）：主なカロチノイドは β-カロチンである．次いで α-カロチンが多く，さらに β-cryptoxanthin，ゼアキサンチン，ルテイン，renieratene（図1.4），lutein epoxide, ε-カロチンが少量存在する[30]．また，*Tethya amamensis* で tethyanine（図1.6）が見出されている．

また，*Axinella crista-galli* にはアスタキサンチンが，*Suberites domuncula* には torulene（図1.6），α-, β-, γ-カロチンが，*Ficulina ficus* には α-, β-, γ-カロチンが存在する．*Hymeniacidon sanguineum* はエキネノン，γ-カロチンを，*Inanthella basta* は bastaxanthin C を含んでいる．

また，上記の *Suberites domuncula* から青色カロチノプロテイン（分子量は約31,000）が分離されている．

(3) 腔腸動物門 (Coelenterata)

腔腸動物の代表的カロチノイドはアスタキサンチンである．餌によって，種によってカンタキサンチンも存在する．また，青色や緑色の色素タンパク質も存在する．

(a) ヒドロ虫綱 (Hydrozoa)
ヒドラの類は食物中のカロチノイドを保持している．

Hydra littoralis はオレンジからピンク色をしており，*Artemia salina*（甲殻類）で飼育したものでは，主なカロチノイドはカンタキサンチンである．このほか，少量のエキネノンと 4-ケト-4′-ヒドロキシ-β-カロチンその他も存在している．カンタキサンチンとエキネノンは，食物の *A. salina* に存在している[31]．餌に *A. salina* を使わない場合は，アスタキサンチンの存在も報告されている．

Hydra pirardi は黄色であり，*Artemia salina* で飼育したものでは，主なカロチノイドはカンタキサンチンと pirardixanthin と名付けられた色素グループである．後者には diketopirardixanthin, dihydroxypirardixanthin, ketohydroxypirardixanthin などが含まれる．pirardixanthin は，*Artemia* から摂取したカンタキサンチンからつくられると思われる．

Hydra attenuata, *H. circumcinta*, *H. fusca* を *Artemia salina* と湖水プランクトンで飼育すると，アスタキサンチンエステルとカンタキサンチンその他の色素が蓄積したと報告されている．

Hydra vulgaris を *Cerrodaphnia reticulata* で飼育すると，遊離およびエステル化アスタキサンチン，カンタキサンチン，pirardixanthin が蓄積する．

Clava squamata の卵にカロチノプロテインが存在している．gonophore（生殖体）はカロチノプロテインによって青色である．プラヌラ (planulae, 幼生) のときに，このカロチノプロテインが解離して，分離したキサントフィルによって鮮赤ないし橙色となる．ポリプはピンクがかった黄色である．

Allopora california（紫色），*Distichopora violacea*（スカーレット色），*D. coccinia*（ピンク色），*D. nitida*（オレンジ色），*Stylaster roseus*（紫色），*S. sanguineus*（淡ピンク色），*S. elegans*（ピンクと橙色）では，骨格にアスタ

キサンチンがカロチノプロテイン (alloporin) として存在している.

Velella (カツオノカムリの類) の青色色素はカロチノプロテインで, そのカロチノイドはアスタキサンチンである (1-3(5)参照). *Porpita* (ギンカクラゲの類) にも, 同様の青色色素が存在する.

(b) **鉢虫綱 (Scyphozoa)**　*Aurelia flavidula* (ミズクラゲの類) の卵巣および精巣には, β-カロチン, エキネノン, カンタキサンチン, アスタキサンチン, イソクリプトキサンチン, ゼアキサンチンが存在すると報告されている.

(c) **花虫綱 (Anthozoa)**　この綱には, 種によって, その色素がカロチノイドのものと, 別の色素をもつものとがある.

八放サンゴ亜綱 (Octocorallia) では, *Heliopora caerula* (アオサンゴの仲間), *Corallium rubrum* (サンゴの仲間), *Tubipora musica* (クダサンゴの仲間), *Alcyonium palmatum* (ハナカンザシの仲間) の黄, 紫, 赤色色素にはカロチノイドは見出されない (アオサンゴについては10-4(1)参照).

一方, *Alcyonium digitatum*, *Paragorgia arborea*, *Primnoa resedae formis*, *Lophelia pertusa* の主な色素はアスタキサンチンである. また, *Paramuricea* sp. の主な色素はカンタキサンチンである. *Eugorgia ampla* には酸性カロチノイドの一種が見出されている. また, *Eunicella verrcosa*, *Pennatula phosphorea* (ウミエラの類), *Stenogorgia rosea*, *Funiculina quadrangularis* にもカロチノイドが存在するといわれている.

六放サンゴ亜綱 (Hexacorallia) では, *Actinia equina* (ウメボシイソギンチャクの仲間) について詳細に研究されている. この種の赤色の変異体では, α-カロチン, β-カロチン, actinioerythrin のほかに, 少量のアスタキサンチンジエステルと 2-norastaxanthin (図1.7) のジエステルが存在している. actinioerythrin は actinioerythrol (図1.7) の数種の脂肪酸エステルの混合物である. カロチノイドを含まない餌で飼育すると色素をもたないものになり, アスタキサンチンをもつエビで飼育すると急速に着色するようになる. 摂取したアスタキサンチンは体内で actinioerythrin に変えられる. 褐色や緑色の変異体では, actinioerythrin を合成しないで, 別の色素をもっているとい

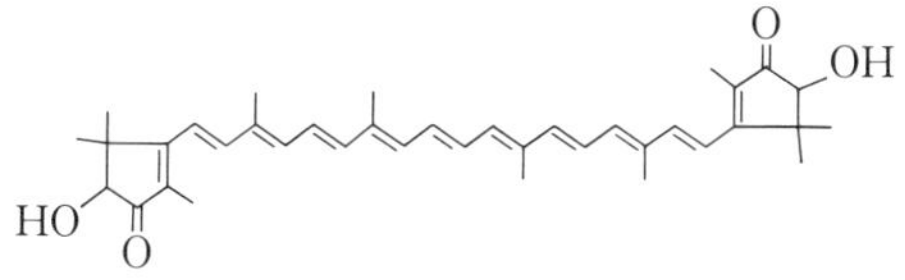

アクチニオエリスロール

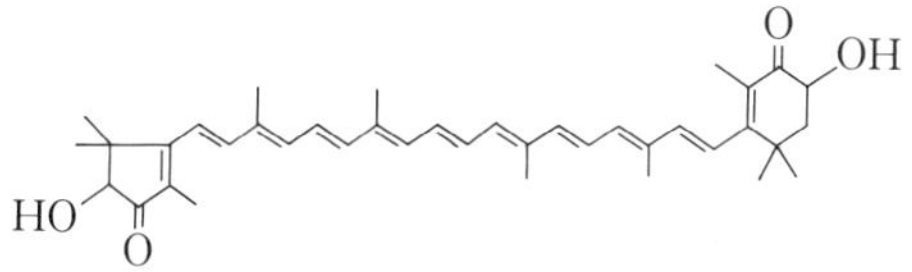

2-ノルアスタキサンチン

図 1.7 腔腸動物のカロチノイドの例.

われる.

　actinioerythrin は，*Tealia felina*，*Epiactis prolifera*（コモチイソギンチャクの類），*Gyrostoma* sp.，*Bolocera tuediae* にも存在している．この *T. felina* と *E. prolifera* のほかに，*Actinostola callosa* や *Metridium senile*（ヒダベリイソギンチャクの類）には，アスタキサンチンが見出されている．この *M. senile* では，アスタキサンチンのほかに adonirubin（図 1.4）も存在している．カンタキサンチンをアスタキサンチンに変えることができる．上記の *A. callosa* はアスタキサンチンのほかに，ゼアキサンチンのエステルを蓄積している．*Bunodosma granulifera* や *B. cavernata* はアスタキサンチン，2-norastaxanthin，2,2′-bisnorastaxanthin（＝アクチニオエリスロール）のジエステルをいろいろな割合で含んでいる．

（4） 軟体動物門（Mollusca）

　双神経亜門（Amphineura）に属する *Chaetoderma nitidulum* に β-カロチンが報告されているが，軟体動物でのカロチノイドの報告は大部分，介殻亜門（Conchifera）の腹足綱，二枚貝綱，頭足綱の生殖巣，卵，筋肉，神経，肝すい臓でのものである.

（a） 腹足綱（Gastropoda）
Diodora graeca に α-カロチン，β-カロチン，γ-カロチン，ゼアキサンチン，diatoxanthin（＝7,8-didehydro-

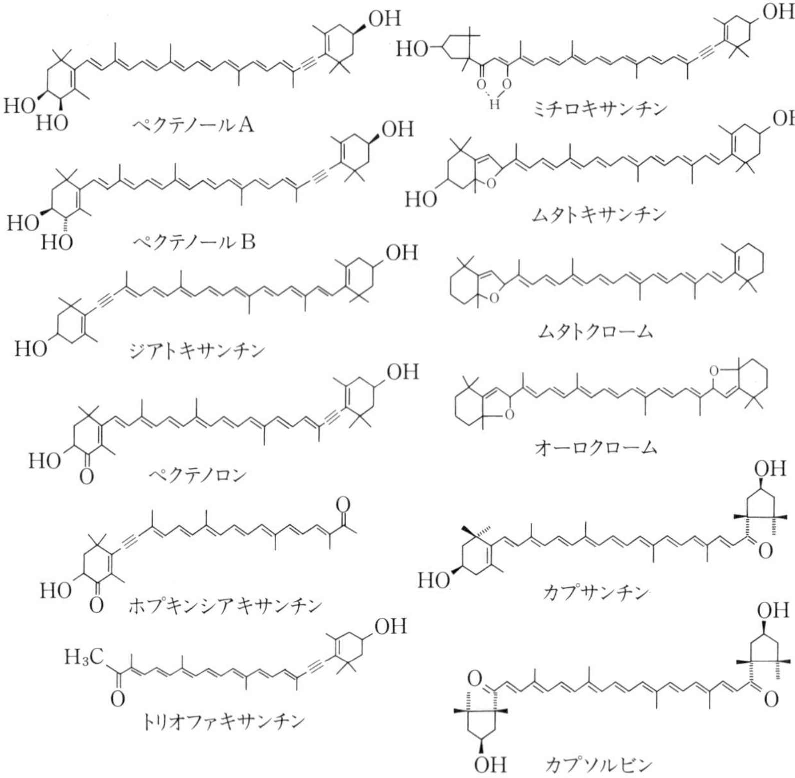

図 1.8 軟体動物のカロチノイドの例（その 1）．

zeaxanthin, 図 1.8), mutatoxanthin（図 1.8), アスタキサンチンが存在している．このうち, β-カロチンとアスタキサンチンが最も頻繁に見られる[32]．

　Patella vulgata, *P. depressa*（ツタノハの仲間）では，主に精巣と卵巣に α-カロチン, β-カロチン, エキネノン, β-クリプトキサンチン, ゼアキサンチンが 1 : 5 : 3 : 3 : 3 の比率で存在する．

　Fusinus perplexus, *F. forceps*（ナガニシの類）の筋肉には多量のカロチノイドが存在する．その主なものは，カンタキサンチン, (3S)-phenicoxanthin（図 1.4), 4,4′-dihydroxy-pirardixanthin (＝4,4′-dihydroxy-5,6,5′,6′-tetrahydro-β,β-carotene), fritschiellaxanthin (＝4-ketolutein, 図 1.5) などである．また，生殖巣の主なカロチノイドは，β-カロチン, イソクリプトキ

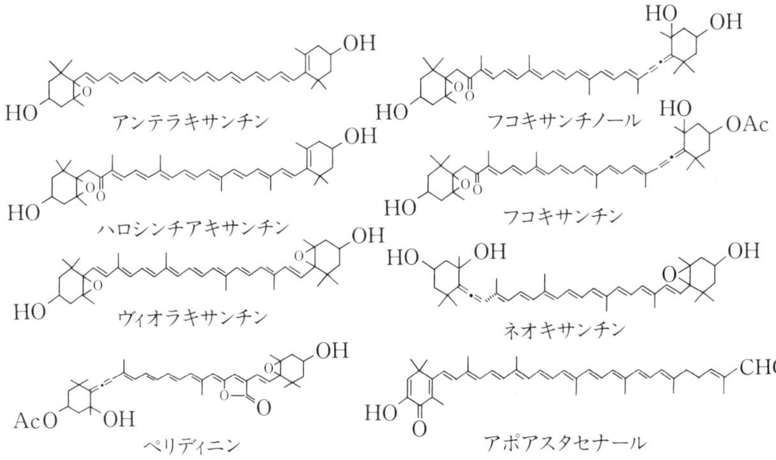

図1.9 軟体動物のカロチノイドの例（その2）.

サンチン，エキネノンである．肝すい臓では β-カロチンと halocynthiaxanthin（図1.9）が主なカロチノイドである（Katagiri et al., 1986）[33]．Matsuno and Tsushima（1989）[34]は F. perplexus の筋肉のカロチノイド組成を報告している（表1.1）．

Aplysia depilans，A. fasciata，A. rosea などアメフラシの類では，種によって違いはあるが，ルテイン（図1.4），α- および β-クリプトキサンチン（図1.5および図1.4），ネオキサンチン（neoxanthin，図1.9），イソゼアキサンチン，ゼアキサンチン（図1.4），ヴィオラキサンチン（図1.9）などが存在する．アメフラシのある種では，カロチノイドが神経細胞の細胞質内の顆粒に見出されている．

Anisodoris noblis（橙色ないし淡黄色），Dendrodoris fulva（黄色ないし黄橙色，クロシタナシウミウシの類），Doriopsilla albopuncta（暗褐色）には α-カロチン，β-カロチン，isorenieratene（図1.6）が存在している．これらのカロチノイドは，餌の海綿の色素組成を反映しているとされている．

Triopha carpenteri には白色ないし淡黄色の皮膚に濃橙色の部分がある．この色素は triophaxanthin（図1.8）と名付けられており，acetylenic apocarotenoid の一種とされている．これも餌のカロチノイドに存在する．

表1.1 *Fusinus perplexus* の筋肉におけるカロチノイド組成
(Matsuno and Tsushima[34]).

	石川県	山口県
総カロチノイド（mg/100 g 筋肉）	7.6	4.6
β,β-カロチン	1.0%	2.0%
5,6-ジヒドロ-β,β-カロチン-4-オン	0.2	+
エキネノン	2.0	5.0
β,β-カロチン-2-オール	1.0	+
イソクリプトキサンチン	+	+
5,6-ジヒドロ-β,β-カロチン-4-オール	0.4	+
カンタキサンチン	5.3	15.0
4′-ヒドロキシ-エキネノン	12.6	5.5
4′-ヒドロキシ-5′,6′-ジヒドロ-エキネノン	0.1	0.1
4′-ヒドロキシ-5,6,5′,6′-テトラヒドロ-β,β-カロチン-4-オン	0.1	0.1
5,6,5′,6′-テトラヒドロ-β,β-カロチン-4,4′-ジオール	7.7	17.5
(3 S)-フェニコキサンチン	15.4	28.0
(3 S,3′S)-アスタキサンチン	2.2	3.7
フリッチエラキサンチン	3.7	6.3
ルテイン A	1.2	0.5
(3 R,3′R)-ゼアキサンチン	9.6	4.2
ジアトキサンチン	1.2	0.3
アロキサンチン	9.6	4.0
ミチロキサンチン	18.8	+
5,6-ジヒドロ-β,ε-カロチン-3,4,3′-トリオール	0.2	+
5,6,5′,6′-テトラヒドロ-β,β-カロチン-3,4,4′-トリオール	5.9	4.0
5,6,5′,6′-テトラヒドロ-β,β-カロチン-3,4,3′,4′-テトロール	0.8	0.5
未同定	1.0	3.3

+，痕跡

Flabellinopsis iodinea は，紫色の皮膚，橙色の鰓をもっている．この種の唯一のカロチノイドはアスタキサンチンで，遊離型もエステルもタンパク質と結合したものもある．赤色の嗅角と橙色の突起には，遊離およびエステル化されたアスタキサンチンが存在する．ピンク色の卵には遊離のアスタキサンチンが存在している．また，青紫色の皮膚にはカロチノプロテインがあり，そのカロチノイドはアスタキサンチンである．これらのアスタキサンチンは摂取した餌からくるという[35]．

Hexabranchus sp. で，卵に β-カロチン，カンタキサンチン，アスタキサン

チン，fucoxanthin（図1.9）が存在するほか，apoastacenal と名付けられた apocarotenoid が見出されている．その構造は図1.9に示される[36]．

Hopkinsia rosacea はピンク色で，皮膚にカロチノイドが多い．その70%は，hopkinsiaxanthin（図1.8）と名付けられたカロチノイドである．

Helix pomatia（エスカルゴの類）には，α-カロチン，β-カロチン，β-カロチンエポキシド，α-クリプトキサンチン，β-クリプトキサンチン，カンタキサンチン，ルテイン，ルテインエポキシド，イソゼアキサンチン，フェニコキサンチン，アスタキサンチン，アスタキサンチンエステル，aurochrome（オーロクローム，図1.8），クリプトフラビン（cryptoflavin），ムタトクローム（mutatochrome，図1.8），ムタトキサンチン（mutatoxanthin，図1.8）が存在する．カロチノイドの総量は，0.039（8月）から 0.296 μg/g fresh wt（10月）の範囲で変化する．なお，*Helix* の類ではカロチノイドが神経の細胞質に蓄積していることが報告されている[37]．

Planorbis corneus および *Limnaea stagnalis*（モノアラガイの類）でも，神経組織にカロチノイドが存在する．神経細胞のカロチノオキシソームと名付けられた細胞器官に，呼吸色素とともに存在している．*L. stagnalis* の神経組織のカロチノイドは 30-40 mg/100 g wet wt も存在する．神経節にはカロチノプロテインも存在する．

Pomacea sp. の鮮赤，橙あるいは緑色の卵はカロチノイドを含んでいる．雑食性の種は主としてキサントフィルを蓄積している．草食性の種である *Pomacea sordia* では α- および β-カロチンが蓄積している．草食淡水性の *Pomacea canaliculata australis* の卵ゼリーにはオボルビン（1-3(4)参照）が存在している．

Pleurobranchus elegans（ウミフクロウの類）にはアスタキサンチンが報告されている．

（b）**二枚貝綱（Bivalvia）** 甲殻類で広く存在しているエキネノンやカンタキサンチンが，二枚貝類ではほとんど存在せず，その一方，アセチレン化カロチノイドが存在する．

筋肉，生殖巣，神経等にカロチノイドが存在しており，貝殻の色はテトラピロール系色素（10章参照）が多い．

Mytilus edulis (イガイ，ムラサキガイの類) の全カロチノイド量には季節的変化がある．春と秋にピークがあり，冬と夏に最低になる．これは植物性プランクトン量と相関している[38]．この種には次のカロチノイドが報告されている．β,β-カロチン，これは少量で，季節的に存在することも存在しないこともある．次に acetylenic C_{40}-carotenoid として crocoxanthin-like, anhydroamarouciaxanthin B, 19'-hexanoyloxy isomytiloxanthin, isomytiloxanthin, alloxanthin (主な色素)(図1.4), mytiloxanthin (図1.8), amarouciaxanthin B-like, halocynthiaxanthin (図1.9), pectenol-like, heteroxanthin が報告されている．また acetylenic C_{37}-carotenoid として，pyrroxanthinol, hydrato-pyrroxanthinol, C_{40}-skeletal allenic carotenoid として 19'-hexanoyloxyfucoxanthin, fucoxanthin, 19'-hexanoyloxy fucoxanthinol, fucoxanthinol, C_{37}-skeletal allenic carotenoid として peridinin (図1.9), peridininol が存在する[37-41]．

Mylilus californianus にも alloxanthin, mytiloxanthin, isomytiloxanthin のほか，上記の *M. edulis* と同様のカロチノイドが存在する．alloxanthin が主な色素である[39]．

Mytilus coruscus からは pectenol A, pectenol B (図1.8), (3S,4S,3'R)-4-hydroxy-alloxanthin, (3S,4R,3'R)-4-hydroxy-alloxanthin が報告されている．これらのカロチノイドは，この貝が食べる微小藻類由来の diatoxanthin, alloxanthin から生ずると思われる[42]．この貝には，diatoxanthin, alloxanthin のほか，pectenolone (図1.8), mytiloxanthin も存在している．

Modiolus modiolus (mussel の類) では，全カロチノイドの 86-90% は acetylenic carotenoid である．主なカロチノイドは alloxanthin, pectenolone (図1.8), diatoxanthin で，いずれも acetylenic carotenoid である．上記の *Mytilus* と同様，allenic carotenoids (fucoxanthin や peridinin) を acetylenic carotenoid へ代謝すると思われる．このような能力は，二枚貝の類に見られるもので，この点，他の軟体動物と異なっている．

M. modiolus は，おそらくカロチンをほとんど吸収せず，キサントフィル (例えば fucoxanthin, zeaxanthin, diatoxanthin, peridinin) を微小藻類から吸収し，これらのキサントフィルをいくつかの経路で代謝すると思われる[43]．

Pecten maximus（イタヤガイの類）の主なカロチノイドは peridinin, pectonolone で，そのほかに *cis*-peridinin, alloxanthin, β-カロチン，エキネノン，アスタキサンチン，peridinol その他が存在する[43]．

Modiolus modiolus，*Pecten maximus* の 2 種と *Mytilus edulis* との違いは，前 2 種では 4(4′)-oxygenated carotenoid が存在するが，*M. edulis* にはこれがほとんど見られないことである．

Pecten albicans の卵巣の主なカロチノイドは，pectenolone と pectenoxanthin である．そのほか，pectenol，アスタキサンチンが存在する[44]．

Patinopecten yessoensis（ホタテガイ）の卵巣には pectenolone（73.0%），pectenoxanthin（＝アロキサンチン，図 1.4）（13.0%），diatoxanthin（9.0%），3,4,3′-trihydroxy-7′,8′-didehydro-β-carotene（3.5%），アスタキサンチン（1.0%）が遊離型として存在する[44,45]．

Chlamys nobilis（ヒオウギの類）の卵巣の主なカロチノイドは，pectenoxanthin, pectenol, pectenolone である．そのほか，アスタキサンチンも存在する[44]．

Chlamys nipponensis akazara（ヒオウギの類）では，卵巣の主なカロチノイドは，pectenolone, pectenoxanthin で，そのほかアスタキサンチン，pectenol も存在する[44]．

Lima excavata（ミノガイの類）の足にはアスタキサンチンが存在する（astacene として分離されている）．

Scapharca broughtonii（アカガイ），*S. subcrenata*（＝*Andara peitaihoensis*，サルボウガイ），*S. satowi*（サトウガイ），*S. globosa*（クマサルボウガイ）の筋肉（橙赤色）に次のカロチノイドが存在する．主なものは pectenolone, pectenoxanthin, diatoxanthin, pectenolone monoester で，そのほか diatoxanthin monoester, pectenoxanthin monoester, 3,4,3′-trihydroxy-7′,8′-didehydro-β-carotene などが存在する[215]．

Anodonta cygnea（ドブガイの類）では神経細胞にカロチノイドが蓄積している．

上述のように，二枚貝類，腹足類で，生殖巣や卵は別として，神経系など種々の組織で，カロチノイドは細胞質内顆粒に存在するという報告がある．しかしまた，カロチノイドは細胞膜（原形質膜）など細胞の種々の膜の成分とし

て存在しており，膜の粘性率の調節に貢献しているという研究もある[227]．

(c) 頭足綱（Cephalopoda）　イカの類およびタコの類の赤褐色の体色は，後述のオモクローム（7章参照）によるもので，カロチノイドではない．しかし，肝臓（肝すい臓）や眼その他にカロチノイドが存在する．しかしこれも種によっては，痕跡しか存在しないか全く見出されない．

Sepia officinalis（コウイカ）の肝臓の主なカロチノイドはβ-カロチンとアスタキサンチンである．このほか，α-カロチン，β-クリプトキサンチン，エキネノン，antheraxanthin（図1.9），lutein-5,6-epoxide（いずれも痕跡）が存在する．また雌成体の accessory nidamental gland（包卵腺）は橙赤色をしており，その主な色素は sepiaxanthin と名付けられている．そのほか，β-カロチン，γ-カロチン，phytoene, phytofluene, リコペンも報告されている．セピアキサンチンの起源は共生バクテリアによるとされている[28]．

Loligo vulgaris は多量のカロチノイドを含んでいる．それは α-, β-, γ-カロチン，α-クリプトキサンチン，イソクリプトキサンチン，isorenieratene, capsanthin（図1.8），capsorubin（図1.8），triophaxanthin，ゼアキサンチン，4-ヒドロキシ-α-カロチン，アスタキサンチン，4-ケト-α-カロチンである[28]．

Loligo forbesi や *Loligo opalescence* には，カロチノイドは痕跡しか存在しない．

Octopus bimaculatus（マダコ，イイダコの類）では，肝臓に多量のカロチノイドが存在する．カロチンもアスタキサンチンも存在する．墨汁にも，肝臓より少ないが，カロチノイドが存在する．この場合，キサントフィルのみである．タコは，カロチノイドの貯蔵に非選択的であるとされている[28,G2]．

以上のほか，頭足類では，*Sepiola scandica*（ダンゴイカの類），*Rossia macrosoma*（ボウズイカの類），*Eledone cirrosa*（ジャコウダコの類），*Ommastrephes pteropus*（スルメイカの類），*Parasepia elegans*, *Todaropsis eblanae* でもカロチノイドが報告されている．

(5) 環形動物門（Annelida）

環形動物では，もっぱら，多毛環虫綱（Polychaeta）でカロチノイドが報

告されている．ここでは，β-カロチンの蓄積が広く見られる．しかし，Sabellida（ケヤリ目）ではアスタキサンチンとβ-カロチン，イソクリプトキサンチンその他が存在している．

Protula tubularia の主なカロチノイドはイソクリプトキサンチン（図1.4）で，そのほか，ゼアキサンチン，β-クリプトキサンチン，アスタキサンチンエステル，β-カロチン，ルテイン，アスタキサンチンを有している[30]．

Dales[226]によれば，多毛環虫類 sabellids と serpulids のいくつかの種の crown にアスタキサンチンあるいはそのエステルおよびβ-カロチンが存在している．

（6） 節足動物門（Arthropoda）

この門の主なカロチノイドは次のものである．β,β-カロチン，エキネノン，カンタキサンチン，フェニコキサンチン（phoenicoxanthin，図1.4），アスタキサンチン，fritschiellaxanthin，β,β-carotene-2-ol，β,β-carotene-2,2'-diol など．

（a） 鋏角亜門，カブトガニ綱 *Limulus polyphemus* の基節腺（coxal gland, 250-1350 mg (wt)）は赤レンガ色をしており，ここにカロチノイドが存在している（25-226 μg/g）．β-カロチン，エキネノン，phoenicopterone（図1.4）その他が含まれている．卵および amoebocyte（遊走細胞）にも，基節腺と同様のカロチノイドが存在する．肝すい臓にはβ-カロチンが約31 μg/g も存在する．

（b） 鋏角亜門，クモ綱，ダニ目 ミズダニの仲間（water mites）の *Hydrachna geografica*（オオマルダニの類），*Piona nidata* はβ-カロチン，エキネノン，カンタキサンチン，ルテイン，アスタシン，遊離のアスタキサンチンを含んでいる[46]．

ハダニの仲間の *Tetranychus* 属のカロチノイドについても報告されている[47-49]．*Tetranychus urticae* の野生系には，α-カロチン，β-カロチン，ルテイン，lutein-5,6-epoxide，violaxanthin（図1.9），neoxanthin（図1.9）のほか，3-hydroxy-4-keto-β-carotene，3-hydroxy-4,4'-diketo-β-carotene，ア

スタキサンチンが存在している．このうち，後の三者はエステル化されている．また前の六者は食草に存在するものである．卵での量的研究から，胚発生の後期に 3-hydroxy-4-keto-β-carotene となり，さらに胚発生の後期に 3-hydroxy-4,4′-diketo-β-carotene を経てアスタキサンチンになると考えられている．また，休眠の雌と夏期の雌の色素組成を比較すると，休眠型の方が全ケトカテコール量が2倍以上も多い．なお，この種では，野生系のほかに色素に関する7種類の突然変異系統についてもカロチノイドが調べられている．

Tetranychus pacificus でも，食草からくる α-カロチン，β-カロチン，ルテイン，lutein-5,6-epoxide, violaxanthin, neoxanthin のほかに，野生系には 3-hydroxy-4-keto-β-carotene, 3-hydroxy-4,4′-diketo-β-carotene, アスタキサンチンが存在している．後の三者はエステル化している．野生系のほか，色素に関する8種類の突然変異系統についても調べられている．このうち，3種類の系統では，カロチノイドは食草由来のものだけであった．

Tetranychus cinnabarinus においても，食草（マメの類，*Phaseolus vulgaris*）のカロチノイドである α-カロチン，β-カロチン，ルテイン，lutein-5,6-epoxide, violaxanthin, neoxanthin のほかに，3-hydroxy-4-keto-β-carotene, 3-hydroxy-4,4′-diketo-β-carotene, アスタキサンチン（後の三者はエステル）が存在している．このほか，微量のエキネノン，イソクリプトキサンチンその他が見出されている．

同じくハダニの類の *Panonychus citri* や *Bryobia praetiosa*（クローバーハダニの類）にも，アスタキサンチンと微量の β-カロチンが存在している[50]．

（c）**大顎亜門，甲殻綱（Crustacea）** 甲殻類の多くは，紫，暗赤，褐，青，緑，灰色を呈している．その色素はカロチノイドが主で，上述のように，多くの場合，外骨格，表皮，体液や卵その他にカロチノプロテインとして存在している．タンパク質と結合しているカロチノイドにはエステル型も含まれている．中には，キチンと結合しているものもあるとされている．また，タンパク質と結合していない遊離型やエステルも存在している．

これらを含めて，甲殻類に存在する主なカロチノイドは，β-カロチン，エキネノン，カンタキサンチン，phoenicoxanthin（図1.4），アスタキサンチンなどである．中でも，甲殻類に最も広く存在しているのはアスタキサンチンであ

る．そのキラリティ (chirality) は (3S, 3′S)（図 1.10）であるが，(3R, 3′R) も，またメソ型も存在している．種によって，(S, S) の多いものも，また (R, R) の多いものもある[51]．また，アスタキサンチンに次いで，カンタキサンチンも広く存在している．

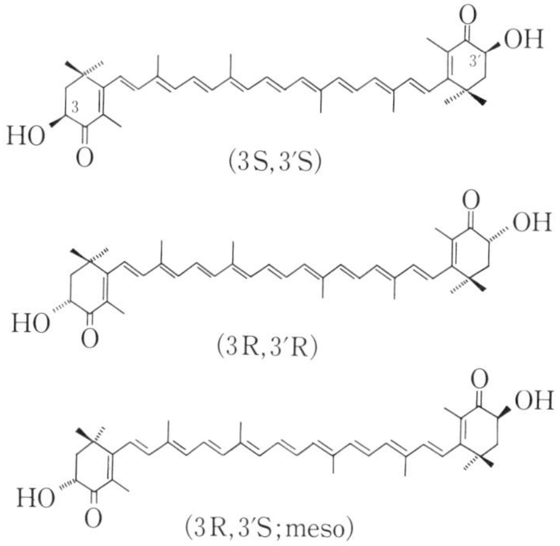

図 1.10 アスタキサンチンの異性体．

Artemia salina[52-61]，これは鰓脚亜綱（Branchiopoda，葉脚類 Phyllopoda ともいう）の無甲目（Anostraca，ホウネンエビ目）(brine-shrimps) に属する．この種の主な色素はカンタキサンチンである．エキネノンも存在する．β-カロチンを与えると，これをエキネノンおよびカンタキサンチンにすることができる．おそらく，β-カロチン──→エキネノン──→カンタキサンチンの経路でカンタキサンチンをつくると思われる（図 1.17 参照）．しかし，カンタキサンチンをさらにアスタキサンチンにすることはできない．ただし，アスタキサンチンの存在を報告している論文もある．存在する地方による差もあるといわれているが，アスタキサンチンは決して主な色素ではない．同じく無甲目に属する *Branchinecta packardi*, *Tanymastix lacunae*, *Chirocephalus diaphanus* でも主なカロチノイドは，カンタキサンチンとエキネノンで，アスタキサンチンは少量しか含まれていない[216]．

Artemia のカンタキサンチンには all-*trans* 型と *cis* 型が存在する．シスト

(cysts）を水につけると，all-*trans*──→*cis* の移行がおこる．これは可逆的で，乾燥すると *cis*──→all-*trans* がおこる．孵化前の時期には，all-*trans*，*cis* の両方のレベルにあまり変化は見られないが，孵化後，*cis* ──→ all-*trans* の移行がおこる．しかし，全カンタキサンチン（すなわち，*cis*＋all-*trans*）量は，一定にとどまっている．その後，藻類で飼育すると，*cis* は減少して見られなくなるが，性分化の時期に，雌に再び現れる．

cis 型は卵母細胞（oocyte）に，またとくに卵黄に存在する．all-*trans* 型も孵化後の飼育で減少するが，見られなくなるということはなく，ずっと存在しつづける[60,162]．

やはり無甲目に属する *Thamnocephalus platyurus*, *Streptocephalus toruicornis*, *S. proboscideus*, *S. dichotomus*, *Branchinella kugenumaensis*, *Branchinecta lindahli* や上述の *Chirocephalus diaphanus* のシスト（cyst）でも，その主なカロチノイドはカンタキサンチンである．そしてそのかなりの量は *cis* 型であり，*S. probascideus*, *B. lindahli*, *C. diaphanus* では all-*trans* 型より *cis* 型の方が多い．*T. platyurus* では，*cis*-カンタキサンチンはノープリウス（幼生）のときに急速に all-*trans* へ移行し，雌では生殖節に局在するようになる．雄でも雌でも，胸肢（thoracopods）や尾肢（cercopods）の橙赤色は all-*trans* カンタキサンチンによるもので *cis* 型は含まれない[61]．

Daphnia[56,62-65]，これは鰓脚亜綱の枝角目（Cladocera，ミジンコ目）（water-fleas）に属する．*Daphnia magna* や *D. pulex* では，主なカロチノイドはカンタキサンチンとエキネノンである．そのほか，β-カロチンも存在する．アスタキサンチンはつくらないと思われるが，存在するとの報告もある．その後，*D. magna* で，(2R)-2-hydroxy-echinenone，(2R)-2-hydroxy-canthaxanthin が分離された[66]．この二つのカロチノイドは，餌からの β-カロチンからつくられると思われる．また，zeaxanthin を (3S, 3′S)-astaxanthin にすることもできるとされている．

このほか，貝虫亜綱（Ostracoda）の *Heterocypris incongruens* にはアスタキサンチンと β-カロチン，*Cyclocypris laevis* には β-カロチン，アスタキサンチン，カンタキサンチンが，また橈脚亜綱（Copedoda）にもアスタキサンチンが報告されている．

蔓脚亜綱（Cirripedia）の *Lepas fascicularis*（エボシガイの類）の卵その他

の組織にカロチノイドが存在し，その主なものはアスタキサンチンである．卵には，アスタキサンチンが青色カロチノプロテインとして存在している．

Idotea（ヘラムシの類）[67-71] これは軟甲亜綱（Malacostraca）の等脚目（Isopoda，ワラジムシ目ともいう）に属する．*Idotea montereyensis* と *I. granulosa* では，いずれも赤色，緑色，褐色の3種類の型について調べられている．この三つの色の型で，いずれも還元型オモクローム（7章参照）の色素細胞が存在する．しかし，オモクロームのほかにカロチノイドも存在している．

I. montereyensis では，この三つの型すべてにおいてクチクラにルテイン，lutein epoxide，カンタキサンチンが存在しているが，色によって次の違いがある．

赤色型：クチクラにカンタキサンチンを多量に含んでいる．
緑色型：クチクラに青色のカンタキサンチン-タンパク質と多量のルテインを含んでいる．このルテインは，タンパク質あるいはリポタンパク質と結合しているかもしれない．
褐色型：これは赤色型と緑色型の中間である．

I. granulosa では，β-カロチン, isocryptoxanthin, エキネノン, 4-hydroxy-4′-keto-β-carotene, カンタキサンチン, isozeaxanthin（図1.4），ルテインが見出される．赤色，緑色，褐色のいずれの型でも，外角皮（exocuticle）にはカンタキサンチンが存在して赤色であり，内角皮（endocuticle）は黄色でルテインを含んでいる．しかし真皮では，三つの色の型の間で次の違いがある．

赤色型：主にカンタキサンチンを含んでいる．
緑色型：緑色のタンパク質複合体を含んでいる．これは，強く結合したカンタキサンチンをもつリポタンパク質で，ルテインも含まれている．
褐色型：上記の緑色タンパク質複合体と，そのほかにカンタキサンチンを含んでいる．

また，いずれの型にもアスタキサンチンは存在しない．

Idotea resecata[69] の個体全体の抽出液は次の10種類のカロチノイドを含んでいる．α-カロチン, β-カロチン, monohydroxy-β-carotene, エキネノン,

4-hydroxy-4'-keto-β-carotene, カンタキサンチン, ルテイン, ゼアキサンチン, violaxanthin (図1.9), flavoxanthin (図1.11). これは他の沿岸性の *Idotea* の類の場合と, 大ざっぱには似ているが, 詳細には違う点が二つある.

(ⅰ) *I. resecata* では α-カロチンと β-カロチンの両方が存在するが (α は少量のみ), *I. montereyensis* と *I. granulosa* では β-カロチンのみ見出され, α-カロチンは見出されない.

(ⅱ) キサントフィルの種類に関して, *I. montereyensis* ではルテインと flavoxanthin, *I. granulosa* ではルテインと isozeaxanthin, *I. resecata* ではルテイン, ゼアキサンチン, flavoxanthin, violaxanthin の4種類が存在する.

一方, この三つの種に共通のカロチノイドは β-カロチン, ルテイン, monohydroxy-β-carotene, エキネノン, 4-hydroxy-4'-keto-β-carotene, カンタキサンチンである. また, *I. resecata* にも, 緑色カロチノプロテインが存在している.

上述のように, *Idotea* にはモノヒドロキシカロチノイドが, 少量であるが存在している. *I. resecata*, *I. granulosa*, *I. montereyensis* では, 全 mono-ol-carotenoids の 86-96% は β,β-carotene-2-ol であり, 4-14% は β,β-carotene-4-ol (isocryptoxanthin) である[70].

外洋性の *Idotea metallica* には, β-カロチン, isocryptoxanthin, アスタキサンチン, idoxanthin (図1.11), crustaxanthin (図1.11) が存在している.

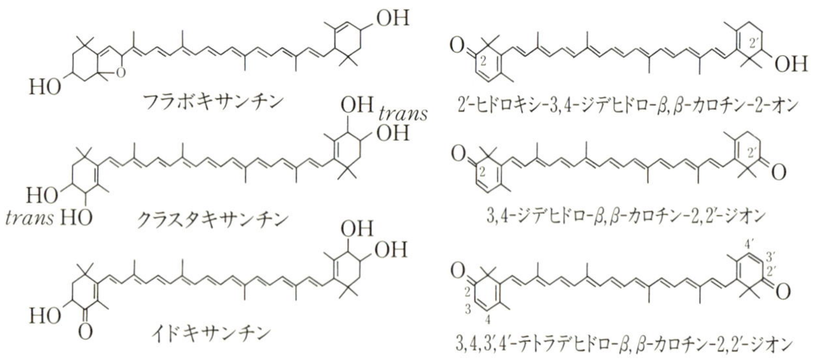

図1.11 節足動物のカロチノイドの例.

アスタキサンチンは餌から由来する．このアスタキサンチンを還元して，idoxanthin と crustaxanthin をつくっていると思われる．沿岸性の種と違って，エキネノン，カンタキサンチン，4-hydroxy-4'-oxo-β-carotene, isozeaxanthin は見出されない[71]（なお，*I. metallica* に関しては 1-5(2)(c)) も見よ）．

Idotea と同様，等脚目のフナムシ（*Ligia oceanica*）でも，皮膚にオモクロームを有しているが，外骨格にはカロチノイドが存在する[72]．

このほか，端脚目（Amphipoda, ヨコエビ目）にはアスタキサンチンやカンタキサンチンが存在する．*Acanthogammarus*（*Brachyuropus*）*grewingkii* では，全カロチノイドのうち，遊離アスタキサンチンは 8.2%, アスタキサンチンエステル（モノおよびジエステルを含む）は 14.9%, アスタキサンチン-グルコシドは 13.7%, アスタキサンチン-グルコシド-エステル（CGE）が 21.6% である．CGE の中の一つは，3-[6-O-(linoleyl-β-d-glyco-pyranosyl)-oxy]-3,3'-dihydroxy-carotene-4,4'-dione（図 1.12）と報告されている[228]．

また，オキアミ目（Euphausiacea）にはアスタキサンチンが報告されている．オキアミでは astaxanthin diester : astaxanthin monoester : free astaxanthin が，4 : 31 : 5 (%) で存在しており，また全体として (S,S) : (R,S ; meso) : (R,R) の比は 9 : 21 : 70 である[51]．

次にエビやカニの類についても，多くの報告がある．エビやカニは甲殻綱，

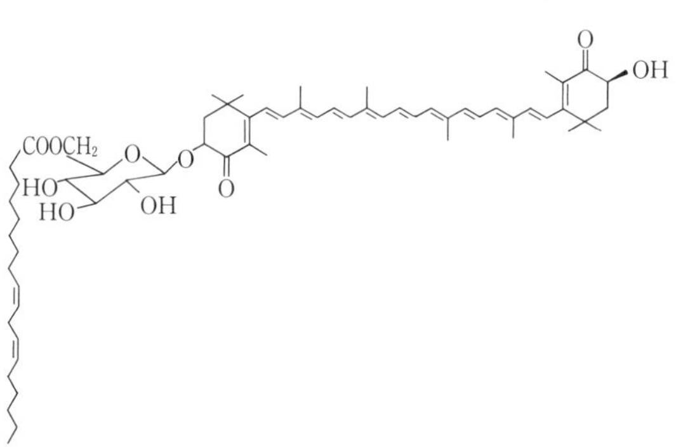

図 1.12　3-[6-O-(linoleyl-β-d-glyco-pyranosyl)-oxy]-3,3'-dihydroxy-carotene-4,4'-dione の構造[228]．

軟甲亜綱の十脚目（Decapoda，エビ目）に属する．エビやカニの類では，内臓，甲殻ともに，その主なカロチノイドはアスタキサンチンである[73]．

Katayama et al.[74,75] によれば，クルマエビ（*Penaeus japonicus*）の甲殻には，アスタキサンチン，phoenicoxanthin（図1.4），dihydroxypirardixanthin，3,3′-dihydroxy-ε-carotene が存在する．このほか，微量のルテイン，ゼアキサンチン，カンタキサンチン，エキネノン，β-カロチンも存在する．一方，内部器官の主な色素は，アスタキサンチン，β-カロチン，エキネノン，カンタキサンチン，3,3′-dihydroxy-ε-carotene である．そして，dihydroxypirardixanthin は少量である（β-カロチンからアスタキサンチンへの代謝経路は図1.17 を見よ）．その後，Katagiri et al.[222] はクルマエビのカロチノイドを表1.2のように報告し，dihydroxypirardixanthin は存在しないとした．

なお，クルマエビの体色は，飼育の際の底質の色彩によって影響をうける[76,77]．

Chien and Jeng[78] は，クルマエビをアスタキサンチンと β-カロチンの種々の濃度を含む飼料で飼育してその体色を調べた．

表1.2 *Penaeus japonicus* の筋肉および甲殻のカロチノイド組成（Katagiri et al.[222]）．

	筋肉	甲殻
総カロチノイド（mg/100 g）	0.66	8.9
β-カロチン	0.7%	4.9%
エキネノン	0.4	1.4
カンタキサンチン	—	0.3
(3 R)-フェニコキサンチン	0.6	12.0
(3 S)-フェニコキサンチン	0.4	13.5
(3 R,3′R)-アスタキサンチン	14.1	13.0
(3 R,3′S；meso)-アスタキサンチン	44.2	22.2
(3 S,3′S)-アスタキサンチン	34.5	17.5
7,8-ジデヒドロ-アスタキサンチン	0.6	0.1
7,8,7′,8′-テトラデヒドロ-アスタキサンチン	0.5	1.8
4,4′-ジヒドロキシ-ピラルディキサンチン	—	—
3,4,4′-トリヒドロキシ-ピラルディキサンチン	—	1.0
3,4,3′,4′-テトラヒドロキシ-ピラルディキサンチン	—	2.4
未同定	4.0	10.0

アスタキサンチン　　　　50，100，200 mg/100 g diet
β-カロチン　　　　　　　50，100，200 mg/100 g diet
algal meat　　　　　　　100 mg pigment/100 g diet

その結果，体色に最大の効果をあげるには，アスタキサンチンを 100 mg/100 g 含む飼料で 1 ヵ月間飼育するのがよいことがわかった．また，アスタキサンチンを与えた場合，生存率も高いという．

なお，クルマエビのアスタキサンチンでは，diesters：monoesters：free form の比は，37：29：13 である．また光学異性 (3R, 3'R)：(3R, 3'S)：(3S, 3'S) の比は 15：40：45 である[154]．

Penaeus monodon (black tiger prawn) の主なカロチノイドもアスタキサンチンである．その diesters：monoesters：free form の比は 27：57：14 である．また，(3R, 3'R)：(3R, 3'S)：(3S, 3'S) の比は，19：45：36 である[154]．種々のカロチノイドを含む餌（β-カロチン，Spirulina，Phaffia，krill oil）で飼育して，体色が調べられている．その結果，Spirulina を 3%含む餌で飼育すると，最も良い結果が得られた．この餌で 1 ヵ月飼育すると良い体色が得られる．Spirulina 中の主なカロチノイドの一つであるゼアキサンチンが急速にアスタキサンチンに変わるとされている[79]．

Penaeus orientalis でも，卵巣の主なカロチノイドはアスタキサンチンで，タンパク質と結合している．次いで，doradexanthin（図 1.5）が多い[44]．また，内臓，甲殻ともに主なカロチノイドはアスタキサンチンである[217]．

Penaeus vannamei の主なカロチノイドもアスタキサンチンである．その diesters：monoesters：free form の比は 33：29：3 である．また，(3R, 3'R)：(3R, 3'S)：(3S, 3'S) は 23：44：32 である．アスタキサンチンに次いで，黄色のキサントフィルが存在する[154]．

Metapenaeus monoceros でも，主なカロチノイドはアスタキサンチンで，その diesters：monoesters：free form の比は 22：38：12 である．また，(3R, 3'R)：(3R, 3'S)：(3S, 3'S) は 20：42：38 である[154]．

Acanthephyra quadripinosa, *Sergestes prehensilis*（サクラエビの仲間），*Sergestes lucens*, *Lucifer* sp. これら十脚類のカロチノイドは約 10 種類存在するが，主成分はアスタキサンチン，アスタキサンチンエステル，その他キサントフィルの一種である[80]．

Pandalus borealis（ホッカイエビの類）の外骨格に，アスタキサンチンの遊離型，モノエステル，ジエステルが存在している．

遊離型では，(3R, 3′R)：(3R, 3′S)：(3S, 3′S)
=25：52：23，
モノエステルでは，(3S)-ol：(3R)-ol=47：53 で，
(3R, 3′R)：(3R, 3′S)：(3S, 3′S)=17：50：33，
ジエステルでは，(3R, 3′R)：(3R, 3′S)：(3S, 3′S)
=12：46：43

である．アスタキサンチンは，*in vivo* acylation 反応において，3R-configuration がいくらか多いと思われている[81]．卵巣の主なカロチノイドもアスタキサンチンであり，タンパク質と結合している．アスタキサンチンに次いで，doradexanthin（図1.5）が存在する[44]．

Nephrops norvegicus（prawn）では，エステル化アスタキサンチンが hypodermis に存在するが，甲殻には見出されない．

Panulirus japonicus（イセエビ）の内部器官には，β-カロチン，β-zeacarotene, isocryptoxanthin, エキネノン，アスタキサンチンが存在している．一方，甲殻には，4-hydroxyechinenone, カンタキサンチン，3-hydroxycanthaxanthin, アスタキサンチンが存在する[82]（β-カロチンからアスタキサンチンへの合成経路は図1.17を見よ）．

Orconectes limosus（=*Cambarus affinis*，アメリカザリガニの類）の甲殻には，β-カロチン，エキネノン，ルテイン（エステル），lutein epoxide, アスタキサンチン（遊離およびエステル），その他キサントフィルの一種が存在している[83]．

Homarus vulgaris（ザリガニの仲間）では，hypodermis にエステル化アスタキサンチンがあり，卵にはエステル化していない色素が存在する．また，甲殻にはエステル化アスタキサンチンは見出されない．おそらく，遊離のアスタキサンチンが存在している．なお，甲殻のカロチノプロテイン，クラスタシアニンについては上述した（1-3(1)参照）．肝すい臓には痕跡の β-カロチンが存在する．

Homarus gammarus では，孵化後カロチノイド濃度は急速に減少する．一方，1個体でのカロチノイド量は，孵化後増加する．孵化前の胚（metanauplius) のカロチノイドの大部分は遊離のアスタキサンチンであるが，幼生期からはエステル化アスタキサンチンの割合が多い．カンタキサンチンを含むがアスタキサンチンの存在しない *Artemia* を餌として *H. gammarus* を飼育しても，幼生にカンタキサンチンは見出されず，アスタキサンチンが見られる．だからこの種では，孵化直後にすでにカンタキサンチンをアスタキサンチンに代謝する能力を有していると考えられる[231]．

Cherax quadricarinatus の雌で，pre-vitellogenic（oocyte diameter, ～300 μm）と late-vitellogenic（oocyte diameter, >1 mm）の時期の間で，種々の器官のカロチノイドが比較検討されている[229]．カロチノイドはクチクラと late-vitellogenic ovary で多く存在している．少量は肝すい臓にも存在しているが，筋肉組織にはカロチノイドはほとんど存在していない．クチクラ中のカロチノイドの大部分は，エステル化アスタキサンチンである．一方，卵巣では，アスタキサンチンは遊離型である．pre-vitellogenic ovary ではアスタキサンチンに次いでルテインが多いが，late-vitellogenic ovary ではアスタキサンチンに次いで β-カロチンが多い．肝すい臓に存在する少量のカロチノイドの中では，β-カロチンの割合が多い．

Emerita analoga（sand crab）の主なカロチノイドは，β-カロチンとアスタキサンチンとその他のキサントフィルで，この三者で全カロチノイドの90%を占めている．第三者のキサントフィルの中では，diatoxanthin（図1.8）が最も多く，全カロチノイドの約20%を占め，一方，ゼアキサンチン，alloxanthin（図1.4）は少量で，それぞれ3%と5%である．このほか，エキネノン，カンタキサンチン，α-カロチンも存在する．アスタキサンチンは摂取した β-カロチンからつくると思われる．なお，卵巣，卵，血液には橙色のカロチノプロテインが存在している[84]．

Carcinus maenas の肝すい臓，卵巣，epidermis には β-カロチン，δ-カロチン，エキネノン，isocryptoxanthin，カンタキサンチン，ルテイン，ゼアキサンチン，flavoxanthin（図1.11），astacene（図1.5）が見出されている．このことは，この種でも，食物由来の β-カロチンからアスタキサンチンへの代謝が存在することを示している[85]．

Paralithodes brevipes（ハナサキガニ）の甲殻には papilioerythrinone（図1.4）が存在している[86]．

Portunus trituberculatus (ガザミ) の卵巣の主なカロチノイドはアスタキサンチンジエステルであり，これは全カロチノイドの90%以上である[44]。

Chinonecetes opilio (ズワイガニ) の卵巣の主なカロチノイドはアスタキサンチンである．これはタンパク質と結合している．次いで，doradexanthin が存在する[44]。

Clibanarius erythropus (= *Cl. misanthropus*, Hermit crab) には，次のカロチノイドが存在している．β-カロチン，エキネノン，カンタキサンチン，phoenicoxanthin (図1.4)，アスタキサンチンエステル，遊離のアスタキサンチン，ルテイン，α-doradexanthin esters，遊離 doradexanthin．おそらく，アスタキサンチンは β-カロチンから次の経路でつくられると考えられる．

β-カロチン——エキネノン——カンタキサンチン—— phoenicoxanthin ——アスタキサンチン．

このほか，

ルテイン——α-doradexanthin ——[β-doradexanthin]——アスタキサンチンの経路も存在することも考えられる[87]．

Pinnotheres pisum (カクレガニの類) には，β-カロチン，エキネノン，monohydroxy monoketo-β-carotene，カンタキサンチン，アスタキサンチンエステル，ルテイン，alloxanthin (図1.4) が存在する．このうち，β-カロチンとルテインと alloxanthin が多い．ルテインと alloxanthin は，それぞれ全カロチノイドの22%，31%を占めている．一方，アスタキサンチンは全カロチノイドの4%のみである[84,88]．

アカテガニ (*Sesarma* (*Holometopus*) *haematocheir*) およびベンケイガニ (*Sesarma* (*Sesarma*) *intermedia*) の甲殻では，両種とも主なカロチノイドは α-doradecin (40-50%) である．次いでルテイン，アスタキサンチンが多く，その他ゼアキサンチン，β-カロチンが存在する．

ベンケイガニの脱皮殻には，ルテイン，ゼアキサンチン，アスタキサンチン，α-doradexanthin (図1.5) の遊離型が存在し，このうちルテインが主成分 (43%) である．

肝すい臓では，アカテガニ，ベンケイガニ両種とも β-カロチンが主成分 (42-60%) で，次いでルテインが多く，そのほか，α-doradecin (図1.5)，flavoxanthin (図1.11) が存在する．また，アカテガニにのみ，エキネノン

(8.5%) が存在している[89].

（d） 昆虫綱　ナナフシ目の *Carausius* （=*Dixippus*） *morosus*（stick insect, インドナナフシ）の成虫および若齢幼虫の主な赤色色素は，3,4,3′,4′-tetradehydro-β,β-carotene-2,2′-dione（図1.11）である．このほか，少量色素として 3,4-didehydro-β,β-carotene-2,2′-dione（図1.11），2′-hydroxy-3,4-didehydro-β,β-carotene-2-one，2′-hydroxy-β,β-carotene-2-one が存在している．また，β,β-carotene-2-ol のエステルおよび β,β-carotene-2,2′-diol のエステルも存在している．さらに，β,β-carotene-2-one および β,β-carotene-2,2′-dione の存在も推定されている．なお，以上のカロチノイドは，食物を通じて摂取した β-カロチンから体内でつくるものである（考えられている合成経路については図1.19を見よ）[90-93]．β-カロチンから，2-hydroxy，2-oxo of the β,β-type への転換そして蓄積は中期の幼虫までで，その後は β,β-carotene-2,2′-diol はさらに脱水素を受けて 3,4,3′,4′-tetradehydro-β,β-carotene-2,2′-dione になる[92]．

Ectatosoma tiaratum には次のカロチノイドが報告されている．β,β-カロチン，β,β-carotene-2-one，β,β-carotene-2,2′-dione，β,β-carotene-2-ol，2′-hydroxy-β,β-carotene-2-one，β,β-carotene-2,2′-diol，3,4-didehydro-β,β-carotene-2,2′-dione（図1.11），2′-hydroxy-3,4-didehydro-β,β-carotene-2-one，3,4,3′,4′-tetradehydro-β,β-carotene-2,2′-dione，β,ε-カロチン，β,ε-carotene-2-ol，β,ε-carotene-2-one．以上のうち β,β-カロチン誘導体は，β,β-カロチンから生ずることが [^{14}C]-β-カロチンの取り込みから証明されている．一方，β,ε-カロチン誘導体は，β,β-カロチンからでなく，おそらく食物からくる β,ε-カロチン由来であると考えられている．もし "half-molecule substrate" hypothesis が成り立つならば，β,β-カロチンの代謝と β,ε-カロチンの代謝は同じ酵素によることも考えられる[94]．

Kayser[93] は，上述の *Carausius morosus* と *Ectatosoma tiaratum* とともに，*Ctenomorphodes brieveus*，*Acrophylla wulfingi*，*Bacillus rossius*，*Sipyloidea sipylus*（いずれもナナフシ目）のカロチノイドを調べ，比較検討している．この6種のうち，*S. sypilus* にはカロチノイドは全く見出されない．残りの5種では，典型的なカロチノイドは，β,β-タイプで 2-hydroxy- や 2-oxo- や 3,

4-didehydro-2-oxo- のものである. β, ε-タイプのものは少量である. C. morosus には, β, ε-タイプは見出されない. 3,4-didehydro-2-oxo-ring をもつカロチノイドはナナフシ目の chemosystematic marker といえるかもしれない. また上記5種の卵で, 主なカロチノイドは β, β-carotene-2-ol である. これが後胚発生期中に β, β-carotene-2,2′-diol と 3,4,3′,4′-tetradehydro-β, β-carotene-2,2′-diol(赤色)になる. この変化とともに平行して, エステル化が進む.

直翅目(Orthoptera)の *Locusta migratoria*(トノサマバッタ)と *Schistocerca gregaria* の皮膚のカロチノイドは, β-カロチンとアスタキサンチンである. アスタキサンチンのほとんどすべては遊離型である. β-カロチンとアスタキサンチンは, 眼と翅にも存在している. 翅のアスタキサンチンはタンパク質複合体として存在している. アスタキサンチンは, 食物由来の β-カロチンから, 体内でつくられると思われる. 脂肪組織, 体液, 産卵直後の卵には β-カロチンのみが存在している[95,96].

以上のほかにも, 直翅目の多くの種で, カロチノプロテインのほか, β-カロチンその他のカロチノイドが存在している[28].

半翅目(Hemiptera=Rhynchota, 有吻目)の異翅亜目(Heteroptera)では, *Eurydema ornata*(ナガメの類), *Nezara viridula*(アオクサカメムシの類), *Perillus bioculatus* に β-カロチンが報告されている. *N. viridula* では, カロチノプロテインとして存在している. また, *Pyrrhocoris apterus* には, lycopene が報告されている. 異翅亜目のカロチノイドは, その餌よりきていると考えられている. *P. bioculatus* の β-カロチンは, その餌のコロラドハムシの体液に由来すると思われる[28](コロラドハムシについては, この項 1-4(6)(d)の"甲虫目"を見よ).

同翅亜目(Homoptera)の *Aphis fabae*(アリマキ科, アブラムシの類)には γ-カロチン(図1.5), isozeaxanthin その他が存在している. *Macrosiphum liliodendri* では, 緑色型とピンク型とで, カロチノイドが比較されている. 緑色型には β, γ-カロチン, γ, γ-カロチンが存在し, ピンク型には lycopene, γ-カロチン, 3,4-didehydrolycopene が存在している. 以上のほか, 同翅亜目のいくつかの種について, カロチノイドが調べられている[28].

次に鱗翅目(Lepidoptera)では, 後述の鞘翅目と違って, 食草のカロチノ

イドを，代謝や変換しないでそのまま貯える傾向がある．ただし，食草のカロチノイドを，(1)特異的に蓄積するもの，(2)特異的に排除するもの，(3)無差別に蓄積するものがある．なお，蝶の成虫の鱗粉の色素としてはカロチノイドは報告されていない．鱗翅目のカロチノイドとして研究されているのは，卵，幼虫，蛹，体液，体内組織についてである．

Pieris brassicae（オオモンシロチョウ，シロチョウ科）の卵は，多量の β-カロチンをもっている．卵の全カロチノイドの約52%は β-カロチンである．また，ルテインは最も多いキサントフィルで，全カロチノイドの約45%を占めている．このほか，5,6-monoepoxy-β-carotene（1-2%）その他が存在している．論文によっては，ルテインモノエステルやゼアキサンチンも報告されている．孵化後，2日目から10日目までの幼虫の主なカロチノイドは β-カロチンである．幼虫に摂取された β-カロチンは，その11.5%が糞粒（frass）として排泄され，残りの88.5%は体内にとどまって，体内の組織に遊離の状態で蓄えられるもの，変化するもの，他の分子と結合するものとなる．このように体内で使用されたり（例えばビタミンAとして），変化したりする量は多く，10日目から17日目の幼虫では，β-カロチンの体内全含量はずっと少なくなる．また，β-カロチンのいくらかは5齢幼虫脱皮殻や蛹の脱皮殻によって失われる．また糞粒の β-カロチンは12日目と22日目に大きなピークがある．なお，カロチノイドの総量は，雄の方が雌より，遊離型，結合型ともに多い．ただし，遊離型の割合は，雄で69.2%，雌で77.29%である[97]．

オオモンシロチョウの幼虫および蛹のカロチノイドの質と量は，ともにメラニン形成の程度と無関係である．しかし皮膚のカロチノイド含量は，光条件下で暗条件下より2倍多くなる．皮膚のカロチノイドは，主に真皮細胞層に存在している．

オオモンシロチョウの幼虫は，その餌から β-カロチン，ルテイン，ゼアキサンチンを選択的に吸収する．β-カロチンとルテインエステルは主に脂肪体に存在している．体液および皮膚では，ルテインが主である[98]．

オオモンシロチョウを天然の餌（食草）および人工飼料で飼育して，蛹と成虫のルテインエステルの脂肪酸が調べられている．その結果，ルテインはジエステルと3′-モノエステルとして存在しており，その脂肪酸は天然，人工の両方の餌で同じで次のようであった：palmitic（16：0），palmitoleic（16：1）， stearic (18：0), oleic (18：1), linoleic (18：2), linolenic acid (18：3). 天然の餌の場合は，linolenate が最も多く，次いで oleate であった。一方，人工飼料の場合は，oleate が主なモノエステルで，linoleate は少なかった。成虫になってからは，天然，人工餌料の両方の場合とも，ルテインジエステルが増加し，モノエステルと遊離ルテインは減少した。なお，ジエステルへの傾向は，雄の方が雌より強い[99]。

(オオモンシロチョウのビリン系色素については 10 章を，またシロチョウ科の成虫鱗粉のプテリジン系色素については 3 章を見よ)。

なお，モンシロチョウ (*Pieris rapae*) の蛹の色には，light green, dark green, light brown, dark brown などが存在するが，これは終齢幼虫が蛹化する環境の光条件によっているとされている。暗黒化では dark brown となる[232]。

Colias philodice (アメリカモンキチョウ，シロチョウ科) には，幼虫に緑色の系統と青色の系統があり，この両系統でカロチノイドが比較されている。緑色系統はカロチノイドによる黄色の卵を産むが，青色系統は食草からカロチノイドを同化できず，無色の卵を産む。寄生蜂 (*Apanteles flaviconchae*) は緑色系統に寄生すると，そのカロチノイドを食べ，黄金色の繭をつくるが，青色系統の幼虫に寄生すると，白色の繭をつくる。

Papilio xuthus (アゲハ，アゲハチョウ科) の蛹の色にはいくつかのタイプがあり，そのカロチノイドが調べられている。非休眠蛹には，大きく分けて緑色型と褐色型がある。一方，休眠蛹には緑色型とオレンジ型がある。オレンジ型は褐色で，その背面がオレンジ色になっているもので，ほとんどの休眠蛹はこのタイプである。この緑色型とオレンジ型の蛹について，その皮膚，体液，脂肪体のカロチノイドが調べられている。緑色型では，β-カロチン，α-カロチン (少量)，ルテインが見出される。一方オレンジ型では，β-カロチン，α-カロチン (少量)，ルテイン，カンタキサンチン，アスタキサンチン (少量)，パピリオエリスリン (papilioerythrin, 図 1.4) (最も豊富)，パピリオエリスリノン (papilioerythrinone＝3-hydroxy-β,ε-carotene-4,3′-dione, 図 1.4) が存在している。この場合，アスタキサンチンは，カンタキサンチン以外の経路でつくられる可能性がある。また，パピリオエリスリンは，アゲハの体内でルテインの酸化によってつくられると思われる[86,100,101]。なお，脂肪体の典型的

なカロチノイドはルテインのモノおよびジエステルである．

Papilio protenor（クロアゲハ）のオレンジ色の休眠蛹にも，カンタキサンチン，アスタキサンチン，パピリオエリスリンが存在している．

Byasa alcinous（ジャコウアゲハ，アゲハチョウ科）では，エキネノン，crustaxanthin（図1.11），カンタキサンチン，β-カロチン，ルテイン，ゼアキサンチンなどが報告されている[102]．このほか，アゲハチョウ科のいくつかの種でも研究されている[102]．

Aglais urticae（コヒオドシ，タテハチョウ科）の蛹は次のカロチノイドを含んでいる：β-カロチン（5.3%），ルテインジエステル（46%），ルテイン-3-モノエステル（7.8%），ルテイン-3′-モノエステル（11.7%），エステル化していないルテイン（29.2%）．なお，エステルをつくる脂肪酸は，リノール酸（18：2）とリノレン酸（18：3）の二つだけである．そしてジエステルでは，ジリノレン酸が70%，リノレン酸-リノール酸が25%，ジリノール酸が5%である．またモノエステルでは，リノレン酸が81%，リノール酸が19%である．また蛹全体として，リノレン酸6.2 µg，リノール酸1.4 µgがルテインと結合している．このような多価不飽和脂肪酸のエステルは，多価不飽和脂肪酸の貯蔵として役立っているかもしれない[103]．

Saturnia pavonia（テグスガの仲間）と *Actia luna*（いずれもヤママユガ科）の触角，脚，頭部，翅，体，繭にα-カロチン，β-カロチン，ルテイン，ゼアキサンチン，flavoxanthin（図1.11）が存在する．量は，翅，体，繭に多い[104]．

Bombyx mori（カイコ，カイコガ科）で，黄色繭の系統の黄色の絹には，ルテイン，taraxanthin（図1.4），violaxanthin（図1.9）が存在する．カロチンも存在するが，キサントフィルに比べて少量である．絹糸腺によるカロチノイドの取り込みは，終齢（5齢）幼虫の中期〜終期におこる．この取り込みは，脱皮ホルモン，幼若ホルモンその他の因子によってコントロールされている[221]．

Actias selene（オオミズアオの仲間，ヤママユガ科）には，philosamiaxanthin（＝3-hydroxy-3′-keto-α-carotene＝3′O-dehydrolutein，図1.4）が存在している[105]．

Philosamia（＝*Samia*）*cynthia pryeri*（シンジュサン，ヤママユガ科）の蛹

の体液に,次のカロチノイドが見出されている:all-*trans* β-carotene, neo-β-carotene, all-*trans* lutein, neo-lutein A, philosamiaxanthin. この philosamiaxanthin は,体内でルテインからつくられると考えられる[106].

Cerula vinula(シャチホコガ科)の蛹に,β,β-carotene-2-ol および β,β-carotene-2-one が存在している. 後者は微量である. 最初,2-ol は 2-one からつくられると考えられたが,現在では,図 1.19 に示すように 2-ol から 2-one がつくられるとされている.

なお,*C. vinula* にも philosamiaxanthin(上述,図 1.4)が存在している[105,107-110,G9].

以上のほか,多数の鱗翅目昆虫のカロチノイドの報告がある[28].

双翅目(Diptera)では,カロチノイドの研究は多くないが,*Rhynchosciara* や *Chironomus* について報告されている.

Rhynchosciara americana の幼虫の体液の主なカロチノイドは,エキネノン,カンタキサンチン,クリプトキサンチン,β-カロチンで,このほか,少量の isocryptoxanthin(図 1.4)と 4-hydroxy-4′-keto-β-carotene も存在する. また,中腸には β-カロチン(最も多い),エキネノン,クリプトキサンチン(+カンタキサンチン)が存在する. 幼虫の体液には黄色のリポタンパク質が存在しており,エキネノン,β-カロチン,クリプトキサンチンが含まれている. 幼虫の体液には菫色のカロチノプロテインも存在しており,エキネノンとカンタキサンチンが含まれている. これらの体液のカロチノプロテインに関して,3 種類の突然変異系統があり,LI, LII, *o* と名付けられている. LI の体液には黄色のタンパク質も菫色のタンパク質も存在しない. LII の体液では,黄色のタンパク質は存在するが,菫色のタンパク質は欠いている. *o* では,黄色のタンパク質を欠いているが,菫色のタンパク質は存在している. なお,体液のカロチノイドは餌からの β-カロチンに由来するもので,おそらく中腸で酸化してつくられると考えられる[111-113].

甲虫目(Coleoptera)では,*Coccinella septempunctata*(ナナホシテントウ,テントウムシ科)について詳しく研究されている. ナナホシテントウの餌は *Aphis fabae*(アブラムシの類)である. また,このアブラムシの食草は *Vicia lutea*(オニカラスノエンドウ)である. *A. fabae* は次のカロチノイドを有している:β-カロチン, diepoxy-β-carotene, γ-カロチン, ルテイン,

flavoxanthin (図 1.11). このうち, γ-カロチンのみは V. lutea に依存しない. ナナホシテントウのカロチノイドの大部分はカロチン類であり, キサントフィルは少量である. キサントフィルのうち, 確実に存在するのはルテインである. 一方, カロチンの方は 18 種類存在する. そのうち, 多量に存在しているのは, torulene (=3′,4′-didehydro-β,ψ-carotene) (図 1.6), β,β-カロチン, β,γ-カロチン, γ,ψ-カロチンの4種類である. 他の 14 種類は, phytoene, phytofluene, ζ-カロチン, 7,8,11,12-tetrahydrolycopene, neurosporene, リコペン, 3,4-didehydrolycopene, 7′,8′,11′,12′-tetrahydro-γ-carotene, β-zeacarotene, γ-カロチン, 7′,8′,11′,12′-tetrahydro-γ,ψ-carotene, 7′,8′-dihydro-γ,ψ-carotene, 3′,4′-didehydro-γ,ψ-carotene, γ,γ-カロチンである. テントウムシのカロチノイドは, 植物から二次的に由来しているものもあると思われるが, 主なもの, とくに γ-環をもつカロチノイドや torulene シリーズのカロチンは餌のアブラムシ中の共生微生物由来のもの, さらにテントウムシ自身に寄生している微生物によるものが多いと考えられている[114-116].

　Leptinotarsa decemlineata (コロラドハムシ, ハムシ科) では, 食草のジャガイモと幼虫, 成虫のカロチノイドが比較されている. ジャガイモの葉には, β-カロチン, γ-カロチン, ルテイン (遊離およびエステル), neoxanthin が見出されている. 一方, コロラドハムシの幼虫には, α-カロチン, β-カロチン, γ-カロチン, ルテイン (遊離およびエステル), ゼアキサンチン, neoxanthin (図 1.9) が存在している. また成虫は, β-カロチン, エキネノン, isocryptoxanthin, カンタキサンチン, ルテイン (遊離およびエステル), neoxanthin を含んでいる. α-カロチンは幼虫および成虫には存在しているが, 食草には見出されていない. しかし, ごくわずかの α-カロチンが食草に存在している可能性はある[117,118].

　Lilioceris lilii (lily beetle) (ハムシ科) の食草である *Lilium hansonii* の葉には, 6種類のカロチノイドが存在している. このうち, 2種類のみ (β-カロチンと 5,6-monoepoxy-β-carotene) が lily beetle の幼虫に存在している. 幼虫にはこの2種類のほか, エキネノン, isocryptoxanthin, isozeaxanthin が存在している. 成虫では, β-カロチンのほか, エキネノン, isocryptoxanthin, isozeaxanthin, カンタキサンチンが存在している. この後者4種類

は食草には存在していないので，lily beetle が摂取したカロチノイドから体内でつくるものと考えられる[119]．

以上のほか，いくつかの甲虫類でカロチノイドの報告がある[28]．

膜翅目昆虫（Hymenoptera）のカロチノイドの研究は少ない．ミツバチ（*Apis mellifera*）の蜂蜜の赤，橙，黄色は，集めた花粉のカロチノイドによっている．蜜蠟はルテインを含んでいる．蜂の類の黄色の体色はカロチノイドによるものではないと思われる．

ある種のアリの卵の色素はカロチノイドを含んでいる．

（7） 棘皮動物門（Echinodermata）

（a） ウミユリ綱（Crinoidea）　ウミユリ類の黄色の主な色素は，後述のアントラキノン系色素である．しかし，カロチノイドも存在している．

Florometra serretissima のカロチノイドの主なものは，エキネノン，カンタキサンチン，アスタキサンチンである．このほか，少量の β-カロチン，ゼアキサンチン，ルテインも存在している．

Lamprometra kluzingeri の calyx（萼部）と arms には，少量のカロチノイドが存在している．体色はアントラキノン（6章参照）によっており，カロチノイドは体色には貢献していない．calyx のカロチノイドは次の通りである：β-カロチン, mono- and diketo-carotenoids, a lutein-like pigment, fucoxanthin-like pigments, acetylenic carotenoids（例えば，alloxanthin, diadinochrome）その他．また arms には，β-カロチン，mono- and diketo-carotenoids, alloxanthin-like pigments, 遊離の didehydroastaxanthin が存在している[120]．

（b） ナマコ綱（Holothuroidea）　*Stichopus japonicus*（ナマコ）の体壁，生殖巣，内臓の主なカロチノイドはカンタキサンチンである．そのほか，フェニコキサンチン，アスタキサンチン, pectenolone（図1.8），7,8,7′,8′-tetrahydroastaxanthin, β-エキネノン，β-カロチンその他が存在する[121,122]．

Stichopus regalis（ナマコの類）では，アスタキサンチンエステルが多く存在し，次いで lutein epoxide, β-cryptoxanthin, mutatochrome（図1.8），isozeaxanthin が存在している[30]．

Holothuria tubulosa（フジナマコの類）には, isozeaxanthin, mutatochrome, 次いで β-cryptoxanthin, ルテイン, lutein epoxide が存在している[30]．

Holothuria leucospilota（ニセクロナマコ）では，精巣や卵巣に β-カロチン，エキネノン，カンタキサンチン，アスタキサンチンが報告されている[223,224]．その後の報告[122]では，内臓，生殖巣，体壁のすべてで，主なカロチノイドはアスタキサンチンであった．体壁では，二番目にカンタキサンチンが多い．このほか，以上の器官で，β-カロチン，β-エキネノン，カンタキサンチン，フェニコキサンチン（図1.4），ルテイン，ゼアキサンチン，ジアトキサンチン，アロキサンチン，4-ケトゼアキサンチン，pectenolone その他が存在する．

Holothuria moebi の体全体での主なカロチノイドは，カンタキサンチンとアスタキサンチンである．このほか，ゼアキサンチン，フェニコキサンチンも存在する．β-カロチンとエキネノンは痕跡である[122]．

Holothuria pervicax の体全体での主なカロチノイドは，アスタキサンチンとカンタキサンチンである．このほか，フェニコキサンチンも存在する．β-カロチンとエキネノンは痕跡である[122]．

Cucumaria lubrica（キンコの類）の赤色の体壁は遊離のアスタキサンチンを多量に含んでいる．*Cucumaria japonica*, *Cucumaria echinata*, *Pentacta australis* の内臓，生殖巣，体壁には cucumariaxanthin A, B, C（図1.24）が存在している．とくに，cucumariaxanthin A が主なカロチノイドである．このほか，カンタキサンチンも多い．これらのほか，7,8-didehydroastaxanthin，アスタキサンチン，フェニコキサンチン，β-カロチン，エキネノンも存在している．興味あることに，cucumariaxanthin A, B, C は，*Cucumaria* や *Pentacta* のような Dendrochirotida（キンコ目）に存在するが，Aspidochirotida（マナマコ目，上記の *Stichopus* や *Holothuria*）には見出されない[122]．

その他，ナマコ綱のいくつかの種でカロチノイドが報告されている[28]．

(c) **ヒトデ綱（Asteroidea）**　多くのヒトデの類にアスタキサンチンが存在している．実は，このアスタキサンチンは，ヒトデ綱で見出されたもので

ある．β-カロチンは一般に少量存在している．このほか，エキネノン，β-クリプトキサンチン，ゼアキサンチン，カンタキサンチン，α-クリプトキサンチン，ルテイン，diatoxanthin（図1.8）も少量存在している．

アスタキサンチンは（3S, 3'S）が主であるが，（3R, 3'S ; meso），（3R, 3'R）も存在している．また，（3S, 3'S）-7, 8-didehydro-astaxanthin，（3S, 3'S）-7, 8, 7', 8'-tetradehydro-astaxanthin，4-keto-mytiloxanthin（図1.13）も少量報告されている．

Asterina panceri（イトマキヒトデの類）の殻の主な色素はアスタキサンチンである．このほか，β-カロチン，エキネノンも存在し，また，flavochrome, flavoxanthin（図1.11），hydroxyflavoxanthin（エステル）も存在している．さらに，asteroidenone（3-hydroxy-4'-oxo-β-carotene）とhydroxyasteroidenone（3, 3'-dihydroxy-4-oxo-β-carotene）も少量存在している．アスタキサンチンは，β-カロチンからエキネノンを経てつくられると考えられている[123]．

Asterina pectinifera（イトマキヒトデの類）と*Asterias amurensis*（ヒトデ

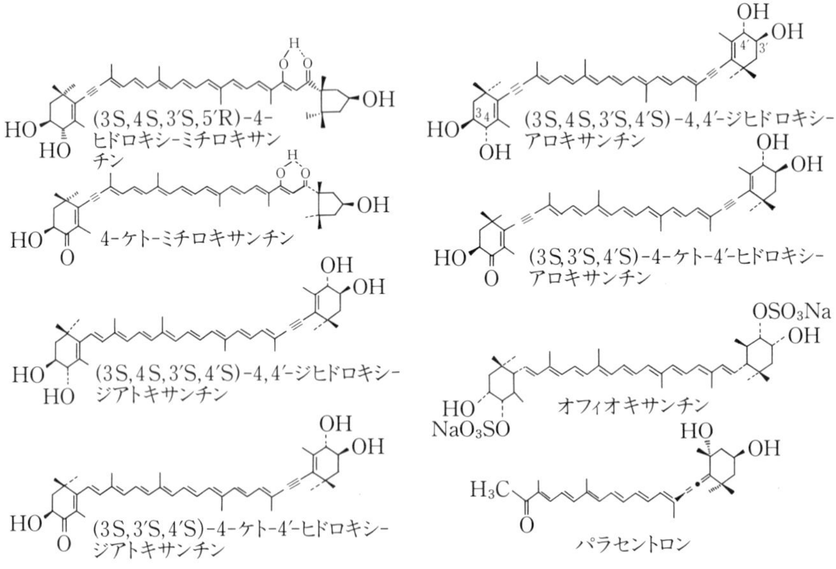

(3S, 4S, 3'S, 5'R)-4-ヒドロキシ-ミチロキサンチン

4-ケト-ミチロキサンチン

(3S, 4S, 3'S, 4'S)-4, 4'-ジヒドロキシ-ジアトキサンチン

(3S, 3'S, 4'S)-4-ケト-4'-ヒドロキシ-ジアトキサンチン

(3S, 4S, 3'S, 4'S)-4, 4'-ジヒドロキシ-アロキサンチン

(3S, 3'S, 4'S)-4-ケト-4'-ヒドロキシ-アロキサンチン

オフィオキサンチン

パラセントロン

図1.13 棘皮動物のカロチノイドの例．

の類）には，主なカロチノイドとして (3S, 3′S)-アスタキサンチン, (3R, 3′S; meso)-アスタキサンチン, (3R, 3′R)-アスタキサンチン, (3S, 3′S)-7,8-didehydro-astaxanthin, (3S, 3′S)-7,8,7′,8′-tetradehydro-astaxanthin が存在している．また，次のような acetylenic carotenoids が存在している：(3S, 4S, 3′S, 5′R)-4-hydroxy-mytiloxanthin, (3S, 4S, 3′S, 4′S)-4,4′-dihydroxy-diatoxanthin, (3S, 4S, 3′S, 4′S)-4,4′-dihydroxy-alloxanthin, (3S, 3′S, 4′S)-4-keto-4′-hydroxy-diatoxanthin, (3S, 3′S, 4′S)-4-keto-4′-hydroxy-alloxanthin（図1.13）．これらのほか，表1.3に示されるように，多くの種類のカロチノイドが存在している[124]．

Asterias rubens（ヒトデの類）では，アスタキサンチンも存在するが，7,8-didehydro-astaxanthin および 7,8,7′,8′-tetradehydro-astaxanthin が存在している[1]（これについてはカロチノプロテイン（1-3(6)）を見よ）．

Ophidiaster ophidianus（チャイロホウキボシの類）の殻の主な色素もアスタキサンチンである．そのほか，cryptoxanthin, β-カロチン, neo-β-carotene B も存在する．さらに，微量の γ-カロチンも見出されている．また，asteroidenone と hydroxyasteroidenone も存在している．アスタキサンチンは，β-カロチンから cryptoxanthin を経てつくられると思われる[125]．

以上のほか，*Astropecten californicus*（モミジガイの類），*Patiria miniata*, *Pisaster ochraceous*, *Pisaster giganteus*, *Astrometus sertulifera* その他にアスタキサンチンが報告されている[28]．

（d）クモヒトデ綱（Ophiuroidea）　いくつかの種でカロチノイドが調べられている[28]．*Ophiothrix* でアスタキサンチンが報告されている．

Ophioderma longicaudum には，ophioxanthin が存在している．その構造は，5,6,5′,6′-tetrahydro-β,β-carotene-3,4,3′,4′-tetrol (4,4′-disulfate)（図1.13）である[126]．

（e）ウニ綱（Echinoderma）　ウニの類の外殻や棘（とげ）には，後述のようにナフトキノン系色素が存在しているが，ナフトキノン系色素とともに，カロチノイドも存在している．生殖巣には，多量のカロチノイドが存在している．前述のヒトデ綱と異なって，大部分の種ではエキネノンを蓄積してい

1 カロチノイド

表1.3 *Asterina pectinifera* および *Asterias amurensis* のカロチノイド組成 (Maoka et al.[124]).

	pectinifera	amurensis
総カロチノイド (mg/100 g)	5.0	2.1
β,β-カロチン	0.7%	0.5%
エキネノン	+	+
カンタキサンチン	0.1	0.2
(3 S)-フェニコキサンチン	0.2	0.2
(3 R)-フェニコキサンチン	+	+
ルテイン A	1.0	1.2
(3 S,4 S,3′R,6′R)-4-ヒドロキシ-ルテイン	1.2	2.2
フリッチエラキサンチン	4.6	3.4
(3 R,3′R)-ゼアキサンチン	0.8	1.0
(3 S,4 S,3′R)-4-ヒドロキシ-ゼアキサンチン	1.1	1.1
(3 S,3′R)-4-ケト-ゼアキサンチン	1.9	2.0
(3 S,3′S,4′S)-イドキサンチン	3.5	3.0
(3 S,4 S,3′S,4′S)-4,4′-ジヒドロキシ-ゼアキサンチン	1.0	1.2
(3 S,3′S)-アスタキサンチン	18.0	20.0
(3 R,3′S；meso)-アスタキサンチン	7.0	8.0
(3 R,3′R)-アスタキサンチン	5.0	4.5
ジアトキサンチン	2.0	3.0
ペクテノール A	0.4	0.4
ペクテノール B	1.6	1.6
ペクテノロン	5.6	5.2
(3 S,4 S,3′S,4′S)-4,4′-ジヒドロキシ-ジアトキサンチン	4.6	3.2
(3 S,3′S,4′S)-4-ケト-4′-ヒドロキシ-ジアトキサンチン	3.8	3.0
(3 S,3′S)-7,8-ジデヒドロ-アスタキサンチン	8.0	10.2
アロキサンチン	0.8	1.0
(3 S,4 R,3′R)-4-ヒドロキシ-アロキサンチン	0.5	0.8
(3 S,4 S,3′R)-4-ヒドロキシ-アロキサンチン	2.0	2.2
4-ケト-アロキサンチン	1.9	1.0
(3 S,4 S,3′S,4′S)-4,4′-ジヒドロキシ-アロキサンチン	1.8	1.5
(3 S,3′S,4′S)-4-ケト-4′-ヒドロキシ-アロキサンチン	1.9	2.0
(3 S,3′S)-7,8,7′,8′-テトラデヒドロ-アスタキサンチン	8.0	8.8
ミチロキサンチン	2.5	2.2
(3 S,4 S,3′S,5′R)-4-ヒドロキシ-ミチロキサンチン	3.0	3.1
4-ケト-ミチロキサンチン	1.0	+
ヘテロキサンチン	1.5	1.0
未同定	2.0	1.4

る．実は，このエキネノンはウニ綱で最初に見出されたものである．
　ウニの生殖巣の主な色素は β-エキネノンと β-カロチンであるが，このほか，β,ε-カロチン，β-isocryptoxanthin，isozeaxanthin，カンタキサンチン，ルテイン，ゼアキサンチン，fucoxanthin，fucoxanthinol（図1.9）などが報告されている．また，$(6'R)$-α-echinenone も報告されている．なお，外殻と棘のカロチノイドのパターンは，その種の生殖巣のカロチノイドパターンに似ているといわれている．
　ウニ綱の中でも，不正形亜綱（Irregularia）の *Clypeaster japonicus*（タコノマクラ類），*Astriclypeus manni*（スカシカシパンの類），*Peronella agassizi*（ヨツアナカシパンの類）では，ナフトキノン系色素はなくて，多量のカロチノイドが存在している．なお，ウニ綱の中でも，アスタキサンチンが主なカロチノイドである種も少数ではあるが存在する．例えば，*Spatangus purpureus*（ブンブクの類）である．
　Paracentrotus（*Strongylocentrotus*）*lividus*（エゾバフンウニの類）の精巣および卵巣の主なカロチノイドはエキネノンである．その量は，卵巣（50%）より精巣（85%）の方が多い．卵では paracentrotin A が最も多く，次いでエキネノンが多い．そのほか，paracentrotin B もかなりの量存在する．paracentrotin A および B は卵巣にもより少ない量存在するが，精巣には存在しない．β-カロチンは，精巣にも卵巣にも卵にも存在する[127]．*P. lividus* には，fucoxanthin, fucoxanthinol（図1.9），paracentrone（図1.13）も見出されており，これらは餌からきた fucoxanthin が吸収され，体内で fucoxanthinol，paracentrone へと変化したと考えられている[128]．
　Strongylocentrotus dröbachiensis（エゾバフンウニの類）の卵巣と卵の主な色素は，エキネノン，次いで β-カロチンである．このほか，ゼアキサンチンと isocryptoxanthin が存在する．微量の fucoxanthin（＋isofucoxanthin）も見出される．一方，腸壁と腸内容物には多量の funcoxanthin（＋isofucoxanthin）が存在し，このほか，少量の β-カロチン，ゼアキサンチン，エキネノンが存在している．しかし，腸壁には，isocryptoxanthin は見出されない．卵巣のエキネノンは，全カロチノイドの 79-85% を占めるが，放卵後は 50% へ落ちる．これは，エキネノンが卵に取り込まれることを示している．エキネノンは，腸壁よりむしろ卵巣で β-カロチンから isocryptoxanthin を経てつくら

れると考えられる[129]．

　Strongylocentrotus purpuratus（エゾバフンウニの類）の卵の主なカロチノイドは，エキネノンとβ-カロチンである．両方合わせて，全カロチノイドの90％以上にもなる．しかし，エキネノン/β-カロチンの比率は1.6-10.9まで変わる．このほか，ゼアキサンチンが全カロチノイドの2-3％存在する．また，isocryptoxanthinと仮に同定された色素が，3.5-5.5％存在する．β-カロチンの中の少量（1-2％）は異性体（おそらく，neo-β-carotene B）である．これらのほか，2種類の色素が痕跡存在する．プルテウス幼生は，卵の上記5種類の色素と同じものおよびその他の2種類の痕跡の色素を含んでいる．卵からプルテウス幼生までの発生過程で，カロチノイドの全量の変化，定性的，定量的変化はおこらない．主なカロチノイドの比率も変わらない[130]．

　*Strongylocentrotus intermedius*の卵および初期プルテウスへの発生の全段階で，唯一のカロチノイドはβ-エキネノンである．このエキネノンはタンパク質に結合しているのでなく，何らかの構成リピドに溶けていると思われる．初期のプルテウスまでの発生途上，このエキネノンは減少する．この減少は，発生の35-40時間で止まる．胚発生期において，エキネノンは抗酸化剤として働いている可能性が考えられている[131]．

　Pseudocentrotus depressus（アカウニの類）でのβ-カロチンの投与実験によると，β-カロチンを与えた場合，β-カロチンが蓄積し，β-isocryptoxanthinが出現し，β-エキネノンが対照実験の6.8倍増加する．一方，カンタキサンチンやアスタキサンチンを与えても代謝されない．ゆえに，β-カロチンはβ-isocryptoxanthinを経て，β-エキネノンへ変換する．そして，β-エキネノンを越えて代謝されない．生殖巣，殻，棘の主なカロチノイドはβ-エキネノンで，全カロチノイドの67.5-69.1％になる．次いで，(6'R)-α-echinenoneが多い．一方，内臓ではfucoxanthin（40.0％），fucoxanthinol（32.3％），β-カロチン（9.2％）が多い[132]．

　*Helicocidaris erythrogramma*と*H. tuberculata*の卵巣および精巣の主なカロチノイドはβ-エキネノンで，そのほか，β,β-カロチン，(6'R)-α-echinenone，α-isocryptoxanthin，カンタキサンチンその他を含んでいる．卵1個についてのカロチノイド含量（mg/egg）は，*H. erythrogramma*の方が*H. tuberculata*の6倍も存在する．しかし，細胞質容量からmg/μlで見ると，

H. tuberculata の方が *H. erythrogramma* より 2 倍多い[133]。

Tripneustes gratila の生殖巣においても，雌雄ともに主なカロチノイドはエキネノン（80%）である．また，β-カロチンが 7-8% 存在する．ゆえに，エキネノンと β-カロチンで全カロチノイドの約 90% を占めている．その他，種々のケト-およびヒドロキシ-カロチノイド（12%）が少量存在している．エキネノンは大部分シス型である．餌から β-カロチンが摂取され，エキネノンに代謝され，生殖巣に貯えられると考えられる．生殖巣の成熟中に，β-カロチンが減少し，エキネノンが増加する．また，エキネノンを越えて酸化されない．エキネノンの生成活性は雌の方が大きく，成熟中にエキネノン合成は増加し，卵巣に貯えられると思われる．なお，少量，微量カロチノイドには次のものが存在する．α-カロチン，isocryptoxanthin, cryptoxanthin, カンタキサンチン，ルテイン，ゼアキサンチン．また，雄にのみ α-zeacarotene, isozeacarotene, 4′-hydroxy-echinenone が，一方，雌には 4-keto-γ-carotene が見出されている．以上の少量カロチノイドのうち，isocryptoxanthin のみが β-カロチン──エキネノンの中間物であり，その他はおそらく餌からのものと思われる[134]。

Tsushima *et al.*[133,136] は，ウニ綱のいくつかの種について，そのカロチノイドを比較検討している．エキヌス目（ホンウニ目）の *Echinostrephus aciculatus*, *Anthocidaris crassispina*（ムラサキウニの類），*Echinometra mathaei*（ナガウニの類），*Temnopleurus toreumaticus*（サンショウウニの類），*Mespilia globulus*（コシダカウニの類），*Pseudocentrotus depressus*（アカウニの類），タコノマクラ目の *Clypeaster japonicus*（タコノマクラの類），*Astriclypeus manni*（スカシカシパンの類），*Scaphechinus mirabillis*, *Peronella japonica*（ヨツアナカシパンの類），ブンブク目の *Brissus agassizi*（オオブンブクの類）の 11 種である．このうち，*P. japonica* 以外の種では，生殖巣，殻，棘を通じて，主なカロチノイドは β,β-カロチン，β-エキネノン，(6′R)-α-echinenone である．*P. japonica* では，主なカロチノイドは (3S, 3′S)-astaxanthin である．次いで，β-エキネノン，β-カロチン，(6′R)-β,ε-carotene，(6′R)-α-echinenone などが存在する．

以上の 11 種では，上述のカロチノイドのほか，20 種類ものカロチノイドが見出され，その中には (4R)-β-isocryptoxanthin, (4S)-β-isocryptoxanthin,

(4′R)-4′-hydroxy-β-echinenone,（4′S)-4′-hydroxy-β-echinenone も含まれる．

一方，内臓では上記11種を通じて，主なカロチノイドは fucoxanthin, fucoxanthinol, fucoxanthinol ester である．このほか，上記のタコノマクラ目の4種，ブンブク目の1種では，β-エキネノン，(6′R)-α-echinenone もまた主なカロチノイドである．さらに，*C. japonicus* と，*P. japonica* では，カンタキサンチン，(3S, 3′S)-astaxanthin も存在する．

Tsushima *et al.*[137] はまた，ウニ綱の中の比較的原始的とされる Cidaroida（キダリス目＝オウサマウニ目，*Prionodidaris baculosa, Phyllacanthus dubius, Eucidaris metularia*）ならびに Diadematoida（ガンガゼ目，*Diadema savignyi*），Arbacioida（アスナロウニ目，*Glyptocidaris crenularis*）と，Echinothurioda（フクロウニ目，*Asthenosoma ijimai, Araeosoma owstoni*）のカロチノイドを比較している．生殖巣では，オウサマウニ目，ガンガゼ目，アスナロウニ目の場合，β,β-カロチンと β-エキネノンが主なカロチノイドで，他に少量のカロチノイドが存在するが，フクロウニ目の場合，β,β-カロチン，β-エキネノン，カンタキサンチン，アスタキサンチン，(6′R)-α-エキネノンが主なカロチノイドで，他に少量のカロチノイドも存在する．内臓では，オウサマウニ目，ガンガゼ目，アスナロウニ目の場合，β,β-カロチン，β-エキネノンのほかにフコキサンチン，フコキサンチノールが主なカロチノイドであるが，フクロウニの場合，主なカロチノイドは β,β-カロチン，β-エキネノン，カンタキサンチン，フェニコキサンチン，アスタキサンチンなどである．また，殻および棘では，オウサマウニ目，ガンガゼ目，アスナロウニ目の場合，主なカロチノイドは β,β-カロチン，β-エキネノン，フコキサンチンであるが，フクロウニ目の場合，β,β-カロチン，β-エキネノン，フェニコキサンチン，アスタキサンチンが主なカロチノイドである．

(8) 原索動物門（Protochordata）

ホヤの類には，次のようなカロチノイドが報告されている：halocynthiaxanthin（図1.9），mytiloxanthin（図1.8），mytiloxanthinone（図1.14），alloxanthin, amarouciaxanthin A, amarouciaxanthin B（図1.14，＝sidnyaxanthin），アスタキサンチン，ルテイン，β-カロチン，α-カロチン，capsanthin（図1.8），capsorubin[28]．

Halocynthia roretzi（マボヤ，アカボヤの類）には，halocynthiaxanthin と mytiloxanthine が報告されている．また，*Sidnyum argus* から，sidnyaxanthin が分離されている[135]．

Halocynthia（*Cynthia*）*papillosa*（マボヤ，アカボヤの類）および *Dendroda grossularia* では主な色素はアスタキサンチンである．

Ascidia virginica，*Styela rustica*（シロボヤ，エボヤの類），*Corella parallelograma*（ドロボヤの類）には多量のカロチノイドが存在するが，一方，*Molgura acculta* や *Ciona intestinalis*（ユウレイボヤの類）ではカロチノイドは少ないとされている．

なお，*Botryllus schlosseri*（イタボヤの類）で，capsanthin と capsorubin（図 1.8）が見出されているという．また，*Botrylloides simodensis*（イタボヤの類）では，ルテイン，アスタシン，アスタキサンチンが報告されている[235]．

（9）　脊椎動物門（Vertebrata）

（a）　魚類　　魚類については，多数の種でカロチノイドが研究されている．カロチノイドは，種によって，皮膚，筋肉，卵，精子，肝臓，眼，脳などに存在している．

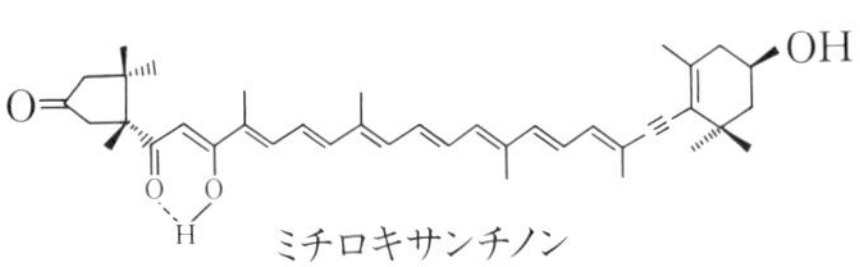

ミチロキサンチノン

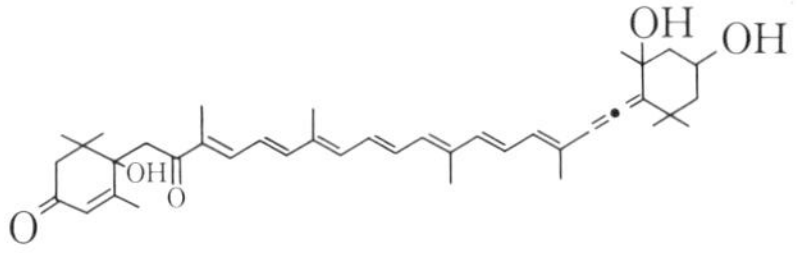

アマロウシアキサンチン A

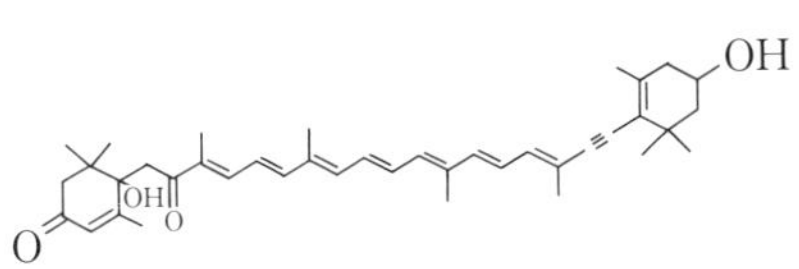

アマロウシアキサンチン B

図 1. 14　ホヤ類のカロチノイドの例．

魚類の主なカロチノイドは，次の通りである：tunaxanthin (A, B, C), zeaxanthin (three stereoisomers), astaxanthin (three stereoisomers), diatoxanthin (図1.8), alloxanthin (図1.4), salmoxanthin (図1.15), α-doradexanthin, β-doradexanthin (図1.5), lutein (A, B, D, F, G), (3S, 3'S, 4'R)-idoxanthin (図1.11).

ニシン目，キュウリウオ科のシシャモ (*Spirinchus lanceolatus*) とキュウリウオ (*Osmerus dentex*) のカロチノイドの主成分はゼアキサンチンで，そのほかに β-カロチン，cryptoxanthin，ルテイン，diatoxanthin，cynthiaxanthin (＝アロキサンチン)，β-カロチンタイプの triol および tetraol, astacene が少量存在している[139]. 同じくキュウリウオ科のチカ (*Hypomesus japonicus*) とシラウオ科のシラウオ (*Salangichthys microdon*) の主なカロチノイドもゼアキサンチン (チカで79.4％，シラウオで91.6％) で，そのほか，β-カロチン，cryptoxanthin，ルテイン，diatoxanthin，cynthiaxanthin, astacene が少量存在する[138]. また，アユ科のアユ (*Plecoglossus altivelis*) やキュウリウオ科のワカサギ (*Hypomesus olidus*) のカロチノイドの主成分もゼアキサンチンである[139]. ゼアキサンチンの存在 (しかも主成分) は，ニシン目のシラウオ科，キュウリウオ科，アユ科，カタクチイワシ科の特徴で，化学的指標と見なし得る．このことは，海産，汽水産，淡水産の如何を問わず，環境要因よりはむしろ生物系統分類の観点，すなわち遺伝的要因が第一義的に重要な要因と考えられる．一方，後述のスズキ魚群 (スズキ目，タイワンドジョウ目，カジカ目，ボラ目) では tunaxanthin (図1.4) の存在 (ある場合は主成分) が化学的指標である[138].

サケ，マスの類 (ニシン目，サケ科) のカロチノイドについては，多くの研究者によって詳細に調べられている (婚姻色については1-6(1)を見よ).

ニジマス (*Salmo gairdneri*) の筋肉および皮膚のピンクないし赤色は，主にアスタキサンチンの蓄積によるものである．このアスタキサンチンは食物由来とされている．人工飼料の場合は，アスタキサンチン含有あるいはアスタキサンチン添加飼料を使用すると，筋肉の着色は増加する．カンタキサンチンも与えると蓄積するが，その吸収はカンタキサンチンよりアスタキサンチンの方が多く，また蓄積もアスタキサンチンの方がよく，着色により効果的である[140-142] (ただし，アスタキサンチンとカンタキサンチンは，与えられた場

合,筋肉に同程度に蓄積するという報告もある[143]）．ニジマスは摂取した β-カロチン，ルテイン，ゼアキサンチンからアスタキサンチンをつくることができない．摂取したアスタキサンチンを皮膚や筋肉に蓄えるのである[148]．この点，後述の金魚とは異なる．また，ニジマスはカンタキサンチンをアスタキサンチンにしないし，またその逆も行わないとされている．

ニジマスのアスタキサンチンを吸収する場所は，中腸（幽門から後腸まで）および後腸であると考えられている[141]．食物中に添加するアスタキサンチン量を増すと，筋肉に蓄積するアスタキサンチン量も増加するが，保持率は低下する[144]．shrimp meal から取り込まれたアスタキサンチンは，皮膚にジエステルとして，筋肉に遊離型として蓄積する．しかし，shrimp meal のアスタキサンチンの大部分は排泄されてしまう．これは，shrimp meal が消化されにくいからである[145]．krill meal（オキアミの類）を含んだ餌を与えた場合も，そのアスタキサンチンが筋肉に蓄積する[146]．red yeast（*Phaffia rhodozyma*）をそのまま与えると駄目だが，前もって red yeast の細胞壁を壊すか，または酵素で部分的に消化するかして与えるとアスタキサンチンが最も能率よく筋肉に蓄積する[147]．

ニジマスの卵には，β-カロチン，γ-カロチン(?)，カンタキサンチン，iso-zeaxanthin（図1.4），ルテイン，アスタキサンチンが存在する．また，精子には，β-カロチン，γ-カロチン(?)，4-keto-4-hydroxy-β-carotene，カンタキサンチン，ルテイン，アスタキサンチンが存在する[149]．筋肉および皮膚の主なカロチノイドは (3S, 3′S)-astaxanthin である．このほか，皮膚では β-adonixanthin (=β-ドラデキサンチン，図1.5)，(3R, 3′S, 6′R)-epilutein，(3R, 3′R)-zeaxanthin が，また筋肉ではルテインとゼアキサンチンが存在する[150]．

ニジマスに合成のラセミ化アスタキサンチンを与えた場合，その皮膚および筋肉のアスタキサンチンの (3S, 3′S)：(3S, 3′R)：(3R, 3′R) の比を調べると次のようであった．

   与えた合成アスタキサンチン　　1：2：1
   筋肉のアスタキサンチン　　　　26：51.5：22.4
   皮膚のアスタキサンチン　　　　35：46.4：17.8

このことは，食物中のアスタキサンチンは，C-3，C-3′ でのエピマー化なしに

直接筋肉に取り込まれていることを示している[151]．また，ニジマスに (3R, 3′R)-astaxanthin, (3R, 3′S)-astaxanthin, (3S, 3′S)-astaxanthin（いずれもジエステル）を与えると，大部分は立体構造をそのまま保って皮膚に蓄積したが，しかし一部は，いずれの立体構造からも，(3R, 3′R)-zeaxanthin (major), and/or (3R, 3′S)-zeaxanthin (medium), and/or (3S, 3′S)-zeaxanthin (minor) へ代謝された．このことは，ニジマスでは，in vivo で 3S ⇌ 3R の転換がおこること，また淡水魚でもアスタキサンチンの還元的代謝がおこることを示している[152]．また，合成 astaxanthin dipalmitate を与えると，筋肉中の (3R, 3′R)-astaxanthin のレベルが増加し，(3S, 3′S)-astaxanthin のレベルが減少する．これは，エステラーゼが (3S, 3′S)-astaxanthin ester より (3R, 3′R)-astaxanthin ester の方によく働くからと考えられている[143]．

ニジマスに Adonis aestivalis（キンポウゲ科，フクジュソウの類）の抽出液を含んだ食物を与え，皮膚のアスタサンチンジエステルの脂肪酸を調べると次のような結果が得られた．

  A. aestivalis のアスタキサンチンジエステルでは C 18：1 (31.8%)，C 16：0 (22.7%), C 14：0 (17.2%), C 18：3 (11.2%), C 12：0 (10.4%), C 18：2 (7.2%) であったが，一方，これを与えられたニジマスの皮膚のアスタキサンチンジエステルでは，C 18：1 (31.8%), C 22：6 (13.1%), C 20：1 (9.6%), C 18：2 (8.3%), C 16：0 (8.1%), C 22：1 (5.7%), C 20：5 (4.3%) であった．

このことは，食物のアスタキサンチンジエステルは吸収され，加水分解されて，皮膚へ運ばれ，再エステル化されることを示している[151]．

Salmo trutta (sea trout，ブラウントラウト) の筋肉には β-カロチン，アスタキサンチン，カンタキサンチンが存在する．アスタキサンチンが最も多量である．肝臓，胃腸，皮膚には，カロチノイドは痕跡である．卵には β-カロチン，ルテイン，taraxanthin（図1.4），アスタキサンチンその他のカロチノイドが存在する[149,153]．

Salmo salar (Scottish salmon または Atlantic salmon) の筋肉の色素はアスタキサンチンである．そのほか，カンタキサンチン，ルテイン，ゼアキサンチンも報告されている．アスタキサンチンは，遊離とエステルの両方存在す

る．人工的に飼育した場合またアスタキサンチンを与えた場合，少なくとも一時的に idoxanthin（図1.11）が筋肉に現れる．これは，アスタキサンチン ⟶ idoxanthin の可能性を示している．天然の *S. salar* の筋肉には idoxanthin はほとんど存在しないとされている[154]．*S. salar* に合成のラセミ化アスタキサンチンを与えた場合，生ずる idoxanthin の立体構造が調べられている．この場合，理論的には（3S, 3'S, 4'S），（3R, 3'S, 4'S），（3S, 3'R, 4'S），（3R, 3'R, 4'S），（3S, 3'R, 4'R）*，（3R, 3'R, 4'R）*，（3S, 3'S, 4'R）*，（3R, 3'S, 4'R）* の8種類が予想されるが，実際は，4'R-構造の4種類（*印のもの）のみが生ずる．これは，*S. salar* では，アスタキサンチン ⟶ idoxanthin の還元は立体特異的であり，C-3/C-3' の立体構造如何にかかわらず，4'R-立体構造を生ずることを示している[154]．

また天然の *S. salar* で，新しく受精した卵の唯一のカロチノイドはアスタキサンチンである．しかし，カンタキサンチン含有の餌料で飼育したものの卵では，カンタキサンチンが唯一のカロチノイドである[155]．

Bell *et al.*（1998）[230]の成体での *S. salar* の実験で，アスタキサンチン（AX）とカンタキサンチン（CX）のうち，AX のみを与えた場合より，CX のみ，あるいは（AX+CX）を与えた場合の方が，筋肉の色素の消失が少ないとされている．

Oncorhynchus nerka（Sockeye salmon，ベニマス，ベニザケ）の筋肉の色はアスタキサンチンによるものである．婚姻色の赤色の皮膚も，アスタキサンチンおよびその誘導体によるものである．この点については 1-6(1) を見られたい．黄色の色膚の変種の場合，筋肉は普通どおり橙赤色でアスタキサンチンを含んでいる．しかし，皮膚には黄色のキサントフィルが見出されている[156]．

Oncorhynchus kisutch（ギンマス＝ギンザケ），*O. gorbuscha*，*O. tschawytscha*，*O. keta*（サケ）の筋肉の主な色素もアスタキサンチンである[157]．*O. keta* の卵巣の主な色素は（3S, 3'S）-astaxanthin である．また，その spawning migration 中，卵巣におけるアスタキサンチンの異性体の比率は，（3R, 3'R）が 11-13%，（3R, 3'S; meso）が 0.6-0.7%，（3S, 3'S）が 86-88% であった．spawning period 中，卵巣の全カロチノイド量は変化するが，上記の比率は一定である[158]．

サケ，マスの類の筋肉の主なカロチノイドとして，アスタキサンチンのほかに，カンタキサンチン，ゼアキサンチン，cynthiaxanthin，β-doradexanthin，diatoxanthin が報告されている．O. nerka や O. kisutch で，アスタキサンチンおよび（あるいは）カンタキサンチンは筋肉のアクトミオシンの表面に存在する疎水性結合部へ，一つの β-ionone ring で結合していると考えられている．β-end group の hydroxy and keto 基は，この結合を強めると思われている[159]．

松野ら[160]は，Oncorhynchus（サケ属）の次の 6 種の表皮のカロチノイドについて報告している．

  シロザケ（O. keta）
  ギンザケ（O. kisutch）
  ビワマス（O. rhodurus）
  サツキマス（O. rhodurus）
  サクラマス（O. masou，降海型のマス）
  ヒメマス（O. nerka，ベニマスの陸封型）

以上のうち，ギンザケのみ海中養殖のもの，他はすべて天然のものを調べた．カロチノイドの組成パターンは，この 6 種で似ており，次のものが含まれている．β-カロチン，エキネノン，cryptoxanthin，カンタキサンチン，tunaxanthin A, B, C, violaxanthin（epoxy-carotenoid（図 1.9）），ルテイン，3′-epilutein, antheraxanthin（epoxy-carotenoid），zeaxanthin, salmoxanthin（epoxy-carotenoid），diadinoxanthin（epoxy-carotenoid），diatoxanthin, cynthiaxanthin, doradexanthin（α と β），アスタキサンチン，その他 triol and tetrol（β-carotene type）．このうち，共通の主成分は zeaxanthin と salmoxanthin である．ただし，ヒメマスの場合のみ，アスタキサンチンが主成分である．salmoxanthin（図 1.15）[219] は，この研究で新しく見出された epoxy-carotenoid で，サケ属に共通に存在し，サケ属の化学的指標として見ることができるかもしれないという．なお，シロザケ，ビワマス，サツキマス，サクラマスでは，筋肉と卵についても調べられたが，いずれもアスタキサンチンが多い．

松野ら[161]はまた，サケ科の次の 7 種で，アスタキサンチンを含まない人工飼料で養殖したものの皮膚とヒレのカロチノイドを報告している．

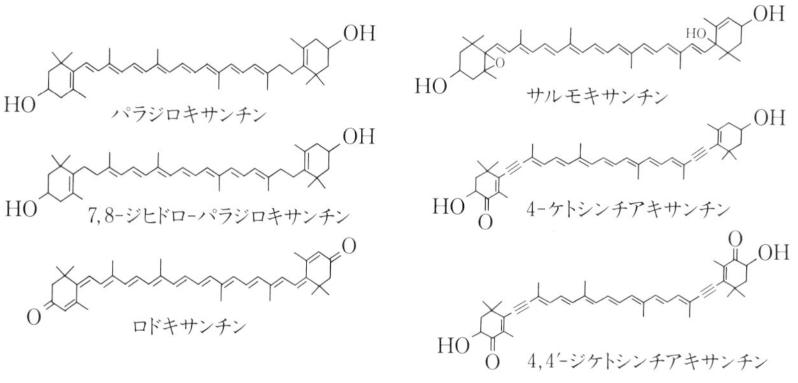

図1.15 魚類のカロチノイドの例.

イワナ (*Salvelinus leucomaenis*)
カワマス (*Salvelinus fontinalis*)
レークトラウト (*Salvelinus namaycush*)
ヤマメ (*Oncorhynchus masou*, マスの河川矮小型)
アマゴ (*Oncorhynchus masou macrostomus*)
ニジマス (*Salmo gairdneri*)
ブラウントラウト (*Salmo trutta*)

この場合,皮膚とヒレのカロチノイドの主成分は,ゼアキサンチンか3'-epilutein かカンタキサンチンであった.アスタキサンチンは痕跡かごく微量であった.

なお Ando and Hatano[225] によれば,chum salmon (*Oncorhynchus keta*), Kokanee (*O. nerka*), masu salmon (*O. masou*) の卵のカロチノイドは,天然のものでは,主成分はアスタキサンチンで,ほかに少量のゼアキサンチン,カンタキサンチンその他が存在している.

コイ目,金魚 (*Carassius auratus*) には次のカロチノイドが報告されている:β-cryptoxanthin, ルテイン A, ルテイン B, ゼアキサンチン, diatoxanthin, α-doradexanthin, β-doradexanthin, アスタキサンチン, idoxanthin, alloxanthin, 4-hydroxy-lutein A, 4-hydroxy-lutein B[163,164]. 金魚に [^{14}C] ルテインあるいは [^{14}C] β-カロチンを与えた場合,^{14}C-アスタキンサン

へ変化する．[^{14}C] ルテインの方がより効果的である．[^{14}C] ルテインの場合, α- and β-doradexanthin も放射活性になる．金魚のアスタキサンチンは，おそらく，ルテイン⟶α-doradexanthin ester⟶β-doradexanthin ester⟶アスタキサンチンの経路でつくられると考えられている[165] (図 1.18).

金魚の皮膚の主なカロチノイドはアスタキサンチンである (皮膚の全カロチノイドの 45%). アスタキサンチンに次いで皮膚に多いのは, 4-keto-lutein である．アスタキサンチンと 4-keto-lutein とで皮膚の全カロチノイドの 90% を占めている．これは両者ともエステルとして存在している．金魚の赤色はアスタキサンチンによっており, 黄橙色は 4-keto-lutein によっている．アスタキサンチンが多いほど, 皮膚の赤色は濃くなる．皮膚の黄橙色は，成長のある時期に短期間見られる一時的な色で，アスタキサンチンより 4-keto-lutein が多いことによっている．皮膚には, 4,4′-diketo-3-hydroxy-β-carotene も少量存在している[166].

金魚は，孵化してから成体までの間に体色を変化する．その間が次のように三つの phase に分けられている．

  1st phase   darkish grey
  2nd phase   partially black and orange
  3rd phase   orange

黒色素胞は, 3rd phase で消失する．カロチノイド組成は各 phase で異なる．ケトカロチノイドは, 2nd と 3rd phase には存在するが, 1st phase には存在しない．3rd phase の主なカロチノイドは 4-keto-3,3′-dihydroxy-α-carotene とアスタキサンチンである[167].

金魚の肝臓には，ゼアキサンチン, β-カロチン, ルテインの遊離型が存在している．ケトカロチノイドは見出されていない．筋肉には，ゼアキサンチンとルテインの遊離型が存在している．ケトカロチノイドは存在しない．一方，卵では，ゼアキサンチンとルテインの遊離型のほかに, 4-keto-4′-hydroxy-β-carotene, カンタキサンチン，アスタキサンチンのようなケトカロチノイドも少量存在する[166].

金魚の一品種のオランダシシガシラを使った実験で, cynthiaxanthin (図1.4) は 4-ketocynthiaxanthin (図 1.15) および 4,4′-diketocynthiaxanthin (図 1.15) へ代謝されることが報告されている．また，多量の cynthiaxanthin

が卵に蓄積している。またこの代謝は，金魚においてゼアキサンチンからアスタキサンチンがつくられるとされていることと一致するものである[168]。

松野・松高[169]はコイ科，フナ属の次の4種と2品種の皮膚のカロチノイドを調べている。

　　キンブナ（*Carassius carassius buergeri*）
　　ニゴロブナ（*Carassius carassius grandoculis*）
　　ゲンゴロウブナ（*Carassius cuvieri*）
　　ギンブナ（*Carassius gibelio langsdorft*）
　　ヒブナ（*Carassius auratus*）
　　オランダシシガシラ（*Crassius auratus*）

このうち，前四者は天然のものであり，後二者は養魚であった。その結果，キンブナ，ニゴロブナ，ゲンゴロウブナ，ギンブナのカロチノイドの主成分はcynthiaxanthin（34-87%）であった。一方，体色の赤いヒブナとオランダシシガシラでは主成分は，α-doradexanthin（27.3%，21.3%），β-doradexanthin（24.2%，7.1%），astaxanthin（15.7%，39.5%），idoxanthin（9.0%，14.1%）で，この4種のカロチノイドで約80%を占めている。この4種のほか，cynthiaxanthin（12.5%，4.7%）も存在する。アスタキサンチンの前駆体と考えられるidoxanthin（図1.11）は，ニゴロブナ以外のすべての魚種で見出された。とくに，体色が赤くてアスタキサンチン含量の高いヒブナとオランダシシガシラでは比較的にidoxanthinが多かった。また，上の魚種のいずれにおいても3′-epiluteinがルテインより多量であった。なお，松野らによって調べられた他の報告も含めてコイ科の17種のすべてにcynthiaxanthinが存在しており，そのうち，12種では第1主成分であった。

　ニシキゴイをコイ用配合飼料に(1)ルテイン添加（Lu区），(2)アスタキサンチン添加（As区），(3)無添加（対照区）で飼育すると，体の赤色はAs区＞Lu区＞対照区の順であった[170]。

Cyprinus carpio（コイ），*Carassius gibelio*，*Sarocheilichthys variegatus*の卵には次のカロチノイドが報告されている[171]：ルテインA，(3R,3′R)-zeaxanthin，diatoxanthin（図1.8），alloxanthin，fritschiellaxanthin（図1.5），(3S,3′R)-4-ketozeaxanthin，(3S,3′S)-astaxanthin，(3S,3′S)-7,8-didehydroastaxanthin，(3S,3′S)-7,8,7′,8′-tetradehydroastaxanthin。

Parasilurus asotus（マナマズ）には，ルテイン A，ゼアキサンチン，alloxanthin, parasiloxanthin（＝3,3'-dihydroxy-7,8'-dihydro-β-carotene，図 1.15），7,8-dihydro-parasiloxanthin（図 1.15）が存在している．そのほか，7',8'-dihydro-β,β-carotene, 7,8,7',8'-tetrahydro-β,β-carotene, 7',8',9',10'-tetrahydro-β,β-carotene, 7',8'-dihydro-β-cryptoxanthin, 7,8-dihydrolutein A, 7,8-dihydro-lutein B, 7',8'-dihydro-diatoxanthin も存在する．しかし，地域差，季節差が見られる．なお，parasiloxanthin と 7,8-dihydroparasiloxanthin は zeaxanthin からつくられる[172-174]．

Ctenopharyngodon idella（ソウギョ）には，β-カロチン，カンタキサンチン，ルテイン，ゼアキサンチン，phoenicoxanthin（図1.4），rhodoxanthin（図1.15），tunaxanthin, α-doradexanthin（図1.5），アスタキサンチンその他が報告されている[175]．

タラ目，*Gadus morhua*（マダラの類）の次の三つのグループについて，卵のカロチノイドが調べられている．グループ I は野生のタラ，グループ II は養殖のタラで，その餌にアスタキサンチンを添加したもの，グループ III も養殖のタラで，餌にアスタキサンチンとカンタキサンチンの両方を添加したものである．卵の全カロチノイド含量は，野生のものでは 0.7 ppm，養殖のものでは 0.5 ppm であった．筋肉は白い．卵はケトカロチノイドとくにアスタキサンチンを蓄積する．アスタキサンチンの代わりに，カンタキサンチンも蓄積されるが，餌にアスタキサンチンとカンタキサンチンの両方が存在する場合，アスタキサンチンの方がよりよく蓄積される．卵にはアスタキサンチンのほかに，エキネノン，4'-hydroxyechinenone, adonixanthin（図1.5），ゼアキサンチンが存在している．このことは，カンタキサンチン，アスタキサンチンの還元代謝が行われることを示している[176]．

スズキ目，*Pagrus major*（マダイ）には，ε-カロチン，3,3'-dihydroxy-ε-carotene, ルテイン，α-doradecin（図1.5），アスタキサンチンが存在している．これらは，ε-カロチンを除いて，いずれもエステルとして存在している[177]．これらのほか，ゼアキサンチンと α-カロチンも報告されている．皮膚の主なカロチノイドはアスタキサンチンである．天然のタイの鮮赤色は，アスタキサンチンエステル（赤色）と α-doradexanthin ester（金色）の混合によると考えられている．内部器官では，エキネノンと 3,3'-dihydroxy-εcaroteneが主な色素で，このほかβ-カロチン，ゼアキサンチン，ルテイン，アスタキサンチンも確認されている[178]．

タイは，食物中のβ-カロチン，ルテイン，ゼアキサンチンをアスタキサンチンにすることができない．しかし，食物として取ったアスタキサンチンは皮膚に移行する．種々の餌（例えば，mysis，小えび，南極オキアミ類，カニ，イカ，crawfish，緑藻）からのアスタキサンチンが皮膚に移行する．精製したアスタキサンチンエステルを与えると皮膚に蓄積する．一部は，β-carotene triol，ゼアキサンチン，3′-epiluteinを経て，tunaxanthin（図1.4）になる．

タイの卵には，皮膚と違って，ケト化-非エステル化-カロチノイドのみ存在する．カンタキサンチンは卵へ移行するが，β-カロチンは卵へ移行しない．krill oilとして与えられたアスタキサンチンエステルは，非エステル化されて，アスタキサンチンとして蓄積する．凍結されたkrill（アスタキサンチンエステルと遊離型を含む）を与えた場合は，卵にはアスタキサンチンのほか，idoxanthin（図1.11）として蓄積し，また痕跡のdoradexanthinも存在する[179]．

Seriola guingueradiate（ブリ）の皮膚の主なカロチノイドはtunaxanthinである．また，卵巣の主なカロチノイドはゼアキサンチンである．アスタキサンチン添加あるいはルテイン添加の餌を与えたブリで，皮膚のカロチノイドが報告されている．テストされたすべての個体で，次の9種類のカロチノイドが見出された：tunaxanthin C, B, A, 3′-epilutein，ルテイン，ゼアキサンチン，diatoxanthin（図1.8），cynthiaxanthin（図1.4），β-carotene triol．アスタキサンチンは，おそらく，β-carotene triol，ゼアキサンチン，3′-epiluteinを経て，tunaxanthin C or Bになる．また，ルテインは，3′-epiluteinを経てtunaxanthin C or Bになる．海産魚の皮膚のtunaxanthinは，おそらく，アスタキサンチン，ルテイン，またおそらくゼアキサンチンに由来すると思われる[180]．

Coryphaena hippurus（シイラ，スズキ目，シイラ科）の卵には，(3R, 6R, 6′R)-3-hydroxy-ε, ε-carotene-3′-oneと(3R, 6S, 6′S)-3-hydroxy-ε, ε-carotene-3′-oneが存在している[172,181]．

Thunnus obesus（メバチ，スズキ目，サバ科，マグロ属）の皮膚から(3R, 6S, 6′R)-3-hydroxy-ε, ε-carotene-3′-oneが分離されている[172]．

Tilapia nilotica(チカダイ, スズキ目, カワスズメ科, カワスズメ属)で,餌中に (3R, 3′R)-astaxanthin, (3R, 3′S)-astaxanthin, (3S, 3′S)-astaxanthin(いずれもジエステル)のどれかを添加すると, いずれの場合も(3S, 3′S)として皮膚に蓄積し, 次いで (3R, 3′R), (3R, 3′S), (3S, 3′S) に代謝される. この三者の存在する比率は 4:1:0.3 となる[152]. なお, 皮膚から(3R, 6R, 6′R)-3-hydroxy-ε, ε-carotene-3′-one および (3R, 6R, 6′S)-3-hydroxy-ε, ε-carotene-3′-one が分離されている[172].

メダカ目, *Prognichthys agooagoo*(トビウオの類, トビウオ科, ダルマトビ属)の卵からも, (3R, 6R, 6′R)-3-hydroxy-ε, ε-carotene-3′-one と (3S, 6S, 6′S)-3-hydroxy-ε, ε-carotene-3′-one が分離されている[172].

キンメダイ目, *Beryx decadactylus*(ナンヨウキンメ, キンメダイ科, キンメダイ属)の皮膚に多量のアスタキサンチンが存在している.

カサゴ目, *Sebastes miniatus*(メバル属), *S. constellatus*, *S. eos*, *S. umbrosus*, *S. carnatus*, *S. flavidus*, *S. atrovirens* の体色とカロチノイドとの関係について報告されている. 体色が赤色から緑黄色になるにつれて, 皮膚のアスタキサンチン量が減り, 中性のキサントフィル(tunaxanthin)が増加する. オリーブ色のものでは, 主な色素は tunaxanthin である[182].

そのほか, *Apodichthys flavidus* の緑色の皮膚に, 3,3′-dihydroxy-ε-carotene が多量に存在している[183].

(b) 両生類 多くの両生類で, リポクローム, カロチノイドの報告があるが, 詳細な研究は少ない.

Czeczuga[184] は有尾類, 無尾類を含めて, 次の 12 種のカロチノイドを調べている: *Triturus vulgaris*(ヨーロッパイモリの類), *Triturus cristatus*, *Salamandra salamandra*(サンショウウオの類), *Bombina bombina*(スズカエルの類), *Pelobatus fuscus*(ニンニクガエルの類), *Hyla arborea*(アマガエルの類), *Bufo bufo*(ヒキガエルの類), *Rana esculenta*(*Rana* はアカガエルやトノサマガエルの類), *Rana ridibunda*, *Rana lessonae*, *Rana temporaria*, *Rana arvalis*. これらの両生類を合わせて見ると, 次のカロチノイドが見出されている: α-, β-, γ-カロチン, β-carotene epoxide, β-carotene diepoxide, β-cryptoxanthin, カンタキサンチン, isocryptoxanthin, ルテイ

ン, lutein epoxide, ゼアキサンチン, isozeaxanthin, tunaxanthin, アスタキサンチン（遊離およびエステル型）, aurochrome（図1.8）, auroxanthin（図1.16）, mutatochrome（図1.8）, mutatoxanthin. このうち, 全種に見出されたのは, β-cryptoxanthin と mutatochrome である. この二つのほか, β-カロチン, β-carotene epoxide, canthaxanthin, ルテイン, ゼアキサンチン, mutatoxanthin, アスタキサンチン（遊離およびエステル型）をもつものが多い.

カロチノイドの存在する組織, 器官としては, 皮膚, 肝臓, 腎臓, 肺臓, 卵巣, 卵, 輸卵管, 精巣, 脂肪体, 筋肉, 舌, すい臓, 眼, 腸などが報告されている. このうち, カロチノイドを多量に含むのは, 種によって異なるが, 一般的に, 肝臓, 脂肪体, 卵巣である. また, 皮膚にも多く含まれる. これらより少ないが, 種によって精巣, 筋肉にも, カロチノイドが存在する. *Rana esculenta* では, 全カロチノイドを μg/g of tissue で表すと, 肝臓43.7, 皮膚13.6, 卵巣26.9, 脂肪体96.4 である[28].

Rana catesbiana では, 鰓神経と座骨神経に β-カロチン, ルテイン, ゼアキサンチンが見出されている.

Atelopus chiriquiensis に, chiriquixanthin A, B, C と名付けられたカロチノイド（図1.16）が報告されている. A, B, C は, C-3 と C-3′ でのキラリティが異なっている. C-6 でのキラリティはルテインと同じで, tunaxanthin とは反対である[28].

Proteus anguineus（有尾類）はユーゴスラビアや北イタリアの地下の暗い洞窟に住むもので, 盲目でほとんど無色である. 腸を除く体に少量の遊離キサントフィルが, また肝臓に少量の β-カロチンが見出されている[28].

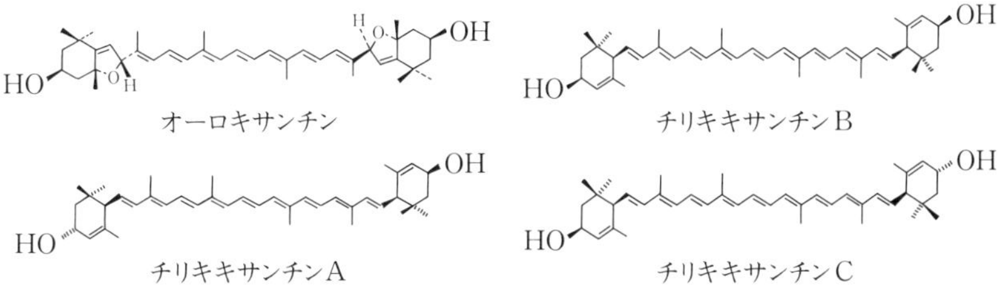

図1.16 両生類のカロチノイドの例.

(c) 爬虫類

カメ目，*Chrysemys scripta elegans*（ミシシッピーアカウミガメ）の眼の近くの赤斑には，おそらく γ-カロチンが含まれている．黄色の背甲には α-カロチンが存在し，腸には α-カロチンとルテインが報告されている[28]．

Clemmys insculpta（イシガメの類）の網膜にはアスタキサンチンが存在している[28]．

Chelonia mydas（アオウミガメの類）の網膜の油滴に ε-カロチンが報告されている[28]．

トカゲ目トカゲ亜目，*Lacerta*（コモチカナヘビの類）や *Chamaeleon*（カメレオン）には，古くからカロチノイドの存在が報告されている．あるアフリカのカメレオン（種名は不明であるが，*Lacerta viridis* と考えられている）では，皮膚にはキサントフィルが多く（約 2 mg/100 g），その約 3/4 はエステル化されており，主なものはルテインである．1/4 は遊離のキサントフィルである．また，β-カロチンは少量である．一方，卵では遊離のキサントフィルが多く，エステル型は見られない．β-カロチンは微量である．また肝臓では，全カロチノイドは多量存在し（約 10 mg/100 g），その半分は遊離のキサントフィルで，1/3 はカロチンである．1/6 はキサントフィルエステルである．皮膚にはカロチノイドのほか，メラニン，グアニンその他赤色色素も存在している．カロチノイドは黄色色素胞に含まれている（色素胞については 1-7 を見よ）．

Czeczuga[185] は，*Lacerta agilis*, *Lacerta vivipara*, *Anguis fragilis* のカロチノイドを報告している．*L. agilis* では，肝臓と腸にカロチノイドが多く，β-カロチン，β-carotene epoxide, β-cryptoxanthin, ルテイン, lutein epoxide, ゼアキサンチン，アスタキサンチンが存在している．*L. vivipara* でも，カロチノイドは肝臓と腸に多く，β-カロチン，β-carotene epoxide, β-cryptoxanthin, canthaxanthin, lutein epoxide, ゼアキサンチン，アスタキサンチン, astaxanthin ester, diatoxanthin が見出されている．また，*A. fragilis* では，カロチノイドは皮膚と腸に多く，β-カロチン，β-carotene epoxide, β-cryptoxanthin, canthaxanthin, ルテイン, phoenicoxanthin, アスタキサンチン, astaxanthin ester, mutatoxanthin が存在している．

Ctenosaura hemilopha（spiny-tailed iguana）には，大腿（もも）の腹側の皮膚に一列の femoral pits（大腿孔）がある．雄の場合ここにワックス性分泌

物があり，これがエステル化キサントフィルを含んでいる．このキサントフィルは taraxanthin（＝lutein-5, 6-epoxide（図 1.4））に似たものとされている[G2]．

ヘビ目，*Crotalus terrificus*（ガラガラヘビ）や *Xenodon merremii* の血液にキサントフィルが存在するが，カロチンは見出されないと報告されている[28,G2]．

(d) **鳥類**　鳥類では，一般に羽毛や体内組織に，カロチンよりもむしろキサントフィルを蓄積する傾向がある．例外は，網膜の油滴におけるカロチンの存在である．また，卵の黄味やくちばし，皮膚にもキサントフィルのほかにカロチンも存在する．

Phasianus colchicus（キジの類）の赤色の顔面乳頭突起にアスタキサンチンが蓄積している．脚の皮膚には，カンタキサンチン，アスタキサンチン，lutein epoxide, β-cryptoxanthin などが存在する[186]．キジの仲間の肉垂の赤色色素はアスタキサンチンとされている．

Meleagris gallopavo（シチメンチョウ）の飼育したもので，カロチノイドが報告されている．肉垂の皮膚には，遊離のアスタキサンチン，アスタキサンチンエステル，β-cryptoxanthin, β-カロチンが存在している．脚の皮膚では，ε-カロチン，ゼアキサンチン，β-cryptoxanthin, lutein epoxide が見出されている[186]．

Gallus domesticus（ニワトリ）の卵の黄味の主な色素はルテインとゼアキサンチンである．その比は 4：1 である．そのほか，cryptoxanthin と β-カロチンも報告されている[187]．また，すねとかぎ爪の黄色もルテインである．脂肪組織や外耳にもルテインが存在する．Matsuno et al.[188] はニワトリの卵の黄味のカロチノイド組成を表 1.4 のように報告している．盛んに産卵しているニワトリの脚や耳は色が薄い．これは，キサントフィルが卵の黄味の方へいくからであるとされている．また，雌の若鶏より雄の若鶏の方が，脚，耳，脂肪の黄色は濃い．

また，ニワトリの肝臓には次のカロチノイドが存在する：β, β-カロチン，β-cryptoxanthin, canthaxanthin, ルテイン A, (3R, 3′R)-ゼアキサンチン，(3R, 6′R)-3-hydroxy-β, ε-carotene-3′-one, (3R, 6′S)-3-hydroxy-β, ε-

carotene-3′-one, (6S, 6′S)-ε,ε-carotene-3,3′-dione, (6R, 6′S ; meso)-ε,ε-carotene-3,3′-dione[172].

ニワトリの"とさか"の皮膚には, lutein epoxide, アスタキサンチンエステル, β-カロチン, 遊離のアスタキサンチンなどが存在する. 脚の白色の皮膚には, lutein epoxide, カンタキサンチン, 遊離のアスタキサンチン, アスタキサンチンエステル, ゼアキサンチンなどが, また一方, 脚の黄色の皮膚には, β-カロチン, カンタキサンチン, アスタキサンチンエステル, β-cryptoxanthin, lutein epoxide などが存在している[186].

Ajaia ajaja (roseate spoonbill) は米国の南方からパタゴニアにわたって (熱帯および亜熱帯地方) 存在し, 美しいピンクとバラ色の羽毛をもっている. その色素はカンタキサンチンとアスタキサンチンで, 前者の方が多い. 血漿は赤橙色をしており, その主な色素はカンタキサンチンである. 血漿の全カロチノイドの約3/5はカンタキサンチンであり, 約1/3はアスタキサンチンである. また, 約3%は phoenicopterone (図1.4) である. これら血漿のカロチノイドはリポタンパク質と結合しているとされている. また, カンタキサンチンとアスタキサンチンは赤血球の膜にも存在しているとされている. ただし血漿に存在する量の20%に過ぎない[189]. また, ピンク色の tibotarsal skin (脛付節の皮膚) は, 主な色素としてアスタキサンチンをもっている. なお, 肝臓

表1.4 ニワトリの卵の黄味のカロチノイド組成 (Matsuno *et al.*[188]).

総カロチノイド (mg/100 g)	2.5
(3 R)-β-クリプトキサンチン	17.3%
(6′RS)-β,ε-カロチン-3′-オン	0.5
カンタキサンチン	17.9
(6 S,6′S)-ε,ε-カロチン-3,3′-ジオン	0.5
(6 S,6′R ; meso)-ε,ε-カロチン-3,3′-ジオン	0.3
(6 R,6′R)-ε,ε-カロチン-3,3′-ジオン	0.2
(6 R,3′R,6′R)-3′-ヒドロキシ-ε,ε-カロチン-3-オン	0.4
(6 S,3′R,6′R)-3′-ヒドロキシ-ε,ε-カロチン-3-オン	0.6
(3 R,6′R)-3-ヒドロキシ-β,ε-カロチン-3′-オン	1.3
(3 R,6′R)-3-ヒドロキシ-β,ε-カロチン-3′-オン	1.2
ルテイン A	40.0
(3 R,3′R)-ゼアキサンチン	19.8

にもアスタキサンチンが存在している．

フラミンゴのカロチノイドについては，多くの研究がなされている．フラミンゴは，世界に次の 6 種が生存している．

Phoenicopterus ruber：これは American flamingo とか，West Indian flamingo あるいは Caribbean flamingo と呼ばれている．*Phoenicopterus* の中では，最も鮮やかなヴァーミリオン色を呈している．

Phoenicopterus antiquorum (= *P. ruber roseus*)：これは，Greater flamingo と呼ばれている．また，European flamingo ともいわれている．分布が広く，海岸線や他の塩水地方を移動する．

Phoenicopterus chilensis：Chilean flamingo と呼ばれている．上記の *ruber* より小さく，また色も薄い．"red-kneed" といわれる．

Phoenicoparrus andinus：Andean flamingo と呼ばれている．次の種と比較して，この種の特徴は，three-toed, yellow-legged and dark-eyed（三つのあしゆび，黄色の脚，暗色の眼）である．アンデスの山の湖に存在している．

Phoenicoparrus jamesi：これは James' flamingo と呼ばれる．*andinus* と同様，three-toed and dark-eyed であるが，*andinus* と違って，red-legged である．これもアンデスの山の湖に存在する．

Phoeniconaias minor：Lessor flamingo とか small African flamingo と呼ばれる．

P. ruber の羽の主なカロチノイドはカンタキサンチンである．量的にそれに次いで，アスタキサンチンと phoenicoxanthin（図 1.4）が存在している．tarsal integument（付節部の皮膚）にアスタキサンチンが存在している．これは，短鎖脂肪酸でエステル化している．血漿の主なカロチノイドはカンタキサンチンである．このほか，echinenone, phoenicopterone も存在している．しかし，アスタキサンチン，phoenicoxanthin は存在しない．肝臓の主なカロチノイドは phoenicopterone である．このほか，カンタキサンチンも多い．なお，アスタキサンチンは存在しない．卵の主なカロチノイドはカンタキサンチンで，エキネノン様カロチノイドも少量存在する．アスタキサンチンは存在しない．crop milk（素囊乳）は鮮赤色で，pH はほとんど中性，グルコースと脂質を含んでいる．この赤色はカンタキサンチンによる．このほか，

hydroxyxanthophyll 少量と β-カロチン痕跡も含まれている[190-193]．

P. antiquorum の羽および血液の主なカロチノイドはカンタキサンチンである．このほか，羽にも血液にも，アスタキサンチン，phoenicoxanthin，phoenicopterone が存在している[193,194]．

P. chilensis においても，羽および血液の主なカロチノイドはカンタキサンチンである．羽ではこのほかに，アスタキサンチン，phoenicoxanthin，phoenicopterone も少量存在している．血液にも，少量の phoenicopterone，β-カロチンと痕跡のアスタキサンチンおよび phoenicoxanthin が見出される．また，脛節の皮膚にもエステル化アスタキサンチンが存在している[193,194]．

P. andinus の羽の主な色素もカンタキサンチンである．量的にこれに次いで，アスタキサンチン，phoenicoxanthin が存在する．脛節（黄色）の皮膚の主なカロチノイドは，カンタキサンチンである．このほか，fucoxanthin ester およびエキネノンも存在している．アスタキサンチンも見出されている．下顎の皮膚（橙赤色）にはアスタキサンチンエステルが多量に存在している．付節の皮膚にはエキネノンが報告されている．血漿の主なカロチノイドもカンタキサンチンである．このほか，β-カロチン，echinenone も存在している．しかし，血液にはアスタキサンチン，phoenicoxanthin は見出されない．肝臓の主なカロチノイドは β-カロチンである．カンタキサンチン，echinenone はこれより少なく，また，アスタキサンチンは見出されていない．一方，ε-カロチンが報告されている[191,193-195]．

P. jamesi でも，羽の主なカロチノイドはカンタキサンチンである．これに次いで，アスタキサンチンおよび phoenicoxanthin が存在する．脛節の皮膚（赤色）の主な色素はカンタキサンチンである．fucoxanthin ester も存在している．また，論文によっては，アスタキサンチン，phoenicoxanthin，echinenone も見出されている．血漿の主なカロチノイドもカンタキサンチンである．このほか，echinenone も存在している．肝臓の主なカロチノイドは β-カロチンである．カンタキサンチンはこれより少なく，また少量の echinenone も存在している．しかし肝臓にはアスタキサンチンは存在しない．なお，付節の皮膚に echinenone が見出されている[191,193]．

P. minor の羽の主なカロチノイドもカンタキサンチンである．このほか，アスタキサンチン，phoenicoxanthin が存在する．みずかきの皮膚には，アス

タキサンチンエステルが最も多量（約94%）に存在する．このほか，phoenicoxanthin が少量存在する．カンタキサンチンは存在しない．血液の主なカロチノイドはカンタキサンチン（80%以上）で，このほか，β-カロチン，echinenone, phoenicoxanthin が存在している．また，痕跡のアスタキサンチンも存在している[193,194]．

南米の北部および北東部，ベネズエラからブラジルの一部にかけての海岸地方に生息している *Guara rubra*（scarlet ibis, ショウジョウトキ）の血漿（赤橙色），脚の皮膚（赤色），肝臓，羽の主なカロチノイドはカンタキサンチンである．血漿では63%，付節の皮膚では90%がカンタキサンチンである．羽にはカンタキサンチンのほかに，guaraxanthin と名付けられたカロチノイドと少量のアスタキサンチンが存在している．卵には phoenicopterone が存在する．血漿中のカロチノイドの半減期は短く，カロチノイドを含まない餌を与えると，4日で半分になる．この点，前述のアメリカフラミンゴ（*P. ruber*）では，9ヵ月たたないと半分にならない．なお，血漿中のカロチノイドは高密度リポタンパク質と結合している．また，white ibis（*Guara alba*）では．血漿にカロチノイドを少量しか含んでいない．

フウキンチョウの類の *Piranga ludoviciana*（Western Tanager）と *Piranga olivacea*（Scarlet Tanager, アカフウキンチョン）は，両種ともスカーレット色の頭をもっている．*P. ludoviciana* の頭部の羽毛の赤色色素は rhodoxanthin（3-ケトカロチノイド，図1.15）である．一方，*P. olivacea* の頭部と体の赤色の羽毛の色素はカンタキサンチンなどいくつかの4-ケトカロチノイドである．アカフウキンチョウの雄は北米東部で繁殖期を過ごす．そのとき，羽毛は赤色である．繁殖期が終る頃，オリーブ色に換羽し，冬期は南米北部で越冬する．その間ずっとオリーブ色である．一方，雌は年中オリーブ色である．雄の赤色の羽毛の主な色素はカンタキサンチンであり，オリーブ色の羽毛の黄色色素はイソゼアキサンチンである[236]．*Piranga* の他の種も4-ケトカロチノイドをもっているとされている[196]．

Tetrao urogallus（オオライチョウの類）の雄の supraocular combs のカロチノイドが調べられている．(3R, 3′R)-zeaxanthin とルテインに富む餌を与えると，カロチノイド含量は多くなり，その42%は (3S, 3′S)-アスタキサンチンジエステル，19%はアスタキサンチンモノエステル，8%は遊離型アスタキ

サンチンであった．このことは，(3R,3′R)-zeaxanthin が (3S,3′S)-astaxanthin に代謝されたことを示している[197]．

gentoo penguin の egg yolk は，鮮赤色をしている．このペンギンは krill (*Euphausia superira*，オキアミの類) を食べているが，このクリルの油がアスタキサンチンを含んでいる．

Fulamrus glacialis (フルカモメの類) の前胃に濃い琥珀色の油が相当多量に蓄えられており，巣が妨害されると，悪臭のある液を口から出す．この油はまた，ひな鳥に対する食物でもある．この油にはカロチンが含まれている．キサントフィルは，遊離型もエステル型も存在していない．

Anas platyrhynchos domestica (domestic duck) の脚の皮膚には β-カロチン，lutein epoxide，アスタキサンチンエステルが見出されたが，家禽でなく野生の *A. platyrhynchos* の脚の皮膚では lutein epoxide，ゼアキサンチン，カンタキサンチンが見出されている[186]．

Anser anser domestica (domestic goose) の脚の皮膚には，アスタキサンチンエステル，β-カロチン，β-cryptoxanthin その他が存在している[186]．

Perdix perdix (ヨーロッパヤマウズラ) の脚の皮膚では，lutein epoxide，アスタキサンチンエステル，カンタキサンチン，β-cryptoanthin が見出されている．筋肉にはアスタキサンチン (遊離)，ルテインエポキシド，アスタキサンチンエステルが，肝臓にはアスタキサンチン (遊離)，β-クリプトキサンチン，ルテインエポキシド，アスタキサンチンエステル，カンタキサンチンが，また腸にはルテインエポキシド，アスタキサンチン (遊離)，β-クリプトキサンチン，カンタキサンチンが存在する[186]．

アトリ科の *Loxia curvirostra* (イスカ) や *Pinicola enucleator* (ギンザンマシコ) では，雌の成鳥および若鳥の羽毛は greenish や brownish yellow であり，性的に成熟した雌は赤色となる．*L. curvirostra* の雌および若い雄の羽毛の主なカロチノイドは ε,ε-carotene-3,3′-dione (I) と 3-hydroxy-ε,ε-carotene-3′-one (II) であり，そのほか，ルテイン (III) の少量を含んでいる．雄の若鳥では，これらのほか，3-hydroxy-echinenone (IV) の少量も存在している．一方，赤色の成熟雄では，その主なカロチノイドは (IV) である．このほか，少量のアスタキサンチン，アドニルビン，カンタキサンチンが存在する．さらに少量の (I)，(II)，(III) も見られる．

また P. enucleator では，雌の成鳥と雄の若鳥の羽毛の主なカロチノイドは(III)と 3′-dehydrolutein(V)であり，少量の(I)，(II)およびゼアキサンチン，β-クリプトキサンチンも存在する．一方，成熟雄（赤色）の羽毛では，主なカロチノイドは(IV)であり，そのほか，少量のアスタキサンチン，アドニキサンチン，アドニルビン，ゼアキサンチン，エキネノンならびに(I)，(III)，(V)が存在する．さらに，少量の 3-hydroxy-β, ψ-carotene-4-one，3-hydroxy-β, ψ-carotene-4-one（5′-cis）と推定されるカロチノイドが存在している[233]．

なお，Loxia leucoptera，L. polygina のカロチノイドについても調べられている[233]．

同じアトリ科のヒワ属の Carduelis chloris，C. sinica，C. spinoides，C. carduelis，C. spinus，C. citrinella およびカナリア属の Serinus serinus，S. pusillus の羽の主なカロチノイドも ε, ε-carotene-3,3′-dione と 3-hydroxy-ε, ε-carotene-3′-one である．C. chloris，C. sinica，C. spinoides の羽毛には，このほかルテインも見出されている[234]．

以上のほか，多くの鳥類の種でカロチノイドが研究されている．参考書[28]や総説[236]を参考にされたい．例えば次の属の鳥である：Bombycilla（レンジャクの類），Chloris（カワラヒワの類），Chloronerpes，Colaptes，Emberiza，Euplectes，Laniarius，Megaloprepia，Motacillia（セキレイの類），Oriolus，Parus（シジュウカラやヤマガラの類），Pharomacrus，Phoenicircus，Picus，Ptilinopus，Ramphocelus，Rhamphastos，Rupicola（イワドリの類），Chlorospingus，Vermivora（ムシクイの類），Poephlia，Carpodacus（マシコの類），Pipra（マイコドリの類），Xipholena その他．

(e) 哺乳類[28]　哺乳類は一般に，体色としてカロチノイドを使用していない．同じ脊椎動物でも，上述のように魚類や鳥類では，カロチノイドによる体色が豊富であり，また両生類，爬虫類でもカロチノイドによる体色が少なくない．しかし，哺乳類にはそのような鮮やかな体色はない．哺乳類の体色の色素は，広い意味でのメラニン系の色素（4章参照）である．またサルのしり，その他哺乳類の皮膚で赤いところは，たいてい，血液中のヘモグロビンの色である．

しかし哺乳類でも，体内にはカロチノイドが存在している．その体内分布と程度は，種によってさまざまある．カロチノイドが存在する種では，一般に，血漿，脂肪組織，黄体，肝臓，副腎などに存在する．一方，種によっては，このような器官，組織にも，カロチノイドはほとんど蓄積しないか，あっても痕跡である（ブタ，ウサギ，ヒツジ，ヤギなどがこの例である）．

次に，カロチノイドを体内に多少とも蓄積する種においても，その方法は次の二つに分かれる．

（ⅰ）食物中のカロチンとキサントフィルとを区別なく，両方を蓄積するもの．

（ⅱ）主にカロチンを蓄積するもの．

（ⅰ）のグループに属するものはヒトやキツネであり，（ⅱ）に属するものはウシやウマである．なお，哺乳類は一般に，摂取したカロチノイドを体内で酸化的に代謝して，その種特有のカロチノイドにすることはしない．ただし，適当な構造のカロチノイドをビタミンAにする能力はもっている．

ウシによって選択的に蓄積されるカロチノイドは主にβ-カロチンである．このほか，少量のα-カロチン，さらに少量のキサントフィルが存在する．血漿，黄体，体脂肪，乳の脂肪，肝臓，副腎がカロチノイドを含んでいる．摂取したβ-カロチンは，血漿中の高密度リポタンパク質（HDL）によって運搬される．バターの脂肪および血漿は，緑草を食べる春の季節にとくに黄色になる．卵巣の組織は，精巣より4倍カロチノイドに富んでいる．また，雌の血漿は雄の血漿よりカロチノイド含量が3-4倍多い．

ウマは餌の植物から相当多量のカロチンを蓄積する．蓄積はカロチンに選択的で，血漿，脂肪，肝臓，腎臓，副腎，脾臓，肺臓にキサントフィルは見出されない．摂取されたカロチンの70-80%は糞に排泄される．一方，摂取されたキサントフィルは60%が排泄され，残りは消化管で破壊されるという．

ヒトは，上述のようにカロチンとキサントフィルの両方を蓄積する．女性は男性よりも，皮膚により多くのカロチンをもっている．

クジラはカロチノイドをあまり蓄積しないグループであるが，krill（オキアミ）のような小形海産物甲殻類を多量に食べるものは，その stomach oil に多量のアスタキサンチンと微量のβ-カロチンを含んでいるといわれている．blue whale で，ときどき "red" specimen が報告されており，そのような場

合，赤色カロチノイドが体内組織に存在しているという．

1-5 動物におけるカロチノイドの起源と代謝

この章の1-1の最初のところで述べたように，動物はカロチノイドの C_{40} の鎖を体内で合成していない．動物のカロチノイド色素のもとは何らかの植物，微生物に由来している．食物や共生微生物からのカロチノイドを，選択的にせよ非選択的にせよ，そのまま蓄積するか，それを代謝して，その動物のカロチノイドとして蓄積するか，動物の種類，グループによって異なっている．

(1) 体色の摂取カロチノイド依存

多くの動物で，食餌中のカロチノイドの有無や量によって，動物の色が変わる例が知られている．以下，そのような例をいくつかあげることにする．

(a) ある種のヒドラで，その橙赤色は，その餌の甲殻類のカイムシの類によっている．このカイムシの類は，そのカロチノイドを植物から得ている．

(b) *Actinia equina*（ウメボシイソギンチャクの類）は，触手が赤色である．また，母体発芽をする．若いときに母体から離して，無色の魚の筋肉で飼育すると，生長するが無色となる．しかし，料理した小エビの卵で飼育すると赤色となる．同様に，触手を切断して再生させるときに，小エビの卵を与えるか，無色の筋肉(魚)を与えるかによって，再生触手は赤色あるいは無色となる．

(c) *Daphnia*（ミジンコ）や *Simocephalus*（オカメミジンコの類）の仲間の，あまり色がついていない種で，ときどき鮮赤色のものが存在する．これは，体内のバクテリアに存在する赤色カロチノイド（rhodoviolacin）によるという．ミジンコの卵に，緑色色素が存在する場合がある．これは赤色ヘモグロビンによって隠されていないときに見える．この緑色色素は，餌の藻類からのカロチノイドによっているともいわれる（なお，ミジンコのヘモグロビンについては，10章参照）．

(d) **食肉性の昆虫**で，植物からのカロチノイドを，動物性の食物から間接的に摂取しているものや，また共生微生物由来のカロチノイドを利用しているものもある．

分布の項（1-4）で述べたように，テントウムシの橙色あるいは赤色のカロチノイドは，一部はその餌のアブラムシに由来する．アブラムシは，そのカロチノイドを植物から得ている．また，アブラムシ体内に存在する微生物由来のものもあると考えられている．さらに，テントウムシのカロチノイドは，テントウムシ体内の共生微生物に由来するものがあるとされている．

半翅目の *Perillus bioculatus* は potato-beetle (*Leptinotarsa decemlineate*, コロラドハムシ)の黄色の血液を吸ってカロチンを得ている．コロラドハムシは，そのカロチンを食草の葉から得ている．

(e) **マスの類**を淡水エビ(ヨコエビの類)で飼育すると，マスの赤斑は保持されるが，獣肉で飼育すると，この赤斑は消失する．

また，*Gadus morhura* (タラの類)は，黄色がかっているか，緑色がかっているか，銀灰色である．ところが，ノルウェー海域では赤橙色の沿岸種がある．これは，海岸のカニ (*Carcinus maenas*) を食べるからで，タラはこのカニのアスタキサンチンによって色がつくという[G3]．

(f) **フラミンゴの羽**のカロチノイド量が食餌によって変化するのは，よく知られている．イギリスの動物園で，フラミンゴの羽の色は，水中の青緑藻によっていることが古くから見出されている．ロンドンの動物園では，軟体動物(主にトリガイの類やイガイの類)を含む餌で飼育すると以前から書かれていた．東京の上野動物園でも，「図解まるごと上野動物園」の中に，フラミンゴは動物園で飼育されると，羽が次第に色あせてくるので，カロチノイドを含む餌を与えていると書かれている[198]．

(g) **カナリヤ**をキサントフィルを含まない餌で飼育すると，羽は白色になる．カナリヤは，餌に加えたカロチンを吸収できない．餌にキサントフィルを加えると，上記の白い羽は再び黄色になる．同様に，パプリカで飼育すると赤い羽毛になる．パプリカは capsanthin を含んでいる．もし，rhodoxanthin を

与えると，さらに濃い赤色になるという．

(h) **ニワトリの卵**の黄味の濃さが，餌によって変わることはよく知られている．

gentoo penguin の卵の黄味は，上述したように鮮赤色である．これはこのペンギンが食べている krill（オキアミ，甲殻類）のオイルがアスタキサンチンを含んでいるからである．

(i) **ウシのバター**の色が，食べた餌によっていることもよく知られている．

(2) 代謝経路

上述したように，多くの動物が，食物経由で摂取したカロチノイドを代謝して，自分のカロチノイドをつくり蓄積している．この代謝は，イヨノン環の水酸化，さらにケト化と酸化反応が多いが，また還元的代謝も動物体内で少なくないことがわかっている[199]．

(a) **エキネノン，カンタキサンチン，アスタキサンチンなどの合成** 多くの動物は，摂取した β-カロチンからカンタキサンチンやアスタキサンチンなどをつくっている．その代謝経路を，節足動物や棘皮動物その他での報告によってまとめると図 1.17 のようになる．動物の種類によっては，アスタキサンチンは，またルテインからもつくられる．この経路を，節足動物や金魚などでの報告からまとめると図 1.18 のようになる．この経路には，papilioerythrine も含まれ，また philosamiaxanthin, papilioerythrinone も関連している．図 1.17 の例として，クルマエビ，イセエビ，ガザミ *Clibanarias erythropus* などエビやカニの類では，β-カロチン ⟶ echinenone ⟶ canthaxanthin ⟶ phoenicoxanthin ⟶ アスタキサンチンの経路でアスタキサンチンを合成する[71,75,220]．クルマエビでは，この経路のほかに，zeaxanthin ⟶ β-doradexanthin ⟶ アスタキサンチンの経路も存在していると考えられている[217]．

両生類でも，図 1.17 で，β-カロチン ⟶ isocryptoxanthin ⟶ isozeaxan-

80　1　カロチノイド

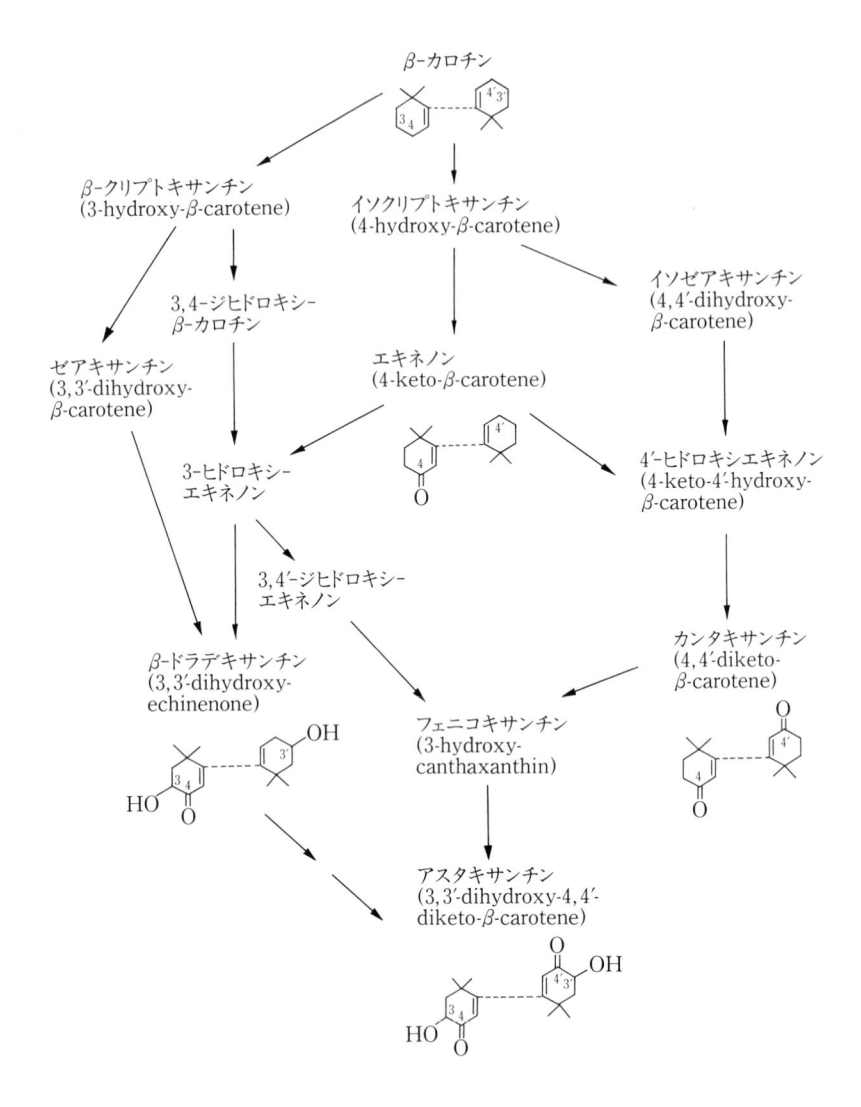

図 1.17　β-カロチンからアスタキサンチンへの経路．これは種々の動物での報告をまとめた推定経路である．しかし個々の反応に関する酵素の研究は少なく，不明の点も多い．例えば，4-ケトになる前に，4-ヒドロキシになるかどうかなど，確定していない[237]．

thin ⟶ canthaxanthin ⟶ アスタキサンチンの経路が考えられている. また, ゼアキサンチンが, β-カロチンから β-cryptoxanthin を経てつくられるとされている[184].

アメリカフラミンゴ (*Phoenicopterus ruber*) のカロチノイドについては, 分布の項 (1-4 参照) で述べたように, 羽の主なものはカンタキサンチンで, そのほかアスタキサンチン, phoenicoxanthin も存在する. また血漿や肝臓には, phoenicopterone が存在する. 食物からの β-カロチンは, 肝臓で 4-モノケトおよび 4,4′-ジケト誘導体に酸化される. β-カロチンからアスタキサンチンへの経路は, 図 1.17 で, β-カロチン ⟶ echinenone ⟶ canthaxanthin ⟶ phoenicoxanthin ⟶ アスタキサンチンと考えられている. また, α-カロ

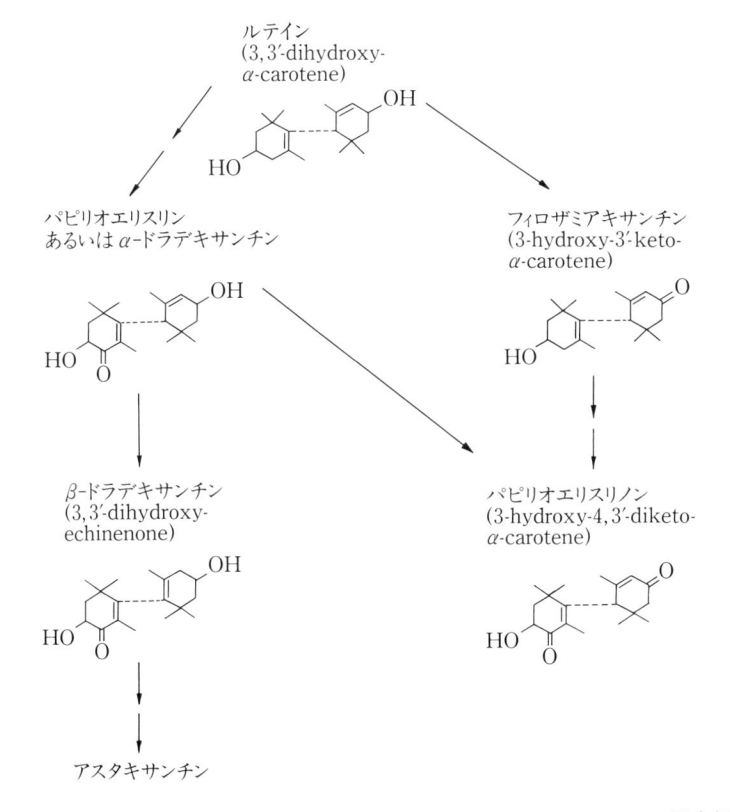

図 1.18 ルテインからパピリオエリスリノン, アスタキサンチンへの推定経路.

チン⟶ phoenicopterone の経路も存在する[193]。このほか，摂取した β-カロチンの一部は，腸でゼアキサンチンになるが，これはおそらく，腸内共生微生物によると思われている[192]。

金魚は，図1.18のルテイン⟶α-doradexanthin⟶β-doradexanthin⟶アスタキサンチンの経路でアスタキサンチンを合成している。いずれもエステルとして見出される。また，ゼアキサンチン⟶アスタキサンチンも可能とされている。しかし，β-カロチン⟶アスタキサンチンは，あってもわずかである。エキネノン，カンタキサンチンは代謝されない[165]。

分布の項で述べたようにウニの類には β-エキネノンが広く存在しているが，これも図1.17の β-カロチン⟶β-イソクリプトキサンチン⟶β-エキネノンの経路でつくられると思われる。また，種によっては，(6'R)-β, ε-カロチン⟶α-イソクリプトキサンチン⟶(6R)-α-エキネノンの経路も報告されている[132,136]。

また，ヒトデの類では β-カロチン⟶β-cryptoxanthin⟶3-hydroxy-echinenone⟶3,3'-dihydroxyechinenone⟶アスタキサンチンの経路が報告されている[123,125]。

(b) 2-ヒドロキシ- および 2-オキソカロチノイドの生成　昆虫のナナフシ目のいくつかの種，また鱗翅目のシャチホコガ（*Cerura vinula*）には，2-ヒドロキシ- および2-オキソ-カロチノイドが存在している（分布の項を見よ）。これらの誘導体を生成する経路は，Kayser[92,G9]によって図1.19のように考えられている。また，甲殻類，等脚類の *Idotea resecata*（ヘラムシの仲間）にも 2-hydroxy-β-carotene が見出されている。

なお，*Daphnia magna*（ミジンコ）には，(2R)-2-hydroxy-echinenone, (2R)-2-hydroxy-canthaxanthin が報告されている[66]。

(c) 還元代謝　種々の動物，とくに魚類で，カロチノイドの還元代謝が報告されている。魚類には，ティラピア，ニジマス，金魚などの淡水魚も，ブリ，シイラ，トビウオ，サバなどの海産魚も含まれている。これらの還元代謝の経路は，図1.20のようである。この図からわかるように，β-エンドグループの4位のケト基の還元がおこっている。

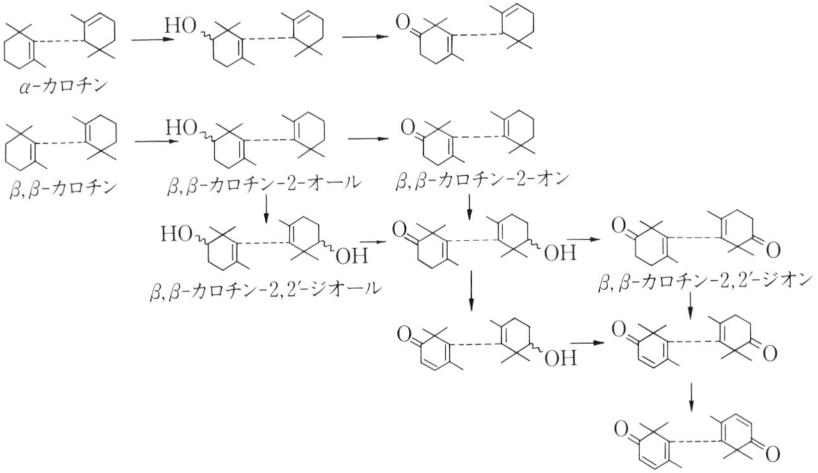

図 1.19 昆虫における 2-ヒドロキシおよび 2-オキソカロチノイド生成の推定経路[90-93,107-110,G9].

　成熟したニジマスにアスタキサンチンあるいはカンタキサンチンを与えて，11ヵ月間，7-9°Cで飼育すると，カンタキサンチンの場合，肝臓と皮膚にカンタキサンチン，エキネノン，β-カロチンが見出された．一方，アスタキサンチンの場合，卵巣と精巣に，対照実験やカンタキサンチン投与の場合よりも，より高濃度のレチノール$_2$が見出された．ゆえに，ニジマスでは，カンタキサンチン──エキネノン──β-カロチンの経路のほかに，生殖巣では，アスタキサンチン──ゼアキサンチン──レチノール$_2$の経路が存在すると考えられる．カンタキサンチンは，β-カロチン経由でレチノール$_1$，レチノール$_2$を生ずると思われる．ゆえに，ニジマスで，アスタキサンチン，カンタキサンチン，ゼアキサンチンは，プロビタミン A になり得ると考えられる[140,200]．

　また，ブリその他において，図 1.21 の経路によって，アスタキサンチンおよびルテインからツナキサンチンが生ずるとされている．

　また，ポリエン鎖の二重結合の還元については，ナマズで図 1.22 に示されるような反応が報告されている[172]．

　ここでカロチノイドとプロビタミン A との関係について触れておく．以前から，ビタミン A の前駆物質として β-カロチン，α-カロチン，cryptoxanth-

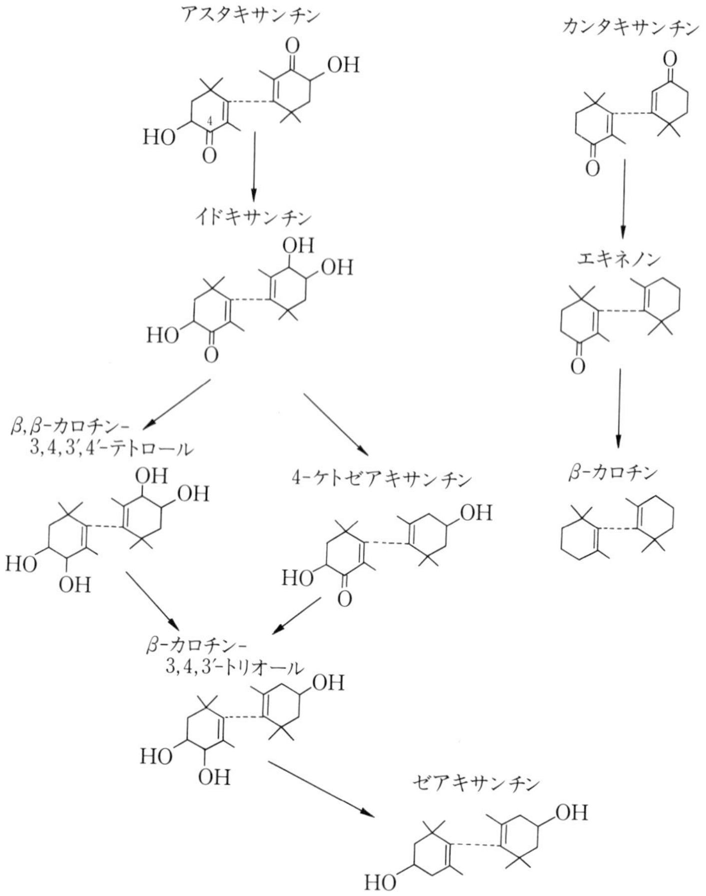

図 1.20 魚類におけるカロチノイドの還元代謝の例.

in (3-oxy-β-carotene), echinenone (4-keto-β-carotene) が知られているが,上述のようにカンタキサンチンはエキネノンを経て β-カロチンとなり,したがってビタミン A になり得る.また上述のように,アスタキサンチンはゼアキサンチンになるが,このゼアキサンのほか,ルテイン,ツナキサンチンもデヒドロレチノール,レチノールになることが報告されている.したがって,プロビタミン A として働き得るカロチノイドの範囲が広まってきている[154,199].

カロチノイドの還元代謝は,魚類のみでなく,無脊椎動物においても報告さ

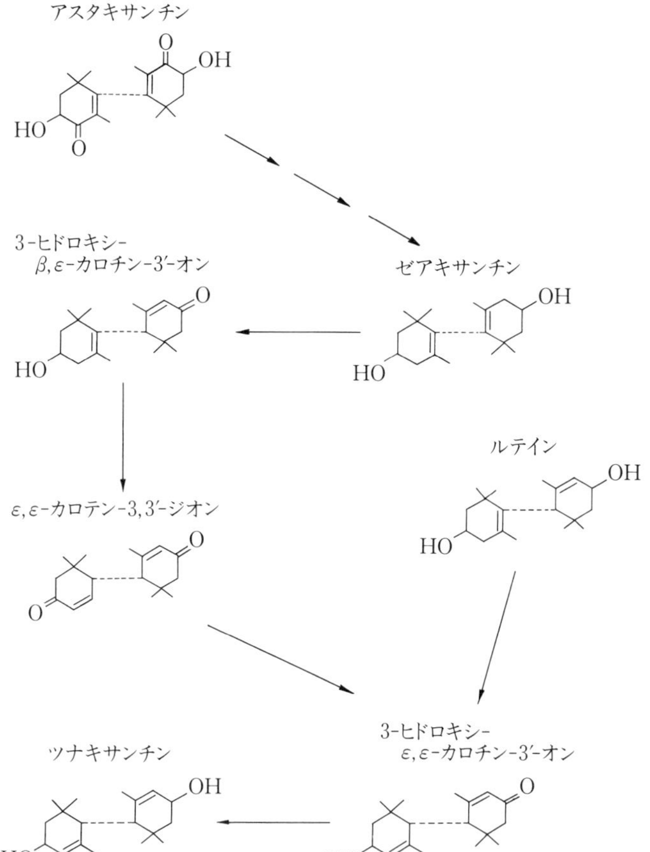

1-5 動物におけるカロチノイドの起源と代謝 *85*

図 1.21 魚類におけるアスタキサンチン，ルテインからツナキサンチンへの推定経路．

れている．例えば，軟体動物の *Fusinus perplexus*（ナガニシの類）では図1.23に示される反応が報告されている[34]．

上述したように，ナマコの類のキンコ目にはククマリアキサンチン A, B, C が見出されているが，これらは図1.24のようにカンタキサンチンの還元によってつくられると考えられている[122]．

Idotea（ヘラムシの類，甲殻類の等脚目）では，アスタキサンチン⟶

図1.22 魚類カロチノイドにおけるポリエン鎖二重構造の還元の例[199].

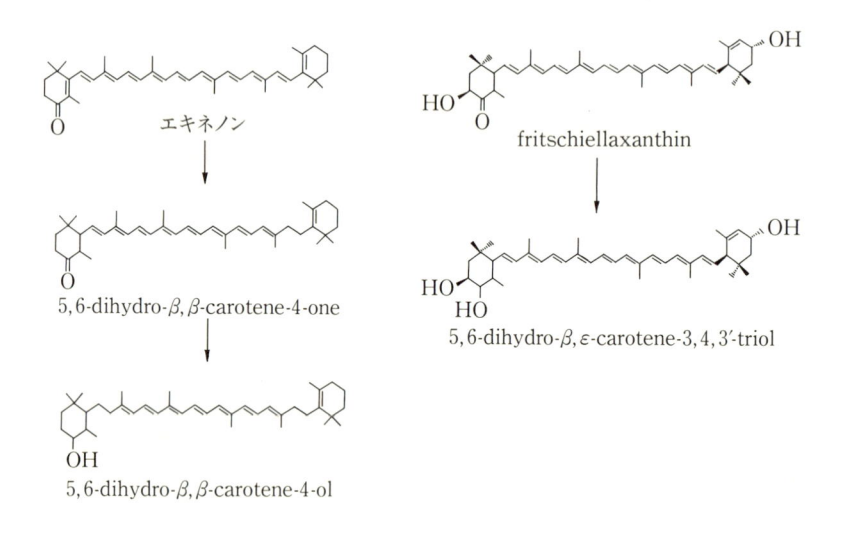

（構造図：アスタキサンチン → ゼアキサンチン → パラジロキサンチン → 7,8-ジヒドロ-パラジロキサンチン）

（構造図：エキネノン → 5,6-dihydro-β,β-carotene-4-one → 5,6-dihydro-β,β-carotene-4-ol）

（構造図：fritschiellaxanthin → 5,6-dihydro-β,ε-carotene-3,4,3'-triol）

図1.23 *Fusinus perplexus* におけるエキネノンとフリッチエラキサンチンの還元代謝[34].

idoxanthin（図 1.11）⟶ crustaxanthin（図 1.11）の還元代謝が報告されている．この属にも，海洋性の種と沿岸性，潮間帯性の種があるが，海洋性の *Idotea metallica* の食物は主として動物性で，この動物由来のアスタキサンチンを還元してイドキサンチン，クラスタキサンチンにしている．一方，沿岸性，潮間帯性の種では，食物は植物性であり，そこからの β-カロチンを酸化して，エキネノン経由，カンタキサンチンをつくり，これを体色に利用している．*I. metallica* では，カロチノイドの体色への寄与は少ないとされている[71]．

（d）その他の代謝 図 1.25 は，両生類における，β-カロチンから mutatochrome および aurochrome の合成経路である[184]．また Matsuno *et al.* (1986) は，ニワトリでのルテイン A, zeaxanthin, β-cryptoxanthin から，β, ε- および ε, ε-カロチノイドへの変換過程を報告している[188]．

分布の項で，*Mytilus edulis*（二枚貝のイガイの類）に allenic carotenoids, acetylenic carotenoids の存在について述べたが，図 1.26 は peridinin から hydrato-pyrrhoxanthinol への代謝経路を示している[41]．

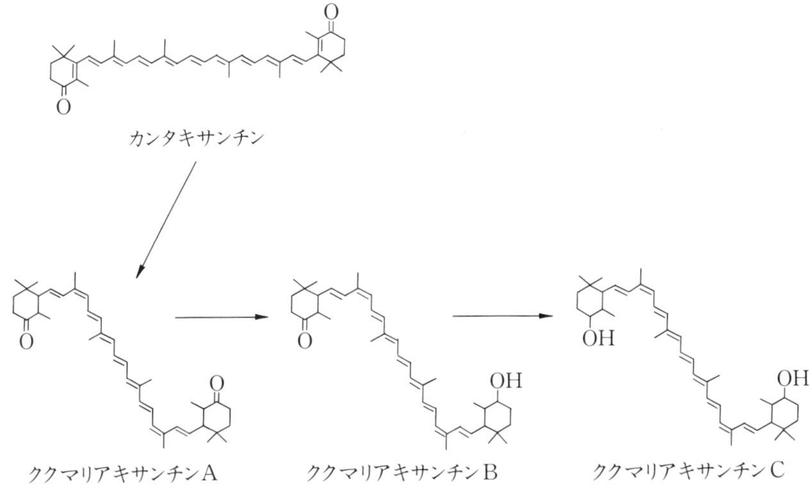

図 1.24 ナマコ類におけるカンタキサンチンからククマリアキサンチン A，B，C への推定還元経路[122]．

図1.27は，ニジマスでのアスタキサンチンから deepoxineoxanthin への代謝経路である[142]．

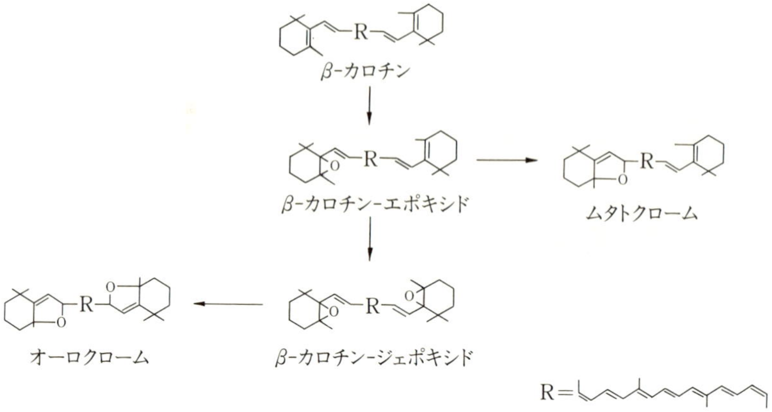
β-カロチン
β-カロチン-エポキシド
ムタトクローム
β-カロチン-ジエポキシド
オーロクローム
R=

図 1.25　両生類における β-カロチンからムタトクローム，オーロクローム生成の推定経路[184]．

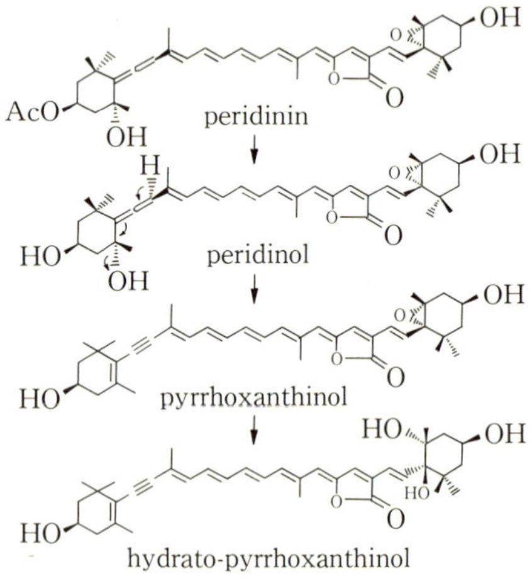
peridinin
AcO
OH
peridinol
HO
pyrrhoxanthinol
hydrato-pyrrhoxanthinol

図 1.26　*Mytilus edulis* における C_{37}-カロチノイド生成の推定経路[41]．

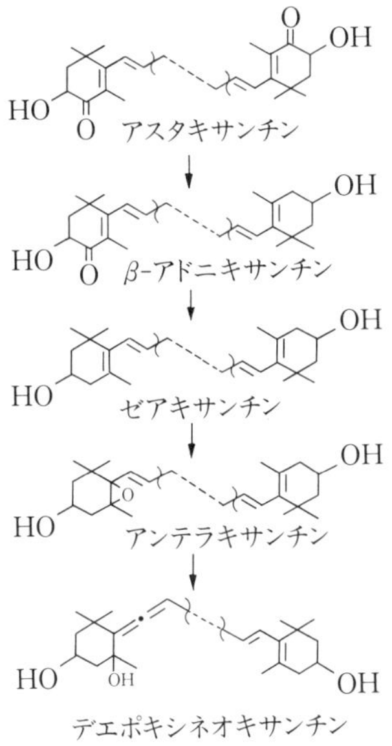

図1.27 ニジマスにおけるアスタキサンチンからデエポキシネオキサンチンへの代謝経路[142].

1-6 カロチノイド代謝と内外要因

(1) サケ,マスの婚姻色

いくつかのサケ,マスの種で,生殖の時期に体が赤色を呈する,あるいは赤色が強まることが知られており,婚姻色と呼ばれる.

(a) **サケ (*Oncorhynchus keta*)** は生殖期に,河川をさかのぼってくることが知られている.この昇流性の移動の時期に,餌を取ることを止める.放卵期の前には,全カロチノイドの90%以上は筋肉に存在している.そして,その90%以上はアスタキサンチンである.放卵,放精の時期になると,筋肉中のカロチノイドは急速に減少し,血液を通じて,雄では主として皮膚へ移動し,微量は精巣へいく.一方,雌では,主として卵巣へ移動し少量は皮膚へい

く．この時期には，血液中のカロチノイドレベルは著しく高くなる．放卵期における，このカロチノイドの移動に際して，筋肉のアスタキサンチンはそのまま血液を通じて卵巣へいくほかに，一部のアスタキサンチンは 4-keto-zeaxanthin，β-carotene-triol ゼアキサンチンへ還元され，これらが卵巣や皮膚へ移行すると考えられている[201-204]．

血漿中には，カロチノイドを運搬するリポタンパク質が3種類存在する．
　　（i） high density lipoprotein（HDL）
　　（ii） very high density lipoprotein（VHDL$_2$）
　　（iii） vitellogenin

雌では，筋肉中のアスタキサンチンの大部分が，vetelogenin によって卵巣へ移動する．上述のように，一部は 4-keto-zeaxanthin，ゼアキサンチンとなり HDL および VHDL$_2$ によって卵巣へ運ばれる．このゼアキサンチンは皮膚へも運ばれる．一方，雄では，筋肉中のアスタキサンチンの多くはゼアキサンチンとして HDL および VHDL$_2$ によって，皮膚に運ばれ，そこでさらに代謝される[205-208]．皮膚中のカロチノイドの大部分は，salmoxanthin とゼアキサンチンである．salmoxanthin は皮膚にのみ存在し，筋肉や卵巣には存在しない[209]．

サケの婚姻色の発現には，雌雄ともに，雄性ホルモンが関係している．人工的に合成された 17α-methyltestosterone でも，婚姻色を引きおこすことができる[203,204]．

（b）ベニザケ（*Oncorhynchus nerka*）でも，雄では放精に際して，アスタキサンチンが筋肉から移動し，その後，95％は皮膚に局在するようになる．皮膚ではエステルとして存在する．雌では，放卵に際して，筋肉のアスタキサンチンは，雄と同様移動するが，85％は卵に蓄積する[210]．

（c）ヤマメ（*Oncorhynchus masou*）でも，サケと同様，生殖期におけるカロチノイドの移動が報告されている[211]．

（d）ニジマス（*Salmo gairdneri*）では，稚魚は筋肉中にカロチノイドを蓄積する能力は低いが皮膚中にはカロチノイドを蓄積している．成長が進む

につれて，筋肉中にカロチノイドを多量に蓄積する．しかし，体全体として，全カロチノイド量は，成熟したものは未成熟のものより低い．性的に成熟すると，筋肉中のアスタキサンチンは，雌では卵巣へ，雄では皮膚へ移動する[212]．

（2） ムクドリのくちばしの色

Sturnus（ムクドリの類）のくちばしは，雄でも雌でも，繁殖期以外ではメラニンによって黒色である．しかし繁殖期では，くちばしの色は，カロチノイドによって鮮橙黄色になる．去勢すると，両性で，くちばしは黒色になる．これに雄性ホルモンを注射すると，黄色になる．この変化は，女性ホルモン（エストロゲン）ではおこらない[G3]．

（3） 光とカロチノイド

カロチノイドによる体の着色に，光が必要とする考えがある．また一方，洞穴動物で，着色に光は無関係とする考えもある．暗黒中では，カロチノイドを含む食餌が減少するか欠けることも重要なことである．

また，カニやエビでは，一般に背面の方が腹面よりカロチノイドによる色が濃い．

Niphargus（甲殻類端脚目，地下水産）これは無色であるが，光に当たるところでは，緑色になるという．

Gammarus（ヨコエビの類）は暗黒中で，その色素を失う．*G. duebeni* では，光を当てると再び色素が出現する．

Daphnia magna（ミジンコの類）で，その脂肪細胞，腸壁，卵のカロチノイド量は，暗環境中よりも，明環境下でずっと多い．雌で，明環境中のものは，脂肪細胞中に鮮橙色顆粒をもち，腸壁はしばしば黄色であり，卵は暗緑色である．一方，暗環境中では，脂肪細胞は無色であり，腸壁は淡色になり，卵は淡緑色となる（ただし，ヘモグロビンのピンク色によって隠されている場合は見えない．ミジンコのヘモグロビンについては10章参照）．

イソギンチャクの *Actinia equina*（ウメボシイソギンチャクの類）や *Tealia felina* では，水深の減少とともに，色素含量（主にカロチノイド）が増加する．これも，光の直接的な影響でなく，間接的な影響かもしれない．

ヒラメの類で、腹面より光を当てることによって色素形成を誘導した実験が以前より知られている．この場合，黒色メラニンのみならず，黄色色素も現れる．この黄色色素はおそらくカロチノイドである．

Wolfe and Cornwell[213]は，洞穴性のザリガニの類の次の2種についてカロチノイドを調べた．

(i)　*Orconectes pellucidus pellucidus*（白色無眼）
(ii)　*Cambarus bartonii tenebrosus*（洞窟生活にまだ十分適応していないもの）

同じ洞窟からのこれらの2種について，カロチノイドが比較された．*O. p. pellucidus*には，少量のβ-カロチンとルテインが存在しているが，アスタキサンチンは欠いている．一方，*C. b. tenebrosus*では，この種の地上のものよりカロチノイド量がずっと少ないが，その83%はアスタキサンチン（遊離型とエステルを含む）であった．このことは，これらザリガニ類の色素形成蓄積は，光の存在によるよりも，むしろ食餌中のカロチノイド量に依存していることを示唆している．また，*O. p. pellucidus*は，食物からのカロチノイドを体内で酸化する能力を失ったか，あるいは，もともとそのような能力を発達させなかったと思われる．

なお，カロチノイドの生理作用として，カロチノイドは光による酸化を防ぐ作用があることがわかっている[214]．

(4) 温度とカロチノイド

(a)　**金魚**は，孵化時の体色は褐色であるが，成長するにつれて赤色を帯びる．しかし，この赤色になるのは，18°C以上に保たれたときだけであるという報告もある（なお，金色のカロチノイドについては1-4(9)(a)参照）．

(b)　**ワムシの類**（袋形動物）また甲殻綱の橈脚類やミジンコ目の種で，高山の湖にいるものは赤色が強いと書かれているが，詳細は不明である．

(5) カロチノイドと他の色素との関係

バッタの類で，カロチノイドを含まない餌で飼育すると，その黄色が減少するのみでなく，メラニン（4章）とオモクローム（7章）生成も著しく減少す

る．一方，ビリベルジン（10章）が増えるという．

　また，シロチョウ科の蝶で，カロチノイド含量の多い餌を与えると，成虫の翅の鱗粉や剛毛の黄色プテリンが増加する．一方，翅のメラニンは減少するという．

　以上のように，カロチノイドとメラニン，オモクローム，プテリン，ビリンなどと何らかの関係があることはいわれているが，詳細は不明である．

1-7　黄色素胞と赤色素胞

　動物の体色に関与する色素は，その存在する場所，様式が，動物の種類によってさまざまである．昆虫のメラニンのようにクチクラに存在するような場合もあるし，また多くの動物では，表皮か真皮中の色素細胞に顆粒として存在している．色素細胞のうち，変温脊椎動物や無脊椎動物の色素細胞は色素胞（chromatophore）と呼ばれている．変温脊椎動物では，黒色素胞，赤色素胞，黄色素胞，白色素胞，虹色素胞の5種類が存在している．このような色素胞に存在する色素顆粒には，環境によって細胞内を拡散，凝集するものがあることは古くから知られている．色素胞の生理学は動物生理学の重要な研究分野の一つであるが，これらは本書の目的でないので，詳細は参考書[G11,G12,G13,G18]を読まれたい．ここでは，カロチノイドを含む色素胞について簡単に説明するにとどめる．なお，定温脊椎動物の黒色色素細胞（メラノサイト）については後述のメラニンの章（4章）で簡単にふれられている．

　さて，上述の5種類の色素胞のうち，カロチノイドを含むのは，黄色素胞（xanthophore）と赤色素胞（erythrophore）である．黄色と赤色とは連続的で，その中間の橙色は，便宜的にどちらかに入れられている．黄色素胞と赤色素胞の両方を合わせて，黄色素胞として扱うこともある．また，以前はリポフォア（lipophore）と呼ばれたこともある．赤色素胞に見られる赤色顆粒はエリスロソーム（erythrosome），黄色素胞の黄色顆粒はキサントソーム（ザンソソーム，xanthosome）と呼ばれる．

　黄色素胞と赤色素胞に含まれる色素はカロチノイドである場合が多いが，後述のプテリジンを含む場合もある．脊椎動物の場合，カロチノイドはカロチノイド小胞と呼ばれる細胞内器官に含まれている．プテリジンの場合は，プテリ

ノソームと呼ばれる細胞内顆粒に含まれている．金魚の場合，その橙色はカロチノイド含有の黄(赤)色素胞によっているが，幼生時にはプテリジンも存在している．その他，多くの動物でプテリジンの関与が知られている．

　無脊椎動物においても，黄(赤)色素胞中の色素はカロチノイドが多く，甲殻類などで，色素胞内の微細構造も研究されている．

　なお，色素胞内の色素顆粒には，拡散・凝集するものがあることは上述したが，黄(赤)色素胞には，色素顆粒の拡散，凝集の見られるものと見られないものがある．魚類や甲殻類の黄(赤)色素胞では，その色素顆粒の移動で生理的体色変化に応じている例が多く知られている．

2 フラボノイド

2-1 基本構造と名称

フラボノイド (flavonoids) は，図2.1に示す2-フェニルベンゾピロン (2-phenylbenzopyrone＝2-フェニルクロモン(2-phenylchromone)＝フラボン (flavone)) 核およびその近縁の構造をもつ物質の総称である．

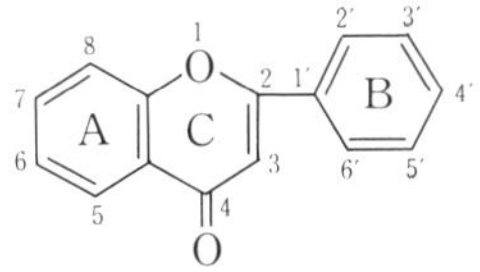

図2.1 2-フェニルベンゾピロン (＝フラボン) の構造．

A環とB環はベンゼン環である．これが，3個の炭素原子を介して，γ-ピロン環(図2.1のC環)をつくって結合している．すなわち，C_6-C_3-C_6型式の炭素連鎖をなしている．このC環の酸化状態によっていくつかのグループに分けられ，名称がつけられている．例えば，図2.1のフラボンのほかに，フラボノール (flavonol)，フラバノン (flavanone)，アントシアニジン (anthocyanidin) その他である (図2.2)．また，イソフラボン (isoflavone) ではB環がC環の3位についている．

これらのフラボノイドは多くの植物の花その他に色素として存在している．フラボン，フラボノールなどは黄色からほとんど無色のものまであり，アントシアニジンは赤，紫，青色の色素である．フラボノイドはもともと植物色素であって，詳細はその方面の参考書[G10]を見られたい．

動物界にもフラボノイド色素は存在しているが，そのもとはおそらく植物由来と考えられている．この点，前章のカロチノイドと同様である．しかし，カロチノイドが多くの動物に，色素として広くまた豊富に分布しているのに対し

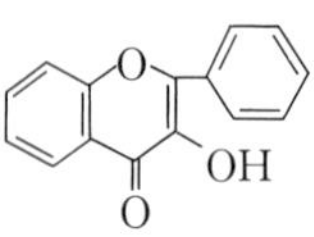

フラボノール 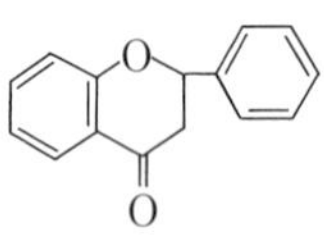　　　　　　　　　　　フラバノン

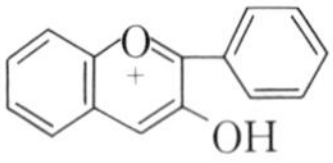

アントシアニジン 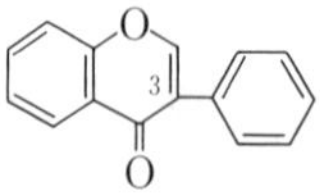　　　　　　　　　　イソフラボン

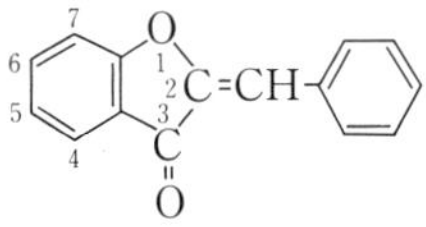

オーロン

図2.2　種々のフラボノイドの基本構造．

て，フラボノイドは動物にはあまり豊富には存在していない．ただ，動物界に広く散在的に存在している．だから，フラボノイドは動物の色素としてあまり利用されていないグループといってよい．なお，動物で報告されているフラボノイドは主としてフラボン，フラボノールに属するものと，アントシアニジンに属するものである．フラボンとフラボノールを合わせてアントキサンチン（anthoxanthin）と呼ばれることもある．数少ない報告であるが，イソフラボンも動物に存在する．

　なお植物界で，フラボノイドは大部分配糖体として存在しているが，動物においても遊離型と配糖体の両方が報告されている．動物における配糖体として興味あるものである．配糖体で，糖がはずれたものはアグリコン（aglycon）と呼ばれる．アントキサンチン，アントシアニンの場合は，アグリコンはそれぞれアントキサンチジン，アントシアニジンと呼ばれる（なお，植物の赤や青の色素の総称としてアントシアンという語も使われる．この場合，配糖体のアントシアニンとアグリコンのアントシアニジンが含まれる）．

2-2 分　　布

(1) 鱗翅目昆虫

蝶や蛾にはアントキサンチンが広く散在している．

(a) *Melanargia galathea*（ジャノメチョウ科，セイヨウシロジャノメ）ルテキシン（lutexin）とトリシン（tricin, 図2.3）が存在している．ルテキシンはグリコフラボンで，そのアグリコンはルテオリン（luteolin, 図2.3）である．トリシンは遊離型と配糖体の両方が見出されている[1,2]．

その後，Wilson[15]は，これをさらに詳細に調べて，翅と体に次の18のフラボノイドの存在を報告している：tricin, tricin-7-glucoside, tricin-7-diglucoside, tricin-4′-glucoside, luteolin, luteolin-7-glucoside, luteolin-7-diglucoside, luteolin-7-triglucoside, apigenin（図2.3），apigenin-7-glucoside, orientin, orientin-7-glucoside, iso-orientin, iso-orientin-7-glucoside, vitexin-7-glucoside（図2.3），isovitexin（図2.3），isovitexin-7-glucosideとそのほか未同定の tricin-4′-conjugate. なお，同じ *Melanargia* 属の他の6種の蝶の翅と体についても同様のフラボノイドが見出されている．

また，*Pararge aegeria*（キマダラジャノメ）にもフラボノイドが報告されている．

(b) *Coenonympha pamphilus*（ジャノメチョウ科，ヒメヒカゲと同属）翅にトリシン（遊離型と配糖体の両方）を含んでいる．また，他のフラボノイドの痕跡も存在する[3]．また，*Coenonympha tullia* にもフラボノイドが報告されている．

(c) *Polyommatus icarus*（シジミチョウ科，イカロスシジミ）　イソフラボン，3-O-メチルケンフェロール（図2.3），クェルセチン-3,4′-ジグルコシド（図2.3）その他フラボングルコシドが報告されている．これらはフランス産のものには存在していたが，イギリス産のものには見出されなかった[4]．

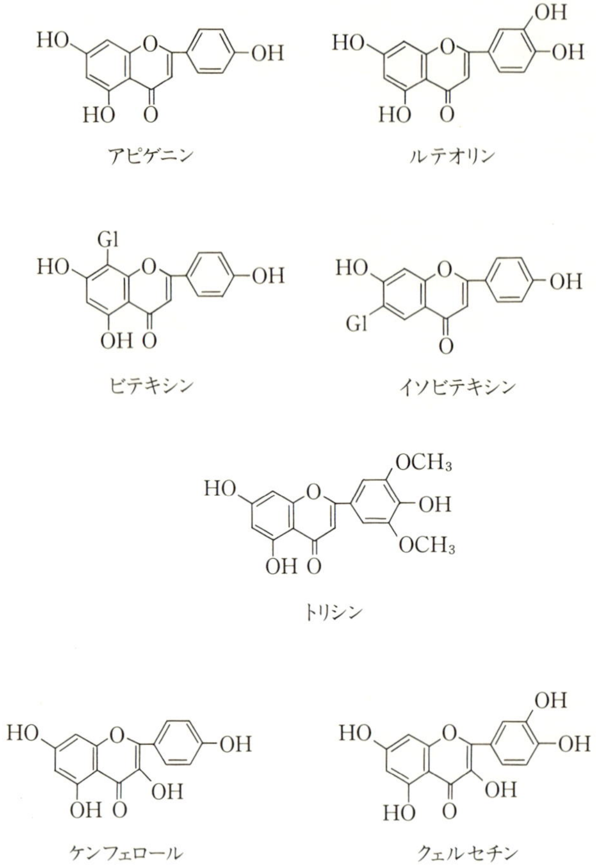

図 2.3 フラボン,フラボノールの例.Gl=グルコース.

Wiesen et al.[13)] はこの P. icarus の幼虫をマメ科植物の Coronilla varia および Medicago sativa (ムラサキウマゴヤシ) で飼育し,幼虫,蛹,成虫のフラボノイドをさらに詳細に調べている.C. varia には5種類,M. sativa には9種類のフラボノイドが存在しているが,どちらの食草で飼育しても,P. icarus の幼虫,蛹,成虫にはケンフェロール-3-O-グルコシドが見出された.成虫(蝶)の全可溶性フラボノイドの約83-92%は翅に存在している.この種(P. icarus)は食草から摂取したケンフェロールを配糖体にすることができると考

えられる.

また Burghard et al.[14] は, やはりこの P. icarus を, ミリセチン-3-O-ラムノシド, ケルセチン-3-O-ラムノシド, ケンフェロール-3-O-ラムノシドを含む Vicia villosa で飼育し, 成虫(蝶)のフラボノイドを調べた. この場合, 蝶の主なフラボノイドは, ケンフェロール-3-O-ラムノシドであった.

また Wilson[16] は, Lysandra coridon (コリドンルリシジミ) の翅と体に次の9種類のフラボノイドを報告している: ケンフェロール, ケンフェロール-7-ラムノシド, ケンフェロール-3-ラムノシド, ケンフェロール-3-グルコシド, ケンフェロール-3-グルコシド-7-ラムノシド, ケルセチン-3-グルコシド, ケルセチン-3,7-ジグルコシド, イソラムネチン-3-グルコシド, イソラムネチン-3,7-ジグルコシド. さらに, Wilson は, 上述の P. icarus を含む15種のシジミチョウ科の蝶を調べ, フラボノイドの存在を報告している.

(d) **アゲハチョウ科** Eurytides marcellus (トラフタイマイ), E. lysithous, Graphium sarpedon (アオスジアゲハ), G. agamemnon (コモンタイマイ), G. porthaon, G. polistratus, G. leonidas にケルセチングルコシドが存在している. また, G. almansor にはケンフェロールグルコシドが, G. taboranus, G. angolanus にはケルセチングルコシドとケンフェロールグルコシドが存在している. さらに, Papilio machaon (キアゲハ) にケルセチングルコシドが見出されている[17].

(e) **その他の蝶** Pyrgus malvae (セセリチョウ科), Erynnis tages (ヒメミヤマセセリ) などにもフラボノイドが見出されている.

(f) **Fordの研究** Ford (1941, 1944) はたくさんの種の蝶の翅についてアントキサンチンの有無を調べた[5,6]. ただし, その検出方法は簡単なものであった. 翅からの酢酸エチル抽出液に炭酸ソーダの水溶液を加えて振る. もしアントキサンチンが存在すれば, 液は濃黄色になる. この方法は感度も悪いが, なんといっても翅をこわしてしまうので貴重な蝶には使えない. Ford は, もう一つの方法も使った. それは蝶の標本の翅をアンモニアガスにさらす方法である. アントキサンチンが存在すれば, 翅は黄色になる. この方法では, ア

ンモニアをとると，翅はもとにもどる．それで Ford は，大英博物館の蝶の標本も使って調べている．

その結果，アントキサンチンは蝶の翅の色素としてあまり豊富に利用されているのではないが，しかしその分布は広く，分類学上の多くの科に散在していることがわかった．蝶の翅の色素は，後述するようにプテリジン，オモクローム，パピリオクローム，メラニン，テトラピロールなどが主なものであるが，アントキサンチンを翅にもつものがかなりの数存在する．例えばアゲハチョウ科を見ると，パピリオクローム，テトラピロール，メラニンが主であるが，*Graphium* 属，*Parnassius* 属および *Atrophaneura* 属にはアントキサンチンをもつものが多い．また，シロチョウ科の蝶の翅の色素は後述のプテリジン系色素（3章参照）であるが，この科の中でも比較的原始的とされる *Dismorphia* 属，*Pseudopieris* 属，*Leptidea* 属には翅にアントキサンチン色素をもつものがある．

Ford はこのようにたくさんの蝶でアントキサンチンの有無を調べたが，同時に赤色色素のタイプについても調べ，これらの色素の存在を蝶の分類の一助に使うことができないかと考えた．蝶の翅の色素は，分類上の科や属に特徴的なことがあり，そのような場合，翅の色素を科や属や亜属内の分類，配列の判断に使うことも役に立つかもしれない．

（g） **家蚕の繭の色**[7-9]　　家蚕の繭の色は普通白色であるが，種々の色の系統がある．そのうち，黄繭系の黄色はカロチノイドによっている．一方，緑繭系の繭の色素の大部分はフラボノイドによっているとされている．その一つは bombycin (配糖体，アグリコンは bombycetin）と名付けられているが，桑の葉に存在するフラボノイドとは別種のものといわれている．

（h）　***Euchloron megaera***　　これはスズメガ科の蛾である．翅の鱗粉に緑色色素が存在している．水溶性であり，pH 指示薬の性質をもっている．pH 14-8 で緑色あるいは青緑色，pH 5-2 で黄色，pH 1.5 以下で赤色である．この色素はアントシアニジンの一種である．食草の *Nerium odorum*（キョウチクトウ科）の花の色素に由来すると考えられる．*Nerium* 由来のアントシアニジンが昆虫体内の NH_2 基と反応して生ずると考えられる．この緑色色素

は，長距離飛翔の際の疲労回復に必要な熱蓄積に役立つという考えも出されている[10]．

(i) ***Eupithecia oblongata*** これはシャクガ科の蛾である．*Scabiosa*（マツムシソウ科）で飼育すると，幼虫の皮膚の色が青色がかかってくるが，*Circium*（キク科，アザミ属）で飼育するとピンク色になる．*Scabiosa* と *Circium* の花の色はいずれもアントシアニンである．

ところが，*Buphthalmum*（キク科）で飼育すると，この幼虫は黄色になるが，この場合その色素はカロチノイドである．一方，成虫の色は，幼虫の色によって影響されない[G8]．

（2） 鱗翅目以外の昆虫

次のような種々の昆虫にアントシアンが報告されている．*Cionus oleus*（ゾウムシの類）の幼虫では，脂肪体にアントシアンが存在し，その色が外部から見えるといわれる．このほか，*Athalia spinarum*（膜翅目，ハバチ科），*Asilus chrysitis*（robber fly）やバッタの類にアントシアンが存在している．

また，*Dissoteira carolina*（バッタ科）の後翅の黄色色素は，ケルセチン，ケルセチン-β-O-グルコシドおよび少量のルテオリンを含んでいる[18]．

（3） 腔腸動物

腔腸動物には前章で述べたようにカロチノイドを含む種もあるが，中にはフラボノイドをもつものもある．その例は，ヒドロ虫綱の *Thuiaria articulata*，*Sertularia argentea*，*Sertularia pumila*，*Sertularella gayi*，*Sertularella polyzonias* などである[11]．

（4） 軟体動物

Helix pomatia（食用エスカルゴ）の消化腺，足，その他の組織に黄色色素があり，フラボノイドと考えられている[12]．

（5） オーロンの存在

Dytiscus marginalis（ゲンゴロウの類）の忌避腺に marginalin と名付けら

れたオーロン（aurone）化合物が存在していると報告されている．オーロンの基本構造は図2.2に示される．

3 プテリジン系色素

3-1 研究の歴史

　プテリジン系色素の研究は，英国の生化学者 F. G. Hopkins が 1889-1895 年に *Nature*[1-3] および *Proc. Chem. Soc.*[4]，その他[5] に出した報告・論文に始まる．Hopkins はビタミンの概念の創始者であり，また芳香族アミノ酸トリプトファンの発見者として，生化学の歴史上著名な人である．彼は子供のころ，蝶が好きで，黄色い蝶の翅をちぎって，スプーンの水の上にのせ，台所の火であぶったら，その黄色が溶けたのに非常に興味をもったと，本に書かれている．後に，法医学の助手などを経て，生化学を研究するようになったとき，子供のころに興味をもった蝶の翅の色素を調べるようになった．

　Hopkins の初期の論文では，*Gonepterix rhamni*（ヤマキチョウ，黄色の翅をもつ）（シロチョウ科）の黄色色素が抽出された．当時はまだ，今ここで述べるプテリジン環はわかっておらず，彼はこの色素を尿酸誘導体に密接に関係するものと考えた．この色素は，尿酸と同様ムレキシド反応に陽性であった．彼は 1891 年に，この黄色色素を Lepidotic acid と名付けた．

　Hopkins は 1895 年に，蝶の種類の範囲を広げて，さらに詳しく調べた結果を報告した．彼は，シロチョウ科に属するいろいろな蝶の翅の色素を調べた．まず，白色の翅の色素は尿酸であるとした．このことは，後で間違いであることがわかった．白色の翅には，後述するロイコプテリンやイソキサントプテリンが多量に存在すると，現在ではわかっている．興味あることに，この白色の翅には，多量の尿酸も存在しているのである．Hopkins の時代には，上述のようにまだプテリジン環は知られておらず，またクロマトのような分離法もなかったので，彼がシロチョウ科の白色の翅の色素を尿酸としたのは，当時としては止むを得なかったかもしれない．

　さらに Hopkins はこの論文で，上記の黄色色素 Lepidotic acid はヤマキチ

104 3 プテリジン系色素

ョウのほかに，次の蝶（全部シロチョウ科）の翅にも存在していると報告した．それは，*Colias croceus*, *C. fieldi*, *C. hyale*(*Colias* は日本のモンキチョウと同属)，*Phoebis argante*, *Eurema lisa*(日本のキチョウと同属)，*Anthocaris cardamines*(クモマツマキチョウ)，*Delias eucharis*, *Dismorphia praxinoë* である．オレンジ色は，Lepidotic acid の増加によるとされた．また，*Delias* 属その他の属の赤色色素にも注目した．Lepidotic acid はシロチョウ科の直腸からの排泄物にも見出された．それで，Hopkins は，正常な排泄物が翅の色彩に役立っているのだという考えをもったようである．

この Hopkins の論文から 30 年後，ドイツの Wieland and Schöpf（1925）が上記のヤマキチョウの黄色色素を結晶にすることに成功し，これをキサントプテリン（xanthopterin）と名付けた[6]．次いで，Schöpf and Wieland（1926）は，白色の翅をもつ *Pieris brassica*（オオモンシロチョウ）や *Pieris napi*（エゾスジグロシロチョウの類）を多数集めて，その白色色素を結晶にし，これをロイコプテリン（leucopterin）と呼んだ[7]．この白色色素は尿酸ではなかった．そして，シロチョウ科の白色色素が尿酸であるといった上記の Hopkins の説は間違いであることがわかった．続いて，Schöpf and Becker（1936）が同じくシロチョウ科の蝶の翅から赤色色素を分離し，エリスロプテリン（erythropterin）と名付けた[8]．

1940 年に入って，Purrmann がロイコプテリン，キサントプテリン，イソキサントプテリンの構造を決定した[60-63]．これらは後述するように，プテリジン環（図 3.1 b）の誘導体である．これは尿酸のようなプリン環（図 3.1 a）

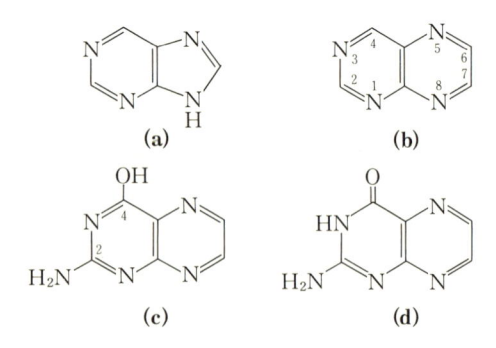

図 3.1 （a）プリン環，（b）プテリジン環，（c）プテリン，（c）と（d）は互変構造．

でなく，当時の新しい構造であった．プテリン（図3.1c）というのは，2-アミノ-4-ヒドロキシプテリジンのことで，その誘導体を～プテリンという．これは，もともと翅(翼)の色素という意味からきた言葉である．

その後，ビタミンBグループの一種である葉酸がその成分としてプテリジン化合物を有することと，ある種の水酸化酵素の補酵素がプテリジン化合物であることがわかり，広く生化学，医学，化学の分野で多くの研究がなされるようになった[65]．

葉酸および上記の水酸化酵素は，実は動植物界に広く存在するので，プテリジン化合物の分布は全生物界に及ぶといってよい．これを動物の体色に限っていうと，プテリン化合物は，昆虫を含む節足動物のほかに，魚類，両生類などの脊椎動物の体色に関与している．また昆虫の中では，鱗翅目のみならず，脈翅目，膜翅目，直翅目を含め広く体色に関与している．ただ蝶の仲間でいうと，翅の色素としてプテリン化合物を多量に蓄積しているのは，シロチョウ科の特徴といわれている．

3-2 種類・構造・分布

現在，プテリジン化合物には多くの種類が知られている．この中には動物の体色に関与する色素として存在しているものもあるし，無色の代謝物もある．次にその代表的なものをあげて説明する．

（1） キサントプテリン（xanthopterin）

これは図3.2aに示すように2-amino-4,6-dihydroxypteridineである．温水に可溶である．

弱酸性で黄色の蛍光，中性溶液では明るい青色，アルカリ性では青緑色の蛍光を示す．

シロチョウ科の黄色の翅をもつ蝶，例えば上記のヤマキチョウやモンキチョウの類その他に広く存在している．また，膜翅目のハチの類（スズメバチなど）の黄色い皮膚の部分に存在している．

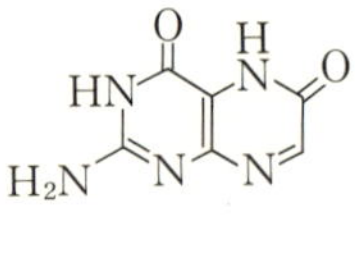

図3.2 (a)キサントプテリン，(b)ロイコプテリン，(c)イソキサントプテリン，(d)エリスロプテリン，(e)レピドプテリン，(f)エカプテリン，(g)クリゾプテリン.

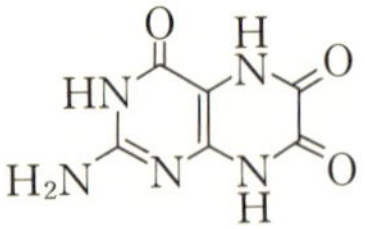

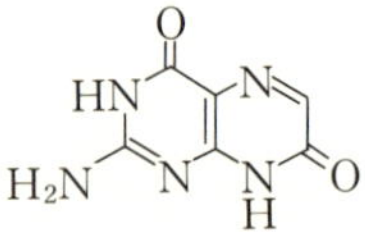

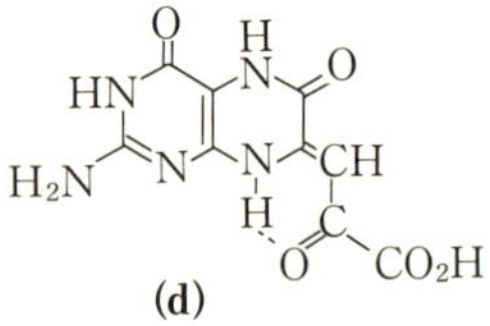

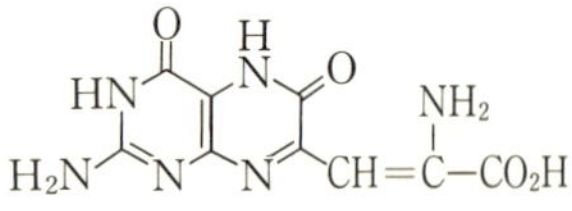

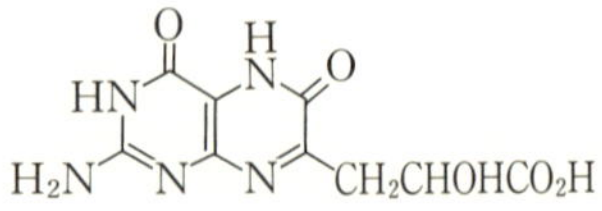

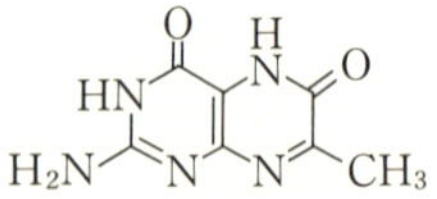

(2) ロイコプテリン (leucopterin)

これは図3.2bに示すように2-amino-4,6,7-trihydroxypteridineである．オオモンシロチョウのようなシロチョウ科の白い鱗粉に存在する．白色というか無色のプテリンである．難溶で，0.5 N NH_4OH で抽出される．

Dysdercus（アカホシカメムシの類）には，後述のエリスロプテリンやイソキサントプテリンとともにロイコプテリンも存在する[10]．

(3) イソキサントプテリン (isoxanthopterin)

シロチョウ科の鱗粉，とくにモンシロチョウなどの白い鱗粉に多量に存在する．実はこのプテリンは，プテリジン代謝の上で，最終産物的なもので，動物界にその分布は広い．無色である．構造は図3.2cに示される．紫外線で紫色の蛍光を発する．なお，*Oncopeltus* の胚での実験で，イソキサントプテリン-タンパク質結合物が，RNA合成の調節に働き得るという報告がある[58]．

(4) エリスロプテリン (erythropterin)

橙赤色のプテリンで，構造は図3.2dに示される．橙色の蛍光を発する．

下記の蝶の翅に存在している．*Gonepteryx rhamni*（ヤマキチョウ），*Appias nero*（ベニシロチョウ），*Catopsilia argante*（ギンモンウスキチョウと同属），

Catopsilia rurina, *Colias edusa*(モンキチョウと同属), *Euchloe*(*Anthocaris*) *cardamines* などである.

また蝶以外に, 下記のような種々の昆虫にも報告されている. *Ephestia kühniella*(コナダラメイガ)の眼, *Pyrrhocoris apterus*(ホシカメムシ科)の眼と卵, *Oncopeltus fasciatus*, *Dysdercus cardinelis*, *Dysdercus intermedius*, *Dysdercus nigrofasciatus* などの卵, 若虫, 成虫にエリスロプテリンが報告されている[43-45].

Dysdercus 属(アカホシカメムシの類)の上記の3種では,赤いものほど,エリスロプテリン含量が多い. また,雌より雄の方がエリスロプテリン量が少し多い[10].

(5) レピドプテリン (lepidopterin) とエカプテリン (ekapterin)

いずれもコナマダラメイガに存在すると報告されたものである. それぞれ,図 3.2 e と f の構造が考えられている.

(6) クリゾプテリン (chrysopterin)

構造は, 図 3.2 g に示されるように, 7-methyl xanthopterin である. これは, はじめヤマキチョウから分離された黄色色素である. しかし, これはエリスロプテリンの分解物であるとされている. エリスロプテリンは分解すると 7-メチルキサントプテリンとシュウ酸になる.

しかしまた, ある種の昆虫では 7-メチルキサントプテリンが天然物として存在するという報告もある.

(7) バイオプテリン (biopterin)

これは, 1955 年に人尿より分離されたもので, 原生動物 *Crithidia fasciculata*(トリパノソーマの一種)の生長因子(増殖因子)でもある. また, ザリガニ, コナマダラメイガ, トノサマガエル, イモリ, サンショウウオ, 金魚, 赤アリ, ミツバチのロイヤルゼリー, キイロショウジョウバエ, その他から分離されており, 動物界で最も普遍的なプテリンの一つである.

構造は, 2-amino-4-hydroxy-6-[1:2-dihydroxypropyl-(L-erythro)]-

pteridine（図3.3a）である．このプテリンには，図3.3b，c，d，eに示されるように，7,8-ジヒドロ型，5,6,7,8-テトラヒドロ型，キノノイドジヒドロ型（ortho- および para-キノノイド型）が存在する．

バイオプテリンの6位の側鎖には，二つの不斉炭素原子が存在し，したがって，側鎖に関する4種の異性体（D-エリスロ，L-エリスロ，D-スレオ，L-スレオ）が存在し得る（図3.4）[11]．しかし，動物に存在するバイオプテリンは，大部分 L-エリスロ型とされている．

いくつかの芳香族アミノ酸水酸化酵素の補酵素はプテリジン誘導体である．例えば，フェニルアラニン水酸化酵素の補酵素はテトラヒドロバイオプテリンである[65]．またチロシン水酸化酵素の補酵素もテトラヒドロプテリジンである．

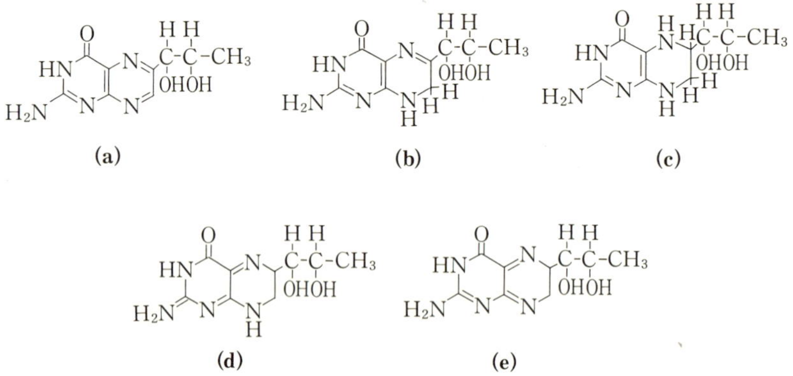

図3.3 （a）バイオプテリン，（b）7,8-ジヒドロ型，（c）5,6,7,8-テトラヒドロ型，（d）para-キノノイド型，（e）ortho-キノノイド型．

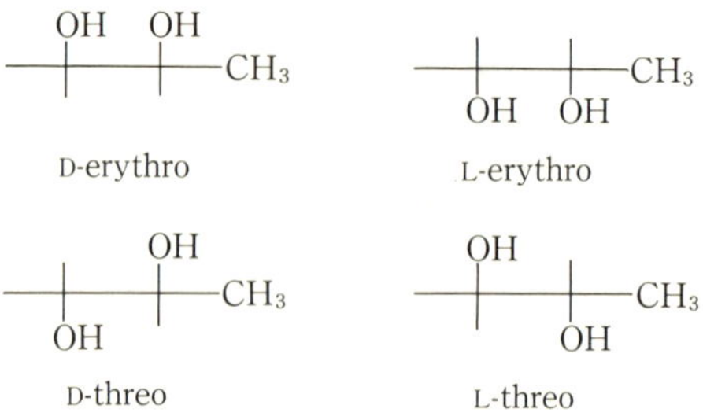

図3.4 バイオプテリン側鎖の4種の異性体．

その後,テトラヒドロバイオプテリンは molybdenum hydroxylase や alkylglycerol monooxygenase, またアルギニンからの nitric oxide 生成[67]に cofactor として働くことが報告されている.

(8) セピアプテリン (sepiapterin)

これは,キイロショウジョウバエの *sepia*(*se*) という眼色がコーヒー色の突然変異系統から分離されたプテリンである.この系統の眼に多量に存在している.黄色で,また強い黄色の蛍光を発する. Forrest and Mitchell (1954) によって結晶として得られ,Nawa (1960) によって構造が決定された.それは図 3.5 a に示すように,6-L-lactoyl-7,8-dihydropterin である.

セピアプテリンは家蚕の突然変異系統である黄体色蚕 (*lemon*) の幼虫の皮膚[68],シロチョウ科の蝶 *Colias eurytheme* (モンキチョウと同属) の翅,シリアゲムシ (*Panorpa japonica*) の皮膚 (北里大,津末らの研究[12,13]),オカダンゴムシ (*Armadillidium vulgare*,甲殻綱,等脚目) の皮膚 (北里大の中越,慶応大の根岸らの研究[14,15]),また魚類や両生類の皮膚にも存在し,分布は広い.キイロショウジョウバエの野生系の眼には,後述のドロソプテリン(赤色色素)が存在しているが,同じく双翅目昆虫でも *Calliphora erythrocephara*, *Musca domestica*, *Lucilia cuprina* の眼ではドロソプテリンはなく,セピアプテリンが存在している[16].

キイロショウジョウバエの *se* にはセピアプテリンのほかに,別の黄色蛍光物質も存在し,その構造は 6-プロピオニル-7,8-ジヒドロプテリン (図 3.5 b) で,イソセピアプテリンと名付けられている.さらに,*se* には,6-アセチルジヒドロプテリン (図 3.5 c) も見出されている[57].

家蚕の *lem* の幼虫には,セピアプテリンを 2,4-ジヒドロキシ-6-ラクチル-

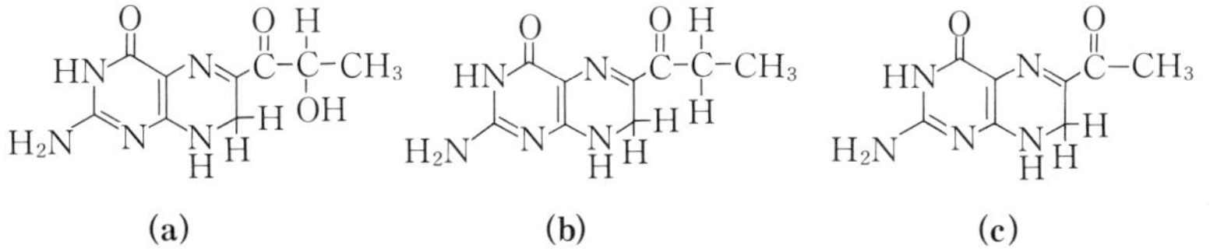

図 3.5 (a) セピアプテリン,(b) イソセピアプテリン,(c) 6-アセチルジヒドロプテリン.

7,8-ジヒドロプテリジンにする sepiapterin deaminase が存在している[17]．

　セピアプテリンは，セピアプテリン還元酵素（補酵素として NADPH が必要）によって側鎖のカルボニル基が還元され，ジヒドロバイオプテリンに変わる．またセピアプテリンは，ジヒドロ葉酸還元酵素（補酵素，NADPH）によって還元されて，6-ラクトイル-5,6,7,8-テトラヒドロプテリンに還元される．この還元生成物は，フェニルアラニン水酸化酵素の補酵素として働き得る．これらについては，秋野や加藤の総説[11,18,19]を見られたい．

（9）　イヒチオプテリン (ichthyopterin)

　これはコイ目の魚をはじめ，魚類のうろこ，皮膚に見出されている紫色蛍光のプテリンである．その構造は図 3.6 a に示されるように，6-(1′,2′-ジオキシプロピル)イソキサントプテリンである．これは 7-ヒドロキシバイオプテリンといってもよい．これはまた，シリアゲムシ（*Panorpa japonica*）の皮膚にも存在する[56]．

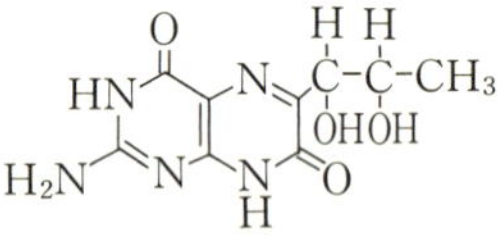

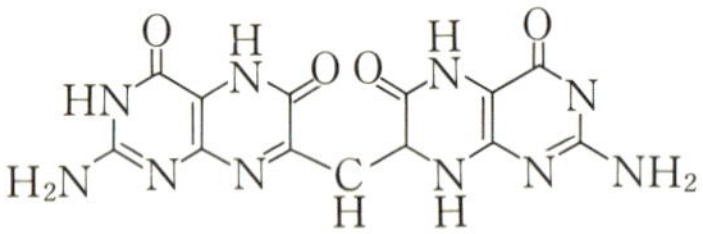

図 3.6　(a) イヒチオプテリンと (b) プテロロジン．

（10）　プテロロジン (pterorhodin)

　別名 rhodopterin とも呼ばれ，シロチョウ科の *Catopsilia argante*, *Gonepterix rhamni*（ヤマキチョウ），*Appias nero*（ベニシロチョウ）などの蝶の翅に存在する赤色系のプテリンである．また，*Ephestia* や *Ptychopoda*（いずれも蛾の類）の眼の赤い色素もこれであるとされている．構造は図 3.6 b に示される．

（11）　ドロソプテリン (drosopterin)

　キイロショウジョウバエの野生系の複眼は褐赤色をしている．これは褐色色素と赤色色素を含んでいるからである．そのうち，褐色色素は後述（7章参

照)のオモクロームで,赤色色素の方はプテリン系の色素である.この赤色プテリンはドロソプテリン類と総称されている.キイロショウジョウバエの種々の眼色突然変異系統について,眼のドロソプテリンの相対量が報告されている[9]).

ドロソプテリンをはじめて分離して,この名前をつけたのは Lederer (1940) である.その後,1957年に Viscontini et al. がドロソプテリン,イソドロソプテリン (isodrosopterin),ネオドロソプテリン (neodrosopterin) を分離した.現在では,ドロソプテリン,イソドロソプテリン,ネオドロソプテリン,オーロドロソプテリン (aurodrosopterin I, aurodrosopterin II) とフラクション e の6種類が報告されている.

これらのドロソプテリン類は,トカゲの類 (Anolis pulchellus, A. cristatellus, A. carolinensis) の,のど袋の赤色色素として,また観賞魚 (Poeciliida, Anabantidae, Cichlida 科) の皮膚の赤色色素としても存在する[48]).また,種々の両生類の皮膚の赤色素胞,黄色素胞にも存在している[20]).

なお,ドロソプテリンの構造については,いままで推定構造式は出されているが,まだ最終的に確定するに至っていない.推定構造式の一例が図 3.7 に示されている[55]).

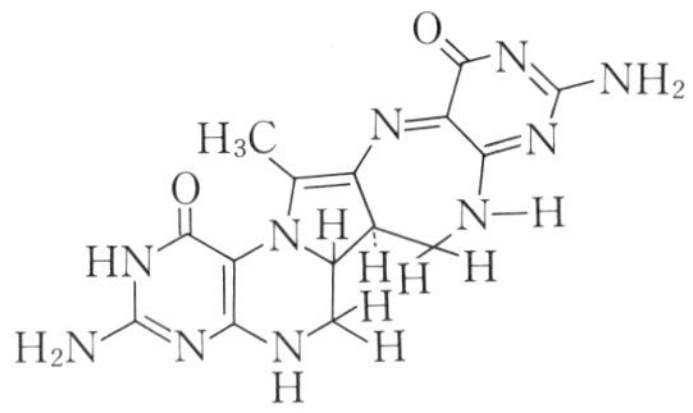

図 3.7 ドロソプテリンの推定構造式[55]).

3-3 生 合 成

(1) プリン環からプテリジン環の生成

動物の種々のプテリンは,図3.8に示されるように,グアノシントリフォスフェイト (GTP,図3.8 a) からつくられる.まず,グアニンのプリン環が開裂し,8位の炭素がはずれ (b) になる.

次いで，図3.8の(c)，(d)を経て，D-エリスロ-ジヒドロネオプテリン-3-燐酸(e)(=7,8-ジヒドロプテリングリセロ-3-燐酸)となる．このようにしてプリン環からプテリジン環がつくられる．この酵素はGTP cyclohydrolase Iと呼ばれている．

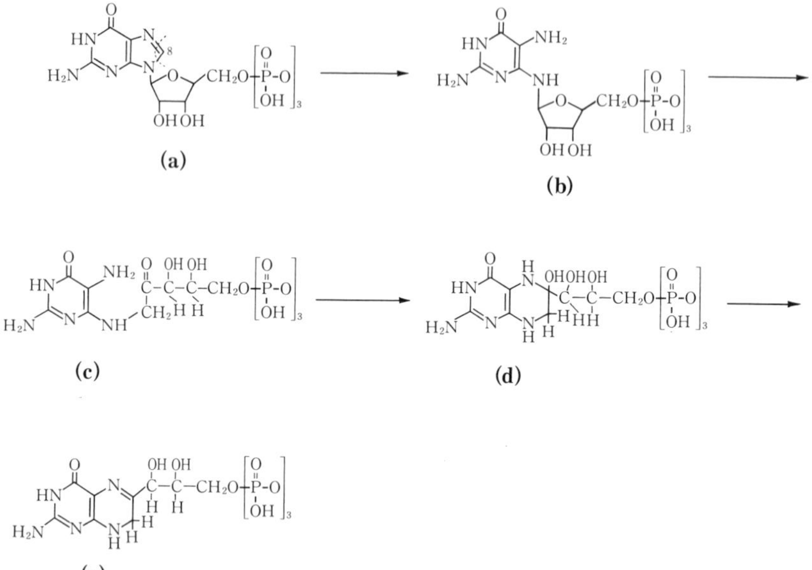

図3.8 GTPからプテリジン環の合成経路[48]．(a)グアノシン-5′-トリフォスフェイト，(e)ジヒドロネオプテリン-トリフォスフェイト．

(2) ジヒドロネオプテリン-3-燐酸から セピアプテリン，バイオプテリンなどへの合成経路[21]

図3.9に示されるように，ジヒドロネオプテリン(図3.9 b)から種々のプテリンが生成される．

(b)は 6-pyruvoyl-tetrahydropterin synthase (PPH$_4$S) によって，6-ピルボイルテトラヒドロプテリン (PPH$_4$) (d)となる．これが aldose reductase (AR) によって6-ラクトイルテトラヒドロプテリン(i)を経て，セピアプテリン(j)となる．

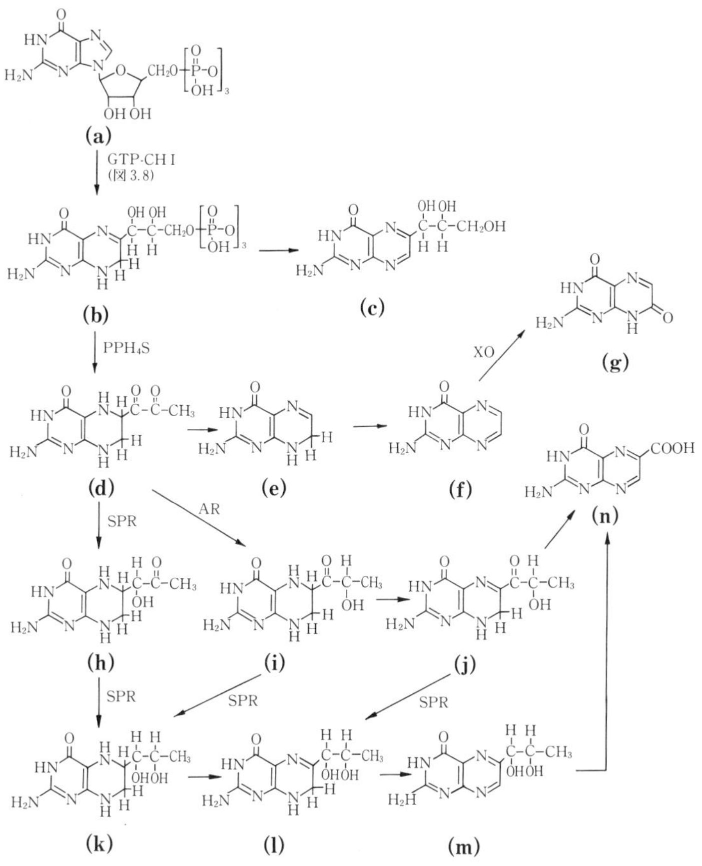

図3.9 ジヒドロネオプテリン-3-燐酸よりセピアプテリン，バイオプテリンなどへの合成経路[21]．(a)GTP, (b)dihydroneopterin triphosphate, (c)neopterin, (d)6-pyruvoyl-tetrahydropterin, (e)7,8-dihydropterin, (f)pterin, (g)isoxanthopterin, (h)6-(1′-hydroxy-2′-oxopropyl)-tetrahydropterin, (i)6-lactoyl-tetrahydropterin, (j)sepiapterin, (k)tetrahydrobiopterin, (l)dihydrobiopterin, (m)biopterin, (n)pterin-6-carboxylic acid.
PPH$_4$S, 6-pyruvoyl-tetrahydropetrin synthase; SPR, sepiapterin reductase; AR, aldose reductase; XO, xanthine oxidase; GTP-CH I, GTP cyclohydrolase-I.

114   3 プテリジン系色素

また(d)は sepiapterin reductase (SPR) によってテトラヒドロバイオプテリン(k)となり，さらにバイオプテリン(m)を生ずる．

(d)はまた，(e)を経てプテリン(f)，さらに xanthine oxidase (XO) によりイソキサントプテリン(g)を生ずる．なお，上記の sepiapterin reductase (7,8-dihydrobiopterin : NADP$^+$ oxidoreductase, EC 1.1.1.153) は，最初，秋野(元 都立大)のグループによって昆虫で見出されたもので，津末(元 北里大)，加藤，末岡(明海大)らによって詳細にその性質が調べられた[70]．この酵素は N-acetyldopamine, N-acetylserotonin, N-methoxyacetylserotonin によって阻害される[64]．

ドロソプテリンの生合成経路はまだ詳細に研究されていないが，おそらく6-ピルボイルテトラヒドロプテリン（図 3.9 d）からつくられるものと推定されている[22-25]．

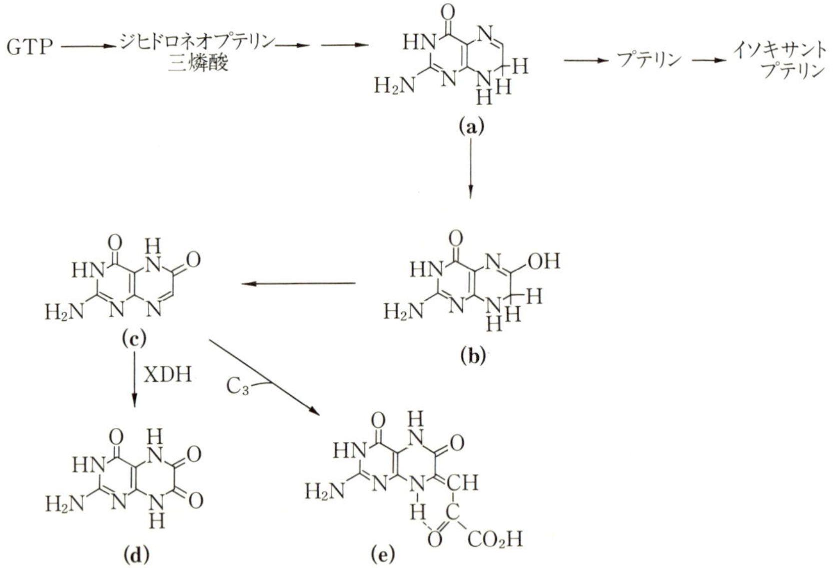

図 3.10 キサントプテリン，ロイコプテリン，エリスロプテリンの生合成経路[10]．
(a)7,8-ジヒドロプテリン，(b)7,8-ジヒドロキサントプテリン，(c)キサントプテリン，(d)ロイコプテリン，(e)エリスロプテリン．
XDP, キサンチン脱水素酵素．

(3) 昆虫におけるキサントプテリン，ロイコプテリン，エリスロプテリンの生成[26,10,47-51]

蝶の翅の色素である種々のプテリンもGTPからジヒドロネオプテリン（図3.8 e＝図3.9 b）を経て，図3.10のように生成するとされている．

ジヒドロネオプテリン三燐酸からdealkylationを経て7,8-ジヒドロプテリン（図3.10 a）を生じ，これがさらに酸化されて7,8-ジヒドロキサントプテリン（図3.10 b）となる．これがさらに酸化されてキサントプテリン（図3.10 c）を生ずる．

キサントプテリンがキサンチン脱水素酵素によって酸化されてロイコプテリン（図3.10 d）となる．

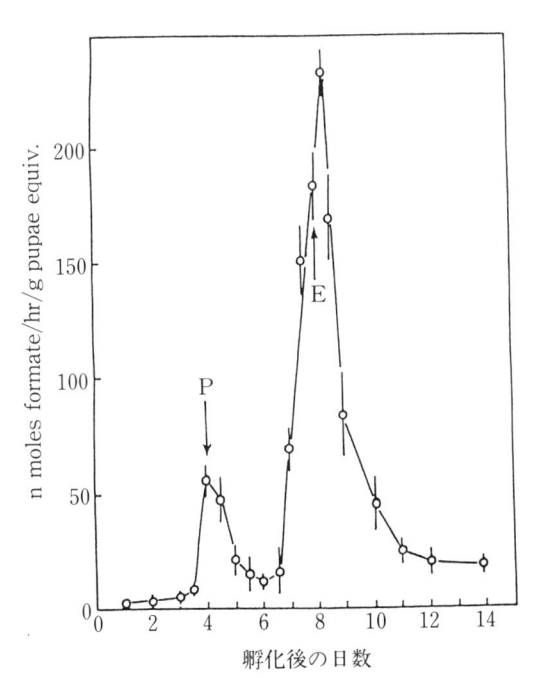

図3.11 キイロショウジョウバエ（野生系）の発生中のGTP cyclohydrolase活性の変化[28]．
P, 囲蛹殻形成；E, 羽化．

キサントプテリンに，エリスロプテリン合成酵素によって7位に C_3 の側鎖がつき，エリスロプテリン（図3.10 e）を生ずる．

7,8-ジヒドロプテリン（a）からプテリンを経てイソキサントプテリンを生じることは図3.9と同様である．

また，セピアプテリンの生合成も図3.9と同様と思われる．

（4） キイロショウジョウバエの発生過程におけるプテリン生合成

卵から，羽化後の成虫までの過程中，上述のGTPシクロヒドロラーゼ活性には，図3.11に示されるように二つのピークが見られる[27,28]．その一つは囲蛹殻形成時であり，他は羽化時である．最初のピーク時の活性の大部分は，頭部以外の体内に見られる．他方，羽化時の活性の大部分は頭部に存在する[28]．また，sepiapterin reductase 活性は，2-3日目の蛹に最高のピークがあり，次いで1齢幼虫に高い活性が見られる（図3.12）[66]．

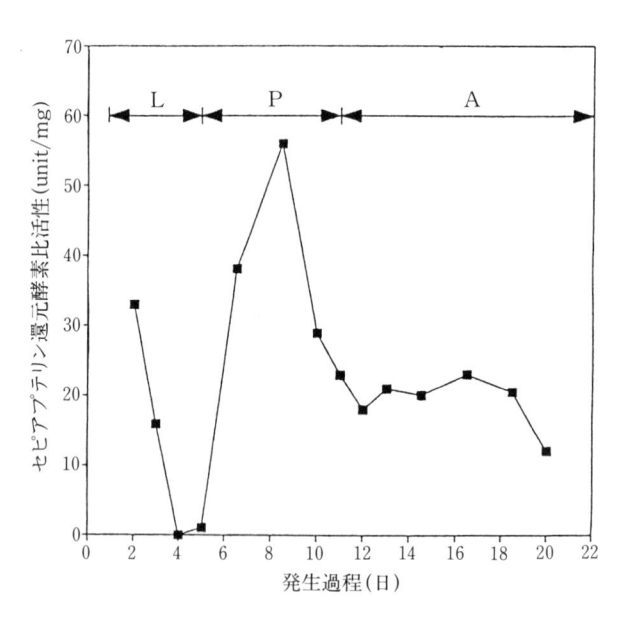

図3.12 キイロショウジョウバエの発生過程における sepiapterin reductase 活性の変化[66]．
L，幼虫期；P，蛹期；A，成虫．

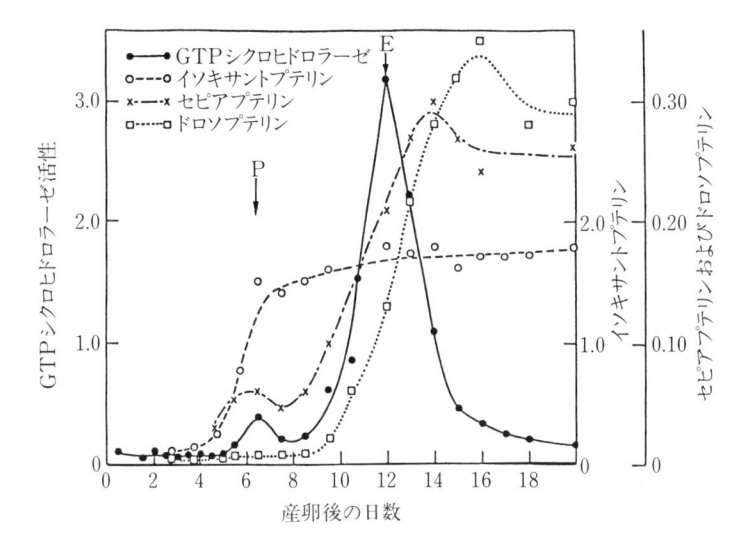

図3.13 キイロショウジョウバエ（野生系）の発生中におけるGTP cyclohydrolase活性（n moles formate/hr/mg protein）の変動，およびイソキサントプテリン，セピアプテリン，ドロソプテリン（いずれもarbitrary units）の量的変化[27]．P，囲蛹殻形成；E，羽化．

これらの酵素活性とともにおこるイソキサントプテリン，セピアプテリン，ドロソプテリンの量的変化が図3.13に示される[27]．

3-4 色素細胞，色素顆粒，変異など

種々の動物の皮膚や眼などで，プテリン含有の色素細胞およびその色素顆粒について調べられている．以下，そのいくつかを説明する．

（1） オカダンゴムシ（*Armadillidium vulgare*）

これは，陸棲の等脚目（節足動物）に属し，皮膚にプテリジンの色素細胞とオモクローム（7章参照）の色素細胞が存在する．このプテリジン含有の色素細胞については，中越，根岸らによって研究されている[14,15,72,73]．

野生系の雄は，体が一様に暗灰色であるが，雌は褐色で，背側に黄色の斑紋

が並んでいる．

　雌雄ともに，皮膚の真皮細胞層に，オモクローム含有の色素細胞が存在し，それが真皮細胞層の下に突起を出し，この突起のところにオモクローム顆粒が存在している（Plate III）．黄色斑紋のところでは，このオモクローム色素細胞の下にプテリンを含む細胞が存在する．オモクローム顆粒は電顕で黒色球状であるが，プテリン細胞には電顕で透明な顆粒が見える．成体では，このプテリジン顆粒内に同心円状の繊維構造が見られる[73]．

　このプテリジン色素細胞には，黄色プテリンであるセピアプテリンその他のプテリンが存在する．その量は，実は，雌より雄の方が多いのであるが，雄では多量のオモクローム顆粒が存在しているので，黄色斑紋は見えないとされている．セピアプテリン量は年齢とともに減少する[73]．

　なお，このオカダンゴムシには，赤色，白色の突然変異系統もあり研究されている[72,73]．

（2）シリアゲムシ（*Panorpa japonica*）

　これは長翅目（Mecoptera）昆虫で，scorpion-fly と呼ばれる．成虫は季節によって，体色に2型を示す．5-6月上旬にかけて黒色型が出現し，8月下旬-9月にかけて黄色型が現れる．この黄色型の黄色色素はセピアプテリンであり，一方，黒色型の黒色色素はメラニンである．セピアプテリンは，皮膚と体液の両方に存在する．皮膚のセピアプテリンはプテリン顆粒に存在している．セピアプテリン量は，皮膚，体液ともに雌の方が雄より多い．一方，皮膚のメラニンは雄の方が多い．

　羽化直後の1個体でのセピアプテリン量は

　　黄色型♀　　　43.2　n mol
　　黄色型♂　　　34.1
　　黒色型♀　　　14.0
　　黒色型♂　　　5.54

である．この値は，黄色型では，羽化後漸次成熟するまで増加する．一方，黒色型では，羽化後漸次減少する．

　黄色型と黒色型とで，GTP-cyclohydrolase I の活性に差がある．

　　黄色型♀　1.97 units（n mol/60 min/individual）

黄色型♂　1.67
　　黒色型♀　0.56
　　黒色型♂　0.43

PPH$_4$ 合成酵素（6-pyruvoyl-tetrahydropterin synthase）の活性は，羽化直後では，黒色型は黄色型の 1/2 であるが，24 時間後は，両者の間の差はわずかである．また，sepiapterin reductase 活性はすべての型で低い．これらのことは，シリアゲムシで季節的な体色の型および雌雄差に対するかぎ酵素は GTP-cyclohydrolase I であることを示している．

以上のシリアゲムシのセピアプテリンの研究は，北里大の津末，中越らによってなされている[12,13,53]．

（3） 家　　蚕

家蚕の種々の系統の幼虫の色は，皮膚中のオモクローム，セピアプテリン，セピアルマジン（sepialumazine，図 3.14），尿酸の濃度によって決まると考えられている．

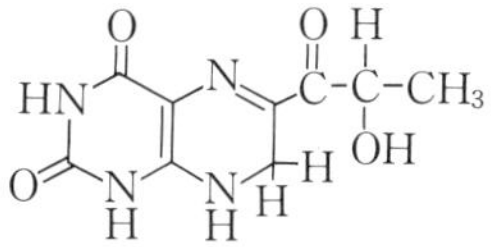

図 3.14　セピアルマジン．

lemon の幼虫の皮膚には多量のセピアプテリンが存在しているが，真皮細胞にセピアプテリン，セピアルマジンその他のプテリジン化合物と尿酸を含む顆粒が存在している．この顆粒には sepiapterin deaminase（3, 5, 4, 24）活性が見られる．この酵素は，おそらく，この顆粒の膜にゆるく結合していると思われる[29]．

（4） シロチョウ科の翅

蝶の翅の色素に限っていえば，翅の鱗粉に多量のプリテン系色素を蓄積しているのは，シロチョウ科の特徴といってよい．古く 19 世紀末から 20 世紀初頭にかけて，Hopkins がシロチョウ科の色素を調べたときに，彼はシロチョウ

科以外に二，三の種の蝶の翅も調べ，シロチョウ科に存在する色素（後にプテリジン系色素とわかった）は他の科の蝶の翅には見られないと書いている．1940年代になって，英国のFord（鱗翅類の遺伝などの研究者）が蝶の翅の色素を，多くの種を使って研究し，プテリン色素はシロチョウ科の特徴であると報告している[30]．このことは現在でも通用することである．プテリジン化合物は，すでに述べたように，動植物界を通じて広く存在しているものであるが，蝶の翅の鱗粉に関していえば，プテリン系色素を多量に蓄積しているのはシロチョウ科の特徴といってよい．ただし，シロチョウ科以外の蝶の鱗粉にプテリン系化合物が全く存在しないのかというと，そうではない．少量のプテリン化合物はシロチョウ科以外の鱗粉にも存在し，とくにイソキサントプテリンは分布が広く，例えば黒色鱗粉にも存在している．また，モルフォチョウの類の青色金属光択の鱗粉にもバイオプテリンが報告されている[42,69]．

　シロチョウ科の翅のプテリン系色素に関して興味ある研究の一つに，鱗粉の電顕像に基づくものがある．一般に，蝶の鱗粉の表面は図12.1aのようで，その横断面の電顕像の模式図を書くと，図12.1bのようになる．鱗粉の色素は，一般に，鱗粉の膜に存在しているのか，上下の膜の間に存在しているのか，とくに詳しく調べられているわけではない．しかし，シロチョウ科のプテリン色素をもつ鱗粉では，その横断面にPlate IVに示されるように棍棒状の顆粒が見られる．表面からの像では，円形や楕円形として見える[54]．このような顆粒は，シロチョウ科のプテリン色素をもつ鱗粉にしか見られないので，この顆粒はプテリン色素を含む顆粒とされ，色素顆粒と呼ばれている．しかし，この点はその後詳細な研究がなく，蝶のプテリン色素に関して一つの興味ある問題である．なお，モンシロチョウの蛹期間中の鱗粉形成過程で，上記の色素顆粒はどのようにしてつくられるか，和久ら（京都工芸繊維大）によって研究されている[54]．生毛細胞が突起としての鱗粉をつくる途中，鱗粉中にまだ細胞質が存在しているときに，繊維状物質が集まった紡錘形構造物が出現する．これが色素顆粒となり，細胞質が退化後，鱗粉内部に付着するようになる．なお，鱗粉細胞の本体の方には，この紡錘形構造物は見られないという．

　シロチョウ科の翅のプテリン色素に関して，いままでに多くの研究者によって研究されているテーマに白色型の問題がある．

　Colias 属の雌には，翅の地色が白色のもの（白色型）と黄色のもの（黄色

3-4 色素細胞，色素顆粒，変異など　　121

型）が存在している．日本のモンキチョウ（*Colias erate*）で説明すると，雄は全部黄色型であるが，雌には白色のものと黄色のものとがある．これはメンデル式の遺伝をする．白色型にする遺伝子が優性で，これを W で表すと，遺伝子型と表現型は次のようになる．

♂では	WW	Ww	ww
	(黄色)	(黄色)	(黄色)
♀では	WW	Ww	ww
	(白色)	(白色)	(黄色)

このことは，交配実験で確かめられている．雄では W をもっていても，何らかの原因で発現しないと考えられる．

興味あることに，いま，このモンキチョウを日本全国で採集すると，北方ほど雌での白色型の割合が多いのである．表3.1は駒井・阿江[31,32]の報告を引用したものであるが，この表に示されるように，白色型の割合は福岡では53.4％，東京では73.5％，札幌では90.6％である．この現象は，米国のRemington[33]などによって1950年代から研究されたものである．

Colias 属の蝶の翅には，4種類のプテリン色素が存在している．キサントプテリン（黄色），セピアプテリン（黄色），エリスロプテリン（赤色），ロイコプテリン（白色）である[34]．白色型の翅では，ロイコプテリンは影響を受けないが，黄色，赤色のプテリンが減少しているといわれている[26]．

北方のものほど白色型の割合が多い理由については，現在でもまだ確定した

表3.1　日本各地でのモンキチョウ雌の白色型の割合（駒井・阿江[32]）．

	白色型	黄色型	白色型 (%)
札幌付近	155	16	90.6
仙　　台	43	14	75.4
浅間追分	444	154	74.3
信濃常盤	68	20	77.3
東京荒川	25	9	73.5
御 殿 場	154	63	71.0
三　　島	152	70	68.5
京　　都	61	48	56.0
福　　岡	39	34	53.4

説はないようである．現在，これらの問題は，米国の Watt et al.[26,35]，フランスの Dessimon et al.[36] その他によって研究されている．

Pieris においても，白色鱗粉ではセピアプテリンよりロイコプテリンの相対的比率が高く，黄色鱗粉ではセピアプテリンの比率が高いという報告がある[59]．

なお，モンシロチョウで，翅の鱗粉のプテリン量に大きな雌雄差があり，雌より雄の方が多いことがわかっている．そのためかどうか確かではないが，雌と雄の翅を紫外線で写真をとると，雄の方は紫外線の吸収が強く黒く写るが，雌の方は紫外線を反射して白く写る．このことは最初，牧野 堅氏（元 熊本医大および慈恵医大教授，故人）によって報告されたものである[37]．その後，日高敏隆氏（元 京都大教授）や小原嘉明氏（東京農工大教授）によってその生態的意義が研究された．雌と雄とで，鱗粉のプテリン量の差および鱗粉の表面構造の違いによって，紫外線の反射率に差を生じると思われる．雄では反射率が小さく，雌では反射率が高いといわれる．そして，この紫外線の反射率の違いがモンシロチョウの配偶行動をおこすもとになっているといわれる[38,52,G14]．

オオモンシロチョウの蛹での定量で，ロイコプテリンとイソキサントプテリンが，蛹期後半に翅に多量に蓄積することが報告されている[46]．

なお，Colias eurytheme の雄1匹の翅につき，種々のプテリン量（μモル）は次の通りである[47]．

$$\begin{cases} \text{キサントプテリン} & 1.1\text{-}1.5 \\ \text{ロイコプテリン} & 0.5\text{-}0.7 \\ \text{エリスロプテリン} & 0.1\text{-}0.2 \\ \text{セピアプテリン} & 0.08\text{-}0.12 \\ \text{イソキサントプテリン} & 0.015\text{以下} \end{cases}$$

（5） ショウジョウバエの眼

キイロショウジョウバエの眼にはドロソプテリンが存在することは上述した．

Shoup (1966)[39] はこのショウジョウバエの眼の色素顆粒を I，II，III，IV の四つのタイプに分類した．このうち，タイプII の顆粒は，複眼の個眼の secondary pigment cell（図7.17 d）に存在し，ドロソプテリンが存在する顆粒で，楕円形（0.75×0.5 μm）あるいは球形（直径0.50 μm）である．この顆粒は膜に囲まれ，内部構造をもっている．この内部構造は，おそらく若い顆粒に見られる60-80 Åの微細繊維に関係していると思われる．この顆粒は発生が進むにつれて，その大きさはあまり変わらないが，ただ密度が増大する．

一方，タイプIの顆粒は，羽化後その直径が大きくなり，0.34-0.65 μm（平均0.48 μm）に達する．この顆粒はプテリンではなくて，後述のオモクロームを含んでいる．

Hearl and Jacobson (1984)[23] もまた，キイロショウジョウバエの眼の顆粒を分離し，その顆粒が，6-ピルボイルテトラヒドロプテリン合成活性，セピアプテリン合成活性，side-chain release 活性を有することを報告している．

(6) 魚　　類

多くの魚類で皮膚内層の真皮に，黄色ないし赤色の色素を含む色素細胞が存在し，黄色素胞（xanthophore），赤色素胞（erythrophore）と呼ばれていることはカロチノイド（1-7参照）のところですでに述べた．黄色のものはキサントフォアと呼ばれ，赤色のものはエリスロフォアといわれる．

これらの色素胞に含まれる色素は，カロチノイドの場合のほかに，プテリン系色素の場合もある．また多くの場合で，カロチノイドとプテリン色素の両方を含むことが報告されている．

色素胞の中で，プテリン色素はプテリノソーム（pterinosome）と名付けられている細胞質顆粒に存在している．一方，カロチノイドはカロチノイド小胞といって，微小な油滴のように存在している．なお，色素胞内で，このような色素顆粒は細胞質内を運動するものが多い．

プテリノソームは0.5-0.7 μm程度の球または楕円体で，同心球状のラメラ構造を示すものと，不規則な膜状または繊維状の内部構造を示すものとがある（小比賀，参考書[G13]より）．剣尾魚（*Xiphophorus helleri*）のエリスロフォアのプテリノソームは前者に属し，同心球状の構造をもっている．このプテリノソームにドロソプテリン，イソドロソプテリン，ネオドロソプテリン，セピアプテリン，キサントプテリンのほか，無色のバイオプテリン，ラナクローム3（ranachrome 3），イソキサントプテリンが存在している（Matsumoto,

1965)[40].

(7) 両生類

　Rana nigromaculata やヒキガエル (*Bufo vulgaris*) を含む多くの両生類のおたまじゃくしおよび成体の皮膚に，種々のプテリジン化合物が存在している．これらは，ネオプテリン，バイオプテリン，プテリン，イソキサントプテリン，ヒドロキシメチルプテリン，プテリン-6-カルボン酸などである．しかし，プテリン化合物が両生類の体色にどれだけ関与しているかは明らかではない．

　Rana japonica の皮膚には多くのキサントフォア，エリスロフォアがあり，プテリノソームを含んでいる．このプテリノソームは上述の剣尾魚の場合と同様，同心円状のラメラ構造をもっている (Obika and Matsumoto, 1968)[41]．

　メキシカン・アホロートルのアルビノの場合，メラニンを欠くメラノフォアと，キサントフォア (セピアプテリンその他のプテリジンなどを含む) とイリドフォアが存在しているが，興味あることに，プテリジン化合物の量は野生系の場合より多いという[74]．

(8) ホヤの類

　イタボヤの仲間の *Botrylloides simodensis* では，無色の血球細胞由来の黄，橙，赤，白色の色素細胞が存在し，その中にリボフラビン，イソキサントプテリンを含むものがある．このほかにカロチノイドや尿酸を含むものも存在する[71]．

4 メラニン

4-1 種類と研究の歴史

　メラニン（melanin）は，種々のフェノール性物質やキノン系物質の重合体で，黒色から暗褐色をした，不溶性または難溶性の色素である．しかし広い意味で，この色素グループの中には，黄色，黄褐色，褐赤色の色素で可溶性のものも含まれる．

　メラニンは動物，植物を通じて存在するが，その由来，性質が異なっている．動物のメラニンは，芳香族アミノ酸であるチロシンからチロシナーゼその他のフェノールオキシダーゼによって生ずる o-ジフェノール誘導体，インドール誘導体およびそれらの o-キノンの種々の重合体である．その構造については後述するが，このようなメラニンは真正メラニン（ユーメラニン，eumelanin）とかインドールメラニンと呼ばれている．このほか，鳥類や哺乳類にはフェオメラニン（phaeomelanin）といって，チロシン由来の o-ジフェノールにシステインも関与した色素もある．これは黄褐色ないし褐赤色で，また黒色の真正メラニンより溶けやすい．昆虫などにも種々の難溶性の褐色ないし暗褐色も存在するが，まだ研究されていない．昆虫の硬化したクチクラの黄褐色については後述（8章参照）する．

　一方，植物，菌類，バクテリアにも種々のフェノール性物質の重合体である黒色ないし暗褐色の色素が存在し，アロメラニン（allomelanin）といわれている．動物の真正メラニンは分解するとインドール誘導体やピロール誘導体などが生ずるが，植物のメラニンは窒素を含まないカテコール化合物を生ずる．したがって，これらの植物のメラニンは，カテコールメラニンといわれることもある．植物には真正メラニンは，普通には存在しない．植物の花には，真正メラニンによる黒い花はない．黒ユリのような名称は存在するが，これは暗紫色の花で，全く別の色素グループによるものである．ただ，バナナの皮には多

量のチロシン由来の o-ジフェノール誘導体（ドーパミン）が存在しており，バナナの皮が傷ついたり古くなったりすると暗褐色に色がつくが，この場合は動物メラニンに類似のものが生じている可能性はある．

一方，菌類，バクテリアでは真正メラニンの生成も見られる．*Streptomyces* （土壌菌）の多くの種はチロシナーゼ遺伝子をもっており，メラニンを生成し得る．また，この *Streptomyces* のチロシナーゼ遺伝子を *Escherichia coli* （大腸菌）内で発現させ，チロシンからメラニンを生成させ得ることも報告されている[195]．

さて，動物の真正メラニンは動物界に広く存在しているが，その研究は我々人間も含めて哺乳類の黒い毛，皮膚，メラノーマやイカの墨について最もよく研究されている．我々になじみの深いカラスの黒色，クロアゲハの黒色なども真正メラニンに属するものと思われるが，とくに研究されていない．

脊椎動物で，メラニンはメラノサイトあるいはメラノフォアと呼ばれる色素細胞内で合成される．しかし，昆虫のクチクラ中のメラニンなど，細胞以外で合成されるものもある．これらメラニンの合成過程については後述（4-2 参照）する．歴史的には，19 世紀末に Bertland *et al.* が，キノコや植物にチロシナーゼを発見したことが，メラニン合成研究の最初である．次いで 1920 年代に，Raper *et al.* によってチャイロコメノゴミムシダマシ（*Tenebrio molitor*，鞘翅目昆虫）の幼虫のチロシナーゼを用いて，メラニン合成の過程が研究された．さらに 1940 年代になって，Mason *et al.* の研究によって，メラニン合成経路の骨格が明らかにされた．

なお，メラニンについて，いくつかの単行本[57,163]および多くの総説[5,164-166]がある．

4-2 生合成と酵素

動物の真正メラニンは，上述のように，チロシンにチロシナーゼが働いてつくられる．この合成経路は歴史的に，Raper と Mason によって明らかにされたので，Raper-Mason の経路と呼ばれている．その概略は図 4.1 に示す通りである．以下，この図に沿って説明する．

まず，チロシン（tyrosine）にチロシナーゼ（tyrosinase, EC 1.14.18.1）

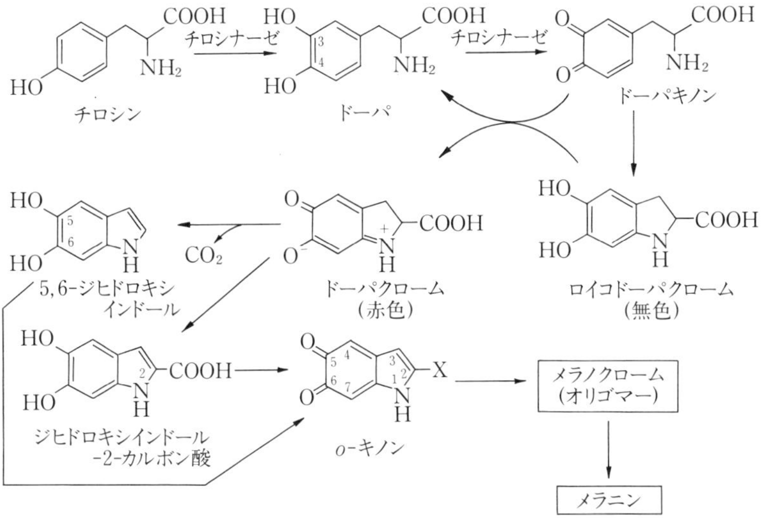

図4.1 真正メラニンの生合成経路. X＝-H あるいは-COOH.

が働いて3,4-ジヒドロキシフェニルアラニン（3,4-dihydroxyphenylalanine, 略してドーパ, dopa と呼ばれる）に酸化される．このドーパに，さらにチロシナーゼが働いて，ドーパキノン（dopaquinone）になる．次いで閉環して，ロイコドーパクローム（leucodopachrome, 無色）となる．この反応は非酵素的に進行し得る．さらに非酵素的に，ドーパクローム（dopachrome, 赤色, $\lambda_{max}=305, 475$ nm）になる．この反応は, dopaquinone ⟶ dopa 反応と共役して進行する[1]．次いでこのドーパクロームは，脱炭酸して5,6-ジヒドロキシインドール（5,6-dihydroxyindole, 以下DHIと略す. $\lambda_{max}=275, 298$ nm）になるか，または脱炭酸なしに，ジヒドロキシインドール-2-カルボン酸（dihydroxyindole-2-carboxylic acid, 以下 DHICA と略す）になる．これらDHIや DHICA は，チロシナーゼによってか，あるいは非酵素的に，さらに酸化されて o-キノンとなり，重合してオリゴマーであるメラノクローム（melanochrome, 紫色, $\lambda_{max}=300, 540$ nm）を経て，さらに重合して難溶性高分子のメラニンとなる[2-6]．

でき上がったメラニンの構造については次項で述べるが，このメラニンは上述のインドール核のみの重合ではなく，ドーパキノン，ロイコドーパクロー

ム,ドーパクロームなどの o-ジフェノール,o-キノン,セミキノンが,いろいろな割合で入り込んで,ヘテロポリマーになっているものとされている.重合にあたっては,セミキノンの関与が報告されている[7,8,153].

さて,図4.1の経路は,最初の2反応,すなわちチロシン⟶ドーパ⟶ドーパキノンについてはチロシナーゼによる酵素反応であるが,上述のようにドーパキノン以降の反応は, in vitro では,非酵素的に進行し得る.しかし生体内では,ドーパキノン以降にも種々のタンパク質が関与し,また種々の要因によって調節されている[185].例えば,ドーパクローム (DC)⟶5,6-ジヒドロキシインドール-2-カルボン酸 (DHICA) の変換を促進する因子 (dopachrome conversion factor,ドーパクローム変換因子,DCF,研究者によっては dopachrome oxidoreductase や dopachrome tautomerase という酵素名を提案し,使用している[185]),DHI⟶インドール-5,6-キノン (IQ) の変換を促進するインドール変換因子 (indole conversion factor, DICF) や DHI の IQ への変換を阻止する因子 (indole blocking factor) などが報告されている[3,9-11].また DC の変換は,Cu^{2+},Ni^{2+},Co^{2+} イオンによっても促進される[10,12].さらにまた,DHI のメラノクロームへの変換に,チロシナーゼが働いているとの報告もある.チロシナーゼの第3の活性ともいわれる[13].また,DHI や DHICA のメラノクロームへの変換はパーオキシダーゼ系によって促

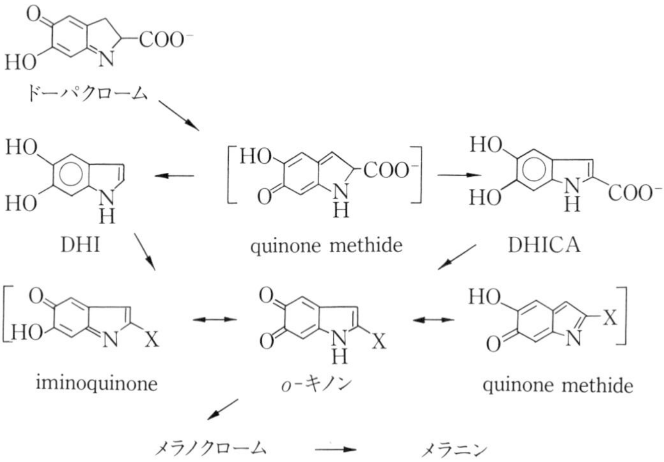

図4.2 Sugumaran によるキノンメサイド説[31].

進される[191]. なお, ドーパクローム──→ジヒドロキシインドールへの変換反応は, キノンメサイド (quinone methide) 構造を経ることが示唆されている (図4.2)[14,31]. また, 昆虫ではドーパキノンイミン変換因子 (QICF) などが報告されている[15,16,158].

多くの動物, とくに脊椎動物では, メラニン合成はメラニン形成細胞であるメラノフォアやメラノサイトの中のメラノソームで行われる.

チロシナーゼは銅酵素であり, また少なくとも脊椎動物や昆虫では糖タンパク質である[4,17,18]. チロシナーゼタンパク質はメラニン形成細胞内リボソームで合成され, 次いで小胞体を通じてゴルジ体に移行する. ここで成熟を受け, 最終的にメラノソームに貯えられるようになる. チロシナーゼには, T_1, T_2, T_3の三つ, あるいはT_1, T_2, T_3, T_4の四つの型が報告されている. T_4はメラニン形成を行っているメラノソームに結合しているチロシナーゼである. T_3も結合しており不溶である. T_1とT_2は可溶である. T_1, T_2, T_3, T_4の間で, アミノ酸組成に差はない. T_1, T_2, T_3でグリコシル化の程度が異なる[19-21].

なお, B16マウスメラノーマ細胞で, チロシナーゼに二つのアイソザイムが報告されている[22]. また, チロシナーゼ遺伝子の構造が, 人, マウスその他の脊椎動物やホヤなどで研究されている.

マウスのB16メラノーマの培養細胞に, グリコシル化の阻害剤であるツニカマイシン (tunicamycin) やグルコサミン (glucosamine) を働かせると, メラノソームはメラニンをもたないものになる. この場合, T_3は消失している[23-25]. チロシナーゼの糖は, チロシナーゼがGERL (golgi-associated endoplasmic reticulum of lysosomes) からpremelanosomeへ移行するのに働いているとされている[26].

なおまた, チロシナーゼの阻害剤として, コウジ酸などが知られている. またメラニン合成抑制剤として, ある種の脂肪酸もあり, タンパク性のものも報告されている[27,28].

また, 人のメラノサイトでprotein kinase Cのβ-isoform (PKC-β) によってチロシナーゼ活性が高くなり, メラニン形成が増加する[157].

なお, 人や動物のメラニン構造あるいはメラニン形成にトリプトファン代謝物が関与し得るとの考え[196-198]があるが, まだ確証は得られていない.

脊椎動物の黄褐色ないし褐赤色メラニンであるフェオメラニンの場合は，図4.3の経路によって合成される．この図に示されるように，まずドーパキノンにシステイン（cystein）が結合して，5-S-cysteinyldopa（以下，5-S-CDと略す）が生ずる．システインはドーパキノンのベンゼン環の他の位置にもつくが，主に5-S-CDがつくられる．この5-S-CDは，グルタチオン（glutathione）関与でつくられることも可能である．図4.3に示したように，ドーパキノンがグルタチオンと反応して，まずglutathionedopaとなり，次いでγ-glutamyltransferaseとペプチダーゼの作用により，5-S-CDが生成する．いずれにせよ，これらの5-S-CDが次に閉環して，1,4-benzothiazine誘導体となり，さらにこれが重合してフェオメラニンとなると考えられている[7,32-37]．

脊椎動物の黄，赤，紫色の低分子の色素で，トリクローム（trichochrome）と名付けられているものがあり，その構造は上記の1,4-benzothiazine誘導体が2分子結合したものとされている．その構造は次項で述べる．

以上のように真正メラニンとフェオメラニンとは，その合成経路の後半と構造の違ったものであるが，多くの哺乳類でこの両方のメラニンが，種々の割合でおこっていると考えられている．また，マウスにアグチ（agouti）という野

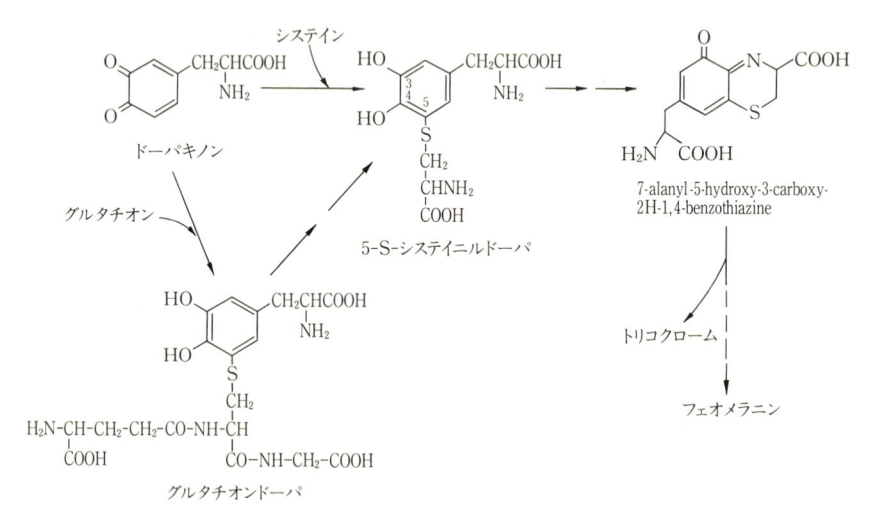

図4.3 フェオメラニンの生合成経路．

生系のパターン形質があり，一本の毛が最初黒色（真正メラニン）で，次いで褐色（フェオメラニン）となり，その後再び黒色になっている．生物学的に興味ある現象で，詳細に研究されている[29,30,194]．アグチ遺伝子座(A)は第2染色体にあり，多数の突然変異が存在する[G13]．a/a（a は nonagouti 遺伝子）は黒色である．A^y/a（A^y は黄色致死遺伝子）は黄色で，フェオメラニンのみが存在する[193]．

C_3H-HeA^{*vy} マウスの生後最初の毛は黄色であるが，春機発動期には暗黒色の毛に置き変わる．そして成体では再び黄色となる．これは，春機発動期に毛囊メラノサイト中のチロシナーゼ活性が上昇し，フェオメラニン合成より真正メラニン合成の割合が高くなることによるとされている[187]．

なお，上記の 5-S-CD 形成は，タンパク質鎖中でもおこることが報告されている．まずタンパク質中のチロシンにチロシナーゼが働いてドーパキノンとなり，これにタンパク質中のシステインが結合して 5-S-CD を生ずるという[38]．

4-3 構　　造

上述したように，真正メラニンは，ドーパキノンからインドール誘導体までの化合物が，種々の割合で重合したものとされているが，その主成分は DHI や DHICA と思われる．これらインドール化合物の重合は，2，3，4，7 位（図 4.1）のすべてにおいておこるとされている[154]．

メラニンは不溶または難溶の高分子で，決まった分子量もなく，低分子化合物に比べて構造決定は困難である．その上，メラニンは全動物界で一つの構造に決まっているわけでなく，それぞれの動物の種類によって，その構成成分の割合と結合様式の割合も異なっていると思われる．また in vitro の実験でメラニン形成を行う場合も，その基質，例えばドーパかドーパミン（図 4.4）か，さらにインキュベーションの条件（例えば，金属の存在[39]）によって，生成するメラニンは同一ではない．また真正メラニンは動物界に広く存在するが，それらが広く研究されているわけではない．主としてイカの墨汁のメラニンや哺乳類の皮膚，毛，メラノーマ，眼の脈絡膜のメラニンなどについて研究されているだけである．したがって，一定の決まった真正メラニンの構造式を書くことはできないが，上述のように DHI や DHICA[192] の 2，3，4，7 位を通じて，

DHI や DHICA および中間の o-ジフェノール，o-キノン，さらにピロールカルボン酸が結合したものと推定されており，メラニンの説明にそのような結合を含んだモデルとしての推定構造式を書くこともある．

なお，in vitro で DHI から auto-oxidation やチロシナーゼによってつくられたメラニンは黒色不溶性沈殿であるが，DHICA からアルカリ性水溶液によってつくったメラニンは濃い褐色系で水溶性であるといわれる[185]．

なお人を含む哺乳類で，脳幹の substantia nigra（黒質）や locus coeruleus（青斑核）にメラニンが存在しており，ニューロメラニン（neuromelanin）と名付けられている．このメラニンは，皮膚や毛のメラニンとは，その性質，構成が異なっているとされている[53-56]．しかし，その構造はまだ解明されていない．なお，蛙では，脳のメラニンの分布は，哺乳類より広いといわれている[40]．また，牛，馬，犬，ネコなどの松果腺にもメラニンが存在しており，その性質はニューロメラニンに似ているという[41,42]．

また，sea catfish (*Arius felis*) の眼の反射板（tapetum lucidum）には，DHICA が 4，7 位で結合したオリゴマーの混合（テトラマーが最も多い）の色素が存在している[43]．

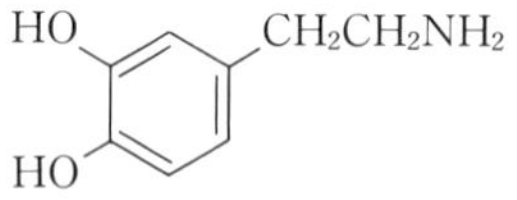

図 4.4 ドーパミン．

なお，昆虫ではクチクラにメラニンが存在している[44-50]が，昆虫のクチクラおよび鱗粉のメラニンはドーパよりも，むしろドーパミン（図 4.4）由来である[50-52,150,155,156]．種々の昆虫の種々の場合を含めて，昆虫のメラニンには，ドーパ由来のものとドーパミン由来のものの両方が存在すると思われる．

フェオメラニンは，上述のように 1,4-benzothiazinylalanine の重合したものと考えられているが，その重合の様式はまだわかっていない．めんどり（New Hampshire）の赤色の羽で研究されているフェオメラニンの主な色素は gallophaeomelanine I と呼ばれており，1,4-benzothiazine が種々の酸化レベルで結合しているほか，閉環に関与しないシステインも存在しているとされている[57]．

代謝の上でフェオメラニンと同系統，すなわち benzothiazine からつくられるものとして，黄ないし赤色の低分子色素のトリコクローム (trichochrome) がある．やはり，New Hampshire の赤色の羽から分離されている．その主なものはトリコクローム B および C と呼ばれ，図 4.5 に示す構造と報告されている[5,7,58-60]．

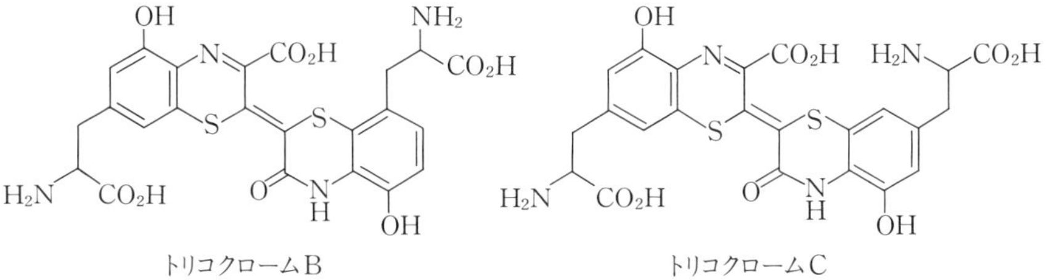

図 4.5 トリコクロームの構造．

4-4 物理的・化学的性質

(1) 溶解性

真正メラニンは，水，塩酸，たいていの有機溶媒に不溶である．1 N NaOH や濃硫酸であたためると溶ける．だから，1 N NaOH で抽出し，塩酸酸性にすると沈殿する．メラニンタンパク質を 6 N 塩酸で加水分解すると，タンパク質は分解するが，メラニンは沈殿として残る．ただし，メラニンをもとのまま精製することは困難で，酸やアルカリ処理で多少とも分解あるいは変化するとされている．ある一部の真正メラニンは，ethylene chlorohydrin (CH_2ClCH_2OH) に室温で可溶である[61]．可溶度は温度とともに増大する．すべてのメラニンが，ethylene chlorohydrin に溶けるというわけではない．

これに対して，フェオメラニンは真正メラニンより溶けやすい．例えば，あるフェオメラニンは希塩酸にも溶ける．

(2) 吸収スペクトル

真正メラニンの吸収は，一般に可視部から紫外部へと漸次増加し，とくに吸

収ピークは示さない．ただ，500 nm 付近に吸収ピークを示す場合もある．また，多くのメラニンで，400 nm 以下にピークが見られる．

（3） 蛍　　光

真正メラニンは蛍光を発しないが，フェオメラニンは弱い蛍光をもっている．

（4） 酸化と還元

真正メラニンは容易に酸化，還元をうけるものではないが，H_2O_2 のような強い酸化剤で漂白されて変色する．黒い毛髪を過酸化水素処理すると，偽金髪になることは，以前から美容業では知られていたことである．また，以前からメラニンの組織化学的検出には，アンモニア性銀イオンの還元で，黒色の金属銀となることを利用していた．

ドーパにチロシナーゼを作用させてつくったドーパメラニンは，NADH を酸化する作用をもっている．この際，NADH 1 モルに対して酸素 1 原子が消費され，H_2O_2 が生ずる．また，NADH はメラニンの遊離基濃度を低下させる．メラニンによる NADH の酸化は，メラニン中の遊離基によるとされている（メラニンが安定な遊離基を有することは後述する）．このようなメラニンの NADH 酸化力は，天然のメラニンのようにタンパク質と結合すると減少する[62,63]．

（5） 遊　離　基

真正メラニンは，光照射がなくとも，有機の遊離基を有しており，常磁性を示す．この原因の一つは，メラニン中に含まれるセミキノンの存在によると思われる．メラニンの遊離基は熱に安定である．メラニンの ESR について，い

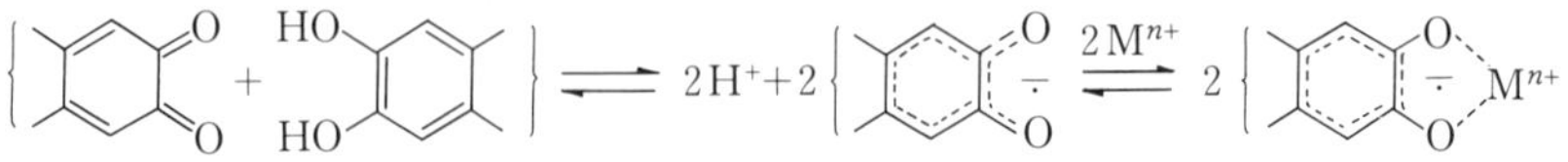

図 4.6　メラニン中の o-セミキノン遊離基濃度に対する金属イオンの影響を示す推定図[71]．

くつかの報告が出されているが，メラニンは安定な ESR シグナルを示す[64-70]．

種々の金属は，メラニン中のセミキノンタイプの遊離基と結合し得る．そして，キノン-セミキノンの平衡に影響を与える（図 4.6）．Cu^{2+} でメラニンの遊離基シグナルは消失し，Zn^{2+}，Ca^{2+}，Mg^{2+} で増加する[69,71]．

（6） 陽イオン交換[152]

真正メラニンは，陽イオン交換体として働く能力をもっている．これは，メラニン中に種々の割合で存在する -COOH によるものと考えられる．

（7） 金属イオンの結合

メラニンは，*in vitro* および *in vivo* で種々の金属を蓄積する力をもっている．牛の眼からのメラニンや合成メラニン（ドーパメラニン）での *in vitro* の実験では，次のような傾向が報告されている[72]．

ⓐ アルカリ金属の親和性の順序は，$Cs^+>Rb^+>K^+>Na^+>Li^+$．
ⓑ アルカリ土類金属では，$Ba^{2+}>Sr^{2+}>Ca^{2+}>Mg^{2+}$．
ⓒ Tl^+ はアルカリ金属よりわずかに高い親和性をもっている．
ⓓ Pb^{2+} は 2 価カチオンの中で最も強い親和性をもっている．Cu^{2+} はその次である．Ni，Co，Mn では $Ni^{2+}>Co^{2+}>Mn^{2+}$ である．
ⓔ La^{3+} と Gd^{3+} では，La^{3+} は反磁性，Gd^{3+} は常磁性であるが，メラニンの親和性は類似している．ゆえに，メラニンへの親和性を決めるのは化学的なものであって，磁気的なものではない．

上記の傾向は，牛の眼のメラニンと合成メラニンとで同様であるので，メラニン顆粒と金属イオンとの結合には，タンパク質部分は小さい役割しか関係していない．

メラニンの金属イオンへの結合は，pH 中性および弱酸性では，主にメラニンのカルボキシル基が関与している．pH 7 以上では，メラニン中の 5,6-ジヒドロキシインドールのカテコール部分でのキレーションがおこるとされている．

天然のメラニンの金属含量が，*Sepia officinalis*（コウイカの類）で報告されている[73]．Sr が最も多く，次いで Cu のほか，Fe，Zn，Mn が含まれている．

哺乳類でのメラニン顆粒には，Cu，Zn，Fe，さらに Mn の存在が知られている．量的には Zn，Fe が多い．

牛の眼，人の毛のメラニン，合成ドーパミンメラニンを使った *in vitro* の実験で，Mg はメラニンに結合するが，*in vivo* においてもメラニン含有組織に取り込まれる．Mg はメラニン含有ニューロンに毒性があるとされている[74]．

(8) 光 照 射

メラニン顆粒やメラニンに光照射すると，酸素消費がおこる．これはタンパク質の方に関係なく，メラニンそのものの反応である．

またメラニンに光照射すると，メラニン中に遊離基が生ずる．メラニンには，光照射がなくとも遊離基が存在することは上述した．この常時存在する遊離基は安定であるが，光照射によって生ずる遊離基は不安定である[75-77,79-81,86]．

上記の光照射による酸素吸収や遊離基の生成に関与する最も活性ある発色団は，吸収スペクトルに対する主な発色団とは異なるものである[78]．

(9) スカベンジャーとしての働き

メラニンには，細胞に光照射して生じた細胞内の遊離基を減ずる働きがある．例えば，細胞中のスーパーオキシドアニオンラジカル（O_2^-）のスカベンジャーとして働き，細胞を毒作用から守ると考えられる[84,85]．

(10) メラニンと薬物

クロロキン（chloroquine，図 4.7 a）やフェノチアジン（phenothiazine）誘導体のあるもの，例えばクロルプロマジン（chlorpromazine，図 4.7 b）などの薬物は，メラニンと結合することが知られている．このメラニンへの結合はタンパク質の方には関係がなく，メラニンそのものへの結合である．この結合は，*in vitro* の実験でもおこる．例えば，顕微鏡に対する切片上でもおこる[87-96]．

このような薬物を与えると，皮膚のメラニンのみならず，眼の uveal tract（ブドウ膜路）や内耳のメラニン，また脳幹の黒質部や locus ceruleus（青斑核）のメラニンにも結合する．また胎盤を通じて，胎児の眼にも蓄積する．ク

4-4 物理的・化学的性質　*137*

(a)　クロロキン

(b)　クロルプロマジン

図4.7　メラニンと高い親和性をもつ多環型アミンの例.

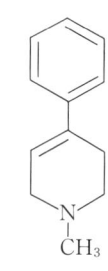

図4.8　1-メチル-4-フェニル-1,2,5,6-テトラヒドロピリジン.

ロルプロマジンはこのようにメラニンに結合するのみならず，体の hyperpigmentation（色素沈着過度）をおこす[97-100,107]．

　上記の薬物のほかに，1-methyl-4-phenyl-1,2,3,6-tetrahydro-pyridine（MPTP, 図4.8）もメラニンと結合する．この薬物はパーキンソン病と同様の症状をおこすことが1983年に発見され，ドーパミン神経細胞選択毒として研究されている[101-105]．

　さらに上記以外に種々の化学物質がメラニンと高い親和性をもつことがわかっている．例えば，acridine orange, neutral red, methylene blue, alizarin red procain その他である[91,106]．

(11)　メラニンの安定度と分解

　メラニンは非常に安定で，分解されにくいが，*Aspergillus fumigatus* のようなカビは，メラニンを分解して利用し得ることが報告されている[108]．しかし，メラニンが分解をうけるという証拠はなく，メラニンは酵素的分解に抵抗

性があるとも書かれている[166].

4-5 メラノフォア，メラノサイト，メラノソーム

（1） メラノフォアとメラノサイト

　動物界で皮膚や毛髪の色は，色素を含む細胞の存在によっている場合が多い．これらの細胞は，その含有色素の種類や色彩によってメラノフォア（melanophore）およびメラノサイト（melanocyte），キサントフォア（xanthophore），エリスロフォア（erythrophore），グアノフォア（guanophore）などに分類されることは，すでに1章でも述べた（また，3-4（6）および12-1（6）も参照）．このうち，メラノフォアとメラノサイトはメラニン含有の色素細胞で，黒，黒褐，褐色を呈している．定温脊椎動物のものはメラノサイト，変温脊椎動物のものはメラノフォアと呼ばれている（体色変化については4-6（5）参照）．いずれも発生学上neural crest（神経冠）と呼ばれる胚組織に由来するものであり，体内を移動して体表面や体内に分布するようになる．そして多くの動物で，斑紋を形成している．

　なお，多くの魚類では，メラノフォアとイリドフォアが，一つの場所に存在している場合があり，メラノフォア-イリドフォア複合体と呼ばれている．また両生類，爬虫類の真皮では，キサントフォア，イリドフォア，メラノフォアの3種類の色素細胞が複合体をつくっている場合があり，真皮性色素細胞単位と名付けられている[151,G12]．

　哺乳類を含む脊椎動物では皮膚のメラノサイト（あるいはメラノフォア）のほかに，眼にもメラニン形成細胞が存在している[109,110]．これには2種類あり，眼球の外側を覆っている脈絡膜のメラノサイトは神経冠由来であり，網膜色素上皮の細胞は神経管(脳)由来とされている[30]．

　哺乳類の毛では，上述のように神経冠より移動してきた細胞のあるものが，表皮の毛包(嚢)の毛乳頭の上に位置し，メラニン合成を行い，ケラチン産生細胞にメラニン顆粒を送って毛を黒化させている．

　メラノフォアやメラノサイトの分化および形質発現には，多くの遺伝子が関与していることがわかっており，マウスなどでは遺伝学的に詳細に研究されている．その中で，動物界全般に出現するアルビノ（albino）と呼ばれる白色個

体がある（後述，4-6(4)参照）．脊椎動物で，体全体が白色で，眼が赤眼のものがこれである．マウスの場合，チロシナーゼの c 遺伝子座（第7染色体）の構造領域におこる突然変異によるものとされている．この c 遺伝子のDNA塩基配列もすでに決定されている[57,179]．

昆虫のクチクラ中のメラニン形成の場合，二つの場合があるとされている[50,111,112,155]．その一つは，真皮細胞で，プロフェノールオキシダーゼを含むプリメラニン顆粒がつくられ，クチクラへ移行する場合である．その後，フェノールオキシダーゼが活性化され，クチクラ中でメラニン顆粒が形成される．また他の場合は，クチクラ中で，顆粒でなく，一様な層としてメラニンが形成される場合である．ただしこの場合，真正メラニンかどうか確証されていないともいわれる．

(2) メラノソーム

メラノフォア，メラノサイト中にメラニンは，メラニン顆粒として存在している．この顆粒はメラノソーム（melanosome）と呼ばれている．ここでチロシンやドーパにチロシナーゼが働いてメラニンがつくられ，顆粒が完成する．

フェオメラニン形成を行うメラノソームはフェオメラノソーム（phaeomelanosome）と呼ばれ，これに対して真正メラニン（ユーメラニン）形成を行うメラノソームはユーメラノソームと呼ばれる．マウスのアグチパターンの場合，単一のメラノサイト中に，真正メラニンをつくるユーメラノソームとフェオメラニンをつくるフェオメラノソームの両方の存在が認められている[161]．同一のメラノソームで，フェオメラニン形成と真正メラニン形成の転換がおこり得ると考えられている[29]．

なお，マウスのメラノサイトで，真正メラニン形成とフェオメラニン形成とが第8染色体の *extension* locus（E，4-6(6)(a)も見よ）の構造によって支配されているとされている．e/e（recessive yellow）ではフェオメラニンのみが存在する[193]．またニワトリの第1染色体の *Extended black*（E）locus も同類の locus との報告もある[178]．

メラノソームはその形成過程によって，stage I～IVに分けられている[115]．stage I では，まだ活性化チロシナーゼは証明できず，メラニンは存在しない．stage III では，チロシナーゼの存在が証明でき，顆粒内部にメラニン形成

が始まる．stage IVは，完全に黒化した顆粒である．

Leaf frog (*Pachymedusa* (*Agalychnis*) *dacnicolor*) の皮膚の黒色素胞は，特殊なメラノソームをもっている．このメラノソームは大きく（直径1 µmを超す），色はwine redである．その中心部にはユーメラニンが存在している．その中心部が繊維状マトリックスに囲まれており，ここに赤色色素が存在している．この色素はrhodomelanochromeと呼ばれたが，これはpterorhodin（3章参照）と同定された[113,114]．

4-6 種々の生物現象

(1) 哺乳類の皮膚と毛の色

メラニンは人を含む哺乳類の皮膚や毛の色に最も強く関与している．

人の皮膚では表皮基底膜の上にメラノサイトが存在し，その細胞内でメラニン顆粒（メラノソーム）が形成される．このメラノサイトから，メラノソームが表皮細胞（表皮ケラチノサイト）に移行する．この場合，メラノソームを含む樹状突起の先端がケラチノサイトに貪食されているようにして移行する．

メラノサイト中のメラノソームは，黒人ではstage IVのものが多いが，東洋人ではstage II-IVを多く含み，白人ではstage I-IIIのものが多いという．

ケラチノサイトに取り込まれたメラノソームは，1個ずつ離れて存在する場合もあるが，2～数個ずつグループをつくって膜に囲まれて存在する場合も多い．メラノソームが小さいほど複合体をつくり，大きいメラノソームは1個ずつの状態で存在する傾向がある．白人ではメラノソームが小さく，表皮細胞内ではメラノソーム複合体の状態で存在しているが，黒人ではメラノソームは大きく，表皮細胞内で1個ずつの状態で分散して存在する．

表皮中のメラノサイトの密度（単位面積当たりのメラノサイト数）は人種が違っても大差はないとされている．それで皮膚の色の人種差は，メラノサイトの数の相違によるものではないと考えられている．

人の黒い皮膚と白い皮膚からの培養メラノサイトで，チロシナーゼ活性を測定すると，黒い皮膚の方が白い皮膚より10倍以上高い．しかし，チロシナーゼ分子の数は，黒い皮膚のメラノサイトと白い皮膚からのメラノサイトで差はない．また，チロシナーゼm-RNAも大体同程度である．ゆえに，白い皮膚

のメラノサイトでは，チロシナーゼタンパク質が合成された後，黒い皮膚の場合と違ってくると考えられる．一方，赤色毛の新生児からの培養メラノサイトでは，チロシナーゼタンパク質もそのm-RNAも低レベルである[116]．

哺乳類の毛の場合，上述したように（4-5(1)参照），表皮の毛包(嚢)の毛乳頭の上にメラノサイトが存在し，形成したメラニン顆粒を，毛の細胞（ケラチノサイト）に送って黒化させる．

マウスの毛を黒くするには，チロシナーゼ（c-locus）のほかに，TRY-1（tyrosinase-related protein 1）と名付けられているタンパク質が必要であるという[117,118]．

(2) 光による皮膚の暗色化[57,119-125]

人などの皮膚に日光を照射すると皮膚の暗色化がおこるが，この機構には複雑な要因が含まれており，まだ解明されていない面が多い．

この方面の研究では，紫外線UVA（320-400 nm）とUVB（290-320 nm）に分けて取り扱うことが多い．もちろん，可視光線（400-700 nm）も使われる．

UVAならびに可視光線（320-700 nm）を皮膚に照射すると，照射直後（2-3分から1時間）に，皮膚の暗色化が見られる．これをimmediate tanning（略してIT）とかimmediate pigment darkening（略してIPD，即時暗色化）と呼んでいる．このとき，次のような変化がおこるとされている．（i）メラニンの光酸化．さらに，メラニン前駆物質の光酸化，さらに重合の促進．（ii）ケラチノサイト中のメラノソームの細胞内移動，拡散．（iii）メラノサイトからケラチノサイトへの，メラノソームの急速な移行促進．

このITは2-3時間でほとんど消失する．

UVAでも，長時間照射（例えば24時間以上）すると，メラノサイト中でのメラニン合成が新しくひきおこされる．このようなメラニン合成の増加は，UVB照射で強くおこる．これをdelayed tanning（略してDT，遅発性暗色化）と呼び，290-500 nmの波長域の紫外および可視光線でおこる．これは照射後48-72時間ぐらいから現れ，2-3週間で最大に達する．この暗色は，数週から数ヵ月も持続する．このDTも可逆性であり，ある期間経過すると皮膚の色はもとにもどる．

DTの際には，次のような現象が見られるとされている．（ⅰ）活性メラノサイトの数の増加．（ⅱ）メラノソームの活性化および産生の増加．（ⅲ）メラノソームのケラチノサイトへの移行の促進．

DTは酸素依存性ではない．

なお，UVB照射による皮膚の暗色化は，後述の α-MSH関与の下におこるとも報告されている[57,126,127]．

また，cholecalciferol（ビタミンD_3）の増加，thioredoxin reductaseの不活性化，グルタチオン（GSH）の還元型の減少などの関与も報告されている[57]．

なお，UVBはDNA損傷をおこすことを付け加えておく．

一般に，黒色の皮膚，黒色個体の細胞，黒色メラノーマの細胞は，白色の皮膚，白色の個体の細胞，メラニンをもたないメラノーマ細胞より，紫外線による害作用に抵抗性をもっている[128]．

(3) メラノーマ

メラノサイトの腫瘍をメラノーマ（melanoma，黒色腫）と呼んでいる．変温脊椎動物の黒色素胞はメラノフォアと呼ばれることは上述したが，この腫瘍をとくにメラノフォローマ（melanophoroma，黒色素胞腫）と呼ぶ場合もある．

メラノーマは悪性の腫瘍であり，細胞分裂をくり返すが，正常のメラノサイトと同様，メラニン合成能をもち，メラニンをつくっている．興味あることに，メラノーマには，正常のメラノサイトと同様に真正メラニンを合成するほか，フェオメラニンをも合成しているものがある．この場合，真正メラニンとフェオメラニンの両方が同時並行的に形成されているものがあるとされている．

なお，メラノーマの詳細に関しては，参考書の「色素細胞の腫瘍──その生物学的側面」[129]を見られたい．

(4) アルビニズム

動物界には広く，またしばしば白色の個体が現れることが知られている．これは，メラニンの体色発現に必要な種々の要因，例えばメラニン合成過程，関

連酵素,色素細胞などに何らかの異常(突然変異など)がおこるためと考えられる.このような現象をアルビニズム(albinism,白化現象,白子症)と呼ばれている.このような白化個体をアルビノ(albino)というが,中でも種々の脊椎動物で,全身が白く,眼が赤い個体が真のアルビノである.例えば,白色のラット,マウス,ウサギなどがこれである.種々の動物で,自然界にしばしば見出される.

マウスのアルビノでは,チロシナーゼの c 遺伝子座(第7染色体)の構造領域に異常がおこったものであることが明らかにされている[30,57,203].チロシナーゼタンパク質のある特定の位置のシステインがセリンに置換している[30,184].マウスのアルビノ系統(c/c)の受精卵に,チロシナーゼ遺伝子の働きをもつDNAを注入すると,メラニン形成がおこることが報告されている[162].人のアルビノの場合も同様に,チロシナーゼ遺伝子(第11染色体)のDNA塩基配列の変化によるものとされている[181].

メダカのアルビノ(i^1/i^1)はチロシナーゼ遺伝子(i-locus)の第1エクソンに transporsable element(1.9 Kb)が挿入されているためにおこるとされている[199].

以上のようなチロシナーゼ遺伝子の突然変異によるアルビノのほかに,種々の動物でメラニンの減少を来す白化現象には,種々の原因によるものが存在している.例えば,正常なチロシナーゼ遺伝子が存在するにもかかわらず,カタラーゼ遺伝子座の異常のために,真正メラニン形成が減少する場合などである[203].また,全身白色のものばかりでなく,体に部分的に白斑がおこる場合もある.人の場合,医学(皮膚科)の領域において詳細に研究されている.

メダカの,メラニンを含まない品種(橙赤種の$+^ibR$,白色の$+^ibr$)では,ドーパを取り込むことのできる chromaffin cell(クロム親和性細胞)が皮膚に存在しているが,これはメラニンを合成できない無色のメラノフォアにあたるものと考えられている.一方,アルビノ品種(iBr, ibR, ibr)では,このような chromaffin cell は見られない[189].

(5) 体色変化

動物界でも,とくに変温脊椎動物や無脊椎動物で,環境の明暗(投入する色や背面からの反射する光)によって体色を変化させる例が多く知られている.

これは動物の興味ある適応現象であり,古くから多くの動物生理学者によって詳細に研究されている.中でも最もよく研究されているのは,魚類の体色変化である.

魚類の体色変化は,メラノフォア(4-5参照)中のメラニン顆粒の移動によっておこる.このような体色変化を,生理(学)的体色変化と呼んでいる.メラノフォアは図4.9に示すように,表面に樹(枝)状突起を有している.環境が暗いときは,メラノフォア内部のメラニン顆粒が,樹状突起の先々にまで拡散して,体色が暗色になる.一方,環境が明るいときは,メラニン顆粒がメラノフォアの中心に凝集して,小さい点状になる.その結果,体表面が淡色になる.この色素顆粒の凝集の際,樹状突起には偏平化,容積の縮小がおこり,また細胞中心部は半球状に膨大するとされている[G18].魚類メラノフォアでの色素顆粒の移動の機構については,Obikaの詳細な総説がある[177].

なお,体色変化は本書の目的からはずれるので,詳細は参考書[151,G11,G12,G18]を見られたい.

なお,これは体色変化ではないが,カエルの眼の色素上皮に存在するメラニン顆粒は,明条件で細胞の突起の方へ移動し,暗条件で細胞体の方へ移動する[110]. sea catfish (*Arius felis*) の眼の色素上皮のメラニン顆粒でも,同様の

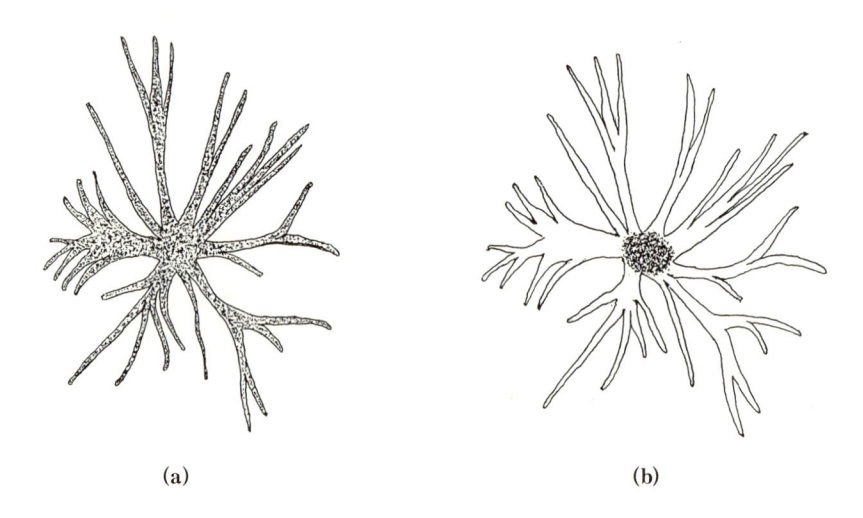

(a)　　　　　　　　　　　(b)

図4.9　魚類メラノフォアの模式図.(a)メラニン顆粒の拡散状態,(b)凝集状態.

4-6 種々の生物現象　　145

移動がおこる[43]．

（6）ホルモン[174]

種々の動物で，種々のホルモンがメラニンの合成や体色に関係していることが知られている．

（a）**α-MSH**[G12]　　これは，脊椎動物の脳下垂体中葉ホルモンの一種で，黒色素胞刺激ホルモン（melanophore-stimulating hormone, 略して MSH）である．哺乳類では，メラノサイト刺激ホルモン（melanocyte-stimulating hormone）といわれる．また，色素胞刺激ホルモン（chromatophore-stimulating hormone）あるいはメラノトロピン（melanotropin）という呼び方もある．ペプチドホルモンであり，その一次構造の例が図 4.10 に示される．

　MSH の働きの一つに，変温脊椎動物の体色変化に対する作用がある．ここでは，MSH はメラノフォア内でのメラニン顆粒の拡散をおこす．この働きの過程は次のように説明されている．MSH がメラノフォア表面のレセプターにつくと，細胞膜の膜結合アデニレートシクラーゼが活性化される．その結果，細胞内 cAMP レベルが上昇する．次いで，プロテインキナーゼが活性化され，タンパク質の燐酸化がおこる．その結果，Ca^{2+} がサイトゾルから形質膜へく

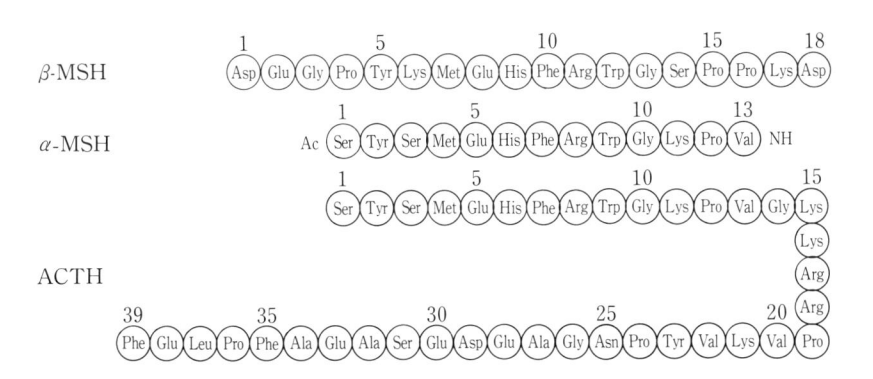

図 4.10　ウシの α-MSH, β-MSH, ACTH の一次構造[57]．いずれも No.1 は N 末，他端は C 末．α-MSH の N 末はアセチル化しており，C 末の Val はアミドになっている．

み上げられ，Ca^{2+} が減少し，メラノフィラメント（melanofilaments）が活性化される．その結果，メラノソームの拡散がおこる．以上が魚類のメラノフォアに対する MSH の作用であるが，魚類のメラノフォアの中でも，MSH に対する膜受容器を欠いているものもある．

両生類のメラノフォアに対しても，MSH は，同様にメラニン顆粒の拡散をおこす．

Rana chiricahuensis（カエル）の腹側の皮膚は白いが，メラノフォアが存在している．白い背景に適応しているときは白いが，黒い背景に適応しているときは暗色になる．このとき，メラノフォア中で，メラニン顆粒が拡散状態になる．この暗適応の際，α-MSH が多量に放出されている．また，暗適応の際に，虹色素胞（iridophore）では凝集がおこっている．このような暗適応で腹側の皮膚が暗色になることは，*Rana pipiens* では見られない．この点，*R. chiricahuensis* は特殊である[130]．

鳥類の羽毛やくちばしなどの色彩には MSH はあまり関係しないとされている．鳥類では，脳下垂体前葉ホルモンの一つである黄体形成ホルモンがメラニン形成を刺激するとされている．

哺乳類では α-MSH と ACTH（adrenocorticotropic hormon, 副腎皮質刺激ホルモン，図4.10）にメラニン形成刺激作用があると報告されている．MSH の作用，とくにレセプターについては，マウスのメラノーマ Cloudman S 91 などで詳細に研究されている．MSH は，魚類の場合と同様，メラノサイト表面のレセプターに結合し，膜結合のアデニレートシクラーゼの活性化を通じて，細胞内の cAMP レベルが上昇し，さらにプロテインキナーゼ A の活性化がおこる．結果としてメラノサイト内のチロシナーゼ活性が増大する．このことは，cell cycle の G 2 期でとくに見られるとされている[131]．はじめにチロシナーゼの活性化がおこり，その後おくれてチロシナーゼの合成もおこると報告されている[132]．哺乳類メラノサイトにおける α-MSH の受容体は melanocortin 1-receptor（MC 1-R）と呼ばれており，その構造は，マウスでは chromosome 8 の *extension* locus によって決められるとされている[178,186]．

しかし，哺乳類全体の皮膚での MSH の働きは，まだ確定されていない．

なお，α-MSH のほかに，cAMP 経由でメラニン合成を刺激するものに，テオフィリン（theophylline）（Tp），dibutyryl-cyclic AMP（db-cAMP），コ

レラトキシン，3-isobutyl-1-methylxanthine（IBMX）がある．興味あること
に，マウスの B16/F10 メラノーマ細胞で，上記の Tp，db-cAMP，IBMX，
α-MSH，cAMP は，dopachrome tautomerase 活性を低下させるとい
う[133]．

マウスの A^y/a（黄色致死）および e/e（extension locus の recessive yel-
low）の毛球のメラノサイトは，in vitro で，db-cAMP によって真正メラニ
ン合成が誘起されるが，α-MSH によって A^y/a では真正メラニン合成がおこ
るが，e/e は真正メラニン合成をおこさない[193]．

なお，上記のほかに，メラニンの合成を刺激するものにレチノイド，
PGE_1，PGE_2 がある．

人の培養メラノサイトは，ジアシルグリセロールの作用でメラニン合成が増
加するが，これはプロテインキナーゼ C の活性化を通じておこると考えられ
る[159,181]．プロテインキナーゼ C はチロシナーゼ活性を増加させる[157]．

なお，哺乳類の血管収縮性ペプチドであるエンドセリン-1（ET-1）は，ゼ
ブラダニオ（Brachydanio rerio，コイ科）を含む硬骨魚のメラノフォアで，
色素顆粒の凝集をおこすことが報告されている[175]．このペプチドはメラノフ
ォアの細胞に直接働くとされている[176]．

ヘアレスマウス（hairless mouse）の下垂体後葉切除のものに紫外線を連続
照射した場合，皮膚の黒化が誘導されず，また血中 α-MSH 濃度も低い．血中
α-MSH は主に後葉由来でその分泌はおそらく視床下部の調節をうけていると
の報告もある[127]．

（b） MCH これは melanin-concentrating hormone の略で，硬魚類の
メラノフォアのメラノソームを凝集させる働きをもつペプチドである．脳下垂

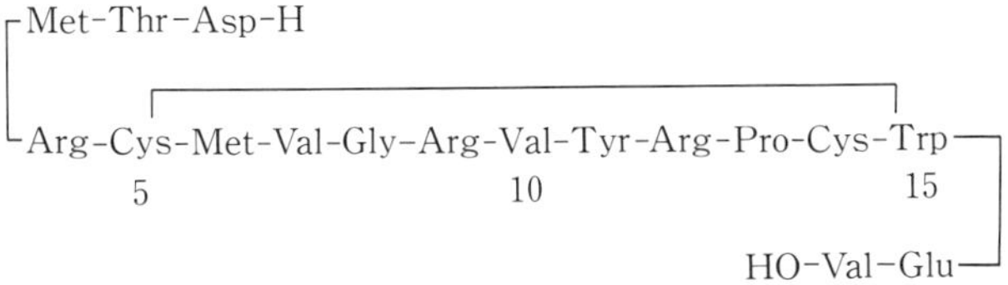

```
 ┌Met-Thr-Asp-H
 │              ┌─────────────────────────────────┐
 └Arg-Cys-Met-Val-Gly-Arg-Val-Tyr-Arg-Pro-Cys-Trp─┐
        5           10              15           │
                                   HO-Val-Glu────┘
```

図 4.11　硬骨魚の MCH の一次構造．

体ホルモンの一種で,アミノ酸17個で,その構造は図4.11の通りである.ナノモル濃度で活性があり,カテコールアミンより 10^4-10^5 倍強力である.

MCH は,硬骨魚の脳下垂体と視床下部の両方で見出されている.神経中葉に最も高い活性がある.視床下部でつくられ,神経脳下垂体へ移動し,貯えられ,そこから放出されるとされている[134].

魚類の MCH と同類のペプチドは,魚類以外の脊椎動物の脳,例えばラットにも存在している.哺乳類の MCH 相同ペプチドの働きについては,高橋・川内の総説に解説されている[180].

なお,カエルの脳の preoptic nucleus(視索前核)には MCH と α-MSH が共存している[135].

(c) **メラトニン** これは松果体から分泌されるホルモンで,その構造は N-acetyl-5-methoxytryptamine(図4.12)である.メラトニン(melatonin)は,変温脊椎動物(とくに両生類,魚類)のメラノフォアで,メラノソームの凝集をおこす[G12].

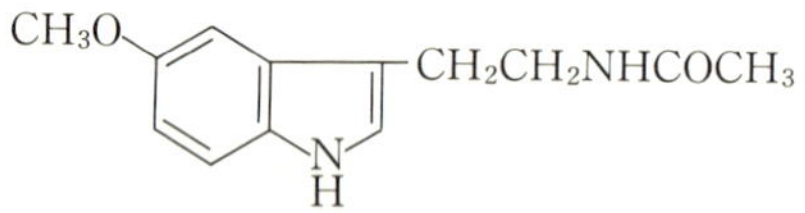

図4.12 メラトニン.

哺乳類や鳥類では,メラトニンを注射して皮膚の色や羽毛が明るくなったという結果は得られていない.ただ,ある種のウサギ,レミング,ハムスターのように,皮膚や毛の色の季節的変化をうけるものでは,光周期が影響を与えており,これには血中メラトニンなどの量的変化が働いている可能性はある.

また,哺乳類のメラノサイトで,メラトニンがメラニン合成を阻害することが報告されている.この場合,メラトニンは,メラノサイトに直接働いているとされ,またチロシナーゼ活性は低下しないという.ゆえに,メラニン合成の経路で,ドーパクローム以後のどこかに影響を与えていると考えられる.

(d) **神経支配** 変温脊椎動物とくに硬骨魚類,爬虫類で,その生理学的体色変化が神経支配,あるいは神経支配と内分泌系の協働的作用で行われてい

ることが多い．

　メラノフォアで，メラノソームの凝集をおこす神経は，交感神経に属するものである．交感神経の節後繊維末梢部から，黒色素胞表面に放出される伝達物質はノルアドレナリンを主体とするものと考えられている．ほとんど例外的にナマズでは，メラニン凝集を生じる神経はコリン作働性であるという．また，両生類や爬虫類の黒色素胞では，アドレナリンなどのカテコールアミンを作用させたときに，メラノソームの拡散を生じる例が知られているという[G12]．

　神経支配をうけている色素細胞でも，ホルモン支配をうけている場合でも，受容器に与えられた信号は，細胞内のcAMP量の増減を介して，色素顆粒の凝集，拡散をひきおこすとされている[151]．

　金魚のメラノフォアはノルアドレナリンによってメラニン顆粒の凝集をおこすが，この場合も，α_2-adrenoceptorを介してadenylate cyclase活性の低下，さらにcAMPレベルの減少が生ずることによるとされている[160]．

　なお，魚類などでは，光が眼のような光受容器から神経系，ホルモン系を通じて，メラノフォア内のメラニン顆粒の移動がおこるのが普通であるが，メラノフォア自身，光の直接の作用を受けて，メラニン顆粒の拡散がおこる場合も報告されている[188]．

(e) 性ホルモン

ⅰ) **女性ホルモン**のエストロゲン (estrogen) は，人や動物の皮膚の色素沈着を刺激する．とくに生殖器官やareolae（乳房暈）の皮膚に，その影響が現れる．妊娠中の女性では，乳首，乳房暈，生殖器の色素沈着が増加する．そのほか，程度は少ないが，顔の皮膚にも暗色化が見られる．

　モルモットで，卵巣除去が表皮のメラノサイトの数，大きさ，メラニン含量に著しい減少をおこしたという報告もある．他方，卵巣除去されたモルモットに，エストロゲンの少量を与えると，皮膚，とくに乳房暈でメラノサイトの内外の色素量が増加する[57]．

ⅱ) **男性ホルモン**のテストステロン (testosterone) は，皮膚の色素沈着を増加させる．去勢は，皮膚の色素沈着を低下させる．このことは，人以外の哺乳類（マウス，ラット，ハムスター類）でも見られる．

　しかし，このような男性ホルモンとメラニン沈着との関係については，まだ

いまのところ確定していない.

（f） その他のホルモン 黄体ホルモンであるプロゲステロンは，カエルの皮膚のメラノフォアに作用し，メラノソームを拡散させる[G12]．一方，高ドーズでのプロゲステロンは，乳房量や前腹部壁でのメラニン量の減少をおこすという報告もある[57]．

また甲状腺ホルモンは，両生類の変態時に色素胞数を増加させるとされている．さらにカエルで，チロキシンはメラノソームを凝集させるといわれる[G12]．

（g） 昆虫のホルモン

ⓘ ハエなどの昆虫で，羽化後，成虫のクチクラの硬化と黒化に働くホルモンとして，バーシコン（bursicon）が知られている．これは，分子量40,000のタンパク質と考えられている．

Sarcophaga bullata（ニクバエの類）の成虫のクチクラでは，メラニンの蓄積はバーシコンによってひきおこされ，また，α-MDH（α-methyl-α-hydrazino-β-phenylpropionic acid，ドーパ脱炭酸酵素の阻害剤）によって抑えられる[46,47]．

ⓙ ヤガ科のアワヨトウ（*Leucania separata*）の幼虫の体色は，単独飼育した場合と集合飼育した場合とで変化する．1，2，3齢幼虫は単独飼育しても集合飼育してもあまり変化しないが，4ないし5齢以上の幼虫は，単独飼育すると黄緑色か橙色あるいは赤茶色になり，集合飼育するとこれらの色彩のほかにいろいろな程度の黒さが加わった体色になる．この黄色色素および赤色色素の一部はカロチンおよびキサントマチンであり，黒色色素はインドールメラニンである．この色彩の変化は，幼虫の脳（Br），側心体（CC），アラタ体（CA），食道下神経節（SG）の連合体（Br-CC・CA-SG連合体と書かれている）から放出されるホルモンによっておこされる．このホルモンは，体色黒化赤化ホルモン（melanization and reddish coloration hormone，略して（MRCH））と呼ばれている．このホルモンは部分精製され，その分子量は6400-8000のペプチドと報告されている[136,137]．

その後，MRCHは最終幼虫脱皮の2-3時間前に，食道下神経節から放出さ

れると報告されている．また，同様のホルモンは，ヨトウガ（*Mamestra brassicae*）や *Spodoptera litura* でも報告されている[143,144]．

(iii) **タバコスズメガ**（*Manduca sexta*）では，幼若ホルモンが幼虫のクチクラのメラニン形成を阻害する[138]．幼虫のクチクラ形成には，head capsule slippage の時期に，若幼ホルモンが減少することが必要である[170,171]．

head capsule slippage の時期に次いで，メラニン生成に特異的なプロフェノールオキシダーゼ（pro-phenoloxidase）がつくられ，これが premelanin granules の形で，新しくつくられるクチクラに取り込まれる．次いで，エクジステロイド量が低下し，プロフェノールオキシダーゼが活性化される．同時に，ドーパ脱炭酸酵素合成が増加し，ドーパミンが生ずる．このドーパミンが，メラニン合成とクチクラの硬化の両方に使われる[155]．

なお，上記の premelanin granules の蓄積に対して，幼若ホルモンの低下に加えて，腹部神経索からの因子も働いているとされている[50]．

(iv) ***Precis coenia*** （North American Buckeye，タテハチョウ科）の翅のメラニンはドーパミンメラニンで，蛹後期の翅のエクジステロイド量の低下によってメラニン合成がひきおこされる．このとき，ドーパ脱炭酸酵素の活性化がおこり，メラニン合成がおこる．

翅の黒いところは，灰色のところより，ドーパ脱炭酸酵素の活性化が早くおこり，またその活性も高く，またメラニン合成の期間も長い[51,52,156]．

なお，これはホルモンとの関係は不明であるが，*Papilio glaucus* の翅では黒色斑紋部分より，黄色斑紋のところで，早くドーパ脱炭酸酵素活性が出現すると報告されている[190]．

(v) ***Inachis io*** （クジャクチョウ，タテハチョウ科）は wandering stage から前蛹期に黄色，橙色，明緑色の環境にあって蛹化すると，神経系から黒化程度を低下させる要素（pupal melanization reducing factor, PMRF）が分泌され，蛹の黒化の程度が低下する[172]．ただし，この PMRF は鱗翅類の多くに存在しており，その機能はまだ解明されていない[173,182,183]．

(7) 肝臓のメラニン

Rana esculenta （カエル）や *Testudo graeca* （ゾウガメの類）など，両生類，爬虫類の肝臓にメラニンが存在している．これはクッパー細胞（Kupffer cells) あるいはクッパー細胞由来の色素細胞中のメラニン合成活性によるものと考えられている.

Rana temporaria や *R. esculenta* の肝臓のクッパー細胞中のメラニンは冬期に多く,夏期に少ない.このメラニン形成は,クッパー細胞によって食作用された赤血球に由来するとの報告もある.なお,この色素顆粒にはチロシナーゼ活性あるいはチロシナーゼ様活性が見られる[139-141,149].

カエルの肝臓のメラニン合成は,脂質過酸化物生成を低下させる役割をもっているとの考えもある[142].

なお,硬骨魚の腎臓,脾臓,肝臓の造血組織に,melano-macrophage centers (MMC) と呼ばれる顕微鏡像が存在する.この MMC は哺乳類の造血組織には存在しない.MMC は細胞屑や異物などを取り込んだマクロファージによってつくられているが,メラニン顆粒も多数取り込まれている[167].

(8) 昆虫の体液

昆虫の体液にはプロフェノールオキシダーゼが存在している.外部から微生物の細胞壁,寄生生物,種々の異物が入ってきたときに,一連のカスケード系がおこり,プロフェノールオキシダーゼが活性化され,活性あるフェノールオキシダーゼになる.その結果,これらの異物を取り囲んで,メラニン形成がおこる.この系は,昆虫の非自己認識系の一部であり,血球の食作用を増加させる働きがあるといわれる.昆虫の生体防御機構ともいわれる.これらについては,北大の芦田によって詳細に研究されている[145,146].

なお,昆虫体液のプロフェノールオキシダーゼの構造についても詳細に研究されている[200-202].このプロフェノールオキシダーゼは,上述の脊椎動物のチロシナーゼとは独立に,節足動物のヘモシアニンと共通の祖先に由来するとされている[201,202].

(9) 体色と環境など

魚類,両生類,爬虫類などで,メラノフォア内でのメラニン顆粒の拡散,凝集によって体色変化がおこることは上述した.このような現象は生理的体色変化と呼ばれる.

しかし,動物の体色には,このような生理的体色変化でなく,生態,陶汰,

適応,進化などの観点から,多くの興味深い現象が見られる.これらについては古くから知られ,多くの本に書かれ,また多くの研究がある.これらは本書の範囲からはずれるが,ここで簡単に触れることにする.

一般に動物は,光が不足した環境条件下あるいは暗黒下では,体色が淡色ないし白色となり,光が十分照射される条件では,暗色ないし黒色になっているものが多い.これは無脊椎動物,脊椎動物を通じて,古くから天然で知られている.洞窟性動物が淡色になっていることはよく知られている.

多くの動物で,低温環境条件下でメラニン形成が増加し,高温でメラニンが減少することが古くから報告がある.

イエバエは低温で飼育するほど,腹部が黒くなる.ヨーロッパのイエバエで,南方のものほど腹部の黄色部分が増し,北方のものほど黒い.また,同じ地方では,平地のものより高地のものの方が黒いという[147,148].

ヨーロッパの *Adalia bipunctata*(テントウムシの一種)の翅鞘には黒色型(黒地に赤斑)と非黒色型(赤地に黒斑)のものが存在するが,オランダでの研究によると,温度の低い地方では黒色型の比率が高いとされている.温度の低いところでは,黒色型の方が有利であると考えられている[168].

種々の動物で,環境の湿度が高いほど黒く,乾燥条件下では淡色になる例が知られている.

種々の哺乳類や鳥類で,毛や羽毛が生え換わることによって,夏に黒く,冬白くなることがよく知られている.例えば,ノウサギの類,イタチの類,ホオジロやライチョウなどである.これらには環境温度が影響するが,また環境の光が関係する場合もあるといえる.

人類の皮膚の色を少なくとも北半球でアフリカから北欧にかけて見ると,赤道下では最も黒く,北へいくにつれて次第に淡色となり,白い皮膚となっている[169].赤道下のように紫外線照射の強いところでは,白い皮膚がガンになりやすいなど不利益をうけることは考えられる.しかし,なぜ北欧で黒い皮膚が存在しないのか興味ある問題である.その理由として,紫外線の弱い地方では,黒い皮膚はビタミン D_3 生成の低下を来すからという考えがある[164].

以上のほか,種々の動物で繁殖期や年齢もメラニンの増加あるいは減少に関係がある.また,生存の密度も体色に影響する場合がある.

5 インドール系色素

5-1 動物のインドール系色素

　インドール環とは，図5.1aに示す構造である．すでにメラニンの章（4章）で述べたように，真正メラニンはインドール-5,6-キノンおよびその前駆物質が重合して高分子となったものである．しかし，この章で述べるインドール色素は，インドール化合物の誘導体で，しかも高分子でない色素のことを指している．このようなインドール誘導体は，人を含む動物の排泄物として種々のものが存在しているが，動物の体色に関する色素としてはほとんど知られていない．ただ，これに属する動物の色素として，帝王紫（royal purpleともTyrian purpleともpurple of the ancientsともいう）と呼ばれている紫色の色素が有名である．

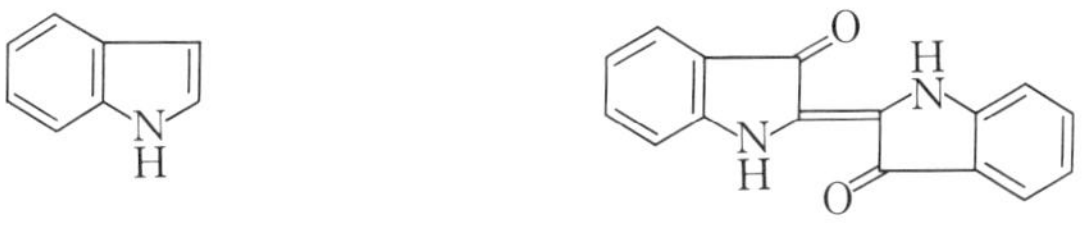

図5.1　インドール環（a）およびインジゴ（b）．

　実は，帝王紫は軟体動物の腹足類に属する貝の鰓下腺（hypobranchial gland）の分泌液に光があたって生ずる紫色の色素で，その貝の色ではない．このような理由で，これは本書の目的とする動物の体色に関与する色素ではないのであるが，染色の歴史の上で有名な動物起源の色素であるのでここに説明することにした．

5-2 帝王紫による染色の歴史[1-4]

(1) 貝の種類

上述のように鰓下腺の分泌液に光をあてると紫色になる貝は，動物の分類学上，

 軟体動物
  マキガイ綱（Gastropoda, 腹足類）
   バイ目（新腹足類）（Neogastropoda）
    アクキ貝科（Muricidae）

に属するもので，いろいろな種が存在している．次にその代表的なものをあげる．

 Murex brandaris（シリアツヅリ）（地中海）
 Murex trunculus（シロツヅリ）（地中海）
 Murex erinaceus（ノルマンディ海岸）
 Murex cornulus（大西洋，アフリカ海岸）
 Purpura haemastoma（ベニレイシガイ）（地中海，大西洋，アフリカ海岸）
 Purpura patula（ヒメサラレイシ）（メキシコ湾，カリブ海，南フロリダ）
 Purpura madreporarum（大西洋）
 Purpura persica（メキシコ湾）
 Purpura aperta（メキシコ湾）
 Nucella (*purpura*) *lapillus*（ヨーロッパチヂミボラ）（イギリス，大西洋）
 Concholepas peruvianus（アワビモドキ）（ペルー）
 Thais inteostma（クリフレイシ）（日本）
 Thais clavigera（イボニシ）（日本）
 Rapana thomasiana（アカニシ）（日本）

鰓下腺はこれらの貝の外套腔の内壁に存在し，一名パープル腺（purpurigenous gland）ともいわれる．

また，一概に帝王紫といっても，貝の種類，色素をつくる方法によって色は一様でなく，種々の赤紫の色調があるとされている．古代人によって尊ばれた赤紫は，どのような色調であったのか，興味ある問題とされている．

このような貝を使って，古くから糸や布を染色していた地方が世界で3箇所あった．その一つはヨーロッパ・地中海地方であり，二つめはメキシコ・中米，三つめは南米ペルーである．

（2） ヨーロッパ・地中海

現在のレバノンからシリアにかけて，古代にフェニキアという国家が存在し，紀元前10世紀頃より海岸貿易で繁栄したことは世界歴史でよく知られている．このフェニキアで，古く紀元前1600年頃，ホネガイ（*Murex* の類）が採られていたといわれている．つまり，今から約3600年前に，この貝による染色が行われていたと考えられるという．そして，この貝紫は古代エジプトにも伝わっている．

この紫を Tyrian purple というのは，その歴史からきている．Tyrian というのは，古代フェニキアの貿易で栄えた海港ティルス（Tyre, ティル, テュルス）のという意味である（また，ティルス生れの人）．英語の purple の語源ははっきりしないようであるが，これはラテン語の purpura からきているといわれる．この purpura は，紫色を生ずる貝および紫色，また紫色の布を意味していた．これはさらに，ギリシャ語の porphúra（紫色の染料のとれる貝）とか perphýra からきているとされる（phýro は，wet あるいは mix を意味し，phorphýro は combine の意であるという）．そして，この語はもともと初期のギリシャの染色業者の専門用語であったとも書かれている[2]．

このような貝による紫の起源については，フェニキア時代より前とする説もある．紀元前1600年より前に，クレタ島の南東の小さい島 Leuke で，この紫をつくっていたといわれる．この島で，前フェニキア時代の人工物と一緒に *Murex trunculus*（シロツヅリ）の貝殻が見つかっているのである．

Tyrian purple は，その色の美しさのほかに，特徴の一つとして光に対する安定性がある．これで染めた衣服は，地中海の強い光にあてても褪せなかった．しかし，この紫で衣服を染めるには多数の貝を必要とした．

さて，このような貝の分泌液による紫の染色は，ギリシャ，ペルシャ帝国，ローマ帝国と伝わり，これで染めた布は高い位，皇帝や元老院のしるしであった．後になって，カトリックの枢機卿の衣服にも使われた．このようなことは，1453年に東ローマ帝国が滅亡するまで続いていたといわれる．その後は，

ヨーロッパで局地的に行われていたところもあるようである．

紀元4-6世紀のローマ時代，種々の原稿の羊皮紙には貝の紫で染められたものがある．また，ローマ時代の婦人は，口やほおの紅として紫を使用したと書かれている．

Tyrian purple は上述のように帝王紫ともいわれるが，また貝紫，古代紫，ローマ紫と書かれることもある．

（3） メキシコ・中米

紀元600-900年頃のマヤ文化の時代に貝紫による染色が行われていたといわれている．この頃の貝紫染木綿布が出土しているのである．また17世紀頃には，コスタリカでも，この貝紫の染色が行われていたと書かれている．おそらく，かなり古くから中米の太平洋側で盛んに行われていたと考えられる．

現在では，メキシコの東南部，オアハカ州の西南部寄りに住むミステカ族が，この貝紫の染色，またその糸を使っての織物を行っている．この地方では，貝紫とコチニール（後述，6章参照）および藍染（現在では合成藍）の3色で布を織っているという[5]．

（4） ペ ル ー

ペルーでは，紀元前12世紀頃から紀元15世紀頃まで，スペインの侵略によってインカ文明が滅びるまで，約3000年もの間，貝紫による染色が行われていた[1]．そしてその伝統は，その後も最近まで引きつがれていたという．また現在では，ほんの少数の人々がこれを行っている．

南米での染色の方法は，貝の operculum（貝ぶた）をわずかに押すと出てくる少量の分泌液に木綿糸を通して染めるのである．そして，貝は使用後，また海へもどすのだという．

（5） 北 米

米国北東部のニューイングランド地方でも，ヨーロッパチヂミボラからの液によって，布を紫に染めているといわれる．

(6) 日本での貝紫

わが国で，この貝紫による染色に興味をもち，また研究されている方が少なくない．中でも，吉岡常雄氏（元 大阪芸術大教授，故人）は長年この染色を研究し，また地中海，メキシコ，ペルーを訪ね，実地にこの染色を行った方である．興味ある方は，その著「帝王紫探訪」を読まれるとよい[1]．このほか，藤瀬裕氏（浜松医科大教授）や上野民夫氏（京都大教授），飯山達雄氏（写真家）の論文や短文[4,5,7]を読まれるとよい．また，帝王紫染の着物などの展示会も催されている．作家の芝木好子さんは，この紫に興味をもたれ，小説に書いておられる．

わが国で，以前からこの貝紫を使用していた例として，伊勢志摩地方の海女さんがある．これらの人々は，手ぬぐいや襦袢(じゅばん)にイボニシなどの汁で模様を書いて，光にあて，赤紫の魔除けのマークにしていたそうである[1]．

現在，この貝紫を研究している方として，石川県立輪島高校教諭(化学)の日吉芳郎氏がある．同氏は能登半島でとれるアカニシ，レイシ，イボニシを使って貝紫染をしておられる．また，この紫色の色素の化学的合成も行っておられる．

5-3 帝王紫の構造と生成反応

(1) 帝王紫の構造[2,6]

この色素は1909年に，Friedländerによって結晶化された．彼は12,000個の貝から1.4gの精製色素を得，その化学構造を決定した．それは6,6′-dibromoindigotin（図5.2 e）である．

indigotin（一名 indigo，図5.1 b）は二つの酸化インドール環を含んでいる．これは植物の *Indigofera tinctoria*（ナンバンコマツナギ）などに存在する配糖体 indican から得られるものであるが，貝からの帝王紫は Br（臭素）を含んだ indigotin である．

(2) 帝王紫の生成[2,7]

鰓下腺からの粘液を日光にさらすと，紫外線，酸素と酵素の作用で，淡黄色

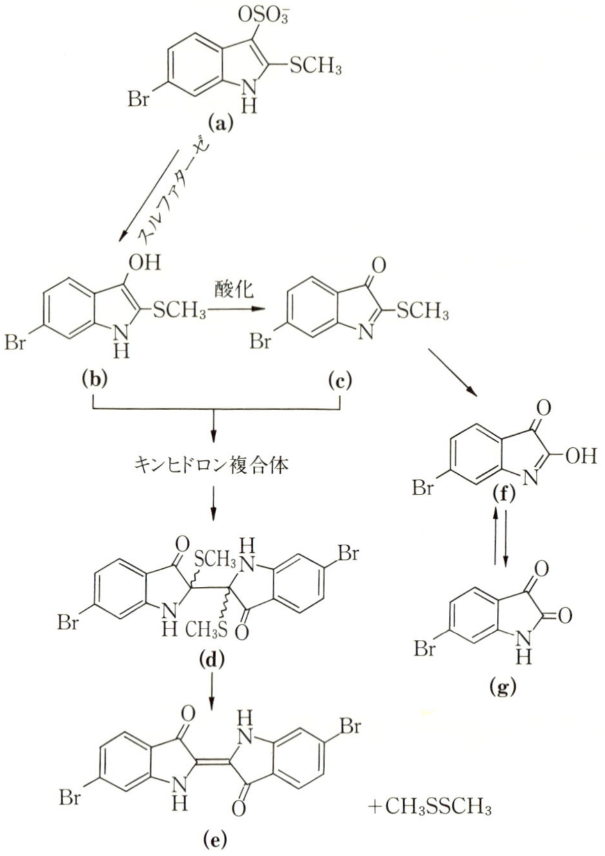

図 5.2 帝王紫の生成反応[2,7]. (a) tyrindoxyl sulfate, (b) tyrindoxyl, (c) indoleninone, (d) tyriverdin, (e) 6,6'-ジブロモインジゴチン, (f) (g) イサチン誘導体.

──→淡緑色──→濃緑色──→青緑色──→青紫色──→紫色──→赤紫色と変化する. この紫がゆっくり現れるときに, 硫黄のにおいがするという.

　生成反応の大筋は, オーストラリアの J. T. Baker やデンマークの C. Christophersen et al. によって, 1970年代後半に明らかにされた. 図5.2 に示されるように, まず鰓下腺に含まれる tyrindoxyl sulfate (図5.2 a) が, 酵素ス

ルファターゼによって加水分解を受けて tyrindoxyl(b)になり,さらに空気酸化により indoleninone(c)に変化する.(b)と(c)はキンヒドロン複合体となって発色し,tyriverdin(d)へと2量化して主生成物の6,6′-ジブロモインジゴチン(e)を与える.しかし時には,(c)より加水分解によって(f)と(g)のイサチン誘導体が生成する[7].

　純粋な6,6′-ジブロモインジゴチンで染めた場合より,天然の貝の分泌液で染めて光を当てた場合の方が,染色家には趣深いといわれている.これは,天然の場合は,主成分の赤紫のほかに類似の色素がいくつか含まれているからだといわれている.

　この紫色の生成には光が必要であることを示す例として,De Lacaze-Duthiers による次のような報告がある[G3].*Nucella lapillus*(ヨーロッパチヂミボラ)の抽出液で絹の布にしるしをつけ,それを38年間,暗い紙でおおって保存した.38年間,そのマークは濁った黄色のままであった.それから水でぬらして光にあてると,約3時間で紫色になった.これは,光が当たらなければ上記の反応は起こらないことをよく示している.

6 キノン系色素

　メラニンの章(4章)で述べたように，チロシンからメラニンへの中間代謝物およびメラニンには，種々のキノンが含まれている．しかし，メラニンのような高分子重合体のほかに，動物の体色に関与しているキノン系色素として，ナフトキノン系色素，アントラキノン系色素，ポリキノン系色素がある．これらのキノン系色素は，古くから研究されているが，動物におけるその由来，生合成についてはまだ研究が少ない．

6-1　ナフトキノン色素

　ナフトキノン誘導体（naphthoquinones）は植物の葉，種子，根，樹木などに存在しており，また細菌のあるものにも見出されている．これらの色素は有機溶媒可溶で，織物の染色に広く用いられた．また，凝血止血作用に関連するビタミンKもナフトキノン誘導体である．

　動物では，ナフトキノン系色素はウニの殻，棘（とげ），皮膚などに存在することが，古くから知られている．そのあるものは，体内諸器官や体腔球にも存在している．その色は，赤，紫，褐色である．脊椎動物では，これらの色素は体色として存在しないが，ラッコの骨の紫，ピンク色は，餌として食べたウニからのナフトキノン色素によるとされている．そのほか，サメの歯や石灰部にも同様のことが見られる．

　ウニのナフトキノン系色素は，エキノクローム（echinochrome）やスピノクローム（spinochrome）と名付けられている．ポリヒドロキシナフトキノンの類であり，水やヘキサンにはわずかしか溶けないが，エーテル，アセトン，アルコールのような中程度の極性の有機溶媒に容易に溶ける．わずかに酸性で，Naと水溶性塩，CaやPbと不溶性塩をつくる．ヒドロ亜硫酸ナトリウムで処理すると還元され脱色するが，酸化されるともとにもどる．この変化は可逆的である．

6 キノン系色素

スピノクロームには多くの種類がある．その代表的なもの（スピノクロームA，B，C，D，E）とエキノクロームAの構造を図6.1に示す．Anderson et al. (1969)[1] はウニ綱の54種の殻や棘（とげ）に，19種類のスピノクロームを報告している．たいていの種は6種類の色素をもっている．代表的なウニの種として，*Arbacia* 属の仲間のほか，ガンガゼ，ナガウニ，バフンウニ，エゾバフンウニ，タコノマクラ，ブンブクなどがある．さらに，ウニ以外でも，ナマコ，オニヒトデ，クモヒトデの類に，1,4-ナフトキノン誘導体が存在している．ムラサキクルマナマコのものは，ナマコクロームと名付けられ，図6.2の構造が報告されている[2-4]．

ウニ類におけるナフトキノン色素存在の意義，生理作用については，古くから種々の考えが出された（呼吸，消化など）が証明されていない．Service and Wardlaw (1984) は，*Echinus esculentus* の体液中のエキノクロームAは，ある種の殺菌作用あるいは静菌作用をもつと報告している[5]．

Salaque *et al.* (1967) は，*Arbacia pustulosa* で，酢酸-2-^{14}C などを用い，エ

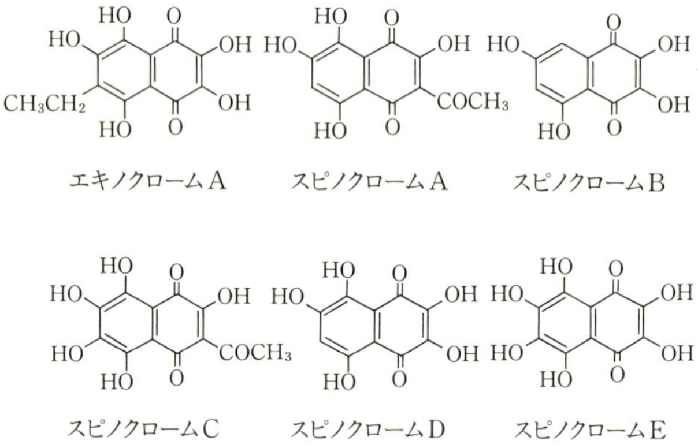

図6.1 ウニのナフトキノン色素の例．

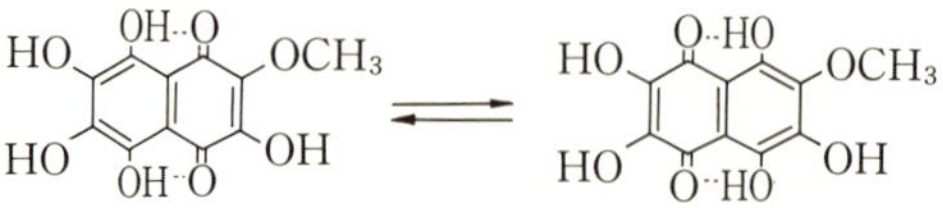

図6.2 ナマコクロームの構造[3,4]．

キノクローム A がこのウニによって *de novo* に合成されると報告した．そしてその合成経路を，図 6.3 のように提案している[6]．

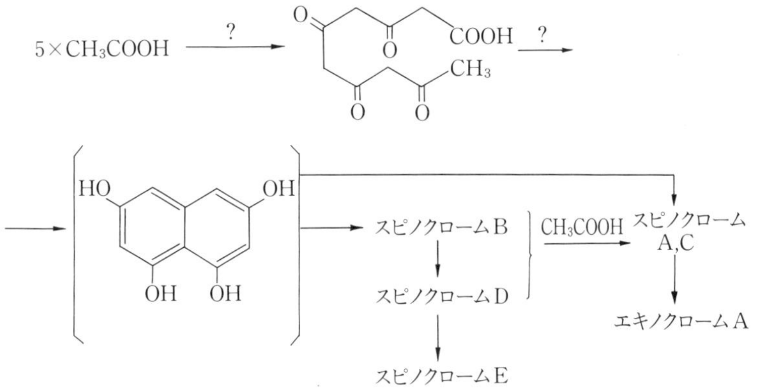

図 6.3 スピノクロームおよびエキノクローム生合成の推定経路[6]．

6-2 アントラキノン色素

アントラキノン色素は，図 6.4 に示すようなアントラキノン環をもつ色素で，赤色である．動物界には今まで，昆虫のカイガラムシや棘皮動物のウミユリなどで報告されている．

(1) カイガラムシの色素[7]

これは動物のアントラキノン色素としては，最も古くから知られているもので，人類の色素利用の歴史上興味ある物語として有名である．歴史的に，地理的に，またカイガラムシの種類の点で，異なる 3 種類の色素が知られている．

(a) **カーミン酸**　1518 年にスペインの Ferdinand Cortez が新大陸（アメリカ大陸）に上陸し，Montezuma を征服したのはよく知られた歴史のひとこまである．そのとき，スペイン人はアステカ人が美しい赤色の衣服を使用していることに驚いたといわれている．アステカ人は，当時メキシコ中部で高度の文化をもっていた複合帝国のナワトル系の種族である．

アステカ人のこの赤色の布は，この地方のサボテンにつく昆虫を使って染め

たものであった．このサボテンは学名 *Nopalea* (=*Opuntia*) *coccinelifera* でノパルサボテンといわれ，"nopal" とか "nopal nochezli" と呼ばれている．そしてその昆虫は，コチニールカイガラムシとかコチニールエンジ虫（俗にエンジ虫ともいう）といわれている．学名は，*Dactylopius coccus* とか *D. cacti*，あるいは *Coccus cacti* と書かれている．この昆虫は，もともと中・南米に分布していた．昆虫の分類学上，Hemiptera (Rhynchota)（半翅目），Homoptera（同翅亜目），Sternorryncha（腹吻群）に属するものである．サボテンにつくカイガラムシは，上記の種以外にも 2, 3 種類存在しているが，赤色染料として，このコチニールエンジ虫が最もすぐれており，それで，アステカ人はこの種を使っていたとされている．実は，アステカ人より前の Toltec 時代に，コチニールが使われはじめたと書かれている．

アステカ人は，この虫をサボテン上で多数に飼育して集める作業をしていた．アステカ人がこの虫をいかに大切にしていたかは，当時 Montezuma 王への貢物に，金その他の品物とともに，この虫の乾燥物が含まれていたことでわかる．当時，アステカ国の首都では大量のコチニールが消費されていたという[23-25]．

メキシコのスペイン支配の後，このコチニール染料はヨーロッパへ輸入され，美しい赤色塗料として使われた．実は，このコチニールエンジ虫のヨーロッパでの飼育は長い間成功しなかったが，19 世紀になって，カナリア諸島や北アフリカで飼育されるようになり，経済の上で重要なものとなった．これは新しくアニリン染料が発見されるまで続いた．しかしその後も，食料や医薬の染料として使用されている．また中米では，現在このエンジ虫が保護され，民族衣料に美しい赤色を与えている[7]．

コチニールエンジ虫の赤色色素はコチニールカーミンといわれ，またこのエンジ虫の乾燥したものがコチニール（cochineal）である．この色素はカーミン酸（carminic acid）と呼ばれ，その構造は図 6.4 a に示される．

カーミン酸は，水，アルコール，エーテルに，また酸，アルカリに可溶であるが，ベンゼン，クロロホルム，石油エーテルに不溶である．熱には，135°C 以上で分解する．色は pH で変化し，pH 4.8 で黄色，6.2 以上で青みがかった赤色，この間の pH でカーミンの赤色が得られる．カーミンで染められた布は安定で，数百年も褪色しないという．さらに，明礬や錫塩のような媒染剤

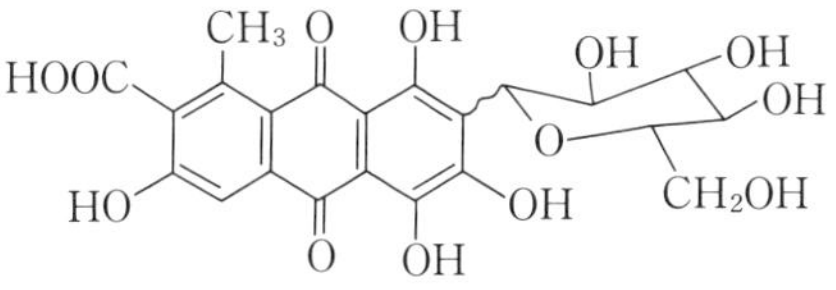

(a) カーミン酸 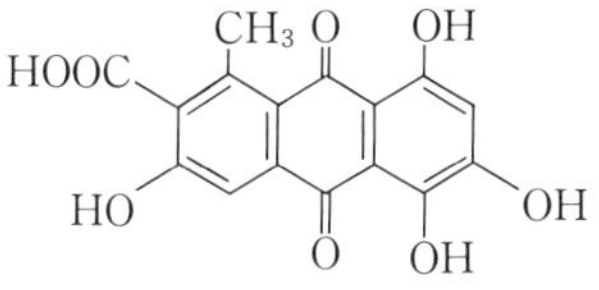 (b) ケルメシン酸

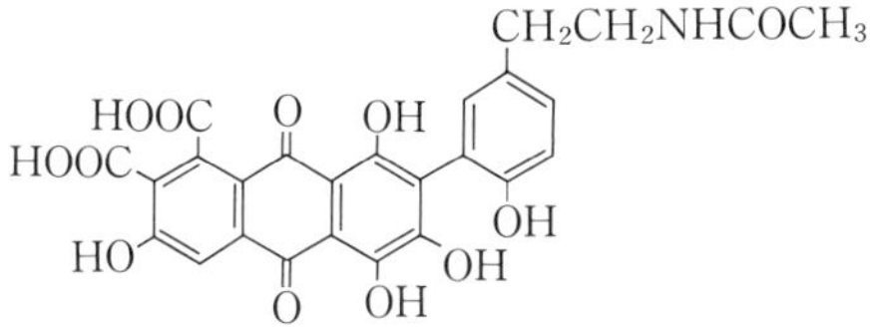

(c) ラッカイン酸 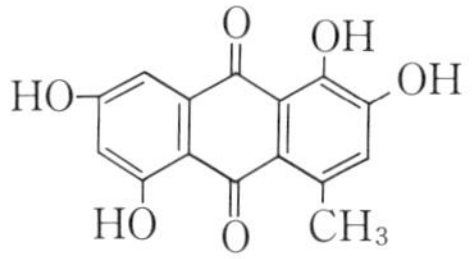 (d) エリスロラッカイン

図 6.4　種々のカイガラムシのアントラキノン色素.

　の使用によって，色の安定性が増し，褪せにくくなった．
　コチニールエンジ虫の雌の成虫を切り開いて調べると，体液には色素は少なく，血球細胞および筋肉は赤色を呈している．一方，腸，マルピギー管および血球のあるものは無色である．卵巣の nurce cell（保育細胞）も無色である．保育細胞は卵の生成時に栄養を与えるものであるが，この細胞の無色の分泌液が卵室に入ると赤色になるという．卵の球状卵黄顆粒の少なくとも 2/3 は強く赤色を呈しているが，残りの卵黄顆粒は無色か黄色である．
　卵の中で胚の発生が進む間，卵黄の赤色色素は胚の組織，主に筋肉中へ取り込まれる．実は，赤色色素は卵母細胞のときに生成が始まるといわれている．そして，生まれてくる幼虫は赤色である．孵化後，幼虫が成長する過程で，赤色色素は増加する．だから，赤色色素の生成は持続していると思われる．
　乾燥コチニール(雌)には，カーミン酸が約 10% も含まれている．なぜこのように多量にカーミン酸が存在しているのか，興味ある問題である．この色素の生成，由来，生化学的意味などわかっていない．昆虫のミセトーム（菌細胞塊）に存在する微生物の代謝産物であるという考えもあるが，確実に証明されていない．また，このような多量のアントラキノン色素の生物学的役割もわか

っていないが,忌避物質として働き得るという報告もある.

Eisner and Nowicki (1980) によれば,カーミンの水溶液は苦い味を呈するが,メイガの一種 *Laetilia coccidivora* の幼虫はエンジ虫(この場合,*Dactylopius confusus*)を食べるのである.ところが,ヒメアリの仲間の一種 *Monomorium destructor* は,このカーミンを食べたガ(蛾)の幼虫を避けるという.カーミン酸は,このアリへは強力な食阻止物質である[8].

(b) ケルメシン酸 これはヨーロッパ地中海地方に古代から使われていたスカーレット色の色素である.その歴史は,紀元前3000年ごろから紀元前2500年にかけて南メソポタミア地方に栄えたシュメール人の都市国家の時代にさかのぼる.シュメール人は織物の技術にすぐれていた.紀元前1400年に,Ai の都市でヘブル人が見つけたすばらしいスカーレット色のマントは,ケルメスという原料で染められていたといわれている.このマントは Sinear でつくられたものと書かれている.

ペルシャ人はメソポタミア文明を吸収し,さらにペルシャ文化を発展させたが,彼らは衣服や敷物を染めるのにスカーレットを使用した.スカーレット(scarlet)という語は,ペルシャ語の"sakirlat"(red color)に由来するとされている.

さて,スカーレット染料の原料は,kermes として知られている昆虫である.文献[6,7]によれば,kermes という名はサンスクリットの kermi (= worm)に由来し,アラビア語の quirmiz,ペルシャ語の kerema となった.英語の crimson も同じ語源と書かれている.

ケルメス虫は,上記のエンジ虫と同様カイガラムシの類で,学名は,*Kermococcus vermilio* とか,*Kermococcus ilicis*, *Coccus ilici*, *Lecanium ilia*, *Lecanium ilicis* と書かれている.この虫は,カシの類(*Quercus coccifera*, *Q. ilex*, *Q. robur*)についている.赤色染料のもとになる雌は,成熟すると,長さ7mm,幅6mmになり,3000個もの卵をもっている.この雌を乾燥したものを使う.この赤色色素はケルメシン酸(kermesic acid)と名付けられ,その構造は図6.4bに示される.

ケルメスは織物の染色に使われたのみならず,医薬剤としても使用された.例えば,傷口への止血剤や,目の充血を治す薬として使われていた.また強心

剤として，18世紀までヨーロッパで使われた．8-9世紀に最も多く処方された薬は"Alkermes"（ケルメスの抽出物）であったと書かれてある．その色と芳香が，その効果に貢献したに違いないとされている．

中世時代，ベニスはそのすぐれた染色で有名であった．その時代の人々が最も賛美した色は，ケルメスからつくられたベネチアンスカーレットであった．ベニス人はこの染料の生産を注意深く管理して，その質を守っていた．

その後，ケルメス染料の生産も増え，値も下がり，多くの衣類の染色に使用された．イギリス歩兵の"Red Coats"やハンガリー軽騎兵のbreeches（半ズボン）はスカーレットで染められていたといわれている．さらに，トルコ人の帽子，ギリシャ人のskull-capsもスカーレットによって赤く染められていた．この染色はモロッコのFezという町に由来し，後にチュニジアが中心となり，アルジェリアやOranからのケルメスを使用した．Baranyovits[7]によれば，今でもモロッコのFezには赤色の染色業があるが，現在ではケルメス虫からの天然染料でなく，合成染料を使用しているということである．

実はケルメスは，先のカーミン酸の項（6-2(1)(a)参照）で述べたように，スペイン人が新大陸からコチニールをヨーロッパへ入れるようになってから，その重要な地位を失っていった．ケルメスとコチニールはいずれも赤色染料であるが，後者の方がすぐれていた．

(c) **ラッカイン酸**　これは，インドや東南アジアでインドイチジク，エンジュ，ナツメの木，タカトウダイの一種（*Croton lactiferum*）またはマメ科の一種（*Butea frondsa*）につくカイガラムシの赤色色素である．ラックカイガラムシといわれ，学名は*Laccifer lacca*で，*Coccus laccae*とも書かれている．インドのものは，*Techardia lacca*と書かれている．

ラックカイガラムシの雌は，多量の樹脂状の分泌物を出す．この塊はラック（lac）といって，古くから利用されていた．ラックとは，サンスクリットで10万すなわち多数を意味するという．このラックには赤色色素が含まれており，その色素は希炭酸ソーダ液で抽出することができる．その残りをシェラック（shellac）といい，昔からニス，ラッカーとして利用され，封蠟にも使用された．また，昔の蓄音機のレコード盤もこれでつくられたという[25]．

上記のラックから抽出された赤色色素はラック染料として利用された．この

色素はアントラキノン系色素で,少なくとも四つの成分（A_1, A_2, B, C）が報告されている[9,10]．このうち A（または A_1）が主成分（ラッカイン酸）で,その構造は図6.4cとされている[9-11]．また,erythrolaccain と名付けられている黄色色素があり,その構造は図6.4dと報告されている．

（2） ウミユリ類の色素

ウミユリの仲間は棘皮動物門,有柄亜門,ウミユリ綱に属する．オーストラリアのウミユリ（*Comatula pectinata* および *C. cratera*, コマチの仲間）は鮮赤色から暗赤色であるが,この皮膚にアントラキノン系色素が存在している．3種類の色素が報告されている．その二つは,6-methyl および 6,8-dimethyl rhodocomatulin で,他は rubrocomatulin である．rhodocomatulin は 4-butyryl-1,3,6,8-tetrahydroxy-anthraquinone であり,rubrocomatulin は 8-butyryl-1,4,5,7-tetrahydroxy-2-methoxyanthraquinone と考えられている（図6.5）[12,13]．また,上記の *C. pectinata*, *C. cratera* ばかりでなく,*Comanthus perviccirra* にも Comatula タイプのアントラキノン色素が存在している．

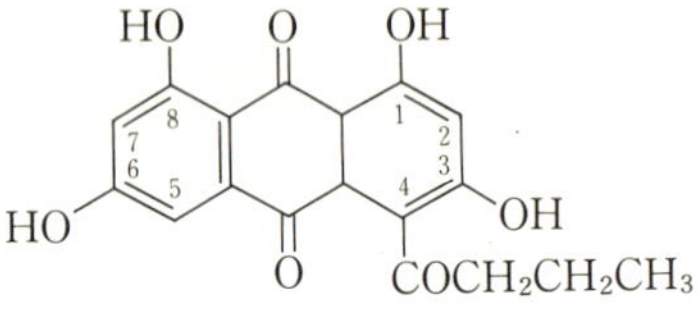

図6.5 rhodocomatulin の構造．

さらに,*Ptilometra australis* と *Tropiometra afra* からもアントラキノン色素が報告されている．*P. australis* には次の3種類の色素が存在している：
(i) rhodoptilometrin（=1,6,8-trihydroxy-3-(1-hydroxypropyl)-anthraquinone）,（ii）isorhodoptilometrin（=1,6,8-trihydroxy-3-(2-hydroxypropyl)-anthraquinone）,（iii）ptilometric acid（=1,6,8-trihydroxy-3-propylanthraquinone-2-carboxylic acid）（図6.6）．また,*T. afra* には上述の ptylometric acid と同じものが存在している[14]．

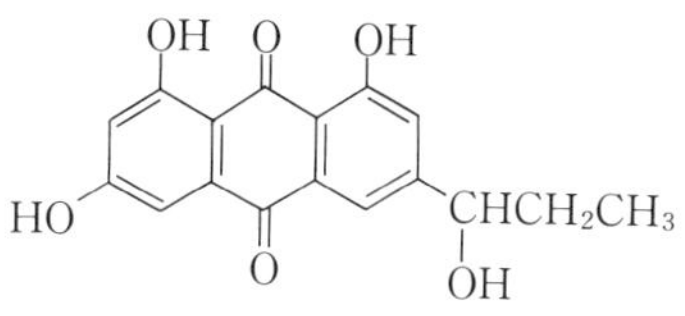

図6.6 rhodoptilometrin(a), isorhodoptilometrin(b)およびptilometric acid (c)の構造.

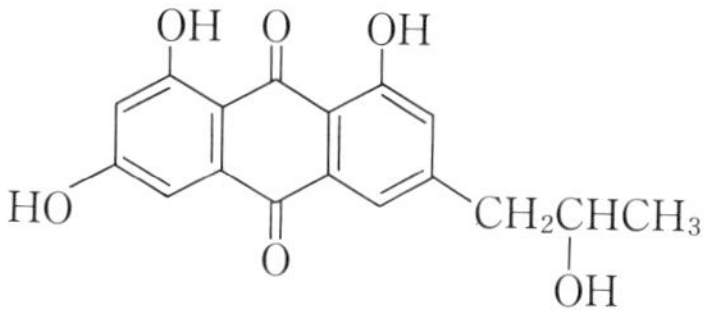

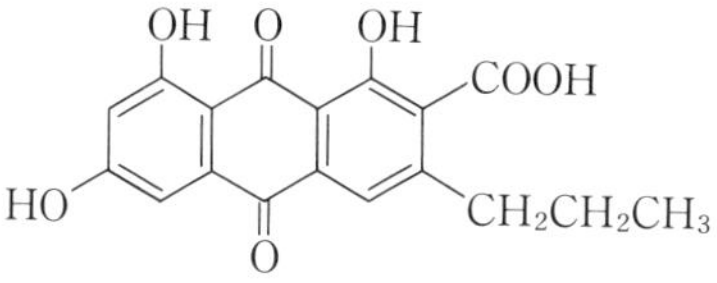

(3) ハラクローム

これは海産多毛環虫に属する *Halla parthenopeia*（アカムシの類）の表皮に存在する赤色色素（hallachrome）である．この種は，イタリアのナポリ湾に存在している．1931年に，Mazza and Stolfiがこの色素をドーパクローム（図4.1参照）あるいはその誘導体であるとした．その後これが間違っていることがわかり，現在ではアントラキノン系色素であることが決定された．その構造は，7-hydroxy-8-methoxy-6-methyl-1, 2-anthraquinoneである（図6.7）．これは1,2-アントラキノンであり，9, 10に置換基のない新しいタイプのものである[15]．

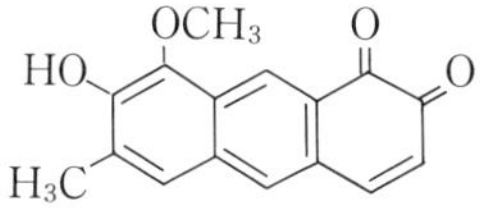

図6.7 ハラクロームの構造.

6-3 ポリサイクリックキノン

半翅目昆虫（Hemiptera，一名 Rhynchota），同翅亜目（Homoptera），アリマキ科（Aphididae）のアブラムシの類に，図 6.8 に示されるような多環性キノン（polycyclicquinone）が存在している．この色素は，最初 Sorby によって 1871 年に報告され，その後，Todd et al. によって構造の研究がなされた[16-18]．

最もよく研究されているのは Aphis fabae で，このアブラムシの体液に，グルコシドの黄色水溶性色素 protoaphin-fb が存在する．昆虫の死後，この protoaphin は，グルコシダーゼによってグルコシド結合が加水分解され，そのアグルコンを遊離する．このアグルコンはさらに図 6.8 に示されるように，condensing（あるいは cyclising）enzyme によって xanthoaphin-fb（黄色，脂溶性溶媒に可溶，蛍光あり）になる．次に，この色素は，抽出後急速にオレ

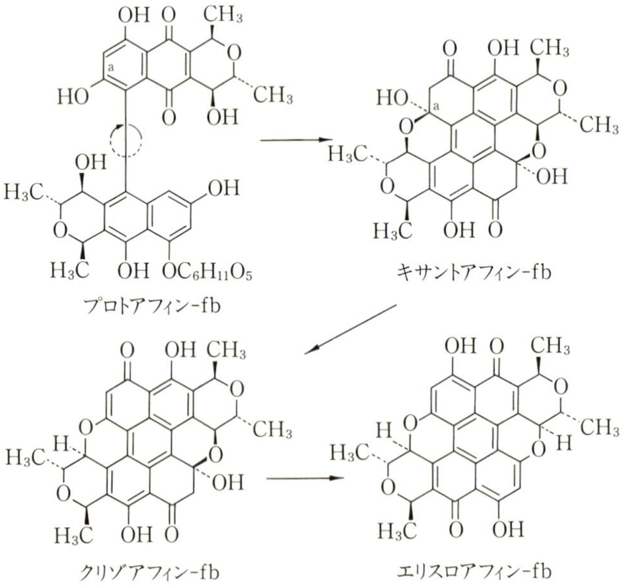

プロトアフィン-fb

キサントアフィン-fb

クリゾアフィン-fb

エリスロアフィン-fb

図 6.8　プロトアフィン-fb からエリスロアフィン-fb の生成反応[G8]．

ンジ色の chrysoaphin-fb を経て，漸次，赤色の erythroaphin-fb へ変化する[20]．

同じくアブラムシの仲間の *Tuberolachnus salignus* からは，erythrophin-sl が見出されている．erythroaphin-fb と -sl とは互いに幾何異性体である．erythroaphin-fb では dioxolan 環は *cis* 縮合しており，一方 erythroaphin-sl では *trans* 縮合である．erythroaphin-sl は容易にエピ化して erythroaphin-fb になる．後者の方が，熱力学的に安定である．

このような aphin 色素およびその辺縁の色素は，上記の *Aphis*, *Tuberolachnus* のほかに，*Brachycaudus*, *Dactynotus*, *Eriosoma*, *Myzus*, *Rhopalosiphum*, *Sappaphis*, *Schizolachnus* などの属にも報告されている．

aphin 色素の由来やその生合成の酵素系については，まだ詳しく調べられていない．aphin 色素は，おそらく，そのナフタレン前駆物質から，脂肪体の微生物によってつくられるともいわれている．なお，protoaphin のアグルコンを xanthoaphin にする aphincyclising enzyme は protoaphin dehydratase と呼ばれ，Wooly aphid (*Eriosoma lanigerum*) から分離精製された[19]．おそらく糖タンパク質で，分子量 120,000±2,000 であり，β 構造の含量が高い．また，ナフトレゾルシノールで阻害される．

Aphis fabae には，protoaphin-fb のほかに，次の二つの配糖体が存在している．その一つは暗青緑色の aphinin で，他の一つは強い蛍光を発する無色物質である．このような3種の配糖体（protoaphin-fb, aphinin, 無色物質）をもつものは，*Aphis fabae* のほかに，*A. sambuci*, *A. rumicis*, *A. farinosa*, *A. corniella* などがある．これらの種によって，上記3種の配糖体の量的割合は異なっている．一般に，黒色系統の種（例えば，*A. fabae* や *A. rumicis*）は暗緑色の種（例えば *A. sambuci*）より，aphinin に対する protoaphin の割合が大きい．実は，この割合は，同一種でも個体によって異なっている．例えば，*A. farinosa* では暗青-緑色から濃黄まで変異がある．暗青-緑のものは，上記の3種の配糖体をいずれもはっきり含んでいるが，濃黄のものでは protoaphin の割合がずっと少ないし，aphinin はほとんど見出されないくらいである．また，*A. sambuci* でもその色に変異があり，暗青-緑から赤褐色に至っている．この変異は外的要因，例えば季節や温度によるという[20]．

aphinin は *A. sambuci* からのものでよく研究されている．638 nm を強く吸

収し,熱,光,酸化条件に非常に不安定である.還元されると,黄色のヒドロキノンになる.酸での温和な処理によって,アグルコンとグルコースに加水分解される.しかし protoaphin と違って,押しつぶされた虫の抽出液によって酵素的に加水分解されない[20].

 Dactynotus 属には,上記の protoaphin とは違った別の aphin が存在している.これは *D. jaceae* で最も詳しく調べられており,生体内で存在する配糖体を protodactynaphin-jc-1 と呼んでいる.分子式は $C_{36}H_{38}O_{17}$ で,酵素的に加水分解されて,二つのアグルコンの混合物を生ずる.それは赤橙色の rhododactynaphin-jc-1 と黄色の xanthodactynaphin-jc-1 である.この両者とも $C_{30}H_{28}O_{12}$ であり,互いに変わり得る.これらのアグルコンと同類の化合物が,少量,*D. jaceae* に存在している.これらは,rhododactynaphin-jc-2 および xanthodactynaphin-jc-2 と名付けられており,ともに $C_{30}H_{28}O_{11}$ である.rhododactynaphin-jc-2 は,Weiss and Altland (1965)[21] が,*D. rudbeckiae* および *D. ambrosiae* から得た rhododactynaphin A と同じであり,rhododactynaphin-jc-1 は,rhododactynaphin B と一致するとされている[20].

 なお,*Aphis nerii* には,neriaphin と名付けられた黄色色素(図6.9)が報告されている[22].

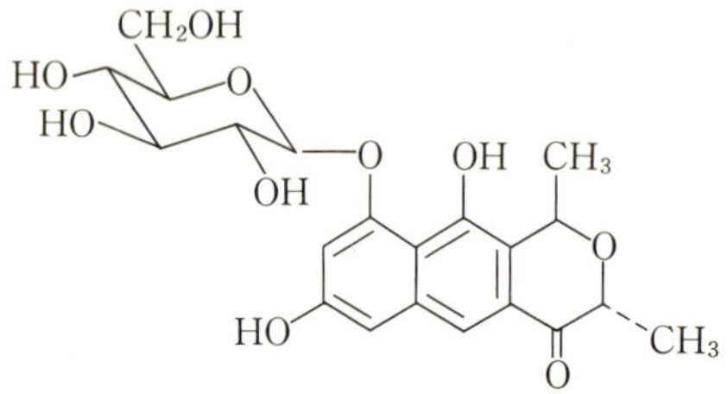

図6.9 ネリアフィンの構造.

 また,ジュラ紀のウミユリの類(棘皮動物,有柄亜門)の化石に polyhydroxyquinone 色素が見出されており,fringelites D, E, F, H と名付けられている[26-28].

7 オモクローム

7-1 研究の歴史と分類・名称

オモクローム (ommochrome) という色素グループの名称は，ドイツの昆虫生化学者 Erich Becker によって，1939-1942 年の研究で名付けられたものである[1-3]．オモクロームとは，昆虫の複眼を構成している個眼 (ommatidium) の色素という意味である．しかしその分布は，後述 (7-4 参照) するように，昆虫のみでなく，また眼のみでなく，広く節足動物，軟体動物などの眼，皮膚，翅，生殖巣，卵その他に存在している．

遺伝学の歴史の上で，遺伝子の働きが初めて明らかになってきた時期が 1935-1945 年の間である．Beadle の一遺伝子一酵素説の出発点が，昆虫の眼の色に関する突然変異系統を使っての移殖実験であった．最初の実験はドイツの Kühn et al. のコナマダラメイガ (*Ephestia kühniella*) の赤眼の系統を使った生殖巣の移植実験，次いで Beadle et al. による，キイロショウジョウバエ (*Drosophila melanogaster*) の朱眼を含むいくつかの系統を使っての，眼の成虫原基の移植実験であった．ほとんど同じ頃，わが国の吉川秀男（元 大阪大教授）が家蚕の白卵の系統を使って同様の研究を行った．これが遺伝生化学誕生の歴史的出発点であるが，この場合の遺伝子発現の最終形質が眼や卵の色素であった．この色素は Butenandt et al. によって，トリプトファン由来のものであることが明らかにされた．

上記の E. Becker のオモクロームに関する研究は，その当時の先駆的な立派な論文であった．Linzen の総説[4]によれば，Becker は優れた昆虫生化学者であったが，第二次世界大戦中に若くして亡くなった．戦後，ドイツの天然物有機化学者 Butenandt がいくつかの優れた研究を行ったが，その中にオモクロームの構造決定があった．1950 年代のことである．それによって，オモクロームという色素グループが明らかになってきた．現在では，オモクロームと

はトリプトファン代謝物の3-ヒドロキシキヌレニン（ある場合は3-ヒドロキシアントラニール酸）の酸化的縮合物としての色素グループといってよい．

上記のBeckerは，オモクロームには二つのグループが含まれるとした．その一つはオマチン（ommatin）で，他はオミン（ommin）である．オマチンの方がオミンより低分子であり，より抽出しやすい．透析可能であり，アルカリに不安定である．酸化還元によって色を変化する．一方，オミンはオマチンより高分子で，より抽出しにくい．透析されず，アルカリにオマチンより安定である．オマチン同様，酸化還元によって色を変化する．

オマチン，オミンの酸化還元による色の変化は可逆的である．いずれも温和な酸化剤で黄色系となり，還元剤で赤色系となる．この酸化還元による色の変化は，オモクロームの特徴の一つで，オモクロームの同定に使われる．

後述（7-2参照）するように，オマチンにはいくつかの色素が含まれる．また，オミンは今まで1種類しか詳細に研究されていないが，少なくとも数種類は存在すると考えられる．なお現在では，オマチン，オミンのほかに，オマチンとオミンの中間の性質を示すものとして，オミジン（ommidin）と名付けられたグループもある．オミジンとオミンでは，3-ヒドロキシキヌレニンのみでなく，システイン由来のSを含んでいる．

なお，オモクロームについての詳細は，総説[4-8]を見られたい．

7-2　種類と構造

（1）　オマチン

（a）　キサントマチン（xanthommatin）　　この色素は，Butenandt et al. (1954-1955)[9-13]によって，最初，コヒオドン（タテハチョウ科の蝶）の羽化便（蛹便ともいい，羽後直後に出す排泄物）から分離された．種々の昆虫の眼に存在している．生合成の項（7-3参照）で述べるように，3-ヒドロキシキヌレニンが2分子，酸化的に縮合してフェノキサジン（phenoxazine）構造をとったもので，オマチンの基本構造となっている．

キサントマチンは，pH 7.5の燐酸緩衝液（pH 6.0よりアルカリ側）中，空気中放置によって酸化されて黄色となる．この酸化型（図7.1 a）をpH 2の塩酸に溶かし，SO_2を通ずると，赤色の還元型（図7.1 b）が沈殿する．この

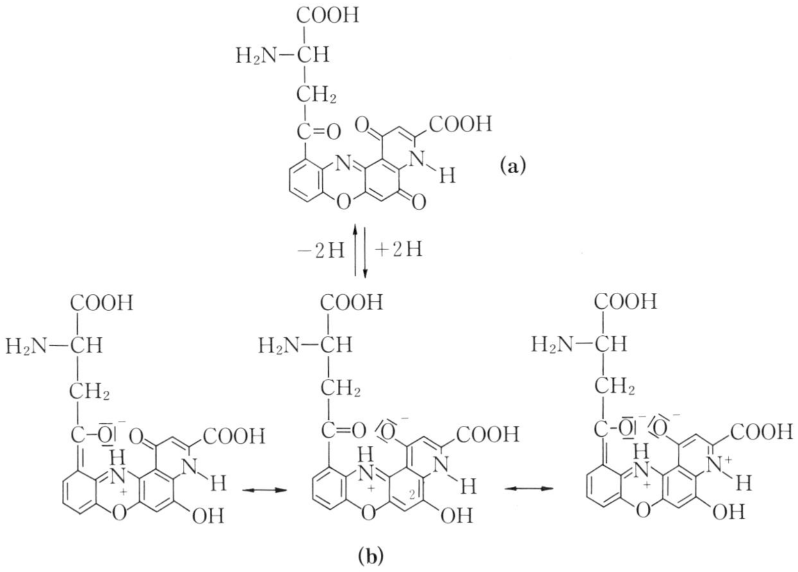

図7.1 キサントマチン(a)とジヒドロキサントマチン(b)の構造[4,59].

還元は,ヒドロ亜硫酸ナトリウムでも可能である.図7.1に示されるように,還元型には共鳴系が可能であり,これが深赤色に貢献している[4,59].酸化型(phenoxazinone構造)をキサントマチン,還元型(phenoxazine構造)をジヒドロキサントマチンあるいはヒドロキサントマチンと呼んでいる.しかし,酸化型,還元型をとくに問題にしない場合は,両者の総称(一般名)としてキサントマチンといわれている.なお,キイロショウジョウバエで,キサントマチンのヒドロキサントマチンへの還元を媒介する酵素が分離され,その性質が調べられている[55].

キサントマチンとジヒドロキサントマチンの吸収スペクトルのλ_{max}は,表7.1に示される.図7.2はキサントマチンの吸収スペクトルである.

キサントマチンを1N苛性ソーダで加水分解すると,図7.3に示されるように,キサンツーレン酸と2-アミノ-3-ヒドロキシアセトフェノンを生ずる.また,6N塩酸-蟻酸(1:1)で還流下加水分解(10-24時間)すると,3-ヒドロキシキヌレニンを生ずる.また,キサントマチンを0.1M燐酸緩衝液(pH 8.0)に37℃で5時間保つと,ゆるやかなアルカリ分解がおこり,図7.4

7 オモクローム

表7.1 キサントマチンとジヒドロキサントマチンの吸収スペクトルデータ[4].

	λ_{max}	ε 0.1%	log ε	溶媒
キサントマチン	235	31,000	4.49	pH 7, 0.067 M 燐酸緩衝液
	440	13,200	4.12	
	243	29,400	4.47	5 N HCl
	375	7,350	3.87	
	475	11,730	4.07	
ジヒドロキサントマチン	—	—	—	pH 7, 0.067 M 燐酸緩衝液, アスコルビン酸塩添加
	380	4,680?	3.67?	
	495	7,200	3.86	
	—	—	—	5 N HCl
	308	8,500	3.93	
	445	4,470	3.65	
	492	6,400	3.81	ブタノール/HCl

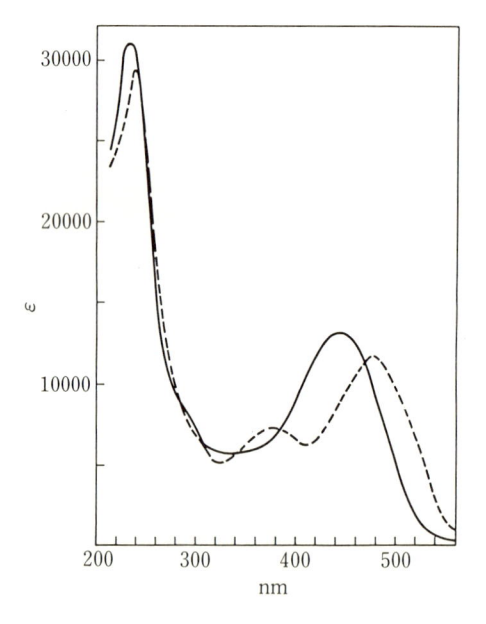

図7.2 キサントマチンの吸収スペクトル[4].
——, 燐酸緩衝液 pH 7.0-7.3; ---, 5 N HCl.

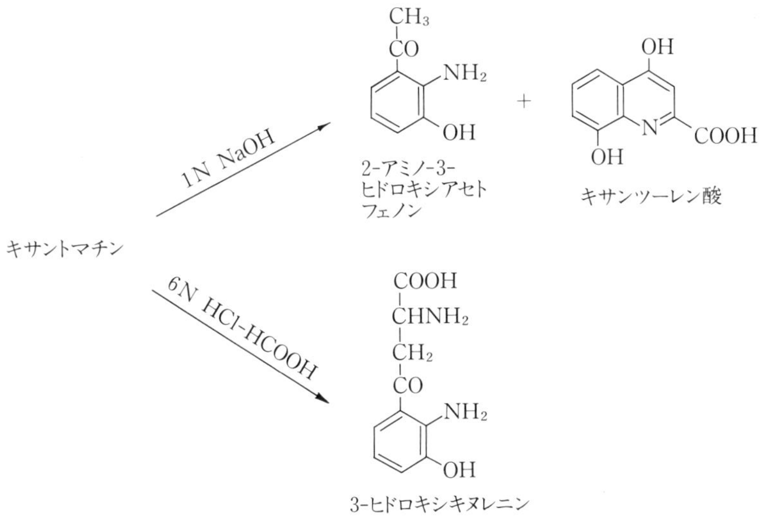

図7.3 キサントマチンの酸およびアルカリ分解.

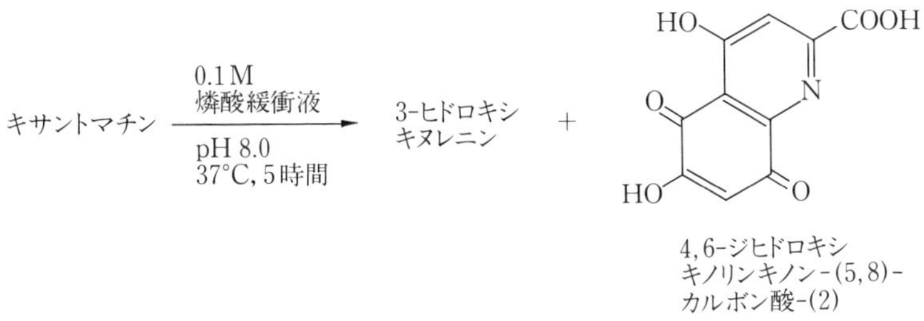

図7.4 キサントマチンの弱いアルカリ分解.

に示されるように，3-ヒドロキシキヌレニンと4,6-ジヒドロキシキノリンキノン-(5,8)-カルボン酸-(2)を生ずる．キサントマチンは酵素キヌレニナーゼによってアラニンを生ずる．

(b) **ロドマチン（rhodommatin）** これは，タテハチョウ科の蝶の翅や排泄物に存在する赤色色素である．その構造は，上記のジヒドロキサントマチンの2の位置の水酸基にグルコースがついて2-グルコシドになっており

(図7.6の(a)), ヒドロキサントマチンは赤色還元型として安定化している. ジヒドロキサントマチンそのものと違って, 空気自動酸化をうけない. 図7.5にロドマチンの吸収スペクトルが示される.

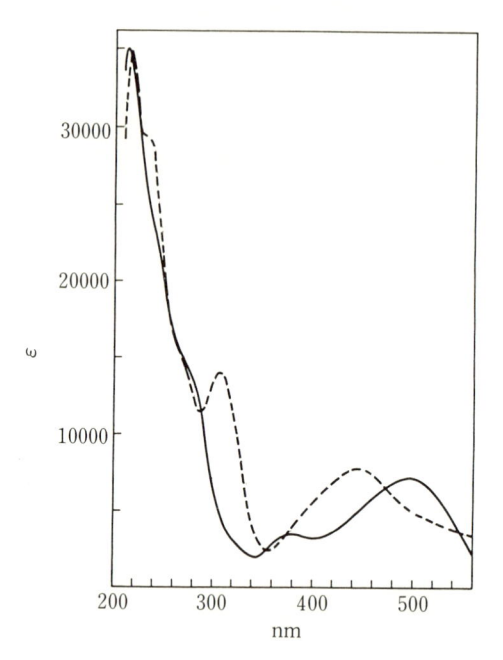

図7.5 ロドマチンの吸収スペクトル[4].
―――, 燐酸緩衝液 pH 7.0-7.3; ----, 5 N HCl.

ロドマチンの中性溶液をフェリシアン化カリで処理すると黄色になる. 赤色のロドマチンは phenoxazonium cation となって, メソメリーによって安定化されているが, これが, 図7.6に示されるように, ゆっくり加水分解をうけてグルコースを放ち, 酸化型キサントマチンになると考えられている[4].

一方, ロドマチンを酸または β-グルコシダーゼで分解すると, グルコースとジヒドロキサントマチンが得られる. 後者はキサントマチンに酸化される.

(c) **オマチン D (ommatin D)**　これも, タテハチョウ科の蝶の翅や排泄物から分離された赤色色素である. その構造は, ジヒドロキサントマチンの

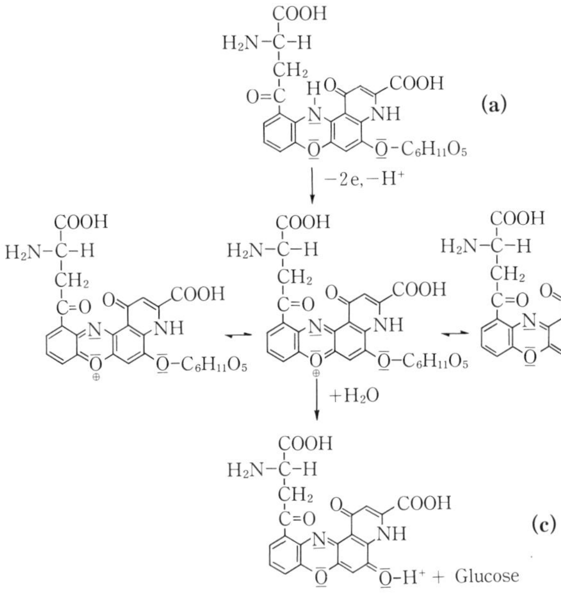

図 7.6 ロドマチンの酸化的分解[4].

2-O-硫酸である（図7.7）．図7.8はオマチンDの吸収スペクトルである．
ロドマチンと同様，空気中酸化には比較的安定な赤色の還元型になっている．しかし，酸性溶液において，オマチンDは不安定であって，徐々に加水分解されてヒドロキサントマチンと硫酸イオンを遊離し，前者はさらにキサントマチンに酸化される．

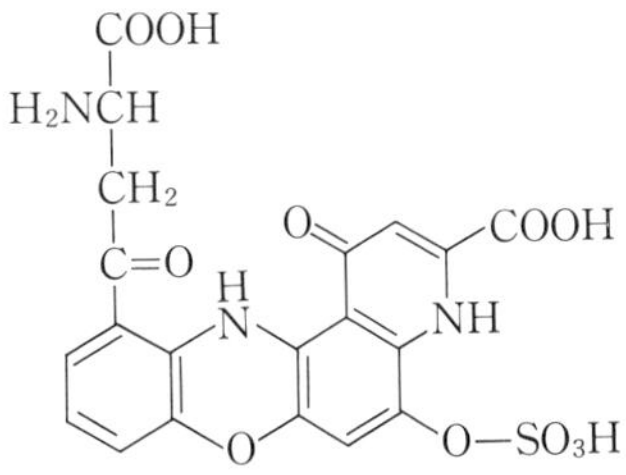

図 7.7 オマチン D の構造．

182   7 オモクローム

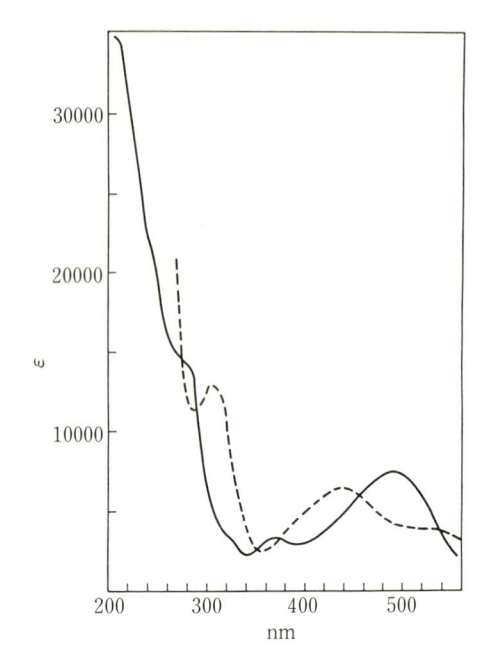

図 7.8 オマチン D の吸収スペクトル[4].
―――, 燐酸緩衝液 pH 7.0-7.3; - - - -, 5 N HCl.

(d) **アクリディオマチン I と II (acridiommatin I and II)**　これら
は, バッタなど直翅目昆虫の組織や排泄物に, またトンボ目の皮膚に存在する
赤色色素である. 不安定な色素で, その構造はまだ解明されていない.

(e) **シンナバーリン酸 (cinnabarinic acid)**　3-ヒドロキシアントラニ
ール酸2分子が酸化的に縮合して, フェノキサジノン構造をとったものである
(図 7.9). この色素は担子菌の一種に報告されていたものであるが, 家蚕の排

図 7.9　シンナバーリン酸の構造.

泄物にも存在している．

（2）オミジン

これは，上述のオマチンと後述のオミンとの中間の性質をもつ色素グループである．オミジン（ommidin）とクリプトミジン（cryptommidin）がこれに属している．直翅目昆虫の眼に存在する色素で，皮膚に見られることもある．

オミジンの方がよく研究されており，黄色で，酸で赤くなる．安定な色素である．3-ヒドロキシキヌレニン由来の色素であるが，オマチンと違うところは，メチオニン由来のSを含んでいることである．

オミジンもクリプトミジンも構造決定はなされていない．

（3）オ　ミ　ン

節足動物，軟体動物の眼，皮膚に存在している．Butenandt *et al.* が家蚕やイカの眼から分離したオミンAだけが詳しく調べられている．ほかにも同類の色素が存在すると思われるが，ほとんど研究されていない．

オミンAは図7.10に示されるように，3-ヒドロキシキヌレニン3分子が縮合したような形であるが，前述のオミジンと同様メチオニンやシステイン由来のSを含んでいる．そして，triphen-oxazin-thiazin構造をとっている．

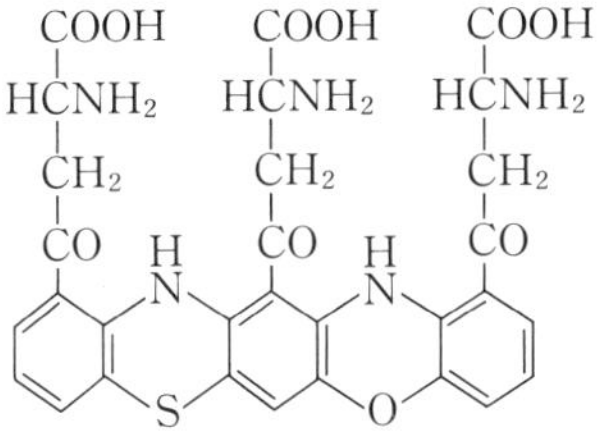

図7.10　オミンAの推定構造．

オミンAの還元型は赤紫色である．塩酸メタノール中で，空気中放置しておくと，2週間で黄色となる．亜硝酸ソーダで，この酸化はもっと速く進む．また，この酸化型は，亜硫酸（加熱）で再びもとの赤紫色の還元型になる．

オミンAは酸分解によって，図7.11に示されるように3-ヒドロキシキヌレニンを分離し，残りはキノリン核形成を行ってSを含んだ"Pigment IV"（赤

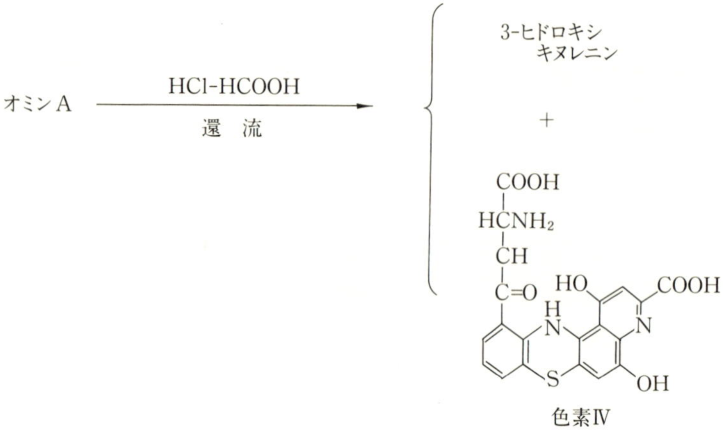

184   7 オモクローム

図7.11 オミンAの酸分解[5].

色)になる[5].

オミングループには,オミンAのほかにオミンB,オミンDなどが報告されているが,吸収極大波長の違い以外はその詳細について研究されていない.

7-3 生 合 成

この章の最初に述べたように,オモクロームは,トリプトファン代謝物の3-ヒドロキシキヌレニンや3-ヒドロキシアントラニール酸の酸化的縮合物である.それにある場合は,メチオニン,システイン由来のSが入りこんでいる.以下,図7.12に示した昆虫のトリプトファン代謝の概略図に沿って説明していく.

(1) トリプトファンオキシゲナーゼ

まず,L-トリプトファンがtryptophan 2,3-dioxygenase (EC 1.13.11.11,別名 tryptophan pyrrolase また tryptophan oxygenase) によって,ピロール環が開裂してL-フォルミルキヌレニン (formylkynurenine) となる.

最初に,オモクローム研究の歴史が昆虫の眼色に関する突然変異系統での移植実験から始まったことを述べたが,そのときに使われた系統は,コナマダラ

メイガの赤眼（a），キイロショウジョウバエの朱眼の *vermilion*（v）であった．その後，この二つの系統はいずれも，トリプトファンオキシゲナーゼ活性の欠けているものであることが明らかにされた[28,29,38]．このような場合，図7.12のトリプトファン代謝の反応連鎖はここで止まり，最終産物である色素（オモクローム）が欠けることになり，眼色に変化を来すことが1935-1945年頃にわかってきたのである．

　その後，他の昆虫でも，トリプトファンオキシゲナーゼに欠陥のある系統が見つかり研究された．例えば，イエバエの ge，ミツバチの s，ヒツジキンバ

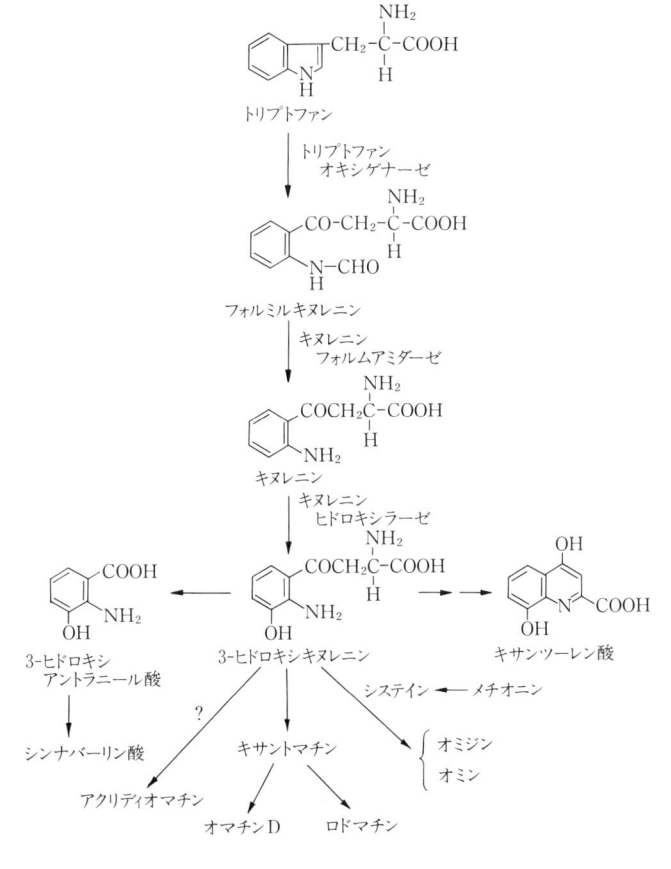

図7.12　オモクロームの生合成経路．

エ（*Lucilia cuprina*）の yw などである[22,24,30]．キイロショウジョウバエの v の場合は，サプレッサー（su(s)）が存在し，これによって抑圧をうけるものとそうでないものの二つのグループがあるので，詳細に研究されている[32,37,41,101-103]．su(s) によって抑圧をうける v^1，v^2，v^k の場合，トランスポゾン 412 の挿入が証明されている．

昆虫では，トリプトファンオキシゲナーゼは主に脂肪体に存在する[27,33-36]が，昆虫の種類によってまた発生の段階によって，脂肪体に限らず，マルピギー管，生殖巣，絹糸腺，表皮，頭部，体液などにも存在している[25,31]．いくつかの昆虫では，この酵素が分離され，その性質が報告されている[39,40]．なお，本酵素は細胞中，細胞液に存在しているが，キイロショウジョウバエでも，本酵素は細胞液に可溶の状態で存在すると考えられている[14]．これらの研究については，Linzen（1974）の総説[4]を見られたい．

なお，オモクロームとは関係ないが，トリプトファンオキシゲナーゼは哺乳類の肝臓や微生物で詳細に研究されており，この酵素はヘモプロテインであることがわかっている．なお，ラットの皮膚には，肝臓のトリプトファン・オキシゲナーゼと少し性質の異なる同反応の酵素が存在しており skin tryptophan oxygenase と呼ばれている[104,105]．なおまた，種々の脊椎動物の内臓には，やはり，トリプトファンをフォルミルキヌレニンにする別酵素 indoleamine 2, 3-dioxygenase が存在している[106]．

(2) キヌレニンフォルムアミダーゼ

フォルミルキヌレニンは次いで，arylformamidase（EC 3.5.1.9, 別名 kynurenine formamidase また formylase）によって加水分解されて，HCOOH を放出し，キヌレニンとなる．

この酵素は，ラット肝から分離されて詳細に調べられているが，昆虫での本酵素の詳しい研究はまだ少ない．しかし，哺乳類と同様，昆虫でも本酵素は体内で多くの組織に存在し，しかもその活性は前述のトリプトファンオキシゲナーゼ活性よりずっと高いとされている[25]．また，本酵素は基質特異性も広いとされている．ワモンゴキブリ（*Periplaneta americana*）でも，本酵素は組織に広く存在するが，脂肪体で活性が最も高いと報告されている[42]．なお，フォルミルキヌレニンからキヌレニンへの過程（キヌレニンフォルムアミダーゼ）

に欠陥のある突然変異系統は見出されていない[44]．キイロショウジョウバエでは，キヌレニンフォルムアミダーゼⅠとⅡが分離され，精製されている．フォルムアミダーゼⅠは分子量60,000である．サブユニットの分子量は34,000であり，フォルムアミダーゼⅠは2量体と考えられる．一方，フォルムアミダーゼⅡの分子量は，31,000である．これらの進化上の起源が論ぜられている[43]．

本酵素とは別のことであるが，フォルミルキヌレニンは，酵素的加水分解以外に，実験過程において自然に加水分解をうけてキヌレニンを放出することもある．

（3） キヌレニン 3-ヒドロキシラーゼ

キヌレニンは次に，kynurenine 3-monooxygenase (EC 1.14.13.9, 別名 kynurenine 3-hydroxylase) によって，3-ヒドロキシキヌレニンになる．この反応は次に示すようにNADPHを必要とする．

L-キヌレニン＋NADPH＋O_2 =
　　3-ヒドロキシキヌレニン＋$NADP^+$＋H_2O

また，本酵素反応にはFADも関与するとされている．

本酵素は，哺乳類や *Neurospora* で，ミトコンドリアの外膜に存在することが明らかにされている．おそらく，昆虫でもミトコンドリアに存在すると考えられている[14,17]．しかし，ショウジョウバエのマルピギー管では，小胞体のある部分がキヌレニンの水酸化の場所と仮定している報告もある．

本酵素およびその活性は種々の昆虫（コナマダラメイガ，キイロショウジョウバエ，クロバエ，バッタの類，家蚕，ミツバチなど）で調べられている[15-21,54]．昆虫の種類によって違うが，眼やマルピギー管に活性が高い．ある場合には，幼虫などの皮膚に活性が見られる．家蚕では，脂肪体，卵巣，出糸腺にも活性が見られる[16]．

昆虫で，本酵素反応に欠陥のある突然変異系統として最もよく知られているものは，キイロショウジョウバエの *cinnabar* (*cn*) と家蚕の第1白卵 (*w-1*) である．このほか，イエバエの *ocra*，ヒツジキンバエ (*Lucilia cuprine*) の *yellow* (*y*)[22]，ミツバチの *ivory* (*i*)[23,24] もこれに相当するものである．

（4） オモクローム合成

（a） キサントマチンの合成　オモクロームの中で，構造上，最も基礎的なものはキサントマチンである．これは前述したように，3-ヒドロキシキヌレニンが2分子酸化的縮合を行い，そのうちの1分子の側鎖がピリジン環をつくり，全体として 3, 4-pyridinophenoxazin 構造をとったものである．

実は，3-ヒドロキシキヌレニンは酸化を受けやすく，何らかの酸化剤が存在すれば容易にキサントマチン形成がおこる．例えば，燐酸緩衝液（pH 7.1）中で，フェリシアン化カリで酸化すると室温でキサントマチンが合成される．その際，図 7.13 に示されるように 8 酸化当量（ジヒドロキサントマチンまでなら 6 酸化当量）が消費され，1分子のアンモニアが遊離される[12]．

では，生体内でのキサントマチンの生合成はどうであろうか．いままでに，いくつかの研究グループがこの問題を取り上げたが，いまのところ結論は出ていない．昆虫でいままでなされたこの方面の研究は，大きく分けて二つある．それらを次に説明し，現在どのような点の研究が求められているかを述べる．

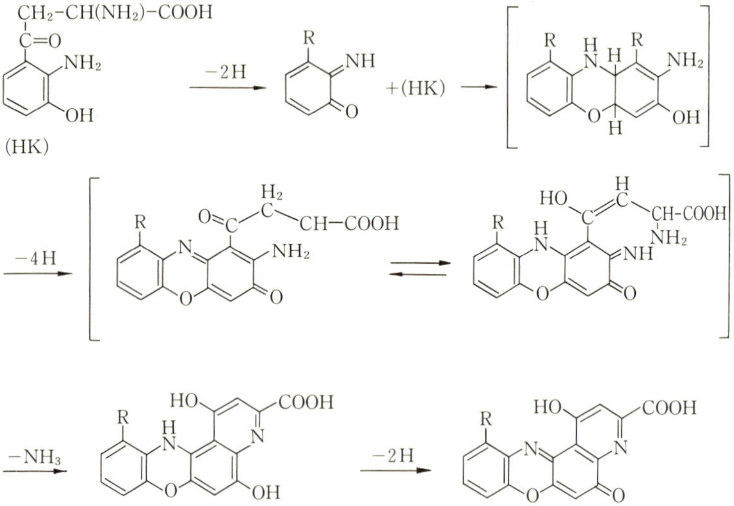

図 7.13　$K_3Fe(CN)_6$ での 3-ヒドロキシキヌレニンの酸化によるキサントマチンの合成．(HK)＝3-ヒドロキシキヌレニン，R＝-CO-CH$_2$-CH(NH$_2$)-COOH[12]．

7-3 生 合 成   189

(b) **Butenandt の説**　一つの説は Butenandt et al. の 1956 年の研究[26]によるものである．ドーパにチロシナーゼを働かせるとメラニンがつくられることは4章で述べたが，これを3-ヒドロキシキヌレニン存在下で行うと，キサントマチンが生成されるのである．これは，3-ヒドロキシキヌレニンにチロシナーゼが働いて生ずるのではない．図 7.14 に示したように，ドーパにチロシナーゼが働いてドーパキノンが生じ，これが酸化剤となって，3-ヒドロキシキヌレニン2分子の酸化的縮合がおこるのである．

　4章で述べたように，昆虫には，ドーパ-フェノールオキシダーゼ系が広く存在している．だから，昆虫に，3-ヒドロキシキヌレニンからキサントマチンへの反応を特異的に触媒する酵素が存在しなくても，このドーパ-フェノールオキシダーゼ系でキサントマチンの生合成が説明されるという考えを Butenandt et al. が出したのである．

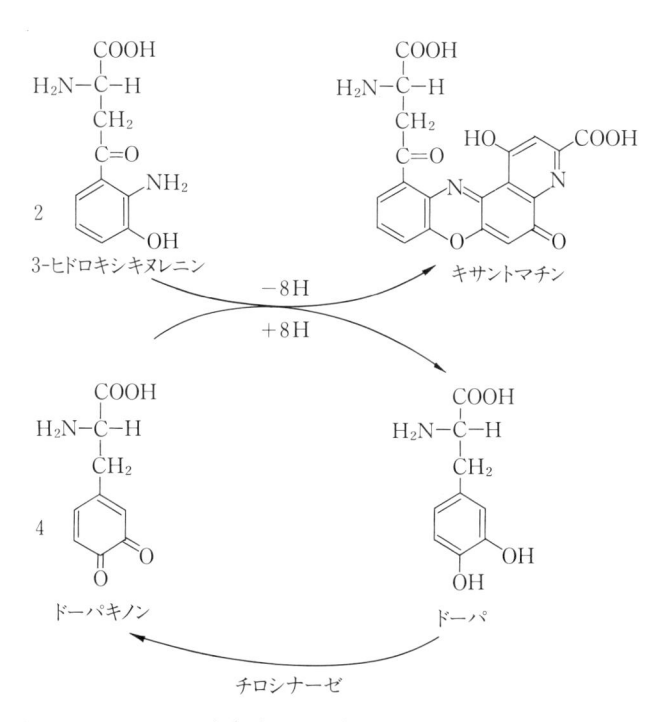

図 7.14　ドーパ-チロシナーゼ系（*in vitro*）による，3-ヒドロキシキヌレニンからキサントマチンの生成[5,8,26]．

190　7　オモクローム

　この研究は，*in vitro* での実験として正しく，また非常に興味あるものであった．しかし，昆虫の体内で，キサントマチンが実際この機構によって合成されるという裏づけは，いまでもまだないのである．しかし，昆虫で，メラニン生成とオモクローム生成との間に，いろいろな関係があることは事実である．この点は後述する (7-5(1)参照)．

（c）**キサントマチンの酵素的合成**　　キサントマチン生合成に関するもう一つの研究は，この反応を触媒する酵素の探索である．1970年代に，キイロショウジョウバエその他の昆虫で，キサントマチンの酵素的合成が，Pinamonti[45]，Phillips, Forrest[46-49]，Ryall, Howells, Yamamoto[50,51] その他によって研究された．これらは確かにキサントマチンを合成する酵素の存在を示し，キサントマチン合成酵素とかフェノキサジン合成酵素あるいはフェノキサジン合成活性と呼ばれた．しかし，これらの研究は，その後キサントマチン合成酵素を分離するに至らなかった．そして，これらの酵素活性のあるものは，3-ヒドロキシキヌレニンよりもむしろ3-ヒドロキシアントラニール酸をよく基質にし，シンナバーリン酸をつくるものであった．研究が進むにつれ，この反応はマンガンイオンを必要とし，その酵素はカタラーゼそのものである

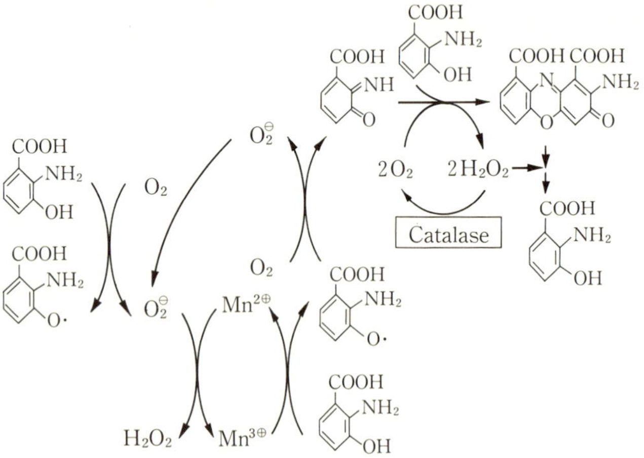

図 7.15　マンガンイオンとカタラーゼによる，3-ヒドロキシアントラニール酸からシンナバーリン酸生成の推定機構[53]．

ことがわかってきた.

家蚕の正常系では，そのマルピギー管にシンナバーリン酸が見られるので，Ogawa, Ishiguro らはこのマルピギー管からシンナバーリン酸合成系を分離し研究した[52,53]. これは上記のものと同様マンガンイオンを要求し，その酵素はカタラーゼであった. そして，その反応機構は図 7.15 に示されるものと報告された[53]. このようにして，カタラーゼとマンガンによるシンナバーリン酸生成の概要が明らかになってきた.

ここで重要なことは，このようなカタラーゼとマンガンによるシンナバーリン酸生成系は，昆虫の眼や皮膚や卵その他の組織におけるキサントマチン合成反応の酵素系なのかどうかということである. 昆虫の眼や皮膚におけるキサントマチン合成は色素顆粒でなされており，キサントマチンの酵素的合成は，この色素顆粒での反応を研究する必要がある. キヌレニンヒドロキシラーゼによってつくられた 3-ヒドロキシキヌレニンは，このような色素顆粒に結合してオモクロームになるのである. 3-ヒドロキシキヌレニンがつくられても，この色素顆粒が異常であると，オモクロームはつくられないか，量的に減少することもあり得る. なお，この色素顆粒は，オモクローム形成とともに成長するような性質のものと思われる. このような色素顆粒の研究もないではないが結論に至っておらず，結局いまのところ，昆虫の眼や皮膚や卵におけるキサントマチンの酵素的合成は明らかにされていないといってよい.

なお，*in vitro* の実験では，チトクローム C-チトクロームオキシダーゼ系によって 3-ヒドロキシキヌレニンからキサントマチンがつくられることがわかっている[93-96]. しかし，この系が昆虫体内でのキサントマチン生合成に働いているかどうかは不明である.

(d) その他のオモクローム　ロドマチンはジヒドロキサントマチンのグルコシド化によってつくられると考えられている. オマチン D はジヒドロキサントマチンの硫酸エステルであるが，その生合成に関してまだあまり研究されていない.

オミジン，オミンに関しては，その S がメチオニン，システイン由来であることはわかっているが，それ以上のことはまだ明らかにされていない.

7-4 分　　布

　オモクロームは，動物の系統樹から見ると，前口動物とくに節足動物，軟体動物に広く存在している色素である．

　節足・軟体動物以外では，環形動物門のユムシ綱に属する *Urechis caupo*（ユムシ）の卵にキサントマチンが存在している[57]．また多毛環虫綱で触手などにオミンが報告されている[100]．さらに，腔腸動物，花水母類の *Spirocodon saltatrix*（カミクラゲ）の眼点にオモクロームの存在が報告されている[99]．

　次に，節足動物の甲殻綱では，アミ目，等脚目[58]，端脚目，十脚目の多くの種の眼にキサントマチンなどのオマチンとオミンのいずれか，またはその両方が存在している．ある種では皮膚にもキサントマチンその他のオマチンおよびオミンのいずれかまたはその両方が存在している．甲殻類における報告の例として，アミの類，ミズムシの類，フナムシの類，ワラジムシ，オカダンゴムシ，ヘラムシ，ハマトビムシの類，クルマエビ，イセエビなど種々のエビ，ザリガニ，カニの類などがある[4-7]．オカダンゴムシには，オモクローム形成の何らかの段階に欠陥のあるアルビノ系統があり，3-ヒドロキシキヌレニン，キヌレニン含量が非常に低いことが報告されている[98]．

　節足動物の昆虫綱では，トンボ目，ゴキブリ目，カマキリ目，ナナフシ目，直翅目（バッタ，コオロギの類），半翅目（サシガメ，アメンボの類），脈翅目（クサカゲロウの類），鱗翅目（多くの蝶と蛾），双翅目（多くの蚊，ハエの類），甲虫目，膜翅目（ハチ，アリの類）の眼，皮膚，翅，卵，精巣，排泄物などに広く存在している[4-7,89]．眼には，キサントマチンとオミンのいずれか，またはその両方が存在している．家蚕の卵と皮膚にも，キサントマチンとオミンの両方が報告されている．ロドマチンとオマチンDは，鱗翅目とくにタテハチョウ科の蝶の翅（鱗粉）や羽化便に存在している，直翅目には，眼にオミジン，クリプトミジン，皮膚にアクリディオマチンⅠ，Ⅱを有する種がある．アクリディオマチンは，トンボ目でも見出されている．

　次に軟体動物では，頭足綱のイカ，タコの類の眼および皮膚にオミンが存在している[97]．後述するように，イカやタコの皮膚には色素細胞があり，オモクロームはそこに存在している．

興味あることに，動物の系統樹の上で，新口動物とくに棘皮動物，脊椎動物にはオモクロームの報告がほとんどない．オーストラリアの赤カンガルー（*Megaleia rufa*）の毛に，3-ヒドロキシアントラニール酸とシンナバーリン酸が存在している．これは，毛の外側で3-ヒドロキシアントラニール酸が酸化されてシンナバーリン酸になるのか，あるいは3-ヒドロキシアントラニール酸からシンナバーリン酸をつくる酵素系が体内に存在するのか，まだ解明されていない．しかし，この赤カンガルーの毛のシンナバーリン酸は，毛の外側に存在するのは確かである（Nicholls and Rienits)[60,61]．なお，3-ヒドロキシアントラニール酸をヒト赤血球あるいはヘモグロビンとインキュベートするとシンナバーリン酸を生ずることが友田ら[62]によって報告されている．ただし，これは体色とは関係はない．

7-5 オモクローム生成と他の色素との関係

(1) メラニンとの関係

ドーパ-チロシナーゼ系に3-ヒドロキシキヌレニンが存在すると，ドーパから生ずるドーパキノンによって3-ヒドロキシキヌレニンが酸化的に縮合してキサントマチンになることはすでに上述した．しかし，生体内でこの機構によってキサントマチンが合成されるかどうかは証明されていない．ただし，昆虫で，オモクロームの存在とメラニンの存在の間には，何らかの関係があることが以前より報告されている．

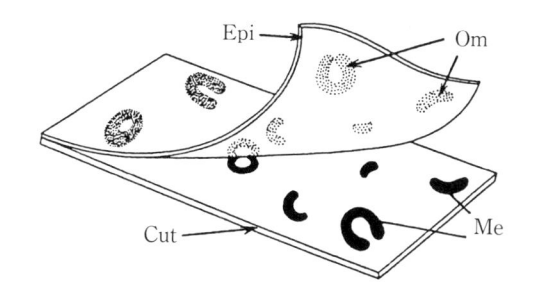

図7.16 インドナナフシの皮膚におけるオモクロームとメラニンとの関係[63]．
Epi，真皮細胞層；Cut，クチクラ；Om，オモクローム；Me，メラニン．

昆虫では，メラニンは普通，クチクラに存在し，オモクロームは表皮中の細胞に存在している．*Carausius morosus*（インドナナフシ）や *Cerula vinula*（シャチホコガ科）で，クチクラにメラニンの存在する部分と真皮細胞にオモクロームの存在する部分とが一致すると報告されている（図 7.16)[63]．ただし，クチクラにメラニンの存在しないところにもオモクロームが存在する場合がある．現在のところ，クチクラにおけるメラニンの存在と真皮細胞におけるオモクローム生成との関係はまだ解明されていない．

またこれとは別に，Riddiford and Hiruma[64]は，*Manduca sexta*（スズメガ科の蛾の一種）の 5 齢幼虫でのアラタ体除去個体の実験で真皮細胞での promelanin granule 形成，次いでクチクラでのメラニン蓄積が，そのあと，真皮細胞のオモクローム生成をおこすという結果を報告している．また，*Mamestra brassicae*（ヨトウガ）でも，キサントマチン合成には，その前のクチクラでのメラニン蓄積が必要であるとされている[56]．さらに，Ōhashi et al.[75]によれば，家蚕の quail mutant (q) の幼虫の皮膚には多量のキサントマチンが存在するが，メラニン生成能力のない p/p と二重劣性にするとキサントマチン含量は少なくなるという．

（2） プテリンとの関係

オモクローム生合成とプテリジン代謝との間に何らかの関係があることは，古くから多くの研究者によっていわれてきた．これらのうち，最初の報告は，1930 年代後半以来，Kühn その他ドイツの研究者によって述べられている．オモクローム生合成の項（7-3(4)参照）で述べたように，コナマダラメイガの赤眼(a)の系統は，トリプトファンオキシゲナーゼ活性を欠くため，眼にオモクロームの存在しないものであるが，この系統ではプテリン系の代謝物と思われる蛍光性物質が増加しているのである．これは色素顆粒上での問題とされたが，未解決のまま現在に至っている．

一方，キイロショウジョウバエでもオモクローム合成とプテリジン代謝との関係が以前から報告されている．このショウジョウバエの野生系の複眼は褐赤色をしている．これはキサントマチンとプテリジン系赤色色素（ドロソプテリン）から成っており，それらの合成過程に関する多くの突然変異系統がある．例えば，次の三つのグループのものがある．（ⅰ）その一つは，キサントマチン

7-5 オモクローム生成と他の色素との関係

の合成経路に欠陥があるためキサントマチンを欠く系統である．上述の *vermilion*(*v*) や *cinnabar*(*cn*) がこれであり，黄褐色のキサントマチンを欠き，赤色のドロソプテリンが存在するため朱眼となる．(ⅱ)プテリジン代謝に何らかの欠陥があるためドロソプテリンを欠き，キサントマチンの存在により褐色眼となる．*brown*(*bw*) がこれにあたる．(ⅲ)白眼(*white, w*) では，何らかの理由で，キサントマチン合成もドロソプテリン合成もおこらず白眼となる．

このような眼色突然変異系統のうち，*v* や *cn* のようなキサントマチン合成のないものと，*bw* のようなドロソプテリンを欠く系統とで，二重劣性のもの，例えば *v bw* や *cn bw* をつくると，キサントマチンとドロソプテリン合成の両方がおこらず白眼となる．

しかし，キイロショウジョウバエの種々の眼色突然変異系統には，遺伝的にどこに第一義的欠陥があるのか明らかでないものも多くある．例えば，色素前駆物質の透過性に関係あるものや，色素顆粒に関係あるものなど，多くのまだ解明されていないものがある．*scarlet*(*st*) では，キサントマチン合成がなくドロソプテリン合成は正常なので朱眼となっているが，これはトリプトファン代謝物のキヌレニンや3-ヒドロキシキヌレニンの細胞内（あるいは細胞内顆粒）への透過性に欠陥があるものと考えられている．また，白眼の *w* も同じような透過性の欠陥との考えもある．また，*w* のようでなくても，キサントマチンとドロソプテリン合成の両方に何らかの影響を及ぼしている系統がいくつもある[65]．

実は，キサントマチン生合成（トリプトファン代謝）に欠陥のある上述の *v* や *cn* でも，眼のドロソプテリン量は，野生系の場合より少ないのである．

多くの研究者が，このような種々の眼色突然変異系統を組み合せて実験を行い，キサントマチン生合成（トリプトファン代謝）とドロソプテリン生合成（プテリジン代謝）とが，何らかの影響を及ぼすことが報告されている．例えば，*red*（red Malpighian tubules）と *cn* を使い，*cn red* をつくることによって，3-ヒドロキシキヌレニン量と GTP cyclohydrolase 活性とが negative correlation をもつと報告されている（Silva and Ménsua[66]）．また，Parisi *et al.*[67-69] は，*v*, *cn*, *cardinal*(*cd*), *scarlet*(*st*), *maroonlike*(*mal*) の間で二重劣性をつくり，7,8-ジヒドロバイオプテリンからセピアプテリンへの移行

に，キサントマチンが cofactor として働く経路の存在を示唆している．また，彼らは，*mal bw* を使った実験で，xanthine dehydrogenase 活性は間接的に NADH を通じて kynurenine hydroxylase 活性に影響を及ぼすとしている．

このようにして，多くの論文で，オモクローム生合成とプテリジン代謝との間に何らかの関連があると示唆されているのであるが，まだ結論に達していない．

7-6 色素細胞および色素顆粒

オモクロームは，眼においても皮膚においても，色素細胞中の色素顆粒に存在している．色素細胞は，軟体動物と節足動物とで大きく異なっている．

（1） 軟体動物頭足類の皮膚

分布の項（7-4 参照）で，頭足類（タコやイカの仲間）の皮膚にオモクロームが存在することを述べた．水族館などで，イカやタコが瞬間的に体色を変化させるのを見られた方も多いと思うが，これは次のような機構になっている．色素細胞（色素胞）の中心に，オモクロームの色素顆粒を含む小嚢があり，また色素細胞の周辺に筋繊維や神経が分布して色素胞器官を構成している．筋繊維が弛緩した状態では，色素胞は収縮した状態となり，色素顆粒を含む袋は中央にかたまっている．筋繊維が収縮すると，色素胞は周囲に引き伸ばされ，色素顆粒の袋は扁平な状態になる．すなわち，筋繊維の収縮・弛緩によって，色素胞の面積が変わるとされている（詳細は参考書[G12]を見られたい）．

（2） 節足動物の複眼

次に昆虫の複眼について説明する．複眼はたくさんの個眼が集まってできている．図 7.17 にその一つの個眼の模式図を示してある．オモクロームは，この図の虹彩色素細胞（iris pigment cell＝primary pigment cell）と網膜色素細胞（retinal pigment cell＝secondary pigment cell）に含まれる顆粒に存在している．節足動物の種類によって，この secondary pigment cell 中の色素顆粒が，外界からの光によって移動する．光が強いと，この色素顆粒が細胞中を下方末端にまで移動して，上下全体に拡散した状態になる（明適応）．逆に

7-6 色素細胞および色素顆粒　　*197*

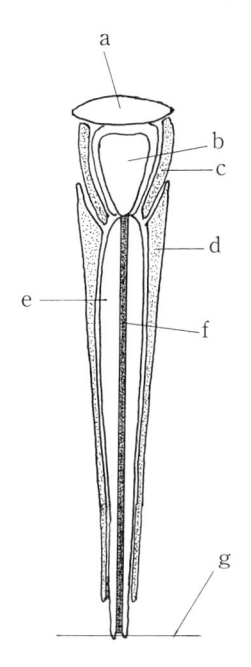

図 7.17 昆虫の複眼を構成する個眼の模式図.
a, 角膜；b, 円錐晶体；c, 虹彩色素細胞；d, 網膜色素細胞；e, 網膜細胞；f, 桿状体；g, 基底膜.

　光が弱いと，この色素顆粒は細胞内を上方へ移動して，上方（角膜側）に片寄るようになる．その結果，外界の光が弱いと，レンズから入った光が隣の個眼にも入り，外界の光が強いと個々の個眼が色素顆粒によって隔離され，レンズから入った光は隣の個眼には入らないようになる．それで，眼のオモクロームは遮光色素としての機能をもっているといわれる．なお，甲殻類の種類によって，これらの色素顆粒の移動が眼柄ホルモンによって支配されているものがある．また，昆虫の種類によっては，基底膜や網膜細胞にも色素顆粒が存在する．
　キイロショウジョウバエの頭部から色素顆粒およびその他の顆粒が分離され，I，II，III，IVの四つのタイプに分けられている[70]．タイプ I の顆粒にはオモクロームが存在し，上述の primary と secondary の両方の色素細胞に存在している．タイプ II の顆粒は secondary pigment cell に限られており，ド

ロソプテリンが存在している．タイプIIIの顆粒は小胞であると考えられる．しかしその周囲（境界）に高密度の部位がある．タイプIVの顆粒は無色である．

なお，甲殻類や昆虫で，眼の色素顆粒の発生途上の形態について，電顕による研究もなされている．

また，カミクラゲ（花水母類）の眼点にキサントマチンと思われるオモクロームが存在しており，この色素は無酸素条件下で光還元をうけることが報告されているが，その生理的意義は解明されていない[99]．

（3）節足動物の皮膚

甲殻類や昆虫の皮膚でのオモクローム含有の色素顆粒について，いくつかの研究がなされている．

甲殻類の例として，等脚目の *Armadillium vulgare*（オカダンゴムシ）の雄の皮膚のオモクローム色素細胞の電顕像が Plate III に示される．この色素細胞はクチクラ層の下にある真皮細胞層に存在し，樹状突起を真皮細胞の下に伸ばしている．ここにオモクローム含有顆粒が存在している（Negishi, Hasegawa ら[71-73]）．オカダンゴムシのような陸棲等脚目の皮膚の色素細胞では，環境の光によって，オモクローム顆粒の移動は見られないが，*Ligia*（フナムシ）のような海産（海岸に棲む）ものでは，環境の光によって，皮膚の色素細胞内で色素顆粒が移動するとされている[74]．

次に昆虫の例として，家蚕について説明する．家蚕幼虫の皮膚の色は，キサントマチン，セピアプテリン，セピアルマジン，尿酸の量によっている．正常系幼虫の皮膚はキサントマチンとセピアルマジンを含んでいるが，その量は品種によって異なる．白色のものは，キサントマチンもセピアルマジンも少なく，薄黄色や赤色がかっているものではキサントマチンかセピアルマジン，あるいはその両方が多い（Ōhashi *et al.*[75]）．また，*quail* mutant の幼虫の皮膚には多量のキサントマチンが存在し，またオミンも見出されている．キサントマチン含有の色素顆粒が分離されている．キサントマチンはこの顆粒中にタンパク質と結合して存在する．このタンパク質はおそらく糖タンパク質である．沢田（北里大）はカイコでのオモクローム結合タンパク質を研究している[92]．なお，キサントマチン含有顆粒とプテリジン含有顆粒とは別種のものである（Sawada *et al.*[76,77]）．

なお，家蚕幼虫の皮膚のキサントマチン量は幼若ホルモンによって制御されている[86]．一方，インドナナフシ（*Carausius morosus*）の幼虫では，オモクローム合成はアラタ体の制御をうけていないとの報告もある[87]．

（4） 蝶の鱗粉細胞でのオマチン合成

Koch は，タテハチョウ科の *Araschnia levana*（アカマダラ）の翅の赤色鱗粉を使って，その色素形成を調べている[88]．この赤色色素はロドマチンとオマチン D である．この蝶の場合，体内の脂肪体でトリプトファンからキヌレニン，3-ヒドロキシキヌレニンがつくられ，この3-ヒドロキシキヌレニンが鱗粉形成細胞に取り込まれ，これがオマチンになる経路のほかに，鱗粉形成細胞内にも，トリプトファン──→オマチン経路の酵素が存在していると考えられている．したがって，鱗粉形成細胞に取り込まれたトリプトファンから，この細胞内でロドマチン，オマチンが合成される可能性も考えられる．

7-7　発生過程におけるオモクロームの量的変化

主として昆虫で，発生過程のトリプトファン代謝およびオモクロームの増減が研究されている．以下，そのうちのいくつかの例をあげる．

（1） 家蚕休眠卵のオモクローム形成

家蚕野生系の卵は，非休眠卵でも休眠卵でも，産卵直後は白黄色である．非休眠卵ではそのまま胚発生が進むが，休眠卵ではしばらくすると藤色になる．この色素は卵の漿膜に存在するオモクロームによるものである．

Koga, Osanai ら[78,79] は，この時期のトリプトファン代謝物とキサントマチン，オミンの量的変化を詳細に調べている．その結果は図 7.18 に示されるが，3-ヒドロキシキヌレニンからオモクロームがつくられる過程がよく表されている．

（2） シャチホコガの終齢幼虫

シャチホコガは5齢幼虫が終齢で，蛹で休眠する．5齢幼虫には，はじめ背中にキサントマチンを含む大きな褐色菱形の斑紋がある．終齢になって平均

200 7 オモクローム

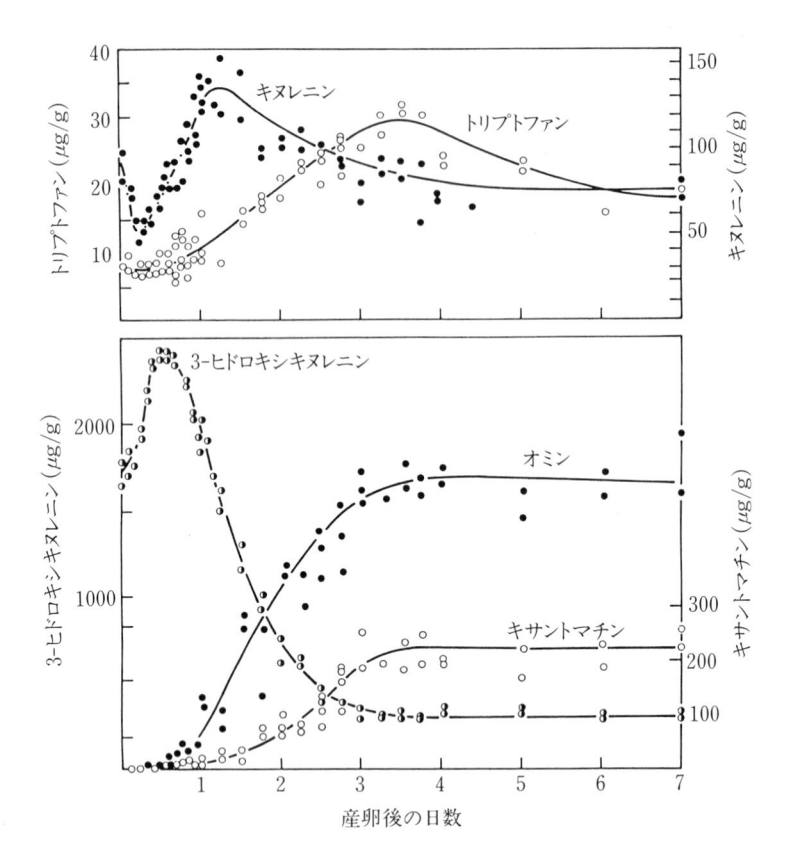

図 7.18 家蚕休眠卵における，キヌレニン，3-ヒドロキシキヌレニンおよびオモクロームの量的変化（値は全て μg/g 卵）[79].

5,6日ぐらいたつと，幼虫は摂食をやめ，同時に全皮膚が赤色になってくる．これは，その前から存在していたキサントマチンが還元型になるほかに，体全体として新しくジヒドロキサントマチンが合成されてくることによる．そして体液の色と一緒になって，暗赤から黒くなって見える．

次いで，繭の形成がはじまると，体色は明るくなり，きれいな赤色になる．この間に，皮膚のジヒドロキサントマチンは減少し，腸と脂肪体のロドマチンとオマチンDが増加する．その後，皮膚のジヒドロキサントマチン量がさらに減少し，再び緑色がかってくる．前蛹は黄色になる．一方，腸と脂肪体のロ

ドマチンとオマチンDは増加する（図7.19）[80,81]．なお，蛹化後はロドマチンもオマチンDも減少する．

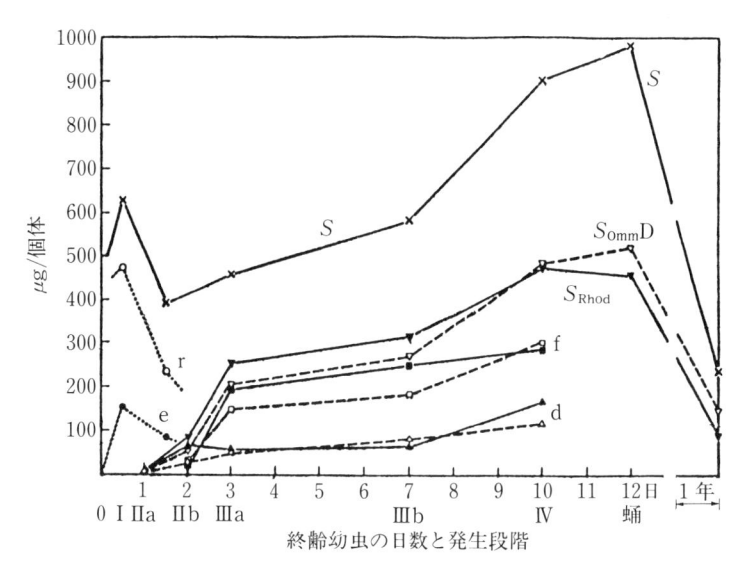

図7.19 シャチホコガの発生過程におけるオモクロームの増減[80]．
S，1個体のオモクローム全量；S_{OmmD}，オマチンDの全量；S_{Rhod}，ロドマチンの全量；f，脂肪体；d，腸；r，菱形斑紋；e，側面皮膚．
‥‥‥，キサントマチン；———，ロドマチン；−−−，オマチンD．
横軸は終齢幼虫の日数（0，1，2，…）と発生段階（0，I，IIa…）．発生段階0は餌を食べている終齢幼虫の時期を示す．

オオスカシバ（*Cephonodes hylas*）についても，類似の現象が池本[90,91]によって報告されている．この種では，摂食幼虫（終齢4日目まで）の体色は緑色であるが，終齢末期（5日目）になると摂食をやめ，体色は暗赤色に変わる．この赤色色素はオモクロームと考えられる．その後しばらくすると（約12時間）繭をつくり始め，この赤色色素は次第に消失し，淡緑色の前蛹になる．このような色の変化は脱皮ホルモンによって引きおこされ，幼若ホルモンによって抑制される．

（3） ゴマダラチョウとオオムラサキ

鱗翅目昆虫では，上述のシャチホコガでも見られるように，休眠に入る前にオモクロームの合成と蓄積が見られることがしばしばある．ゴマダラチョウ (*Hestina japonica*, 4齢または5齢幼虫で休眠) やオオムラサキ (*Sasakia charonda*, 3齢または4齢で休眠) では，休眠の前に緑から褐色へ変色する．この際に，ヒドロキシントマチンの蓄積が見られる．休眠直前に幼虫は食草の木を降り，褐色の枯葉の中で越冬（休眠）する．越冬後，春になると，幼虫は食草の葉上に帰り，皮膚から赤色色素は消失する (Osanai[84,85])．休眠に入る直前に，なぜ酸化力を必要とするキサントマチン合成がおこり，また蓄積するのか，興味ある問題である．

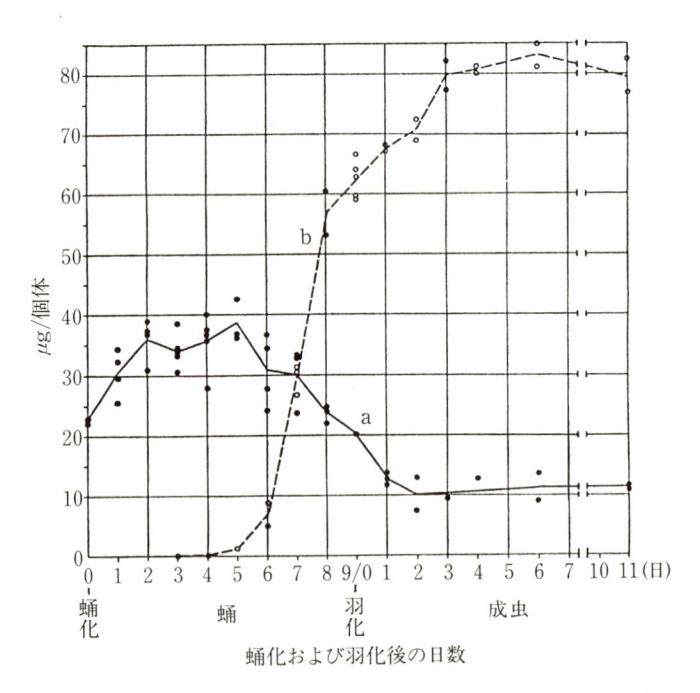

図7.20 クロバエの蛹から成虫にかけての，3-ヒドロキシキヌレニン（a）とキサントマチン（b）の量的変化[82]．

（4） クロバエの蛹から羽化後にかけて

Linzen[82]によれば，*Calliphora eryhtrocephala*（クロバエの類）で，蛹末期に3-ヒドロキシキヌレニン量が低下し，それに対してキサントマチンが増加する（図7.20）.

（5） キイロショウジョウバエの蛹から羽化後にかけて

Ryall and Howells[83]は，このショウジョウバエで，蛹期間中から羽化後にかけて，トリプトファン代謝物とキサントマチンの増減および関連酵素の活性変化を報告している．図7.21に3-ヒドロキシキヌレニンとキサントマチンの

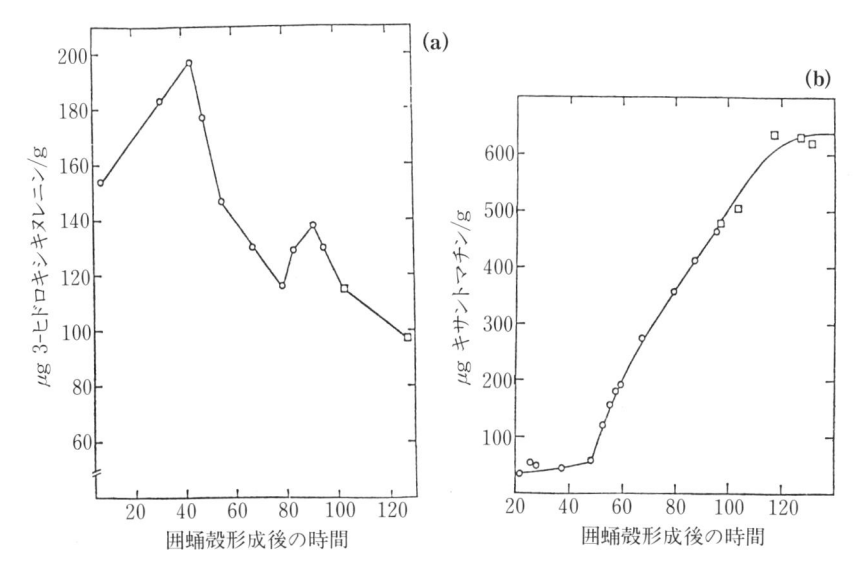

図7.21 キイロショウジョウバエ（野生系）の囲蛹殻形成後における，3-ヒドロキシキヌレニン(a)とキサントマチン(b)の量的変化[83].
羽化，96時間．○，蛹；□，成虫．

量的変化を示す．また，図7.22はキヌレニンヒドロキシラーゼ活性の変動を示したものである（Sullivan et al.[19]）.

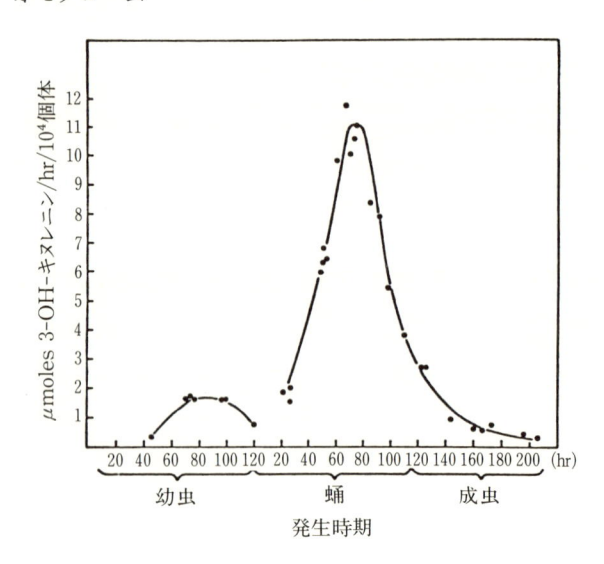

図 7.22 キイロショウジョウバエ（野生系）の発生過程における，キヌレニン-3-ヒドロキシラーゼ活性の変動[19].
横軸，幼虫に関しては産卵後の時間であり，蛹および成虫に関しては囲蛹殻形成後の時間．

（6） *Protophormia terrae-novae* の場合

これはクロバエ科のハエである．Linzen and Schartau[25] は，蛹化前から蛹期間中および羽化後の成虫について，トリプトファン代謝物とキサントマチンの増減および関連酵素の活性変化を調べた．図 7.23 は，キサントマチンが羽化前後に急速に増加することを示している．

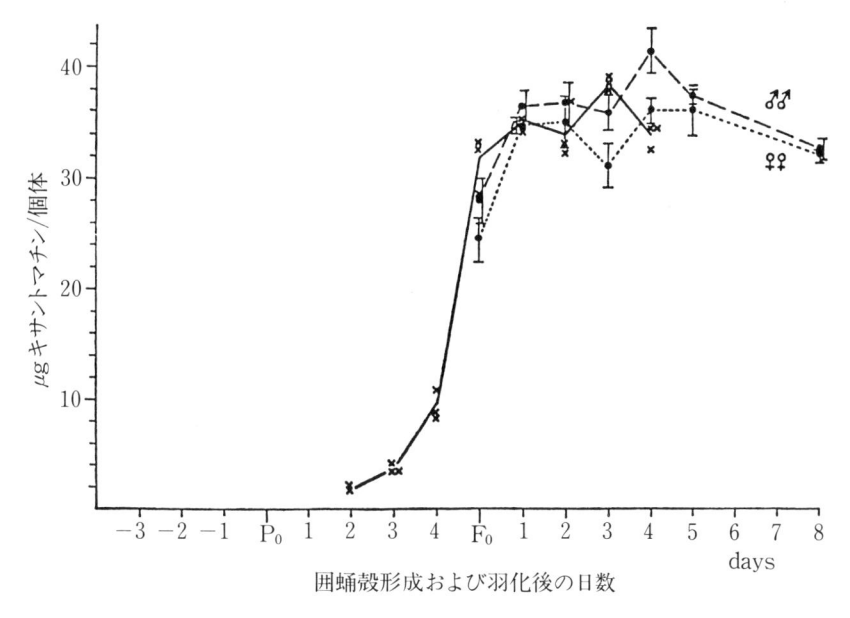

図 7.23 *Protophormia terrae-novae* の蛹から成虫にかけての，キサントマチンの増加[25]．

P_0，囲蛹殻形成；F_0，羽化．- - -，雄；……，雌；——，雌雄を分けず．

8 昆虫クチクラの硬化と着色

8-1 昆虫クチクラの構造と硬化[1-3,30]

　昆虫を含む節足動物は無脊椎動物に属し,内骨格をもたない.そして体表面にクチクラ(cuticle,角皮,外皮)を分泌し,それが硬くなっている.これが外骨格である.節足動物のクチクラは,一般にタンパク質とキチン(多糖類:β-1,4-ポリ-N-アセチルグルコサミン)を主成分とし,そのほか,脂質も含まれている.カニやエビのような甲殻類では,これにカルシウムが沈着して硬くて重い外骨格を形成している.

　昆虫では,カルシウム沈着のクチクラをもつものは,ごく少数の例外的なもの(例えば寄生性のハエなど)で,ほとんど大部分の昆虫のクチクラは,主にタンパク質とキチンから成っている(脂質は,ある種の昆虫の越冬型以外では少量である).昆虫の外骨格が硬くなるのは,カルシウムの沈着によるのではなくて,クチクラを構成しているタンパク質が硬くなることによっている.これを昆虫クチクラの硬化(sclerotization)という.

　昆虫の皮膚(integument)は,図8.1に示すように,体の表面に1層の真

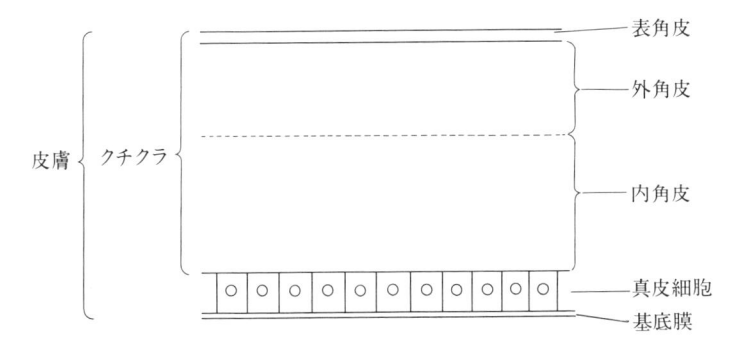

図8.1　昆虫の皮膚におけるクチクラの名称を示す模式図.

皮細胞層（epidermis）がある．この真皮細胞が外側へタンパク質とキチンを分泌している．これがクチクラ層で，さらに三つの層に分けられている．最外層は epicuticle（表角皮）という．その下のクチクラは，新しく分泌されてまだ柔らかい時期には procuticle（原クチクラ）といわれるが，脱皮後しばらくすると，外側半分（1/2 という意味ではない．外側のある厚さ）が硬化してくる．しかし，内側の半分は柔らかいままになっている．この外側の硬化した層を exocuticle（外角皮），その下の柔らかい部分を endocuticle（内角皮）という．

さてこのように昆虫のクチクラで，はじめ柔らかい部分のタンパク質がどのような機構によって硬化するのか，これが昆虫のクチクラ硬化の問題である．そして昆虫のクチクラは，たいていの場合，硬化と同時に多少とも黄褐色から褐色に着色してくる．このような場合，硬化と着色が平行しておこるので，硬化・着色の問題といわれ，タンニング（tanning）と名付けられている．しかし後述するように，ある場合には，硬化するが褐色にならないクチクラもある．

8-2　キノンタンニング[1,3-5]

　昆虫のクチクラの硬化はどのような機構でおこるのか，実はまだ完全には解明されていない．しかし，硬化がおこるときに，クチクラタンパク質に叉状結合が生ずるとされている．

　この叉状結合には，二つの機構が考えられている．一つはキノンタンニング（quinone-tanning）で，他は β-硬化（β-sclerotization）（あるいは α, β-硬化）である．キノンタンニングでは硬化と着色が同時におこるが，β-硬化では硬化はおこるが着色はおこらないとされている．

　キノンタンニング説は，1940年代に英国の Pryor によってなされたゴキブリの卵嚢（ootheca）の硬化に関する研究から生じた．ゴキブリの種によって異なるが，卵嚢は雌の体の末端から生み出されるときは，白くて柔らかいが，しばらくすると硬化が進み次第に褐色をおびてくる．そして最後に黒褐色になり，同時に硬くなる．この卵嚢はタンパク質から成っており，キチンは含まれていない．すなわち，タンパク質が硬化しているのである．

ゴキブリの卵嚢は大小二つの膠質腺（colleterial gland）からの分泌液によってつくられる（図8.2）．大きい方は卵嚢の構成タンパク質のほか，o-ジフェノール性物質の β-グルコシドと o-ジフェノールオキシダーゼを含んでいる．一方，小さい方は β-グルコシダーゼを含んでいる．この両方の分泌液が合流すると，β-グルコシダーゼが o-ジフェノール性物質のグルコシドに働き，o-ジフェノール性物質が遊離する．これにジフェノールオキシダーゼが働き，o-キノン誘導体が生ずる．これが，タンパク質を叉状に結合させる架橋の役割をするのである．

```
        左膠質腺
    ┌─────────────┐
    │(1) 構成タンパク質│         右膠質腺
    │(2) o-ジフェノール誘導体   ┌─────────┐
    │    のβ-グルコシド  │      │β-グルコシダーゼ│
    │(3) ジフェノール    │      └─────────┘
    │    オキシダーゼ    │
    └─────────────┘
              ↓
        o-ジフェノール誘導体
              │ ジフェノールオキシダーゼ
              ↓
           o-キノン
              ↓
          キノンタンニング
```

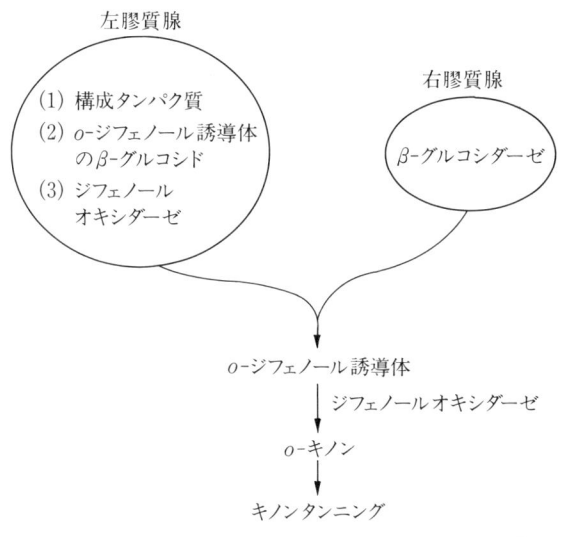

図8.2 ゴキブリの膠質腺に含まれる o-ジフェノール誘導体の活性化．

ゴキブリの卵嚢では，上記の o-ジフェノール性物質として3,4-ジヒドロキシ安息香酸（＝プロトカテキュー酸）と3,4-ジヒドロキシベンジルアルコールが確認されている（図8.3）[15,16]．これから生じた o-キノンのベンゼン環にタンパク質の遊離アミノあるいはイミノ基が結合して，その結果，タンパク質に叉状結合が生ずるとされている（図8.4）．このようなタンパク質の架橋構造が，タンパク質の硬化の際に生じていると考えられている．この場合，タンパク質の硬化と同時に，キノンによる褐色の着色がおこる．このような硬化の機構をキノンタンニングというのである．そして上記のプロトカテキュー酸や

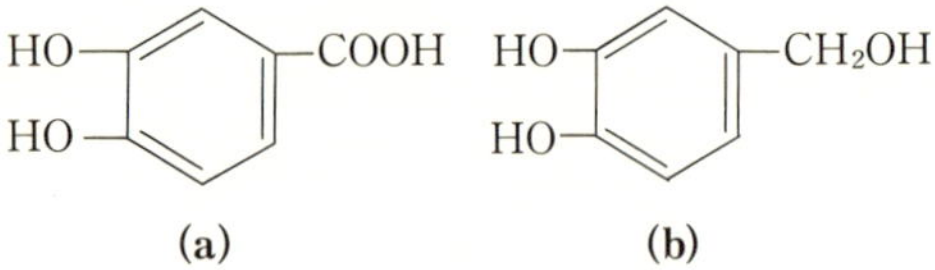

図8.3 プロトカテキュー酸(a)と3,4-ジヒドロキシベンジルアルコール(b).

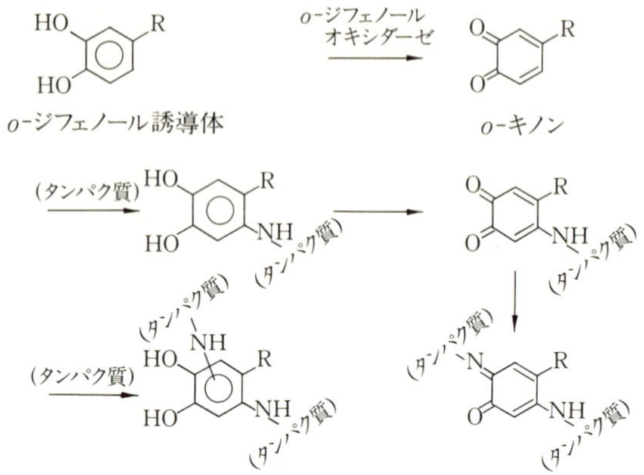

図8.4 キノンタンニング説. プロトカテキュー酸の場合はR＝COOH；NADAの場合はR＝CH$_2$CHNHCOCH$_3$.

3,4-ジヒドロキシベンジルアルコールのように架橋に働く物質をquinone-tanning agent（キノンタンニング剤），tanning agent（タンニング剤）あるいはsclerotizing agent（硬化剤，硬化物質）という．

以上のようにしてゴキブリの卵嚢の硬化がおこると考えられているが，昆虫のクチクラの硬化の際にも同様の機構によるタンパク質の叉状結合がおこっていると考えられている．しかしクチクラでの硬化物質は，プロトカテキュー酸や3,4-ジヒドロキシベンジルアルコールではない．このような化合物は，クチクラからは見出されていない．

現在のところ，クチクラでの硬化剤は N-アセチルドーパミン（N-acetyldopamine，NADA，図8.5a）や N-β-アラニルドーパミン（N-β-alanyldopamine，NBAD，図8.5b）と考えられている．また，クチクラには，フェノールオキシダーゼ（家蚕その他のクチクラでは，ラッカーゼ型であ

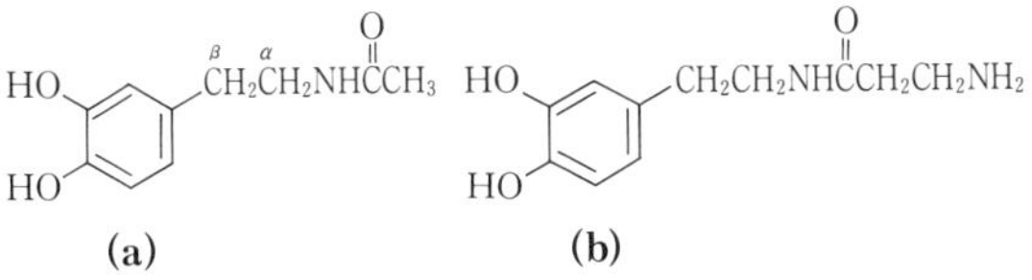

図 8.5　N-アセチルドーパミン(a)および N-β-アラニルドーパミン(b).

ると報告されている[25]．ただし，NADA は良い基質となる）がプロフェノールオキシダーゼとして存在している．これが，クチクラの硬化に際して，おそらく限定加水分解をうけて活性型のフェノールオキシダーゼとなり，上記の NADA や NBAD に働いて NADA-o-キノンや NBAD-o-キノンを生ずる．これらの o-キノンがタンパク質の遊離アミノあるいはイミノ窒素と結合して，タンパク質を叉状結合すると考えられている．その結合は o-キノンのベンゼン環を通じてなされると考えられる．そして，キノンタンニング機構では，着色が同時におこる．このようにして硬化したクチクラタンパク質をスクレロチン（sclerotin）と呼ぶこともある．一般に黄褐色ないし暗褐色を呈しているが，これにメラニンの蓄積が加わることも少なくない．

8-3　β-硬化（α, β-硬化）[6,7,17-20]

　これは上記のキノンタンニングと違って，クチクラタンパク質のアミノあるいはイミノ窒素が NADA や NBAD のベンゼン環でなくて，その側鎖の β-炭素に結合するという説である．デンマークの Andersen によって 1970 年代前半に提案されたものである[8,11]．

　Andersen はバッタの腿節のクチクラを 1 N 塩酸で加水分解すると，図 8.6 で示されるようなケトカテコールが得られることを見出した[8,11]．このようなケトカテコールは，上述のキノンタンニングの構造からは出てこない．そこで Andersen は，クチクラタンパク質のアミノあるいはイミノ窒素は，NADA などの硬化剤のベンゼン環でなくて側鎖の β-炭素についており，この結合が加水分解されてケトカテコールが生ずると考えた．この機構では，NADA や NBAD は o-ジフェノールであり，叉状構造をしたクチクラタンパク質は褐色に着色せず，薄い色であるとされている．Andersen は，この機構による硬化

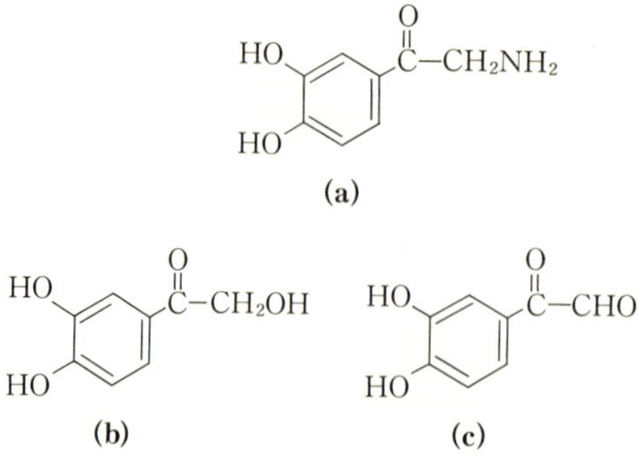

212   8 昆虫クチクラの硬化と着色

図8.6 種々のケトカテコール．(a)arterenone, (b)2-hydroxy-3′,4′-dihydroxyacetophenone, (c)3, 4-dihydroxyglyoxal.

をβ-硬化（β-sclerotization）と名付けた[8,9,12]．

このβ-硬化の反応機構は，現在のところ図8.7に示されるように考えられている．Andersenは初め次のような説を提案した．それによれば，NADAのようなN-acyldopamineは，desatulaseによって$α, β$-dehydro-N-acyldopamineとなり，この$α, β$-炭素の両方にクチクラタンパク質のアミノあるいはイミノ窒素が結合すると考える[10,26]．しかし米国のSugumaranは別の酵素系を提唱している[17,18]．それによれば，NADAやNBADのようなN-acyldopamineは，まずクチクラのフェノールオキシダーゼによってo-キノンとなり，これにある種のイソメラーゼが働いてp-quinone methideとなる（図8.7）．このp-quinone methideがさらに$α, β$-dehydro-N-acyldopamineとなり，これにフェノールオキシダーゼが働いて$α, β$-dehydro-o-quinoneとなる．この$α, β$-炭素にタンパク質のアミノあるいはイミノ窒素が結合して，クチクラタンパク質の叉状構造が生ずる[19-24]．Sugumaranは彼の提案した機構に対してp-quinone methide説という語を提唱している．そして生じた叉状結合では，$α, β$の炭素にタンパク質がつくので，$α, β$-硬化（$α, β$-sclerotization）とも呼ばれる．

もしp-quinone methideの$β$-炭素にのみタンパク質がつく場合は，タンパク質の叉状構造にはならない．それでSugumaranは，$β$-硬化という語よりもキノンメサイド硬化あるいは$α, β$-硬化という語を使用している（Andersenは，はじめ$β$-炭素に二つのタンパク質がつくと考えたが，この説はその後撤

8-3 β-硬化（α, β-硬化）

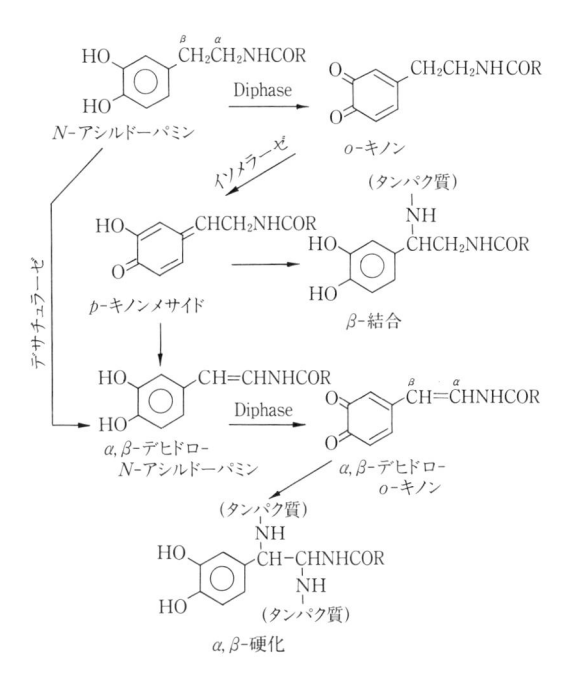

図8.7 α, β-硬化の機構．Diphase，ジフェノールオキシダーゼ活性．

回された）．

　以上，昆虫クチクラタンパク質の叉状構造形成に関してキノンタンニング機構とキノンメサイド機構を説明した．前者では硬化と着色（褐色）が同時におこり，後者では着色はおこらないとされている．実際は，種々の昆虫，種々のクチクラでキノンタンニング機構とキノンメサイド機構の両方が，種々の割合で存在するようである[13,14]．

　最近，矢後，川崎らによってカマキリの卵囊やクスサン（野蚕の一種）の繭の硬化と着色の機構が研究され，上記のキノンタンニングおよび α, β-硬化の存在が示されている．また，硬化剤も上記の NADA，NBAD のほかに，N-マロニルドーパミン，N-アセチル-β-アラニルドーパミン，N-マロニル-β-アラニルドーパミンや N-(3,4-ジヒドロキシフェニルラクチル）ドーパの存在が報告されている[29]．

8-4 クチクラ中のメラニン

　前述したように（4章参照），多くの昆虫でクチクラにメラニンが存在しているが，これらのメラニンはクチクラの硬化剤として働いていないと思われる．硬化には，せいぜい二次的な役割しかもっていないと考えられている[27,28]．しかし，メラニンはクチクラの硬度に貢献している可能性はあり，結論が出ているわけではない．

9 パピリオクローム

9-1 アゲハチョウの色素

　蝶の翅の色素は古くから多くの化学者，生物学者によって研究されており，今までにいろいろな種類の色素が明らかにされている．すでに3章および7章で述べたように，プテリジン系色素やオモクロームは蝶の翅の色素としてよく知られている．また，10章で述べるビリン系色素や2章で述べたフラボノイドも蝶の翅の色素として存在している．

　しかし，アゲハチョウ科の黄色色素は，プテリジンでもオモクロームでもビリンでもない．また，フラボノイドでもない．これはその生合成の上から，8章で述べた昆虫のクチクラの硬化と同類の範囲に属するもので[9,34]，アゲハの属名 *Papilio* から，パピリオクローム（papiliochrome）と名付けられた（Umebachi[1-5]）．

　蝶の翅の色素は，分類学上の科や属で特徴的なことがある．例えばプテリジン色素についていうと，プテリジン化合物は動植物を通じて広く存在しており，この点，蝶でも同様であるが，蝶のなかで翅の鱗粉の色素として多量のプテリジン系色素が存在しているのは，シロチョウ科の蝶の特徴といってよい．また，オモクロームのロドマチンやオマチンDあるいは3-ヒドロキシキヌレニンそのものを翅の鱗粉に蓄積しているのは，タテハチョウ科やその辺縁の科の蝶に最も多く見られる．

　また後述のビリン系色素は，アゲハチョウ科の中では，*Graphium* 属の蝶の青緑色斑紋によく見られる．一方，フラボノイドは，アゲハチョウ科では *Parnassius* 属や *Graphium* 属の翅の黄白色色素に最もよく関与している．いまこの章で述べるパピリオクロームは，アゲハチョウ科に特徴的な色素である．

9-2 パピリオクロームIIの性質と構造[2,6]

パピリオクロームIIは，*Papilio* 属の鱗粉の淡黄色色素である．*Papilio* 以外にも，ギフチョウ亜科 (Zerynthiinae) に属する *Bhutanitis*, *Zerynthia*, *Lühdorfia*, *Sericinus* 属の黄色鱗粉にも存在する．

この色素の研究は，アゲハ (*Papilio xuthus*, ナミアゲハともいう) やオナシアゲハ (*Papilio demoleus*, Plate VI) の翅の淡黄色鱗粉を用いて最もよく行われた．この淡黄色色素は，鱗粉から水や70%エタノールで抽出される．この淡黄色抽出液をそのままペーパークロマトやセルロースの薄層クロマト (TLC) にかけると，淡黄色色素がきれいに分離できる．クロマトグラムに紫外線をあてると，白黄色蛍光を発する．

TLC上にはいくつかの淡黄色蛍光の色素が見られる (図9.1に二次元 TLC

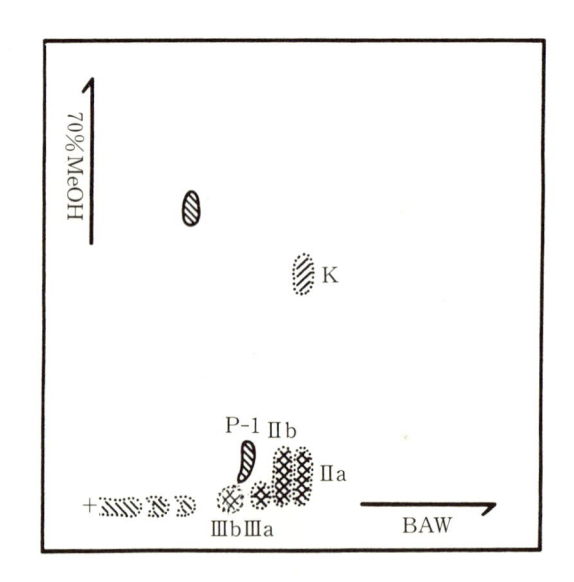

図 9.1 アゲハ淡黄色鱗粉70%エタノール抽出液の二次元 TLC.
一次元，70%メタノール；二次元，*n*-ブタノール酢酸．ドット円，蛍光性；右肩斜線，ニンヒドリン陽性；左肩斜線，燐モリブデン酸-アンモニア陽性．K，キヌレニン；P-1，フェノール性物質．

が示される).量的に最も多いものが二つ相並んで存在し,この二つはパピリオクローム IIa, IIb と名付けられた.この II グループの下に(図 9.1 の原点に近い方),さらに二つ以上の白黄色蛍光物質が見られ,II グループに近い方が IIIa, IIIb と名付けられた.しかし,II グループ以外は量的に少なく,今まで,主成分である IIa, IIb の化学的性質のみが詳細に調べられている.

パピリオクローム II の紫外部吸収スペクトルは,図 9.2 に示すように,262-3 と 380 nm に吸収極大を有し,280 nm に肩がある.IIa と IIb は同じ吸収スペクトルを示す[2]).

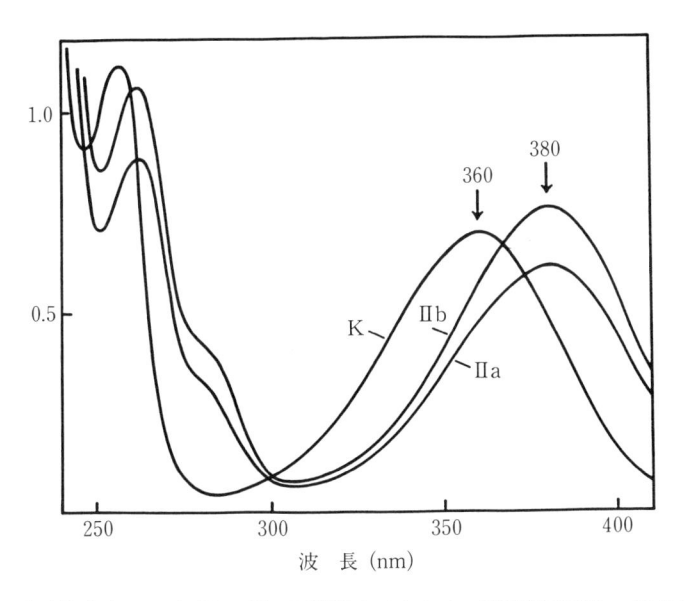

図 9.2 パピリオクローム IIa, IIb の吸収スペクトル(燐酸緩衝液,pH 7.0).K,キヌレニン(比較のために示される).

IIa, IIb ともに熱に非常に不安定で,その水溶液を 80℃ で 30 分加熱しただけで分解する.このような温和な条件での分解物をセルロース TLC にかけると,主な分解物として 2 種類の物質が見られる.その一つは,紫外線で白青色の蛍光を発する.他の一つは,蛍光を発せず,フェノール性物質の検出試薬に陽性である.

この二つの化合物を詳細に調べた結果,白青色の蛍光物質の方は,トリプト

ファン代謝物の L-キヌレニンであることがわかった．キヌレニンは，7章の図7.12 にその構造が示されている（また図9.4 a）．一方，フェノール性物質の方は，チロシン代謝物のドーパミンの誘導体であることがわかった．ドーパミンそのものの構造は，4章の図4.4 に出されている．これらキヌレニンとドーパミン誘導体の同定には種々のスペクトルのほか，^{14}C-アミノ酸の注射実験も使用された．ナミアゲハの前蛹に L-トリプトファン（側鎖-1-^{14}C）を注射すると，蝶の羽化後，^{14}C は白黄色鱗粉中のパピリオクローム II に検出され，その分解物として ^{14}C-キヌレニンが得られる．一方ドーパミン-1-^{14}C をナミアゲハの前蛹に注射して同様に調べると，^{14}C はパピリオクローム II に検出され，その分解物のドーパミン誘導体に入っている[2,25]．

次に，このドーパミン誘導体をさらに 1 N HCl で 100°C，1 時間以上加水分解すると，さらに二つの化合物を生ずる．その一つはノルエピネフリンであり，他は β-アラニンである[3,10,11]．β-アラニン（1-^{14}C）を使って，上記と同様にナミアゲハの前蛹への注射実験を行うと，その ^{14}C はパピリオクローム II へ入り，その分解物から ^{14}C-β-アラニンが得られる[3,10]．その後いくつかの実験により，上述のドーパミン誘導体は N-β-アラニルノルエピネフリン（N-β-alanylnorepinephrine，図9.3）であることがわかった（Rembold et al.[7]）．

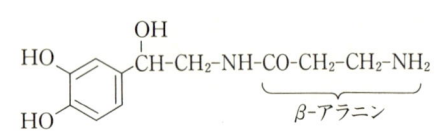

図 9.3　N-β-アラニルノルエピネフリン．

このような N-β-アラニルドーパミン誘導体は，このパピリオクロームの研究によって見出された新しいカテコールアミンであった．

結局，パピリオクローム II は温和な条件下で分解して，L-キヌレニンと N-β-アラニルノルエピネフリンになることがわかった．この分解物は，IIa，IIb ともに同じである．IIa，IIb は吸収スペクトルも分解物も同じで，一種の異性体である．ただし，キヌレニンは IIa でも IIb でも L 型であり，D-キヌレニンは存在しない．ゆえに，分子全体として，IIa と IIb は実体と鏡像の意味の光学異性体ではない．

それでは，IIa，IIb はどのような構造なのか．まず，パピリオクローム II

の分子量は，field desorption massspectroscopy によって 430 であることがわかった．そして主として ^{13}C-核磁気共鳴のデータから，パピリオクローム II に対して図 9.4 c の構造が提案された．これは L-キヌレニンの芳香族窒素が，ドーパミンの側鎖の β 位の炭素に結合しているもので，N^{ar}-[α-(3-aminopropionylaminomethyl)-3,4-dihydroxybenzyl]-L-kynurenine である[12]．この結合によって，キヌレニンの吸収極大の波長 360 nm が 380 nm へシフトしていると考えられる．

上述したように，パピリオクローム II には II a と II b という異性体が存在する．図 9.4 c の構造において，ドーパミンの側鎖の β-炭素（これは N-β-アラニルドーパミンの側鎖の N 末端から 5 番目の炭素，すなわちベンゼン環に結合している炭素）は不斉炭素原子である．したがって，ここに二つの立体異性体が生ずるはずである．また，ベンゼン環の表裏（ドーパミンの側鎖の β-炭素とパラの位置にある -OH との軸のまわりの回転）による異性体も考えられる．パピリオクローム II a，II b が，これらのどの異性体に相当するか，この

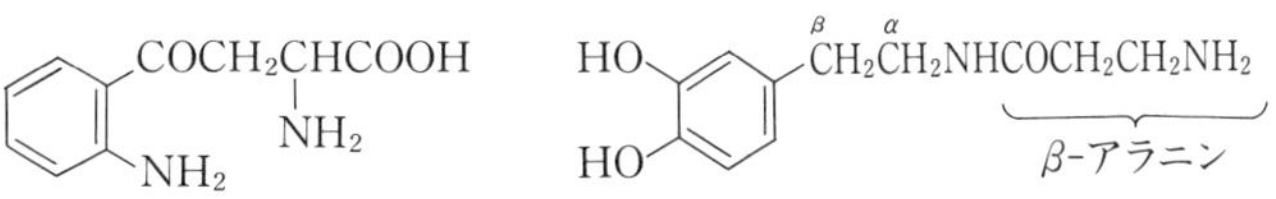

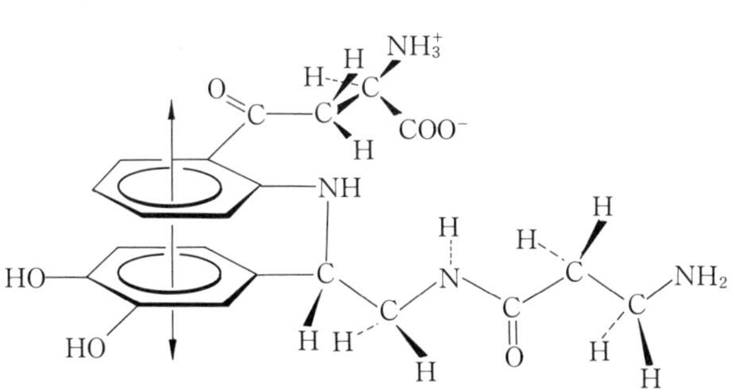

図 9.4 キヌレニン（a），N-β-アラニルドーパミン（b）およびパピリオクローム II（推定構造）（c）．

点はまだ解決されていない．興味ある問題として残っている．この点に関して，図9.1に示したセルロースTLCで，IIa，IIbのほかに，なお二つ以上の白黄色蛍光物質が存在することが解決への糸口になるかもしれない．

9-3　パピリオクロームIIの生合成[8,9]

ナミアゲハの体内で（おそらく翅または黄色鱗粉内で），パピリオクロームIIはどのようにして合成されるのだろうか．図9.4cに示した構造の黄色色素は，L-キヌレニンと N-β-アラニルドーパミン（N-β-alanyldopamine，以下NBADと略す）が結合して生ずるのか，あるいはL-キヌレニンと N-β-アラニルノルエピネフリンが結合して生ずるのか．そして，その結合は生体内で，どのような種類の酵素によって行われるのか．この問題は，アゲハチョウとは全く異なるところから明らかになってきた．

1987年に，岩手医大歯学部の川崎裕也教授（故人）の研究室の矢後は，日本動物学会で興味ある報告をした．当時同研究室では，カマキリの卵嚢の硬化に働くフェノールオキシダーゼを調べていた．この卵嚢をつくる分泌器官（colleterial gland，膠質腺）には，N-マロニルドーパミン，N-β-アラニルドーパミン，N-アセチル-β-アラニルドーパミン，N-マロニル-β-アラニルドーパミンなどが存在していることがわかった[13-15]．このようなカテコール誘導体にフェノールオキシダーゼが働いて，卵嚢タンパク質を硬化させると思われる（この点は，前述の昆虫のクチクラと卵嚢の硬化のところ（8-3参照）で説明した）．

矢後らは，このフェノールオキシダーゼを部分精製してその性質を調べていた．そのとき，このフェノールオキシダーゼとL-キヌレニンとNBADとをインキュベートしたところ，パピリオクロームIIaとIIbが合成されたことを見出した[16,17]．

また，矢後とは独立に，米国のSugumaranらも双翅目昆虫のフェノールオキシダーゼの粗製製品を使って，またチロシナーゼとある種のイソメラーゼ（前述）を使って，同様にNBAD，L-キヌレニンから酵素的にパピリオクロームIIa，IIbを合成した[18,19]．さらに，梅鉢は市販のマッシュルームチロシナーゼを使って，L-キヌレニンとNBADからパピリオクロームIIa，IIbを合成

した[20]. ただしこの場合は，生じたIIa，IIbの量は少量である．

さて，キヌレニンとNBADの混合物にフェノールオキシダーゼが働いて，どのような機構でパピリオクロームIIが生ずるのか．この点は，前節の昆虫クチクラタンパク質の叉状構造形成に関するSugumaranのキノンメサイド説によってよく説明されることがわかってきた．すなわち図9.5に示すように，

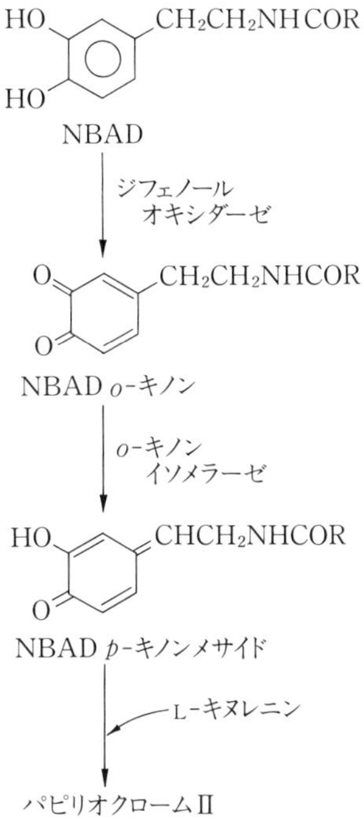

図9.5 パピリオクロームIIの酵素的合成の推定機構.
R = -CH$_2$CH$_2$NH$_2$

NBADにフェノールオキシダーゼが働いてNBAD o-キノンを生じ，さらにイソメラーゼによってNBAD p-キノンメサイドになる．この側鎖の β-炭素に，キヌレニンの芳香族アミノ窒素が結合すると考えられる[9,19,34].

なお，ナミアゲハを使って，蛹期間中のキヌレニン，NBAD，β-アラニンなどの量的変化が詳細に調べられている[26-31].

9-4 パピリオクロームの種類と分布 [6,32]

(1) パピリオクロームⅡとⅢ [6]

この二つは,上述のようにアゲハチョウ科の蝶の淡黄色ないし黄色の鱗粉の色素である.その最も代表的なものは *Papilio* 属で,上述のナミアゲハやオナシアゲハのほかに,クロアゲハ(*P. protenor*,雄の後翅表面の半月紋),モンキアゲハ(*P. helenus*),オナシモンキアゲハ(*P. castor*)やシロオビアゲハ(*P. polytes*)の後翅表面の白黄色斑紋,オスジロアゲハ(*P. dardanus*)の白黄色鱗粉にパピリオクロームⅡとⅢが存在する.常にⅡaとⅡbが相伴って存在し,またⅢも常に存在する.上にあげた種以外にも,*Papilio* 属の淡黄色の色素はおそらくパピリオクロームⅡ,Ⅲと考えられる.

パピリオクロームⅢの構造はまだ解明されていないが,キヌレニン,ドーパミン,β-アラニンを含むことは確実で,パピリオクロームⅡの異性体か,またはⅡと同類の色素と考えられる.

Papilio 属でも,キアゲハ(*P. machaon*)の黄色鱗粉は濃黄色である.この濃黄色鱗粉を70%エタノールで処理すると,淡黄色色素が抽出される.この抽出液はパピリオクロームⅡとⅢを含んでいる.しかし抽出後の鱗粉は依然として濃黄色をしている.この濃黄色色素のことは後述する.

すでに述べたように,アゲハチョウ科の中で,*Papilio* 属の黄色鱗粉のほかにギフチョウ亜科の黄色鱗粉もパピリオクロームⅡを含んでいる.その例として,ギフチョウ(*Lühdorfia japonica*)やホソオチョウ(*Sericinus telamon*)の黄色鱗粉はパピリオクロームⅡ,Ⅲを含んでいる.このほか,タイスアゲハ(*Zerynthia polyxena*),スカシタイスアゲハ(*Z. rumina*),ヒメギフチョウ(*Lühdorfia puziloi*),シボリアゲハ(*Bhutanitis lidderdalei*)の黄色鱗粉の色素もパピリオクロームⅡやⅢと考えられている.

(2) パピリオクロームM [6,8,21]

Papilio 属の中には,上述のナミアゲハやオナシアゲハのような淡黄色鱗粉をもつものばかりではなく,キアゲハのように濃黄色鱗粉をもつものもある.実は,*Papilio* 属には,淡黄色から濃黄色まで種々の黄色の鱗粉が存在してい

る.
　上述のようにキアゲハの濃黄色鱗粉には，淡黄色色素パピリオクロームII，IIIも含まれているが，これらの色素を70％エタノールで除いた後も，なお鱗粉は濃黄色である（ナミアゲハやオナシアゲハの場合は70％エタノール抽出後，鱗粉はほとんど無色に近くなる）．キアゲハの場合，その濃黄色色素は大部分1~4％塩酸メタノール，25℃で抽出される．
　この塩酸メタノール抽出液を加水分解すると，多量のL-キヌレニン，β-アラニン，ドーパミン誘導体が見出される．これら以外に，少量のタンパク質構成アミノ酸も検出され，黄色色素がタンパク質と結合している可能性を示唆している．
　キアゲハの濃黄色鱗粉で，70％エタノール25℃，70％エタノール40℃，4％塩酸メタノールの各抽出液および残りの鱗粉について，キヌレニンとβ-アラニンの含量を調べると，表9.1のようになる．比較のために，オナシアゲハ，ナミアゲハの淡黄色鱗粉での結果もこの表に示してある．この表は，濃黄色鱗粉にはパピリオクロームII，III（70％エタノール可溶）のほかに，塩酸メタノールで抽出される濃黄色色素が存在することを示している[8,21,33]．

表9.1　パピリオ属の蝶の淡黄，濃黄，赤褐色鱗粉におけるキヌレニンとβ-アラニンの量と可溶性．

| 鱗　粉 | 淡黄色 | | 濃黄色 | 赤褐色 | |
種　名	オナシアゲハ	ナミアゲハ	キアゲハ	オナシアゲハ	キアゲハ
	μg/鱗粉 mg 乾燥重量				
キヌレニン	110.4	68.3	69.2	37.3	33.9
(β-アラニン)	(124.4)	(105.8)	(79.0)	(61.9)	(73.6)
	％	％	％	％	％
抽出画分					
70％エタノール，25℃	90.1*	66.1	38.0	3.3	9.5
	(83.1)	(65.4)	(34.3)	(3.9)	(1.7)
70％エタノール，40℃	5.9	18.4	17.4		
	(6.7)	(12.0)	(15.0)		
4％ HCl-メタノール	1.6	8.3	25.3	6.0	4.9
	(7.1)	(15.8)	(37.9)	(9.9)	(5.7)
残留鱗粉	0.2	1.1	4.4	90.6	85.5
	(3.1)	(6.8)	(12.7)	(86.2)	(92.5)

＊　上段，キヌレニン；下段の括弧内，β-アラニン．

キアゲハの前蛹に ^{14}C-トリプトファン，^{14}C-ドーパミン，^{14}C-β-アラニンを注射して，羽化後の成虫の濃黄色鱗粉について，上記の表9.1と同様の各抽出フラクションへの取り込みを見ると表9.2のようになる．この表からわかるように，70％エタノール可溶画分（パピリオクロームII，IIIを含む）のほかに，塩酸メタノール抽出画分（濃黄色色素を含む）にも多量の ^{14}C-トリプトファン，^{14}C-ドーパミン，^{14}C-β-アラニンからの ^{14}C が取り込まれている．

表9.2 キアゲハ濃黄色鱗粉への ^{14}C-トリプトファン，^{14}C-ドーパミン，^{14}C-β-アラニンの取り込み．

	^{14}C-トリプトファン %	^{14}C-ドーパミン %	^{14}C-β-アラニン %
抽出画分			
70％エタノール, 25℃	36.6	15.8	12.1
70％エタノール, 40℃	11.6	6.6	6.3
4％HCl-メタノール	34.3	32.7	52.3
残留鱗粉	17.5	45.0	29.3

以上の結果から，キアゲハの濃黄色色素は，パピリオクロームII，IIIと同様，L-キヌレニン，ドーパミン，β-アラニンからつくられていることが推測される．そこでこの濃黄色色素は，パピリオクロームMと名付けられた．

上述のように *Papilio* 属の黄色鱗粉には，ナミアゲハやオナシアゲハのように淡黄色のものから，キアゲハの濃黄色のものまで，黄色にはいろいろな程度の濃さがある．これらのうち，淡黄色鱗粉は主としてパピリオクロームII，IIIを含み，黄色が少しずつ濃くなるにつれてパピリオクロームMも共存するようになり，パピリオクロームII，IIIとMが同程度の量存在するか，Mが主な色素となるとキアゲハのように濃黄色になると思われる．このことは，ギフチョウ亜科の蝶の黄色鱗粉にも当てはまると考えられる．

(3)　パピリオクローム R [6,8,22]

これは *Papilio* 属の翅の赤褐色鱗粉の色素のことである．蝶の翅の赤色系色素には，プテリジン系色素やオモクロームなどが知られている（3, 7章参照）．前者はシロチョウ科に見られ，後者はタテハチョウ科に存在している．しかし蝶全体で見ると，まだよくわかっていない赤色色素もある．

9-4 パピリオクロームの種類と分布

　英国の Ford は 1940 年代の前半に，分類学上種々の科に属するたくさんの蝶の種について，赤色色素の性質を調べ，A, B, C, D, E の五つのグループに分けた．このうち，C はタテハチョウ科のオマチン系赤色色素であり，D と E はおそらくシロチョウ科のプテリジン系赤色色素である．一方，A と B はその構造がどのような色素グループに属するものか明らかでなかった．

　A 型赤色色素は鱗翅目に広く存在するもので，アゲハチョウ科では *Graphium*, *Troides*, *Atrophaneura*, *Parnassius* 各属に多く存在している．一方，B 型赤色色素は主としてアゲハチョウ科に存在し，色が赤色というより赤褐色である．そしてアゲハチョウ科の中でも，主として *Papilio* 属と *Battus* 属に存在している．

　B 型赤色色素は，具体的な例をあげると，オナシアゲハやキアゲハの後翅肛角の赤褐色斑紋の鱗粉に存在しており，いままで，これらの鱗粉を使って研究されている．

　上述の *Papilio* 属の淡黄色や濃黄色鱗粉と同様，この赤褐色鱗粉も L-キヌレニンと β-アラニンを含んでいる．そしてこの場合，キヌレニンと β-アラニンは 70％エタノールや 4％塩酸メタノールでは少ししか抽出されない．しかし残りの鱗粉を加水分解すると，多量のキヌレニンと β-アラニンが検出される（表 9.1）．

　この赤褐色色素は，1 N NaOH で赤褐色鱗粉（70％エタノールと 4％塩酸メタノール処理後）から抽出される．この赤褐色抽出液を塩酸で中和すると，褐色沈殿が生ずる．この沈殿はタンパク質結合の色素と思われ，多量の β-アラニンを含んでいる．しかし，キヌレニンは 1 N NaOH 処理で大部分が失われる．

　キアゲハの前蛹に ^{14}C-トリプトファン，^{14}C-ドーパミン，^{14}C-β-アラニンを注射して，成虫の羽化後，赤褐色鱗粉を調べると，これらの ^{14}C はいずれもこの鱗粉に取り込まれていることがわかる．そして ^{14}C-トリプトファン，^{14}C-β-アラニンは，それぞれ ^{14}C-キヌレニン，^{14}C-β-アラニンとして回収される．

　以上のことから，B 型赤褐色色素は，パピリオクローム II，III，M と同様，キヌレニン，ドーパミン，β-アラニンからの色素で，タンパク質と結合しているものと考えられる．このようなことから，この赤褐色色素はパピリオクロームの色素グループに属するもので，パピリオクローム R と名付けられた．

一方，A型赤色色素はまだ詳しく調べられていないが，いままでのところベニモンアゲハ（*Pachlioptera aristolochiae*）の後翅赤色斑紋の鱗粉を使って研究されている．この鱗粉を70％エタノールで40-60℃にあたためると，赤色色素が一部溶けてくる．しかしこの程度では，全部の赤色色素を抽出することはできない．残りの鱗粉は依然として赤色である．しかし，70％エタノール抽出液の方はきれいな紅色の透明な液であり，これを使ってA型赤色色素の性質が調べられている．

　この中に赤色色素がタンパク質と結合した状態で存在している．この色素はキヌレニンを全く含んでいない．したがってA型赤色色素はパピリオクロームに属するものではない．しかし，β-アラニンは含まれている．この赤色色素の水溶液は塩酸で酸性にすると黄色になり，さらにNaHCO$_3$でアルカリ性にすると赤色となる．現在のところ，このA型赤色色素はβ-アラニン含有キノン系色素と考えられている[23,24]．

　上述のように，キアゲハやオナシアゲハのような*Papilio*属の場合，その黄色色素はパピリオクロームに属し，さらに赤色色素もパピリオクロームR（＝B型赤色色素）である．しかし，ギフチョウ亜科の例えばギフチョウの翅では，黄色色素はパピリオクロームであるが，赤色色素はA型である．

　このように，アゲハチョウ科の翅の色素は，トリプトファン代謝，チロシン代謝およびβ-アラニンに関係しており，興味ある問題を含んでいる．

10 テトラピロール系色素

10-1 基本構造と名称 G15-G17)

(1) 基本構造

ピロール環（図10.1a）が四つ結合したものをテトラピロール（tetrapyrrole）という．それが図10.1bに示すように環状になった環状テトラピロール化合物をポルフィン（porphin）といい，図10.1cに示すように直鎖状につながったものをビリン（bilin）という．

図10.2に示すようにポルフィンに種々の側鎖をもった誘導体があり，ポルフィリン（porphyrin）と総称する．これに属するものにヘモグロビン，チトクローム，カタラーゼその他の補欠分子族やクロロフィル，ビタミンB_{12}など重要な生理機能を有するものが含まれているが，またあるものは動物の体色に関与している．なお，図10.2のポルフィリン環は完全な共役系を形成していて，全環構造は平面状である．

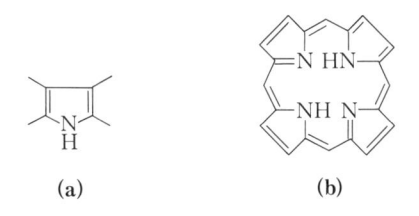

図10.1 ピロール環(a)，ポルフィン(b)およびビリン(c)．

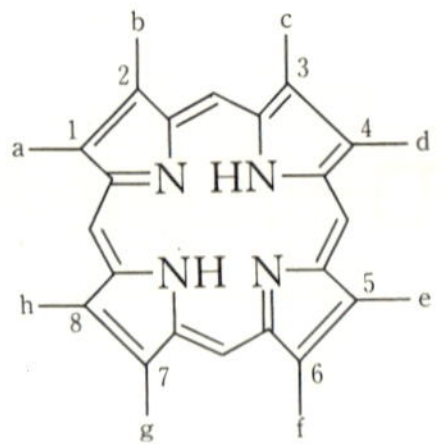

10 テトラピロール系色素

ポルフィリン

図 10.2 ポルフィリン環(a-h は置換基).

　動物のポルフィリン化合物では,図 10.2 のポルフィリン環の 1-8 位の炭素につく側鎖(図 10.2 の a-h)が,酢酸($-CH_2-COOH$)(A),プロピオン酸($-CH_2CH_2-COOH$)(P),ビニル基($-CH_2=CH_2$)(V),エチル基($-CH_2-CH_3$)(E),メチル基($-CH_3$)(M)などによって置換されており,これらの置換基の種類によって多種類のポルフィリン化合物が存在している.また置換基の位置の組み合せによって,多くの異性体が存在し得る.

　いま,置換基が E と M の場合で説明すると,表 10.1 に示すように四つの組み合せがある.この四つの位置異性体を I-IV 型と呼ぶ.天然では I 型と III 型が存在し,とくに III 型が重要である.

表 10.1 置換基がメチル(M)とエチル(E)の場合の 4 種の位置異性体.

型	側鎖							
	a	b	c	d	e	f	g	h
I	M	E	M	E	M	E	M	E
II	M	E	E	M	M	E	E	M
III	M	E	M	E	M	E	E	M
IV	M	E	E	M	E	M	M	E

(2) 主なポルフィリン

(a) コプロポルフィリン (coproporphyrin)　側鎖として,4 個のメチル基と 4 個のプロピオン酸をもっている.I-IV 型の 4 種の異性体が可能である.図 10.3 に III 型が示される.

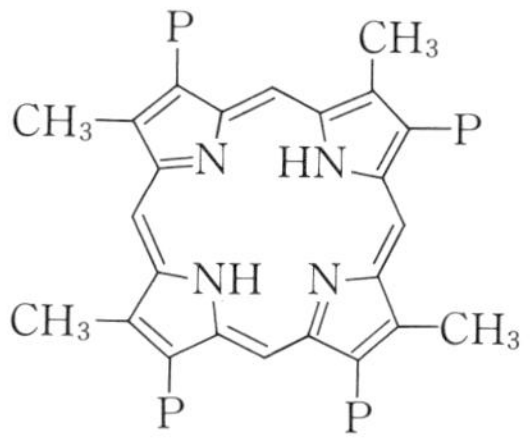

図 10.3 コプロポルフィリン III. P=-CH$_2$CH$_2$COOH.

(b) **ウロポルフィリン（uroporphyrin）** 側鎖として 4 個の酢酸基と 4 個のプロピオン酸をもち，I-IV型の 4 種の異性体が可能である．図 10.4 に I 型とIII型が示される．

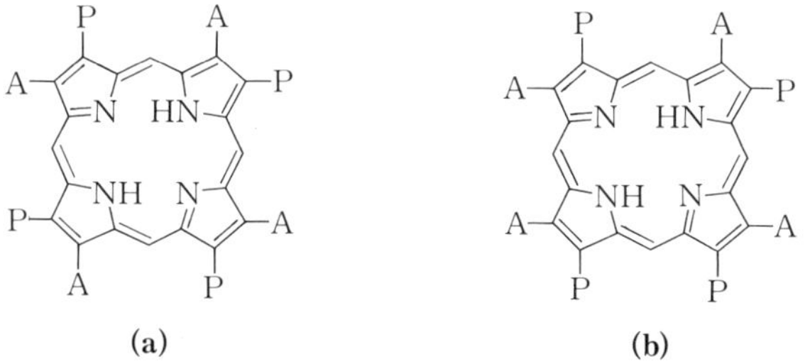

図 10.4 ウロポルフィリン I(a) および III(b)．A=-CH$_2$COOH，P=-CH$_2$CH$_2$COOH.

(c) **プロトポルフィリン（protoporphyrin）** 側鎖として，4 個のメチル基，2 個のビニル基，2 個のプロピオン酸をもち，15 種の異性体が可能であ

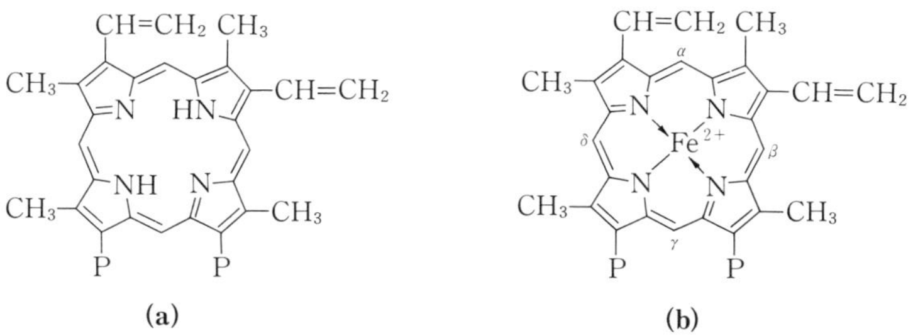

図 10.5 プロトポルフィリン IX(a) およびヘム(b)．P=-CH$_2$CH$_2$COOH.

る．図10.5aに，プロトポルフィリンIXと呼ばれる異性体を示す．これは，表10.1ではIII型に相当するものである．

（3） ポルフィリン金属錯体

ポルフィリン環は，Fe，Mg，Co，Cuのような2価の金属と錯体を形成して，種々の生理的機能を担っている．また，あるものは体色に関与している．植物のクロロフィル（本書では取り扱わない）ではMg，ヘモグロビン，ミオグロビン，チトクローム，クロロクルオリンではFe，ビタミンB_{12}（＝コバラミン）ではCo，turacin（後述）ではCuの錯体である．

図10.5bに示すプロトポルフィリンIXの2価鉄錯体をプロトヘム（proto-heme）という（ヘムともいう．hemeあるいはhaem．ただし，ヘムという語は広い意味にも使われ，この場合は，鉄-プロトポルフィリン以外にも一般に鉄-ポルフィリン錯体をヘムという）．

ヘムを補欠分子族としてもつタンパク質をヘムタンパク質という．ヘモグロビンやミオグロビンなどはその例である．ヘモグロビンでは鉄原子は2価（Fe^{2+}）であり，これを酸化してFe^{3+}にするとその機能を失う．一方，チトクローム系では，そのポルフィリン環の側鎖はプロトポルフィリンとは異なっているが，やはり鉄-ポルフィリン錯体で，正常な機能中，その鉄原子は$Fe^{2+} \rightleftharpoons Fe^{3+}$と可逆的に変化する．

10-2 ポルフィリンの生合成と分解

図10.6は，動物におけるポルフィリン生合成経路の簡略図である．はじめに，グリシンとサクシニルCoAからδ-アミノレブリン酸（δ-aminolevulinic acid）(ALA) がつくられる．このALAが2分子結合してポルフォビリノーゲン（porphobilinogen）(PBG) となる．次いでPGBが4分子集まってウロポルフィリノーゲンIII (uroporphyrinogen III) となり，さらにコプロポルフィリノーゲンIII (coproporphyrinogen III)，プロトポルフィリノーゲンIX (protoporphyrinogen IX) を経て，プロトポルフィリンIXとなる．これがFe^{2+}と錯体をつくってプロトヘムとなる．

次に，ポルフィリン環の分解を脊椎動物のヘモグロビンの例で，図10.7の

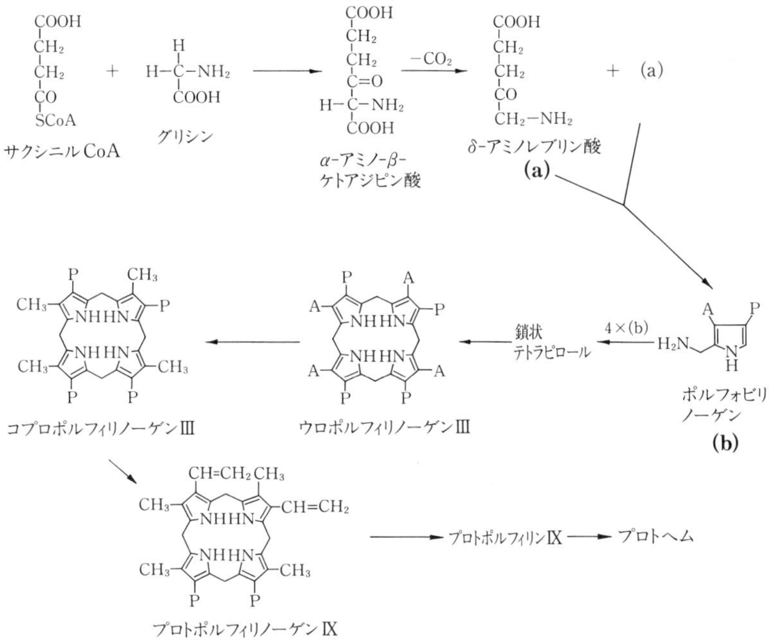

図10.6 ポルフィリン生合成の経路. A=-CH$_2$COOH, P=-CH$_2$CH$_2$COOH.

簡略図で説明する. まずグロビンを放ち, Fe^{3+}のフェリプロトヘム (ferriprotoheme) となる. 次いでポルフィリン環のαのところで開裂してビリベルジンIXα (biliverdin IXα) となる. これがさらに, ビリルビンIXα (bilirubin IXα) となり, さらにメソビリルビノーゲン (mesobilirubinogen), l-ステルコビリノーゲン (l-stercobilinogen) などを経てi-ウロビリンやl-ステルコビリンを生ずる. また別経路ではa-ウロビリノーゲン (a-urobilinogen) を経てa-ウロビリン (a-urobilin) となる.

ビリベルジンは緑色, ビリルビンは橙色で, 胆汁色素 (bile pigment) と呼ばれるものである. さらに代謝されたウロビリノーゲン (無色) やウロビリン (無色) はウロビリン体と総称される. これらの直鎖状のテトラピロール化合物は, 上述したように, ビリンと総称される. ビリベルジンは bilitriene (a, b, c-bilitriene), ビリルビンは bilidiene (a, c-bilidiene), ウロビリンは bilene (b-bilene) である.

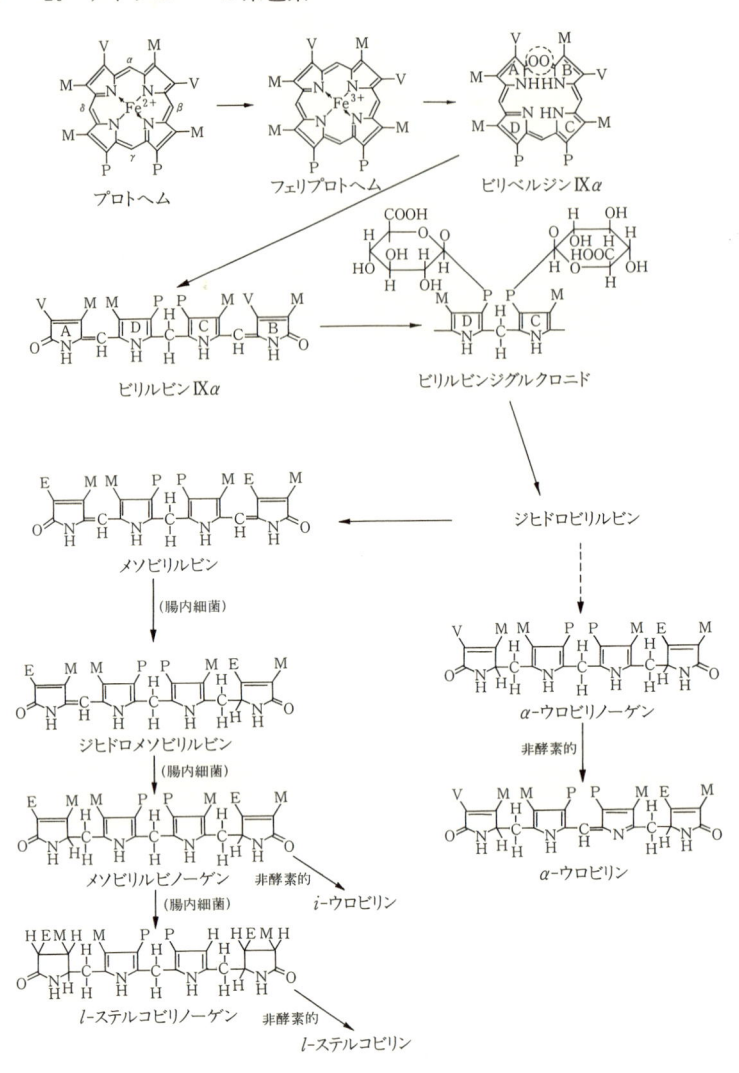

図 10.7 脊椎動物におけるヘモグロビンの代謝.
M＝-CH₃, E＝-CH₂CH₃, P＝-CH₂CH₂COOH, V＝-CH＝CH₂.

ポルフィリンIXが開裂するときに，αのところで開裂すれば，ビリベルジンIXαとなるが，後述するように昆虫では，γで開裂して生じたビリベルジンIXγ（図10.8）も存在する．

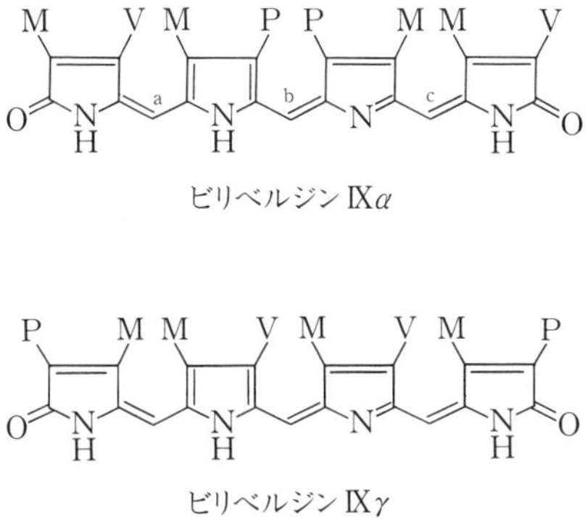

図 10.8　ビリベルジン IXα および IXγ．
M = -CH₃，P = -CH₂CH₂COOH，V = -CH = CH₂．

10-3　ポルフィリン系色素の種類と分布 G2-G4)

　動物の体色に貢献しているポルフィリン系色素としては，ポルフィリンそのものおよびその金属錯体，さらにそれがタンパク質と結合したものがある．

（1）　ヘモグロビン

　ヘモグロビンはいうまでもなく，脊椎動物の血色素であり，また無脊椎動物においても，ミミズのように環形動物の血液中に存在する．しかし，脊椎動物，無脊椎動物を通じて，ヘモグロビンは上述のカロチノイドやメラニンと比較して，動物の体色にはあまり貢献していない．

　哺乳動物は，メラニンの章（4章）で述べたように，体色に関しては広い意味のメラニンの世界といってよい．しかしいろいろな哺乳類で，体の一部が赤色を呈していることがあり，そのような場合，その色素はヘモグロビンであって，カロチノイドやプテリジンではない．例えば，舌の色，耳の中の色，鼻の先やヒヒなどのしりの赤色がかった色は血液中のヘモグロビンによっている．

　また鳥類では，シチメンチョウの仲間の肉垂やハゲタカの仲間の裸の首の赤色はヘモグロビンによるとされている．

　一方，無脊椎動物においても，体液に溶解して，また体液中の細胞に，さら

に筋肉や体壁にヘモグロビンをもつものが少なくない．中でも，環形動物，節足動物ではよく知られている．

環形動物では，多毛環虫類（ゴカイの類）や貧毛類（ミミズの類）で，血漿中にまた体腔細胞中にヘモグロビンをもつ種が多い．多毛環虫綱（Polychaeta）の *Arenicola* では，血液のみならず，体壁の筋肉にもヘモグロビンが存在している．またユムシ綱（Echiuroidea）の *Thalassema* では，体腔細胞のほか，体腔上皮，体壁筋，腸壁，脂肪細胞，神経索，anal vesicle，卵にもヘモグロビンが存在しているとされている．このほか，神経系に多量のヘムタンパク質を含む海産環形動物の例に，*Aphrodita*（コガネウロムシ）や *Halosydna* がある．

なお，ミミズの類のヘモグロビンについても古くから研究されているが，最近の研究の一つとしてアミノ酸配列の比較から系統樹が論ぜられている[56]．

また，deep-sea tube worm（*Lamellibrachia* など）の類にも細胞外ヘモグロビンが存在し，その一次構造の比較により，環形動物全体にわたって，ヘモグロビンの系統樹が論ぜられている[58]．

次に甲殻類では，Branchiopoda（鰓脚亜綱）(＝Phyllopoda）の Anostraca（無甲目），Notostraca（背甲目），Conchostraca（貝甲目）の体液にはヘモグロビンが存在する．またミジンコなどの Cladocera（枝角目）にもヘモグロビンをもつものが多い．そのほか，Ostracoda（貝虫亜綱），Copepoda（橈脚亜綱），Branchiura（鰓尾亜綱），Cirripedia（蔓脚亜綱）にもヘモグロビンをもつものが報告されている．ミジンコ（*Daphnia*）では体液のみならず，筋肉，神経，脂肪細胞，卵にもヘモグロビンが存在する．

淡水産のミジンコは，環境の水中溶存酸素が低下すると体液と筋肉中のヘモグロビンが増加する[34-36,46]．酸素の欠乏した沼や小さい池では，多量のヘモグロビンをもったミジンコのために，赤く見えることが知られている．この現象は *Moina* 属（タマミジンコの類）でも見られる．星猛夫氏（元 新潟大教授）[1,2]は長年ミジンコの呼吸生理を研究した方であるが，この赤い池を「淡水の赤潮」と呼んでいる（写真 Plate Ⅰ a-d は星氏の論文[1]より引用した）．なお，低酸素下のミジンコでは，このようにヘモグロビンが量的に増加しているのみならず，その酸素親和性も増加している．小林[49-51]の *Daphnia magna*（オオミジンコ）での研究によると，ミジンコのヘモグロビンは少なくとも 6

種類の成分から成り，その量比が赤色のもの（低 O_2 下）と淡色のもの（高 O_2 下）とで異なっており，これによって O_2-親和性を調節していると考えられている．

無甲目の *Artemia salina*（brine-shrimp）は，カロチノイドの章（1章）で述べたように体内にカロチノイドをもっているが，血液中にはヘモグロビンが存在する．このヘモグロビンは環境水の塩濃度が高いところでは増加し，赤くなる．このヘモグロビンの合成は，高い塩濃度によっておこるのではなく，高い塩濃度では，溶存酸素が低下するからひきおこされるとされている．

以上のような酸素欠乏水でのヘモグロビンの増加は，ユスリカ（双翅目昆虫）の幼虫や幼い *Planorbis*（軟体動物，マイマイの仲間）でも見られるという．しかし，環形動物ではこのような現象は見られないとされている．

昆虫でヘモグロビンをもっているのはごく限られており，上述のユスリカの幼虫のほか，馬の胃に寄生する *Gasterophilus*（ウマバエ）の幼虫にヘモグロビンが存在する．また，半翅目の中にもヘモグロビンの存在が知られている．

軟体動物では，Amphineura（双神経亜門）と Conchifera（介殻亜門），とくに後者に属する Gastropoda（腹足綱），Lamellibranchia（弁鰓綱＝二枚貝綱）にヘモグロビンが存在している．しかし，弁(瓣)鰓綱ではヘモグロビンが存在していない方が多い．また，Cephalopoda（頭足類）にはヘモグロビンは見出されていない．

双神経亜門では Chiton，腹足綱では *Patella*（ツタノハの仲間），*Buccinum*（エゾバイの仲間），*Littorina*（タマキビの仲間），*Viviparus*（タニシの仲間），*Aplysia*（アメフラシの仲間），*Lymnaea*（モノアラガイの仲間）にヘモグロビンが報告されている．上述の *Planorbis*（マイマイの仲間）では血漿にヘモグロビンが存在する．

弁鰓綱では，*Arca*（ワシノハの仲間）や *Solen*（マテガイの仲間）の体液細胞にヘモグロビンが報告されている．*Barbatia*（エガイの類）などの血球ヘモグロビンの構造（ヘテロ 2 量体，4 量体，ポリメリック構造），とくに 2 分子のヘムをもった 2 ドメイン鎖の構造について比較されている[60]．また，*Saxidomus purpurata*（ウチムラサキ）などの神経節は肉眼で赤く見えるほど色素が存在するが，これはヘモグロビンに似たヘムタンパク質であり，神経細胞やグリア細胞内の顆粒に存在している[3]．

また，腹足類の *Sinotaia quadratus*（ヒメタニシ）や *Cipangopaludina longispira*（ナガタニシ）の食道神経節環にヘモグロビンが存在している[4]．このほか，軟体動物が神経系に多量のヘムタンパク質を含む例として，ウバガイの類，アメフラシの類，モノアラガイの類などがある．

腹足綱，有肺亜綱（Plumonata）で，基眼目（Basommatophora）に属する *Lymnaea stagnalis*（モノアラガイの類）や *Planorbarius corneus* の神経節と柄眼目（Stylommatophora）に属する *Helix pomatia* や *Cepaea nemoralis* の神経節とを比較すると，*L. stagnalis* と *P. corneus* の神経節は赤色で，多量のヘムタンパク質を含み，しかもこのヘムタンパク質はグリア細胞に存在している．これはおそらく，酸素の貯蔵，供給に役立っていると考えられる．一方，*H. pomatia* と *C. nemoralis* の神経節は無色で，基眼目の上記2種よりヘムタンパク質量は少なく，このヘムタンパク質はニューロンそのものに存在している[41]．

なお，環形動物，ヒル綱の *Hirudo medicinalis* においても，ヘムタンパク質がグリア細胞に存在している．

袋形動物門（Aschelminthes），線虫綱（Nematoda）のカイチュウ（*Ascaris*）の体壁にもヘモグロビンが存在している．また，紐形動物門（Nemertinea）の中にも，また扁形動物門（Platyhelminthes）の吸虫綱（Trematoda）や渦虫綱（Turbellaria）の中にもヘモグロビンをもつものがある．

棘皮動物門（Echinodermata）では，ナマコの類で体液中の細胞にヘモグロビンを有するものがある．

原生動物門（Protozoa）では，繊毛虫綱（Ciliata = Ciliophora）の *Paramecium*（ゾウリムシの類）や *Glaucoma* にヘモグロビンを有するものがある．ゾウリムシにヘモグロビンが存在することは佐藤と田宮（1937）によって発見され，Keilin *et al.*（1953）によって追認されたものである．その後，種々のゾウリムシのヘモグロビンが研究されている．最近は，元 新潟大教授の臼杵格氏らによって研究されている．同氏らによると，一般にゾウリムシのヘモグロビンは多成分系から成っており，その成分構成には著しい種特異性があること，かつ同一種類の中の株の間では成分の量的構成に差があること，各ヘモグロビン成分は，その分子量から2群に大別できることなどがわかってい

る[5]. なお, 原生動物のヘモグロビンについては, 高木の総説がある[54].

上述したように, ヘモグロビンは無脊椎動物, 脊椎動物を通じて存在しているが, その分子量には大きな違いがある. ヘモグロビンはヘムタンパク質であるが, 鉄1原子 (すなわち一つのヘム) をもつヘモグロビン (すなわちヘモグロビンの基本分子) の分子量は約16,500-17,000 で, *Lampetra* (魚類の円口目) の血球や哺乳類の筋肉 (ミオグロビン) に存在している. このようなヘモグロビンの基本分子2個から成るもの (分子量約34,000) は, 多毛環虫類の *Glycera* (チロリの仲間) や *Notomastus*, 双翅目昆虫の *Gasterophilus* (ウマバエ, 幼虫) などに存在する. 哺乳類の赤血球に存在するものは, 4個の基本構造 (2α 鎖 $+2\beta$ 鎖, 胎児のものは 2α 鎖 $+2\gamma$ 鎖) から形成されており, 分子量約66,000-68,000 である.

無脊椎動物に存在しているヘモグロビンでは, その分子量が100万以上の場合がある. 例えば, *Planorbis* (マイマイの類) のヘモグロビンの分子量は 1,630,000, *Arenicola* (多毛環虫類) や *Lumbricus* (環形動物, 貧毛綱) のヘモグロビンでは約3,000,000 で, これはほとんど基本分子180個にも相当するという. なお, 環形動物の巨大ヘモグロビンの分子構築に関しては, 落合[52], 後藤・鈴木[48], 鈴木[53] の総説がある.

なお, 無脊椎動物の細胞外ヘモグロビンで, 分子量の数十万から数百万におよぶ巨大分子をエリスロクルオリン (erythrocuruolin) と呼ぶこともある.

上記の種々のヘモグロビンは, ヘムは同じであっても, タンパク質は, 種によってそのアミノ酸配列が異なることはいうまでもない. 以前から, ヘモグロビンの分子生理学的研究, 分子進化の研究が詳細になされている[6].

(2) クロロクルオリン (chlorocruorin)

クロロクルオリンは, 多毛環虫類のあるグループの緑色の色素で, 酸素運搬体として働いている鉄含有ポルフィリン-タンパク質である[46]. クロロクルオリンという色素名は, 緑の血液という意味の語からきている. そのヘムの構造は, 図10.9 と考えられている.

クロロクルオリンが存在しているのは, 次の科のものである. Sabellidae (ケヤリの類)(例えば *Sabella ventilabrum*, *Sabella spallanzanii*), Serpulidae (カンザシゴカイの類), Chlorhaemidae, Ampharetidae. Chlor-

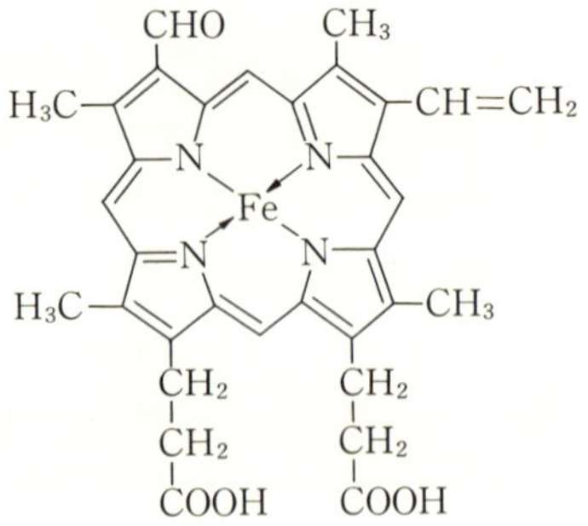

図 10.9　クロロクルオリンのヘム[G6].

haemidae と Ampharetidae において，体色がクロロクルオリンによって緑色になっているものがある．

　Chlorhaemidae に属する全ての種は，血液の色素はクロロクルオリンである．しかし，Sabellidae, Serpulidae, Ampharetidae では，中にはクロロクルオリンではなくてヘモグロビンをもっているものもある．Serpulidae には血色素をもたない種もある．また，*Serpula* 属では，血液中にクロロクルオリンとヘモグロビンの両方が存在しているという．Sabellidae の *Potamilla* では，血液はクロロクルオリンを含むが，筋肉はヘモグロビンをもつとされている．

(3)　ツラシン (turacin)

　これはアフリカの touracos (エボシドリの類，Musophagidae 科) の羽の色素である．この仲間の鳥は深紅色の羽毛をもっており，その色素はウロポルフィリンⅢ (図 10.4 b) の銅化合物である．銅原子はテトラピロール環の中心に存在している．

(4)　遊離のポルフィリン

　動物界では，ポルフィリンは金属錯体でなく遊離のままで，多くの動物の体色に貢献している．

　(a)　ミミズの皮膚の色　　前方背側の皮膚の紫がかった色は，プロトポル

フィリンによるとされている．

（b） 軟体動物 ある軟体動物の殻は，ウロポルフィリンを多量に含んでいる．これはしばしばウロポルフィリンⅠ（図10.4a）である．二枚貝や腹足類の殻では，ウロポルフィリンが，しばしばビリンと一緒に存在する（ビリンについては後述する）．また，化石の殻にもポルフィリンが報告されている．

また，真珠にもポルフィリンを含むものがある．*Pinctada margaritifera*（クロチョウガイの類）のつくる黒真珠の真珠層および貝殻の真珠層にウロポルフィリンⅠが存在している[7]．また，緑色真珠はピンクの真珠より金属ポルフィリンが多いという．しかし，ポルフィリンを含まないものも多い．

また，殻をもたないものにもポルフィリンが存在している．後鰓亜綱（Opisthobranchia，アメフラシ，ウミウシの仲間）の *Durvaucelia plebia*, *Aplysia punctata*（アメフラシ），*Akera bullata* や有肺亜綱（Pulmonata）の *Arion ater* の皮膚にウロポルフィリンⅠが存在している．*Aplysia depilans* の色素もポルフィリンである[15]．

（c） 棘皮動物 ヒトデ綱（Asteroidea）にポルフィリンが報告されている．例えば，*Asterias rubens*（ヒトデの類）にプロトポルフィリンが，また *Astropecten irregularis*（モミジガイの類）や *Luidia ciliaris*（スナヒトデの類）にクロロクルオリンのポルフィリンが存在する．

（d） 鳥類 多くの鳥の卵殻の褐色や複雑な斑紋はプロトポルフィリンによっている（卵殻にはビリンも存在する．これについては後述）．ニワトリの卵の殻もプロトポルフィリンを含んでいる．

Lanius collurio（モズの類）の卵殻にはプロトポルフィリンⅨやビリベルジンのほかに，亜鉛含有プロトポルフィリンⅨも存在している．プロトポルフィリンⅨの量は，卵1個の卵殻につき ND (not detectable)-10.46 n mol の間に変動する．また，亜鉛含有プロトポルフィリンの量は，ND-32.28 n mol である．なお，亜鉛含有プロトポルフィリンⅨは，*Emberiza citrinella*, *Turdus merula*, *Sylvia nisoria*, *Phylloscopus collybita* の卵殻にも存在している[42]．

以上のほかに，*Parus cristatus*, *Passer montanus*, *Prunella modularis*, *Apus apus* の卵殻にもプロトポルフィリンIXが存在する[43]．

また，*Lanius collurio* で，卵殻のプロトポルフィリンIXの含量は，産卵の順に減ずると報告されている[43]．

ウズラの卵殻の色素もポルフィリンである．卵殻腺上皮の頂細胞（apical cell）に色素顆粒が存在している．排卵後この色素顆粒が増加し，卵殻の表面に沈着し，産卵2-3時間で急に減少する[8,33]．

鳥の羽毛にコプロポルフィリンIII（図10.3）が存在していることは珍しくない．フクロウやノガンなどの羽毛がその例である．時には，多量に存在している．

10-4 ビリン系色素の種類と分布

脊椎動物のヘモグロビンは分解して胆汁色素になることは上述した．しかし，哺乳類がこのような胆汁色素を体色に使っていることはない．ただし，黄疸になると体が黄色になるのは，このビリン系色素によっている．

一方，哺乳類以外の脊椎動物や無脊椎動物では種々のビリン系色素（bilichromeともいう）が体色に関与している．とくに貝殻や卵の殻の色は，ビリン系色素によっているものが多い．ビリン系色素と上述のポルフィリンの両方をもつ場合も多い．

体色にビリン系色素が関与している場合，それが体内のヘモグロビンその他のポルフィリン由来のものもあるし，また餌の藻類からくるものもある．また，その由来がまだ明らかでないものもある．

（1） 腔腸動物

Physalia physalis（カツオノエボシ）の青色の組織にビリベルジンが含まれている．また，おそらく他のビリン系色素が，薄紫青色のフロート（float），ピンクがかったクレスト（crest），生殖器官や摂食器官の緑-紫色がかった青色のところに存在しているとされている．

Heliopora caerula（アオサンゴ）には，ヘリオポロビリン（helioporobilin）と名付けられているビリンが存在している．これはカルシウム結合の

ビリベルジンIXαであるとされている．このアオサンゴは，オーストラリア海域およびインド太平洋海域に生息している．

（2） 環形動物

上述したように，環形動物には血液中にヘモグロビンをもつものが多い．*Nereis diversicolor*（ゴカイの類）には，皮膚の色素としてビリンが存在する．

（3） 軟体動物

Haliotis（アワビの類）に haliotisrubin が存在している．これはもともと，餌の紅藻（これは赤色ビリンのフィコエリスリン，phycoerythrin，を合成している）に由来するとされている．このほか，haliotisviolin と名付けられているビリン系色素も存在する．

フランスの西海岸に古くから鰓が緑色をしている牡蠣（*Ostrea edulis*）が知られており，料理に使われている．現在でも，このカキを養殖しているようである．カキを海水の養殖池で，青色の珪藻（*Navicula ostrearia*）を含むところに入れて飼育すると，鰓が緑色になる．これは，この珪藻に含まれるビリン系色素フィコシアニン（phycocyanin）に由来する青色色素と鰓の黄色色素（カロチノイド）によって緑色を呈するものとされている[G3]．現在は，カキとしてマガキ（*Crassostrea*）を使用しているとのことである．

Aplysia california（アメフラシの類，南カリフォルニア産）の紫色インクの色素 aplysioviolin も，餌の紅藻のビリン，フィコエリスリン由来とされている[9]．なお，この紫色分泌物は防御機構でなくて，おそらく排泄物であると考えられている．

アメフラシの色素として，上記の紫色の aplysioviolin のほかに，赤色の

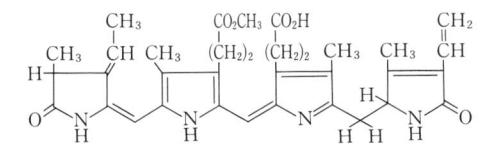

図 10.10 アプリシオヴィオリンの推定構造[38]．

aplysiorhodin, 青色の aplysioazurin の存在が知られている[10]．

このほか, *Aplysia punctata*, *A. depilans*, *A. limacina* などに aplysioviolin が報告されている．*A. limacina* では, 紫色色素として図10.10の構造が提案されている[11,37,38]．

わが国では, *Aplysia kurodai* の紫汁の色素について研究されている[12,13]．この種においては, 青色と赤色の色素が存在し, 両者ともビリン系色素である．

(4) 節足動物

昆虫には, ビリン系色素は広く分布している．

多くの草食性昆虫の体液は淡緑色をしているが, これは体液中に黄色色素タンパク質と緑青色色素タンパク質が存在しているためである．この黄色色素は多くの場合カロチノイドであり, 緑青色色素はビリベルジンである．このように黄色色素と青色色素との混合物を, 以前はインセクトベルジン (insectverdin) と呼んでいた．このような昆虫をカロチノイドを欠く飼料で飼育すると, 体液は淡黄緑色とならず, 緑青色となることがいくつかの種で報告されている．多くの鱗翅目昆虫がこれに属すると思われる．

体液だけでなく, 多くの草食性昆虫の皮膚にカロチノイドとビリベルジンが存在している．例えば次の昆虫がそれにあたる．

Carausius (=*Dixippus*)(ナナフシ目)[4]
Mantis (カマキリ目)
Locusta, Schistocerca (直翅目, バッタの類)
Tettigonia (直翅目, ヤブキリの類)

これらの昆虫では, ビリベルジンはビリベルジン$IX\alpha$とされている．しかし, 昆虫にはビリベルジン$IX\gamma$ (図10.8) も存在している．

オオモンシロチョウ (*Pieris brassicae*) の成虫の翅, 幼虫の皮膚および蛹には青色色素としてビリベルジン$IX\gamma$が存在している[25]．この色素は, 1940年代にプテロビリン (pterobilin) と呼ばれたことがある．これは一時メソビリベルジン (mesobiliverdin) とされたので混乱を招いたが, 現在ではビリベルジン$IX\gamma$とされている．(参考までに, メソビリベルジン$IX\alpha$は, glaucobilin とも呼ばれている.)

ビリベルジンIXγは，上記のほかに，モンシロチョウ（*Pieris rapae*），エゾスジグロシロチョウ（*Pieris napi*），ヤマキチョウ（*Gonepterix rhamni*），*Catopsilia*（*Phoebis*）*rurina*，*Catopsilia*（*Phoebis*）*statira* の翅でも報告されている．

オオモンシロチョウの蛹のビリベルジンIXγ量は，メラニン化と負の相関があるとされている[14]．

Laccophilus minutus（ゲンゴロウ科）の緑色の体色も，ビリベルジンとカロチノイドによっている．前者はビリベルジンIXγである．後者の主なものはアスタキサンチン・ジエステルである[16]．

サクサン（*Antheraea pernyi*，ヤママユガ科）の幼虫の体液と皮膚にビリンが存在しており，anthereabilin と名付けられている．これはおそらく，biladiene（ab or bc）と考えられる，サクサンの幼虫は，このビリンをδ-アミノレブリン酸-4-^{14}C から de novo に合成する．おそらくIXγ構造をもっている[17]．その後，この幼虫にフォルカビリン（後述）の存在が報告されている．

タバコスズメガ（*Manduca sexta*）の体液および皮膚に青色の biliprotein があり，インセクティシアニン（insecticyanin）と名付けられている．そのビリンはビリベルジンIXγである．インセクティシアニンの青色は，このビリベルジンIXγによる．インセクティシアニンは，脱皮間期の幼虫の真皮細胞で合成され，クチクラと体液に分泌される．いくつかの isoelectric form が存在している．その主なものは INS-a と INS-b である．しかし，INS-b は体液では見られない[57]．タンパク質はテトラマーで，そのサブユニットは bovine β-lactoglobulin や humanserum retinol-binding protein に類似しているとされている[45,18]．また，*Agrius convolvuli*（スズメガ科）においても，同様のインセクティシアニンのタンパク質が報告されている[55]．

なお，ビリベルジン結合タンパク質は cyanoprotein や blue chromoprotein として *Locusta migratoria*（バッタ）の体液[28]，*Riptortus clavatus*（サシガメの類）の卵[29] その他 *Trichoplusia ni*, *Samia cynthia ricini* など[61] で研究されている．また，種々の昆虫（例えば *Spodoptera litura*, *Riptortus clavatus*, *Heliothis zea* など）の脂肪体は蛹期間中に青色になることが知られているが，これはビリベルジン結合タンパク質の貯蔵によるものであることがわかっている[47]．オオモンシロチョウやシャチホコガのビリプロテインでは，その立体配

座が研究されている[39]。

アオスジアゲハ（*Graphium sarpedon*）の成虫の翅に緑青色の斑紋があり，ここにビリン系色素が存在する。この色素はこの種で見出されたもので，サルペードビリン（sarpedobilin）と名付けられている。その構造は，図10.11 b）に示される[19,20,22]。

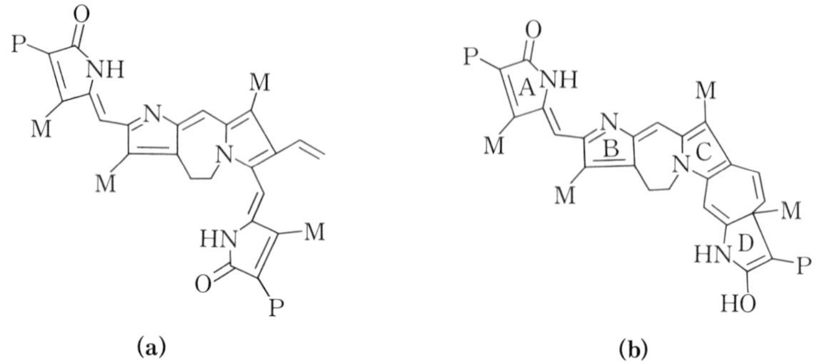

図 10.11 フォルカビリン（a）およびサルペードビリン（b）の構造[19,20,22,23]。

このサルペードビリンはネオプテロビリン（neopterobilin）と書かれたこともある。

ミイロタイマイ（*Graphium weiskei*）の翅の斑紋には，緑色，青色，藤色，ピンク色の部分がある。藤色やピンクの部分にはオミン（7章のオモクロームの一種）が存在している。緑，青，藤，ピンクの色は，サルペードビリンとオミンとのいろいろな濃度の重なり合いによっていると考えられている。緑色，青色の部分には，相対的にサルペードビリンが多く，ピンク色の部分ではサルペードビリンは微量である[23]。

フォルカスアゲハ（*Papilio phorcas*）の雄の翅から数種類のビリン系色素が分離されている。この中には，ビリベルジンIXγやサルペードビリンも存在するが，新しくフォルカビリン（phorcabilin）と名付けられたビリンが見出されている。その構造は図10.11 a に示される。これは，ビリベルジンIXγからサルペードビリンが生ずる中間物であるとされている[19,20,22]。

その後，フォルカビリンは *Actias luna, A. selene, A. artemis, A. senensis, Argemma mittrei, Graellsia isabella, Antheraea pernyi*（サクサン）の

幼虫，*Saturnia pyri*（テグスガの仲間）の幼虫，*Eudia pavonia* の幼虫からも見出されている[24]．

Barbier[21] によれば，サルペードビリンは，フォルカビリンから可視光線によって生ずるという．また，フォルカビリンはビリベルジンIXγから，酸性条件下か，あるいは可視光線下によって生ずる．また，酵素的にも生ずると考えられている．

サルペードビリンは，上述のように，最初アオスジアゲハから分離されたが，このビリンは，少量は他の多くの蝶にも存在している．乾いた蝶の標本で痕跡のサルペードビリンが見出される場合，それは採集後の年月とともに生ずることがあり得るとされている．

Barbier らによれば，サルペードビリンは化学的活性をもつ色素で，ATPと反応して安定な複合体をつくる．ビリベルジンIXγやフォルカビリンはATP と結合しない．サルペードビリンは ATP のほかに，TCA サイクルのポリカルボン酸や DNA とも安定な複合体をつくる．さらに，天然のポリアニオンとも安定な複合体をつくる．例えば，フロログルシン，ポリフェノール酸，ポリヒドロキシフラボノール，フィチン酸，芳香族ポリカルボン酸，没食子酸，プロトカテキュー酸，クエルセチン，ミリセチン（myricetin），モリン（morin）はサルペードビリンジメチルエステルと安定複合体をつくる[24,26]．

サルペードビリンのジメチルエステルがマロン酸，酒石酸，クエン酸のようなポリカルボン酸と付加物をつくるのは，これらの酸がサルペードビリンのC環と D 環の二つの N につくためと思われる[27]．

なお，昆虫にはもともとヘモグロビンを有するものや吸血するものがあり，これらの昆虫にはビリンが存在する．ユスリカの幼虫がヘモグロビンを有することはすでに述べたが，脂肪体にビリベルジンIXαやビリルビンが存在している．また，*Rhodonius*（サシガメの類）は吸血したヘムから，ビリベルジンやビリルビンをつくっているとされている．

（5） 魚　　類

多くの魚類，とくに Bellonidae（ダツの仲間）や Cottidae（カジカの仲間）で，骨や鱗に青緑色のビリンが見られる．

Pseudoblennius percoides の皮膚，筋肉，消化管，卵には青色のビリン系色

素-タンパク質複合体が存在している.

Scarus gibbus の青色の鱗にビリベルジンが見出されている. タンパク質と結合している.

Belone belone や *Strongylura exilis* にもビリン系色素が報告されている.

また,マグロ,サバ,skipjack などに見られる骨の緑色色素は,ビリベルジンか,またはそれに関連した色素とされている.

メクラウナギの類(*Eptatretus burgeri*)の胆汁にビリベルジン$IX\alpha$の存在が報告されている[59].

なお,魚類の胆汁色素排泄に関しては,境の総説[30],その他[31]を参照されたい.

(6) 鳥　　類

前述したように,鳥の卵殻の褐色,緑色,青色はビリン系色素やポルフィリンによるものが多い.

Dromiceus novae hullanidae (オーストラリアのエミウ) の卵殻は暗緑色で,その主な色素はビリベルジン$IX\alpha$で,少量のビリルビンも存在するとされている.

Casuarius galatea (ニューギニア産のヒクイドリ) の卵は,スイカの1/3-1/4の大きさの美しい長球である. その卵殻は淡緑色で,全体にまだら模様がある. この卵殻の色は,おそらくビリベルジンによっている.

Prunella modularis (イワヒバリの類) の青色の卵殻の色素も,おそらくビリベルジンとされている.

また,アヒルの中には,淡い緑青色の卵が存在しているが,これもおそらくビリベルジンによると考えられている.

ウズラ (*Coturnix coturnix*) の卵の殻には,ビリベルジンとポルフィリンが存在する[32].

このように,またポルフィリンの項で述べたように,広くカルシウム沈着の構造にポルフィリンやビリン系色素が蓄積しているのは興味あることである. 例えば,鳥の卵殻,胆石,魚の骨,軟体動物の殻,サンゴなどである.

なお,Kennedy and Vevers (1976) は108種の鳥の卵殻の色素を調べ,主な色素はプロトポルフィリン (以下Pと略す),ビリベルジン$IX\alpha$ (以下B)

およびビリベルジンの Zn キレート（以下 Z）であると報告している．この 108 種のうち，49 種は P のみ，2 種は B のみ，1 種は B と Z，また別の 1 種は P と Z を有していた．また，33 種は P，B，Z の 3 種類の色素を有していた．5 種は，色素を有していなかった．Z のみをもつ種は見出されなかった[44]．

11 その他の色素

まえがきで述べたように，本書は動物の体色に関与している色素について述べるのを目的としており，上述の各章はこの観点から種々の動物色素を説明した．しかし動物界全般には上述した色素グループのほかに，とくに体色に関係していないいくつかの色素もある．ここではそれらのうち，ヘモシアニンとヘムエリスリンについて簡単に説明する．

11-1 ヘモシアニン [26,27]

ヘモシアニン（h(a)emocyanin）は無脊椎動物，とくに節足動物と軟体動物に存在する．例えば節足動物では，甲殻綱の等脚目（Isopoda），端脚目（Amphipoda），十脚目（Decapoda），口脚目（Stomatopoda），またメロストマ綱の剣尾目（Xiphosura，例えば *Limulus*），蛛形綱のサソリ目（Scorpiones），真正クモ目（Araneae）である．昆虫には存在しない．また軟体動物では，多板綱（Polyplacophora，ヒザラガイの類），腹足綱（Gastropoda）の前鰓亜綱（Prosobranchia），後鰓亜綱（Opisthobranchia），有肺亜綱（Pulmonata），頭足綱（Cephalopoda），二枚貝綱（Bivalvia）に存在する．

ヘモシアニンは上記の動物の血液（体液）に溶けて存在する銅含有グリコプロテインである．節足動物では酸素運搬体として働き得るとされている．しかし，酸素結合能力はヘモグロビンより小さい．一方，軟体動物のヘモシアニンは酸素運搬の役割を果たしていないとの考えもあるが，少なくとも腹足綱，頭足綱では酸素運搬体として働き得ると報告されている[28]．

節足動物のヘモシアニンと軟体動物のヘモシアニンは，何らかの共通祖先銅タンパク質から独立に進化したといわれている[22]．軟体動物のヘモシアニン（機能単位）のアミノ酸配列は，細菌，カビ，マウスのチロシナーゼと類似性があり[30]，節足動物のヘモシアニンのサブユニットのアミノ酸配列は，昆虫の

貯蔵タンパク質（hexamerins)[31]や昆虫のプロフェノールオキシダーゼ[32,33]と類似性があるとされている．

ヘモシアニンは，動物の体色には関与していないと考えられている．なお，*Carcinus*（カニの類）の卵にヘモシアニンが見出されている．

ヘモシアニンは銅タンパク質で，酸素と結合しているときは青色で，可視部吸収スペクトルの λ_{max} は 570 nm である．酸素を放つとほとんど無色になる．1個の酸素結合部位にCu 2原子が含まれている．Cu 2原子につき，O_2 1分子が結合しているとされている．Cuの酸化還元と O_2 の結合，放出は図11.1のように考えられている[G4]．

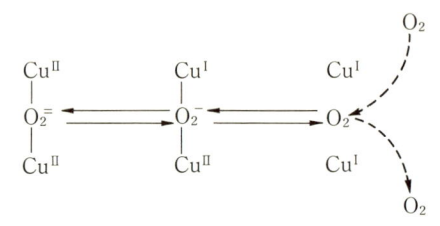

$$\begin{array}{ccc} Cu^{II} & Cu^{I} & Cu^{I} \\ | & | & | \\ O_2^{=} \rightleftarrows & O_2^{-} \rightleftarrows & O_2 \\ | & | & | \\ Cu^{II} & Cu^{II} & Cu^{I} \end{array}$$

図11.1 ヘモシアニンにおけるCuの酸化還元と O_2 の結合を示す推定図[G4]．

ヘモシアニンの分子量は，節足動物と軟体動物とで大きく異なっている．節足動物のヘモシアニンでは，分子量約 75 kDa（57-80 kDa）のサブユニット（これは1個の酸素結合部位を含んでいる）が，まず6量体（hexamer）を形成し，これが一つの構成単位となっている[23]．*Palinurus vulgaris*（イセエビの類）のヘモシアニンの分子量は，447,000 である．エビ類のヘモシアニンは6量体どまりのものが多いが，ザリガニやカニ類では，それがさらに会合した12量体（dodecamer）構造をもつものが多い．多くの甲殻類では，ヘモシアニンは6量体と12量体の混合として血液中に存在している[1]．例えば *Callinectes sapidus*（Blue crab）のヘモシアニンでも，6量体と12量体が混合して血液中に存在する．その比率は，12量体の方が70-90%である．12量体は，6量体より O_2-親和性が低い．6量体と12量体との比率は，天然集団で一定でなく，いろいろである．このヘモシアニンは，6種類のペプチド鎖から構成されており，No.1, 2, 3, 4, 5, 6 と名付けられている．このうち No.4 は，その高濃度で，12量体形成を促進する．No.3 と No.6 は O_2-親和性と関係が

あり，12量体形成には関係していない．これらNo.1から6の比率の変化によって，O_2-親和性の高い適応が得られると考えられる[12,19]．horseshoe crabs（カブトガニ）の類の *Tachypleus tridentatus*，*T. gigas* および *Carcinoscorpius rotundicauda* のヘモシアニンも6種類の免疫学的に異なったサブユニットから成っており，その各サブユニットは，この3種の間で免疫学的に同一であるとされている[29]．

クモやサソリのものは24量体，カブトガニのものではさらに48量体にまで会合する．

甲殻類のヘモシアニンは，Cuを0.17%（0.15-0.19%），糖質（4%），および少量の脂質を含んでいる[1]．

甲殻類のザリガニ族の *Homarus americanus* や *Astacus leptodactylus* で，ヘモシアニンの合成の場所は肝すい臓とされている．これは，^{14}C-アスパラギン酸あるいは ^{35}S-メチオニンの *in vitro* 取り込み実験および抗体による沈殿反応から示された[16]．さらに，*A. leptodactylus* の肝すい臓から抽出されたRNAあるいはm-RNAを使っての *in vitro* 翻訳実験で，生成タンパク質中にヘモシアニンが同定された．同様の実験は，*Callinectes sapidus*（カニの類）でも報告されている．また *Penaeus semisulcatus*（クルマエビの類）の肝すい臓でも，ヘモシアニンに特異的なm-RNAの存在が報告されている[1]．

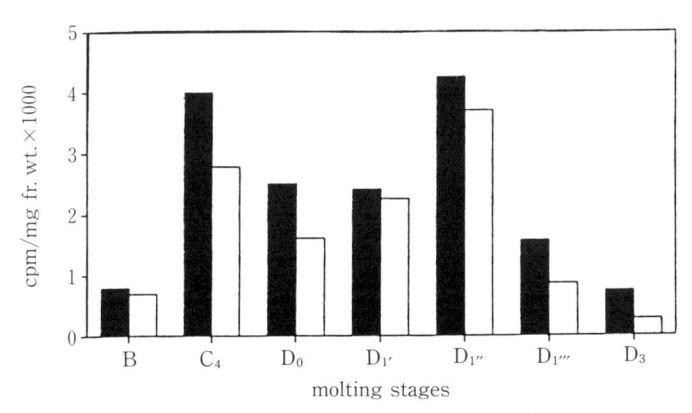

図11.2 *A. leptodactylus*（♂）の中腸腺におけるタンパク質（solid bars）とヘモシアニン（open bars）合成．C_4, intermolt stage；D_1, premolt stage；B, postmolt stage[13]．

しかし *Cancer pagurus* での実験では,眼動脈を囲む結合組織からの m-RNA を使っても,ヘモシアニンが合成されたという報告もある.

Astacus leptodactylus の肝すい臓(=中腸腺)でのヘモシアニンの合成は,脱皮周期中,二つのピークが存在する.その一つは,図 11.2 で脱皮間期 (C_4) であり,他は脱皮前期 (D_1) である[13].

なお,数種の節足動物のヘモシアニンで,そのサブユニットタンパク質の一次〜三次構造が報告されており,比較検討がなされている[2].また多くの節足動物でのヘモシアニンのサブユニットについて,その進化と機能が論じられている[23].

節足動物のヘモシアニンに比べて,軟体動物のものはずっと巨大分子である.

Octopus vulgaris(マダコ)のヘモシアニンの分子量は 2,785,000,また,*Octopus dofleini* のものは 3600 kDa である.また,*Helix pomatia*(エスカルゴの類),*Archachatina marginata*,*Pila leopoldvillensis*(タニシモドキの類),*Murex trunculus*(ホネガイ,アクキガイの類)では 9×10^6 に近いと報告されている[3].

なお,頭足類のヘモシアニンの Cu 含量は 0.24-0.26% である.

軟体動物のヘモシアニンでは,サブユニットの分子量は〜250-500 kDa(約 400 kDa)で,7-8 の O_2 結合部位をもっている.一つのサブユニットは 7-8 のドメインに分けられ,その配列も研究されている.各ドメインは約 50 kDa である.このようなサブユニットが,10 量体(decamer),さらに multi-decameric 構造をなしている.10 量体の分子量は,2.5-5×10^6 Da で,multi-decamer はその 2〜数倍である.ヘモシアニンの大きさは,次の条件によって影響されるとされている:イオン強度,pH,温度,pO_2,2 価のカチオンとくに Ca や Mg.

軟体動物,後鰓亜綱の *Aplisia*(アメフラシの仲間)のヘモシアニンについても詳細に研究されている.

Aplysia vaccaria では,di-decameric のものが主である.分子量は,pH 5.0-8.0 で 8.0×10^6 に近い.しかしその他のものもあり一定していない.pH 8.0 以上になると解離して半分(すなわち 10 量体)になり,pH 9.0 以上になると,さらに解離して 2 量体,単量体になる.*A. vaccaria* のヘモシアニ

ンは，他のアメフラシの種のものより，少し不安定で解離しやすいという[4]．

　Aplysia california や *A. limacina* のヘモシアニンについても研究がなされている[18,21]．また，*Dolabella auricularia*（タツナミガイの類）のヘモシアニンは，decameric から penta-decameric 構造をとっている．そして電顕像で，円筒状（直径330Å，長さ170-850Å）の形をしている[5]．このように軟体動物のヘモシアニンは，円筒形のユニット（直径約35 nm，長さ約19 nm）が連なった形をしているものが多い．この円筒形のユニットは10量体と考えられる[6]．*Aplysia california* や *Aplysia limacina* のヘモシアニンも同様の円筒形である[18,21]．二枚貝綱では，*Acila castrensis* や *Yoldia limatula* のヘモシアニンも，上記同様円筒形を呈している[14]．さらに，頭足類の *Octopus dofleini* のヘモシアニンでも，電顕像で hollow cylinder（直径約320Å）が見える[22]．

　多板綱の *Mopalia muscosa* や *Stenoplax conspicua* のヘモシアニンは，10量体で分子量が約 4.2-4.5×10^6 である．また，腹足綱の *Fasciolaria tulipa* や *Pleuroploca gigantea* のヘモシアニンは di-decamer で，その分子量は，前者では約 8.6×10^6，後者では約 8.9×10^6 である．さらに，*Lunatia heros* のヘモシアニンは tri-decamer で，分子量は約 13.5×10^6 である．*Busycon contrarium* のヘモシアニンは di-decamer から deca-decamer までのものを含むが，この場合も，その基本の10量体の分子量は 4.4×10^6 である[6]．

　前鰓亜綱の *Megathura crenulata*（keyhole limpet）のヘモシアニンには二つの isoform が存在しており，KLH-A，KLH-B と名付けられている．サブユニットの分子量は，KLH-A では 449,000，KLH-B では 392,000 である．両サブユニットとも，八つの酸素結合領域をもっている．両サブユニットは，その一次構造，O_2-結合定数（KLH-A では $P_{50}=7.32$，KLH-B では $P_{50}=2.46$）が異なっている．KLH-A と KLH-B のサブユニットは，それぞれ単独で会合し，AとB両方混合の会合はおこらないとされている．なお，KLH は強い免疫原であり，ハプテンや人のワクチンに対する担体タンパク質として，また膀胱ガンの免疫療法に対して利用されている[7,20]．

　ヘモシアニンは蛍光を発する．この蛍光についても，いくつもの研究があり，例えば *Murex trunculus*（ホネガイ，アクキガイの類）のヘモシアニンの報告で，その蛍光はヘモシアニンタンパク質中のトリプトファンの存在によるとされている．酸素と結合してオキシヘモシアニンになると強いクエンチング

がおこる．反対に，thiocyanate によって酸素をおきかえると，蛍光が強くなる．酵素結合部位が thiocyanate で十分飽和されると，300%蛍光が増す．蛍光の増加は，ヘモシアニンの脱酸素の程度に比例する[8,9]．

なお，軟体動物のヘモシアニンに関しては Holde et al.[24] のすぐれた総説があるので参考にされたい．

11-2 ヘムエリスリン

ヘムエリスリン（h(a)emerythrin）は非ヘム鉄含有タンパク質で，酸素と可逆的に結合解離する．ポルフィリンは含まない[25]．オキシヘムエリスリンは赤色（brick-red から madder-red）であり，脱酸素化ヘムエリスリンは，無色から淡黄色である．ヘムエリスリンは青色の蛍光をもっている．ヘモシアニンと違って，体腔液や血漿に溶けて溶液として存在することはない．いつも細胞中に存在する．たいていは体腔液や血液中の細胞中に存在するが，種によっては腸壁にも存在し，その細胞内の小液胞内に存在している．

ヘムエリスリンの分布は広くない．次の海産無脊椎動物に存在している．

袋形動物門（Aschelminthes），有吻袋虫亜門（Rhynchaschelminthes），プリアプルス綱（Priapuloides）の *Priapulus*．

星口動物門（Sipunculoidea）の *Golfingia*, *Physcosoma*, *Sipunculus*（ホシムシの類），*Siphonosoma cumanense*．

触手動物門（Tentaculata），腕足綱（Brachiopoda）の *Lingula*（シャミセンガイの類）．例えば，*Lingula unguis*（ミドリシャミセンガイ）．

環形動物門（Annelida），多毛環虫綱（Polychaeta）の *Magelona*．

ヘムエリスリンの単量体の分子量は，ほぼ一定で，13,000-14,000 ぐらいである．単量体，3量体，4量体および8量体の4種類が報告されている．

Golfingia gouldii（星口動物門）のヘムエリスリンは8量体で，単量体（1サブユニット）の分子量は，13,500 である．1サブユニットは2原子のFeを含み，1分子の酸素を結合し得る．活性部位では，4分子のヒスチジンと2分子のチロシンが Fe と配位している[10,11]．

12 構造色

1章-10章に，動物の体色に関する色素について説明してきたが，このような色素による色以外に，動物の体表面や表層の構造によって出る色もある．そして，色素による色を化学的な色，表層などの構造による色を物理的な色とか構造色と呼んでいる．色素はある特定の波長の光を吸収するものであるが，構造色は光の干渉，回折，散乱によって生ずるものである．全く色素の関与なしに，構造色のみによる体表面の色もあるが，多くの場合，その後方に色素が存在していて，光の干渉，回折，散乱など物理的なものと色素によるある波長の吸収とが重なって色を出している．物理的な色は本書の範囲外であるが，このように色素も関与しているので，構造色全般について，ここに簡単に説明しておくことにする．

12-1 多層薄膜による干渉色

これは屈折率の異なる薄膜が重なって出る虹色，玉虫色，金属光沢の色（iridescent）のことで，石けんの泡の色，水面の油の薄膜の色，雲母のシートの色がこれにあたる．このような光の干渉（interference）による場合は，見る角度によって色が変わる．

(1) 鱗翅目昆虫の鱗粉

蝶や蛾の翅には，全面的にかあるいはその一部が金属光沢を呈するものがあるが，その中に，多重層による干渉色がある．この中で，モルフォ属（*Morpho*，モルフォチョウの仲間）の鱗粉が最もよく研究されている．この鱗粉を上から見ると，青色の金属光沢を呈している．この色は見る角度によって変わる．斜めからだんだん水平近くまで角度を変えると，青から青緑──青紫──赤紫と色が変わる．この鱗粉を電顕で見ると，図12.2に示すように，ridge（隆起縁，図12.1を見よ）の上部が層状構造をしており，干渉色が生ずる[1]．

256   12 構造色

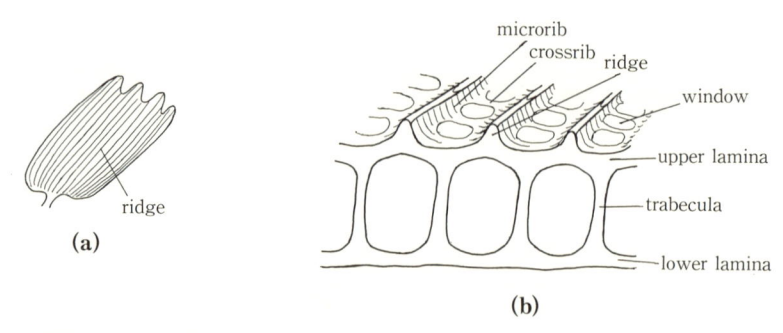

図12.1 蝶の鱗粉（a）およびその横断面（b）の名称を示すための模式図.

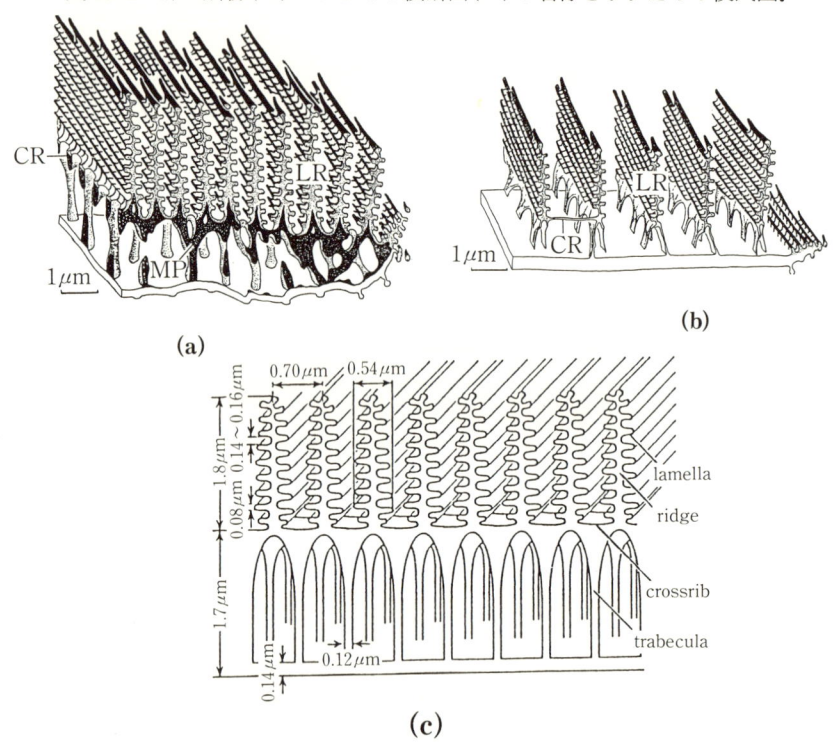

図12.2 モルフォチョウ（*Morpho*）鱗粉の三次元構造.
（a）*M. menelaus nakaharai* の翅の青色金属光沢部分の basal scale (Hirata and Ohsako[1])．CR, cross rib；MP, melanin pigment．（b）上と同種の cover scale[1]．LR, longitudinal ridge；CR, cross rib．（c）*M. didius* の basal scale および *M. sulkowskyi* の cover and basal scales の模式図（田畑ら[2]）．

ridge より下方，trabecula（柱，図 12.1 b を見よ）その他の部分に黒色色素が存在し，透過した光を吸収する場合が多いようである．田畑ら[2]はモルフォチョウの鱗粉の光学的特徴を詳細に調べ，この青色金属光沢は多層薄膜による干渉現象で説明できると報告している．

モルフォ属の青色金属光沢の鱗粉でも，種によって，詳細な構造は異なるが，いずれも ridge の上部に層状（lamellae，図 12.2）構造が見られる[3]．川越[19]もモルフォチョウの翅の金属光沢を調べ，この色は鱗粉の ridge に存在するひだと空気層の多重膜による干渉色としている．色彩は，ひだの数，厚さ，屈折率による．これに光の散乱も生じ，非干渉による効果が加わって，きらきら光ると報告している．このように ridge が高くなり，水平にひだの薄板が空気と交互に重なることによって生ずる干渉色のタイプを，モルフォ型とか "lamellar thin-film iridescent scales" と書かれている．このタイプの鱗粉は，モルフォチョウ科以外にもシロチョウ科の *Eurema lisa* や *Colias eurytheme* などやタテハチョウ科，マダラチョウ科，ワモンチョウ科，フクロチョウ科，テングチョウ科，シジミタテハ科で見られている[4,5]．

鱗翅類の鱗粉の多重層による干渉色には，上記のモルフォ型のほかに，ウラニア（Urania）型と呼ばれているものがある[12]．これは鱗粉の上下の膜（laminae，図 12.1）の間が 5-10 層の層で満たされていて，その間に空気が存在する．この干渉色のタイプは，"laminar thin-film iridescent scales" とも書かれている．このタイプの干渉色は *Urania* 属の蛾，アゲハチョウ科，シジミチョウ科[13]に見られる．アゲハチョウ科では，*Papilio karna*，*Papilio palinurus*（オビクジャクアゲハ）で報告されている[6]．

なお，鱗翅類の鱗粉の干渉色には，上記の二つのタイプのほかに，まだ他の型も存在するとされている．例えば，"microrib thin-film iridescent scales" や "microrib-satin scales" と呼ばれる型も報告されている[7]．

（2） 甲虫目の昆虫

甲虫類のある種では，体表面に鱗片があり，ここに層状構造をもつものがある．また，種々の甲虫類で，翅鞘のクチクラに半透明の薄層状構造が存在する．普通，青や緑色の金属光沢が多いが，なかに赤や橙色のものもある．これは薄層の厚さによるものもあるし，またカロチノイドその他の色素の存在によ

る場合もある．また，金色のものもある．

　これらの例として，コガネムシの類，ハンミョウの類，ハムシの類などがある．

　Coptocycla（ハムシ科）の翅鞘は真鍮の黄色を呈している．死後，この金属色を失い，緑——青——菫——褐色と色が変わる．これは死後，翅鞘の薄層が水を失い，縮まるからである．水を与えると，色はもとにもどるという．

　cassid beetle（ハムシ科の類）も乾燥すると，その金属光沢を失う．クチクラの下に，液体を含む薄層が存在するとされている．

　ツチハンミョウ科の *Lytta*（*Cantharis*）*resicatoria* も干渉色をもっている．

　なお，Scarabaeoidea（コガネムシ主科）の干渉色を出す多くの種で，クチクラがコレステリック液晶構造をもっており，円偏光を反射している[14-17]．このような光学活性を示すクチクラは，Scarabaeidae（コガネムシ科）の Coprinae, Rutelinae, Cetoniinae, Melolonthinae に見られる．また，Trogidae（コブスジコガネ科）や Acanthoceridae にも存在している．さらに，このようなクチクラは，甲虫類以外では二，三の甲殻類にも見られるといわれる．

　川越（大阪大学理学研究科での報告[19]）によれば，タマムシの翅の色彩は，翅の多層膜構造による干渉が原因の一つである．また翅の表面には，干渉とは異なる緑が存在する．したがってこの場合，緑がベースとなって，それに干渉による色彩が合わさっていると報告している．翅の表面には，大小のクレーター構造が存在し，これによって光の散乱がおこり，きらきら光る効果を出しているという．

（3）　その他の昆虫

　半翅目のカメムシの類にも金属光沢が見られる．例えば，アカスジキンカメムシ（*Poecilcoris lewisi*）では，クチクラ中の層状構造による干渉色が存在すると報告されている[8]．

　ハエやハチの仲間でも体に金属光沢をもつものがあり，これも干渉色の例にあげられている．

　また，ハエや甲虫やトンボその他の昆虫の翅にも金属光沢が存在するが，これも干渉色として述べられている．

(4) 甲殻類

Limnadia（鱗脚亜綱，具甲目，ヨーロッパの淡水産）の透明な甲殻の美しい光沢は，干渉色によるものと書かれている．

また，*Sapphirina*（ホタルミジンコの類，橈脚亜綱，キクロプス目，海水産）の雄も，干渉色を示している．淡水では薄層板が膨張して色を失うといわれている．

(5) その他の無脊椎動物

真珠貝やアワビの殻の内面の金属光沢は，炭酸カルシウムと水とから成る交互の薄層による干渉色といわれるが，また回折による色の存在もいわれている．

また次のものにも干渉色が見られる：ミミズのクチクラ，*Aphrodita*（コガネウロコムシの類，多毛環虫類），*Sipunculus*（ホシムシの類）．

また *Sepia*（コウイカの類）にも金属光沢が見られるが，これは虹色素胞（後述）によるとされている．

(6) 魚類，両生類，爬虫類

硬骨魚の多くの種で，皮膚に虹色素胞が存在し，干渉色が見られる．また，両生，爬虫類においても皮膚に虹色素胞が存在している．

色素胞で，細胞内にグアニンを主体としたプリン結晶の薄板（反射小板）や顆粒をもち，反射光で白色や干渉色を現すものを，グアノフォア（guanophore）と呼ぶことがある．これには，白色素胞（leucophore）と虹色素胞（iridophore）がある．

このうち，白色素胞[20]は一般に樹枝状の細胞で，細胞内に多数の小型の反射性顆粒を有しており，速やかな凝集・拡散反応を示すものである．そして干渉色でなく，光の散乱による白色を呈している．一方，虹色素胞[21-23]には球状（楕円状）のものや樹枝状のものが存在している．細胞内には反射小枝が存在しており，魚の種によって，その位置に移動がおこる場合も，移動しない場合もある[24]．そして，反射小板の多重層によって干渉色を生ずる．ある場合には反射小板の凝集・拡散によって色が変わるものもある．例えば，反射小板が

凝集すると, 多重層が生じ, 一種の干渉色で青色となり, 一方, 反射小板が拡散すると層状構造がなくなり, 全方向の光の散乱を生じて黄色がかってくる場合がある[25]. また, 平板状の反射板と反射板の間の距離に変化がおこり, 反射板の傾きの角度の変化によって色の変化がおこる場合も報告されている[22].

以上の白色素胞と虹色素胞の両者を合わせて, 反射性細胞と呼んでもよいとされている. また, 白色素胞でも虹色素胞でも, メラノフォアの上部に重なって存在し色を変化させている場合が多い. ある場合には, これに黄色素胞も重なっている場合もある.

なお, グアノフォアで, 干渉色でなくて, 光のチンダル散乱によっている例は後述のチンダルブルーの項にあげられている.

なお, 色素胞については, 参考書[9,G11-G13]を見られたい.

(7) 鳥 類

種々の鳥で, 干渉色が見られる. 例えば, barnyard cock の羽, ムクドリの羽, マガモの雄の頭部, クジャクの尾, ハチドリ類の羽などである.

鳥の羽毛の干渉色は, 小羽枝 (barbules) の表面のケラチン層によっておこるとされている. これにメラニン色素の裏打ちによって, 反射しない光を吸収して, 色がより純粋になる. しかしまた, メラニン顆粒自身が干渉色の原因となっている場合もある. ムクドリやハチドリの羽にその例が示されている.

ハトの場合も, 小羽枝中のメラニン顆粒に干渉色を出すものがあると書かれている. 白いハトではメラニンはなく, ケラチン層の間の干渉のみによって弱い虹色が出ているという.

(8) 哺 乳 類

golden mole (*Chrysochloris*, モグラの類) の毛に干渉色が存在するとされている.

12-2 回折による色

何らかの微細構造が回折格子 (diffraction grating) の役割をして, 光の干渉がおこり, 虹色が出ることがある. この場合も, 見る角度によって色が変わ

る.

(1) 鱗翅目昆虫

ウラアオシジミ（Callophrys rubi，シジミチョウ科）は，翅の裏面が緑の金属光沢を呈している．これは，鱗粉の上面のラミナ（lamina）と下面のラミナ（図12.1）の間に存在する微細構造が三次元の回折格子として働き，回折による色が出るとされている[5,10]．

なお，蝶や蛾の鱗粉のribの配列も回折格子になり得るとの考えもあるが，詳細な研究はない．

(2) 鞘翅目昆虫

Serica sericea（コガネムシ科）の暗褐色の翅鞘の金属光沢は回折によるとされている．この場合，回折格子はepicuticleに存在している．

鞘翅目では，コガネムシ科のほか，Phalacridae（ヒメハナムシ科），Carabidae（オサムシ科），Cerambycidae（カミキリ科），Staphylinidae（ハネカクシ科），Torridincolidae，Gyrinidae（ミズスマシ科），Silphidae（シデムシ科）に回折による色が存在する．

また，Phyllobius brevitarsis（ゾウムシの類）にも回折による金属光沢が見られる[8]．

(3) 膜翅目昆虫その他

膜翅目のハチの仲間（Mutillidae，アリバチ科）にも回折による色が見られる．また，ある種のクモ（Micrathena schreibersi）にも回折による色が存在する[14]．

(4) 多毛環虫綱

Aphrodita aculeata（コガネウロコムシの仲間）の剛毛の示す金属光沢は，光の回折によるとされている．剛毛の長軸にそっての繊維構造が回折格子として働いているという．乾燥すると，この金属光沢は消える．

(5) 貝　　類

真珠貝の殻の内面の金属光沢は，上述のように多層薄膜による干渉色や回折によるといわれている．

(6) 有櫛動物門（Ctenophora）

有櫛動物には金属光沢を呈するものがあり，これは運動する繊毛性櫛が回折格子の役割をしているといわれる．

12-3　散乱による色

(1) チンダルブルー（Tyndall blues）

種々の動物で，その表皮や羽や鱗粉その他に存在する空気やタンパク質その他の微粒子（直径はせいぜい 400-700 nm）が，入射光を選択的に散乱している場合がある．可視光中の短波長の光（菫，紫）のみを反射し，長波長の光（黄，橙，赤）を通し，これが背後に存在するメラニンによって吸収されるもので，外からは青く見える．これは，Tyndall blues of selective scattering とか blue-scattering といわれている．空が青く見えるのと同じ現象である．

(a)　**節足動物**　　*Papilio zalmoxis*（アゲハチョウ科の蝶）の青色鱗粉にチンダルブルーが見られるとされている．これは鱗粉中に空気の小胞の層があり，チンダル散乱がおこる．そして一部，鱗粉の基底膜での薄層による干渉色が加わっているという．また，ある種の蛍光色素も関与している．さらに，裏打ちする黒色鱗粉の分布によって雌雄の色の違いが出ていると報告されている[11]．

甲殻綱，等脚目の *Porcellio*（ワラジムシの類）や *Armadillidium*（オカダンゴムシの類）の青色の色合いは，おそらくチンダル効果によるものといわれている．

また，トンボ目のヤンマ科，イトトンボ科，トンボ科のトンボの体表面にチンダルブルーが見られるとされている．例えば，*Anax walsinghami*（ヤンマ

科), *Mesothemis simplicicollir*, *Enallagma*（イトトンボ科）などの青色や灰青色である.

また，バッタの類にもチンダルブルーが見られる[14].

（b）**魚類**　魚類の多くの種の皮膚にグアノフォアが存在し，干渉色を出していることは上述したが，種によってはグアノフォアは干渉色でなく，光の散乱にのみ関与しているとされている.

Trachinus（スズキ目の類）や *Gobius*（ハゼの類）のグアノフォア中のグアニン結晶は，入射光を散乱しているといわれる．このグアノフォアは黒色素胞の上に重なっている.

Protopterus aethiopicus（肺魚）が，発育途上に示す灰青色も，おそらく光の散乱によると書かれている.

（c）**爬虫類**　アフリカの *Agama cyanogaster* その他のトカゲの鮮青色はチンダル散乱と書かれている．また，*Eumeces skiltonianus*（砂地に棲む小トカゲ）の尾の青色もチンダルブルーとされている.

（d）**鳥類**　*Casuarius gelateus*（ヒクイドリ），*Cyanocitta*（カケスの類），*Ara macao*（インコの類），カワセミの類の羽，ホロホロチョウの首の青色の皮膚，セキセイインコの blue cere（くちばしの根元にある蠟膜）の青色はチンダルブルーの例としてあげられている.

（e）**哺乳類**　*Mandrillus sphinx*（マンドリル，ヒヒの類）の鼻づらや臀部の鮮青色，vervet monkey（尾長ザルの一種）の陰嚢の青色，人の青眼，シャムネコの青眼，nilgai antelope（インド産の大型カモシカ）の青眼はチンダル散乱によるものと書かれている.

（2）**緑　　色**

（a）**両生類**　アマガエルの真皮の表面近くに黄色素胞があり，カロチノイドかプテリンを含んでいる．黄色素胞の下にグアノフォアが存在する．このグアノフォア中のグアニンの結晶が，短波長の光を散乱する．このチンダル散

乱が黄色素胞の黄色フィルターと共同で緑色を出している．グアノフォアの下にメラノフォアが存在している．黄色フィルターを通過し，しかもグアノフォアでほとんど散乱しない光がメラニンで吸収される．

博物館のアマガエルの標本では，アルコールが黄色色素を溶かし出し，天然では緑色であるものが青色になることがある．アフリカのヘビ *Chlorophis irregularis* も，アルコール中で緑が青になるという．

（b）**鳥類**　*Melopsittacus undulatus*（セキセイインコの類）の緑色の羽も，光の散乱による青色に，黄色色素による黄色が重なって緑色となっているとされている．

（c）**トンボの緑色**　*Aeschna cyanea*（ルリボシヤンマの近縁）の雌の緑色は，上述のカエルと同様，真皮細胞における黄色色素の存在と，光の散乱と，暗色素の裏打ちによるものとされている．

（3）紫　色

これはチンダルブルーと赤色色素によるものである．例として，*Palaeornis cyanocephalus*（インドのインコの一種），*Coracias*（ブッポウソウの類），*Eurystomus*，*Halcyon*（アカショウビンの類）などがあげられる．

（4）白　色

鳥の羽の羽枝内の，微細な空気の小胞があり，しかもその直径が 700 nm 以上になると，入射光が等しく反射散乱して白くなるとされている．同様のことは哺乳類の白い毛皮や毛に見られる．

また空気の小胞でなくて，皮膚の中に固体あるいは液体の微粒子が存在していて，その直径が 700 nm 以上であると，白あるいは明色になる．これに毛細血管の存在が重なると，ピンクに見えるといわれる．また，表皮中のメラニンが見えることもある．また，カロチノイドが存在する場合は，黄，橙，あるいは赤に見えるという．

12-4 湿度による体色変化

これは構造色の問題ではないが，hercules beetle (*Dynastes hercules*, コガネムシ科の仲間) の翅鞘 (elytra, 鞘翅ともいう) の色は，環境の湿度によって黄色と黒色の間で変化する．翅鞘には透明の epicuticle (表角皮) があり，その下に黄色のスポンジ層が存在する．このスポンジ層の下に黒色のクチクラがある．湿度が高いときスポンジ層が水分を吸収して均一構造となり，下方の黒色が見えるようになる．一方，環境の湿度が下がると，スポンジ層は空気で満たされ，光はスポンジ層から反射して黄色に見えるという[18]．これは翅鞘の構造変化によって体色変化が生ずる例である．

文　献

1. カロチノイド

1) Zagalsky P. F., Eliopoulis E. E. and Findlay J. B. C. (1990) The architecture of invertebrate carotenoproteins. *Comp. Biochem. Physiol.* **97**B, 1-18.
2) Zagalsky P. F. (1994) Carotenoproteins: advances in structure determination. *Pure & Appl. Chem.* **66**(5), 973-980.
3) Zagalsky P. F., Mummery R. S., Eliopoulos E. E. and Keen J. N. (1995) Crustacyanin, the lobster carapace astaxanthin-protein: Effects of modification of tyrosine residues of apocrustacyanin with tetranitromethane on the ability of the protein to reconstitute with astaxanthin. *Comp. Biochem. Physiol.* **110**B(2), 393-401.
4) Zagalsky P. F., Mummery R. S., Eliopoulos E. E. and Findlay J. B. C. (1990) The quaternary structure of the lobster carapace carotenoprotein, crustacyanin: Studies using cross-linking agents. *Comp. Biochem. Physiol.* **97**B (4), 837-848.
5) Zagalsky P. F., Mummery R. S. and Winger L. A. (1995) Cross-reactivities of polyclonal antibodies to subunits, CRTA and CRTC, of the lobster carapace carotenoprotein, α-crustacyanin, and of monoclonal antibodies to human serum retinal-binding protein against carotenoproteins of different types and from separate invertebrate species. *Comp. Biochem. Physiol.* **110**B (2), 385-391.
6) Nakagawa H., Kayama M. and Asakawa S. (1971) Studies on carotenoprotein in aquatic animals. I. Distribution of carotenoprotein in exoskeleton of crayfish (*Cambarus clarkii*). *J. Fac. Fish. Anim. Husb. Hiroshima Univ.* **10**, 61-71.
7) Nakagawa H., Kayama M. and Asakawa S. (1972) Studies on carotenoprotein in aquatic animals. II. Reddening of carotenoprotein obtained from crayfish (*Cambarus clarkii*). *J. Fac. Fish. Anim. Husb. Hiroshima Univ.* **11**, 129-139.
8) Nakagawa H., Kayama M. and Asakawa S. (1973) Studies on caroteno-

protein in aquatic animals. III. The relationship between blue and purple carotenoprotein in crayfish (*Cambarus clarkii*) exoskeleton. *J. Fac. Fish. Anim. Husb. Hiroshima Univ.* **12**, 21-30.

9) Nakagawa H., Kayama M. and Asakawa S. (1975) Studies on carotenoprotein in aquatic animals. V. Thermal reddening of exaskeleton of crayfish (*Procambarus clarkii*). *J. Fac. Fish. Anim. Husb. Hiroshima Univ.* **14**, 61-67.

10) Gárate A. M., Barbon P. G., Milicua J. C. G. and Gómez R. (1986) Chemical properties and denaturation of the blue carotenoprotein from *Procambarus clarkii*. *Comp. Biochem. Physiol.* **84B**, 483-488.

11) Milicua J. C. G., Gómez R., Gárate A. M. and Macarulla J. M. (1985) A red carotenoprotein from the carapace of the crayfish, *Procambarus clarkii*. *Comp. Biochem. Physiol.* **81B**(4), 1023-1025.

12) Czeczuga B. and Krywuta S. (1981) Investigations on carotenoprotein complexes in animals — II. The presence of carotenoproteins in the carapace of *Orconectes limosus* (Raf.). *Comp. Biochem. Physiol.* **68B**, 339-343.

13) Villarroel A., Gárate A. M., Gómez R. and Milicua J. C. G. (1985) A blue carotenoprotein from *Upogebia pusilla*. Purification, characterization and properties. *Comp. Biochem. Physiol.* **81B**(2), 547-550.

14) Gárate A. M., Urrechaga E., Milicua J. C. G., Gómez R. and Britton G. (1984) A blue carotenoprotein from the carapace of the crab, *Carcinus maenas*. *Comp. Biochem. Physiol.* **77B**(3), 605-608.

15) Zagalsky P. F., Ceccaldi H. J. and Daumas R. (1970) Comparative studies on some decapod crustacean carotenoproteins. *Comp. Biochem. Physiol.* **34**, 579-607.

16) Czeczuga B. and Krywuta S. (1981) Investigations of carotenoprotein complexes in animals — III. Presence of crustacyanins in *Gammarus lacustris* G. O. Sars. *Comp. Biochem. Physiol.* **70B**, 665-667.

17) Zagalsky P. F. (1985) A study of the astaxanthin-lipovitellin, ovoverdin, isolated from the ovaries of the lobster, *Homarus gammarus* (L.). *Comp. Biochem. Physiol.* **80B** (3), 589-597.

18) Salares V. R., Young N. M., Bernstein H. J. and Carey P. R. (1979) Mechanisms of spectral shifts in lobster carotenoproteins — The resonance raman spectra of ovoverdin and the crustacyanins. *Biochem. Biophys. Acta* **576**, 176-191.

19) Cheesman D. F. and Prebble J. (1966) Astaxanthin ester as a prosthetic

1. カロチノイド 269

group : A carotenoprotein from the hermit crab. *Comp. Biochem. Physiol.* **17**, 929-935.
20) Zagalsky P. F., Cheesman D. F. and Ceccaldi H. J. (1967) Studies on carotenoid-containing lipoproteins isolated from the eggs and ovaries of certain marine invertebrates. *Comp. Biochem. Physiol.* **22**, 851-871.
21) Cheesman D. F. (1958) Ovorubin, a chromoprotein from the eggs of the gastropod mollusc *Pomacea canaliculata. Proc. R. Soc.* B**149**, 571-587.
22) Zagalsky P. F. and Jones R. (1982) Quaternary structure of the astaxabthin-proteins of *Velella velella,* and of α-crustacyanin of lobster carapace, as revealed in electron microscopy. *Comp. Biochem. Physiol.* **71**B, 237-242.
23) Zagalsky P. F. and Herring P. J. (1977) Studies on the blue astaxanthin-proteins of *Velella velella* (Coelenterata : Chondrophora). *Philos. Trans. R. Soc. London* **279**, 289-326.
24) Findlay J. B. C., Pappin D. J. C., Brett M. and Zagalsky P. F. (1987) Carotenoproteins. In "Carotenoids. Chemistry and Biology" (Eds. Krinsky N. I., Mathews-Roth M. M. and Taylor R. F.), pp. 75-104, Plenum Press, New York and London.
25) Bernhard K., Englert G., Meister W., Vecchi M., Renstrøm B. and Liaaen-Jensen S. (1982) Carotenoids of the carotenoprotein asteriarubin. Optical purity of asterinic acid. *Helvetica Chimica Acta* **65**, 2224-2229.
26) 茅野春雄 (1983) パラフィンを運ぶタンパク質. 現代化学 No. **153**, 12-17.
27) Zagalsky P. F., Haxo F., Hertzberg S. and Liaaen-Jensen S. (1989) Studies on a blue carotenoprotein, linckiacyanin, isolated from the starfish *Linckia laevigata* (Echinodermata : Asteroidea). *Comp. Biochem. Physiol.* **93**B(2), 339-353.
28) Goodwin T. W. (1984) "The Biochemistry of Carotenoids. Volume II. Animals". Chapman and Hall, London and New York.
29) Flynn K., Franco J. M., Fernández P., Regnera B., Zapata M., Wood G. and Flynn K. J. (1994) Changes in toxin content, biomass and pigments of the dinoflagellate *Alexandrium minutum* during nitrogen or phosphorus stress. *Marine Ecology Progress Series* **111**, 99-109.
30) Czeczuga B. (1984) Investigations of carotenoids in some animals of the Adriatic Sea — VI. Representatives of sponges, annelids, molluscs and echinodermates. *Comp. Biochem. Physiol.* **78**B(1), 259-264.
31) Krinsky N. I. and Lenhoff H. M. (1965) Some carotenoids in hydra. *Comp.*

文 献

Biochem. Physiol. **16**, 189-198.
32) Czeczuga B. (1980) Carotenoid contents in *Diodora graeca* (L.). (Gastropoda : Fissurellidae) from the Mediterranean (Monaco). *Comp. Biochem. Physiol.* **65**B, 439-441.
33) Katagiri K., Maoka T. and Matsuno T. (1986) Carotenoids of shellfishes — VIII. Comparative biochemical studies of carotenoids in three species of spindle shell, *Fusinus perplexus, F. perplexus ferrugineus* and *F. forceps*. *Comp. Biochem. Physiol.* **84**B(4), 473-476.
34) Matsuno T. and Tsushima M. (1989) Carotenoids of shellfishes — X. Reductive metabolic pathways of echinenone and fritshiellaxanthin in the spindle shell *Fusinus perplexus*. *Comp. Biochem. Physiol.* **92**B(1), 189-193.
35) McBeth J. W. (1972) Carotenoids from Nudibranchus. *Comp. Biochem. Physiol.* **41**B, 55-68.
36) Tanaka Y., Yamada S. and Sameshima M. (1992) Novel apocarotenoid apoastacenal isolated from nudibranch eggmasses. *Nippon Suisan Gakkaishi* **58**(8), 1549.
37) Czeczuga B. (1985) Changes in the content of carotenoids in specimens of *Helix pomatia* (L.) (Mollusca : Gastropoda : Helicidae) in the period of their life activity. *Comp. Biochem. Physiol.* **80**B(3), 657-660.
38) Jensen A. and Sakshang E. (1970) Producer-consumer relationships in the sea. I. Preliminary studies on phytoplankton density and *Mytilus* pigmentation. *J. Exp. Mar Biol. Ecol.* **5**, 180-186.
39) Campbell S. A. (1970) The carotenoid pigments of *Mytilus edulis* and *Mytilus californianus. Comp. Biochem. Physiol.* **32**, 97-115.
40) Hertzberg S., Partali V. and Liaaen-Jensen S. (1988) Animal carotenoids. 32. Carotenoids of *Mytilus edulis* (edible mussel). *Acta Chem. Scand.*, Ser. B**42**, 495-503.
41) Partali V., Tangen K. and Liaaen-Jensen S. (1989) Carotenoids in food chain studies — III. Resorption and metabolic transformation of carotenoids in *Mytilus edulis* edible mussel). *Comp. Biochem. Physiol.* **92**B(2), 239-246.
42) Maoka T. and Matsuno T. (1988) Isolation and structural elucidation of three new acetylenic carotenoids from the Japanese sea mussel *Mytilus coruscus. Nippon Suisan Gakkaishi* **54**(8), 1443-1447.
43) Bjerkeng B., Hertzberg S. and Liaaen-Jensen S. (1993) Carotenoids in food

chain studies — V. Carotenoids of the bivalves *Modiolus modiolus* and *Pecten maximus* — Structural, metabolic and food chain aspects. *Comp. Biochem. Physiol.* **106**B(2), 243-250.
44) Miki W., Yamaguchi K. and Konosu S. (1982) Comparison of carotenoids in the ovaries of marine fish and shellfish. *Comp. Biochem. Physiol.* **71**B, 7-11.
45) 松野隆男, 平岡勝行, 眞岡孝至 (1981) ホタテガイ卵巣のカロテノイド, *Bull. Jap. Soc. Sci. Fish.* **47**(3), 385-390.
46) Czeczuga B. and Czerpak R. (1968) Pigments occurring in *Hydrachna geografica* and *Piona nodata* (Hydracarina, Arachnoidea). *Experientia* **24**, 218-219.
47) Veerman A. (1970) The pigments of *Tetranychus cinnararinus* Boisd. (Acari : Tetranychidae). *Comp. Biochem. Physiol.* **36**, 749-763.
48) Veerman A. (1972) Carotenoids of wild-type and mutant strains of *Tetranychus pacificus* McGregor (Acari : Tetranychidae). *Comp. Biochem. Physiol.* **42**B, 329-340.
49) Veerman A. (1974) Carotenoid metabolism in *Tetranychus urticae* Koch (Acari : Tetranychidae). *Comp. Biochem. Physiol.* **47**B, 101-116.
50) Metcalf R. L. and Newell I. M. (1962) Investigation of the biochromes of mites. *Ann. Ent. Soc. Amer.* **55**, 350-353.
51) Foss P., Renstrøm B. and Liaaen-Jensen S. (1987) Natural occurrence of enantiometric and meso astaxanthin 7-crustaseans including zooplankton. *Comp. Biochem. Physiol.* **86**B(2), 313-314.
52) Gilchrist B. M. and Green J. (1960) The pigments of *Artemia*. *Proc. R. Soc.* B**152**, 118-136.
53) Krinsky N. I. (1965) The carotenoids of the brine shrimp, *Artemia salina*. *Comp. Biochem. Physiol.* **16**, 181-187.
54) Davies B. H., Hsu W. J. and Chichester C. O. (1965) The metabolism of carotenoids in the brine shrimp *Artemia salina*. *Biochem. J.* **94**, 26 p.
55) Davies B. H., Hsu W. J. and Chichester C. O. (1970) The mechanism of the conversion of β-carotene into canthaxanthin by the brine shrimp, *Artemia salina* L. (Crustacea : Branchiopoda). *Comp. Biochem. Physiol.* **33**, 601-615.
56) Czygan F. C. (1966) Über den Stoffwechsel von Keto Carotenoiden in niederen Krebsen. *Z. Naturforschg.* **21**b, 801-805.
57) Czygan F. C. (1968) On the metabolism of carotenoids in the crustacean *Artemia salina*. *Z. Naturforschg.* **23**b, 1367-1368.

58) Hata H. and Hata M. (1969) Carotenoid metabolism in *Artemia salina* L. *Comp. Biochem. Physiol.* **29**, 985-994.
59) Hsu W. J., Chichester C. O. and Davies B. H. (1970) The metabolism of β-carotene and other carotenoids in the brine shrimp, *Artemia salina* L. (Crustacea : Branchiopoda). *Comp. Biochem. Physiol.* **32**, 69-79.
60) Nelis H. J. C. F., Lavens P., Van Steenberge M. M. Z., Sorgeloos P., Criel G. R. and DeLeenheer A. P. (1988) Qualitative and quantitatve changes in the carotenoids during development of the brine shrimp *Artemia*. *J. Lipid Res.* **29**, 491-499.
61) Murugan G., Nelis H. L., Dumont H. J. and De Leenhear A. P. (1995) *Cis*- and all-*trans*-canthaxanthin levels in fairy shrimps. *Comp. Biochem. Physiol.* **110B**, 799-803.
62) Green J. (1957) Carotenoids in *Daphnia*. *Proc. R. Soc.* **B147**, 392-401.
63) Thommen H. and Wackernagel H. (1964) Zum Vorkommen von Keto-Carotenoiden in Crustaceen. *Neturwissenshaften* **51**, 87-88.
64) Herring P. J. (1968) The carotenoid pigments of *Daphnia magna* Straus — I. The pigments of animals fed *Chlorella pyrenoidosa* and pure carotenoids. *Comp. Biochem. Physiol.* **24**, 187-203.
65) Herring P. J. (1968) The carotenoid pigment of *Daphnia magna* Straus — II. Aspects of pigmentary metabolism. *Comp. Biochem. Physiol.* **24**, 205-221.
66) Foss P., Partali V., Olsen Y., Borch G. and Liaaen-Jensen S. (1986) Animal carotenoids 29. New (2 R)-2-hydroxy-4-keto-β-type carotenoids from *Daphnia magna* (Crustacea). *Acta Chem. Scand.* **B40**, 157-162.
67) Lee W. L. (1966) Pigmentation of the marine isopod *Idothea montereyensis*. *Comp. Biochem. Physiol.* **18**, 17-36.
68) Lee W. L. (1966) Pigmentation of the marine isopod *Idothea grannulosa* (Rathke). *Comp. Biochem. Physiol.* **19**, 13-27.
69) Lee W. L. and Gilchrist B. M. (1972) Pigmentation, color change and the ecology of the marine isopod *Idotea resecata* (Stimpson). *J. Exp. Mar. Biol. Ecol.* **10**, 1-27.
70) Lee W. L. and Gilchrist B. M. (1975) Monohydroxy carotenoids in *Idotea* (Crustacea : Isopoda). *Comp. Biochem. Physiol.* **51B**, 247-253.
71) Herring P. J. (1969) Pigmentation and carotenoid metabolism of the marine isopod *Idotea metallica*. *J. Mar. Biol. Ass. U. K.* **49**, 766-779.
72) Needham A. E. (1970) The integumental pigments of some isopod crus-

tacea. *Comp. Biochem. Physiol.* **35**, 509-534.
73) Tanaka Y., Matsuguchi H., Katayama T., Simpson K. L. and Chichester C. O. (1976) The biosynthesis of astaxanthin — XVI. The carotenoids in crustacea. *Comp Biochem. Physiol.* **54B**, 391-393.
74) Katayama T., Hirata K. and Chichester C. O. (1971) The biosynthesis of astaxanthin — IV. The carotenoids in the prawn, *Penaeus japonicus* Bate (Part I). *Bull. Jap. Soc. Sci. Fish.* **37**(7), 614-620.
75) Katayama T., Kamata T. and Chichester C. O. (1972) The biosynthesis of astaxanthin. VI. The carotenoids in the prawn, *Penaeus japonicus* Bate (Part II). *Int. J. Biochem.* **3**, 363-368.
76) 石川雄介, 三宅与志雄, 安家重材 (1967) 体色の異なる養殖クルマエビの色素胞とカロチノイドの比較. 岡山県水産試験場・事業報告書 18-23.
77) 三宅与志雄, 石川雄介, 星野 暹 (1968) 餌料や底質の違いによるクルマエビの体色変化. 岡山県水産試験場・事業報告 27-34.
78) Chien Y. H. and Jeng S. C. (1992) Pigmentation of kuruma prawn, *Penaeus japonicus* Bate, by various pigment source and levels and feeding regimes. *Aquaculture* **102**, 333-346.
79) Liao W. L., Nur-E-Borham S. A., Okada S., Matsui T. and Yamaguchi K. (1993) Pigmentation of cultured black tiger prawn by feeding with a *Spirulina*-supplemented Diet. *Nippon Suisan Gakkaishi* **59**(1), 165-169.
80) Nakagawa H. and Kayama M. (1975) Studies on carotenoprotein and carotenoids of some micronektonic Crustaceans caught in Sagami and Suruga bays. *J. Fac. Fish. Anim. Husb. Hiroshima Univ.* **14**, 49-60.
81) Renstrøm B. and Liaaen-Jensen S. (1981) Fatty acid composition of some esterified carotenoids. *Comp. Biochem. Physiol.* **69B**, 625-627.
82) Katayama T., Shimaya M., Sameshima M. and Chichester C. O. (1993) The biosynthesis of astaxanthin. XII. The conversion of labelled β-carotene-15, 15'-^{3}H$_2$ into body astaxanthin in the lobster, *Panulirus japonicus*. *Int. J. Biochem.* **4**, 223-226.
83) Czeczuga B. and Czerpak R. (1968) Carotenoids in the carapace of the *Orconectes limosus* (Raf.), Crustacea : Decapoda. *European J. Biochem.* **5**, 429-432.
84) Gilchrist B. M. and Lee W. L. (1972) Carotenoid pigments and their possible role in reproduction in the sand crab, *Emerita analoga* (Stimpson, 1857). *Comp. Biochem. Physiol.* **42B**, 263-294.

85) Gilchrist B. M. and Lee W. L. (1967) Carotenoids and carotenoid metabolism in *Carcinus maenas* (Crustacea : Decapoda). *J. Zool. Lond.* **151**, 171-180.
86) Harashima K., Nakahara J. and Kato G. (1976) Papilioerythrinone : A new ketocarotenoid in integuments of orange pupae of a swallowtail, *Papilio xuthus*, and carapaces of a crab, *Paralithodes brevipes* (Hanasakigani in Japanese). *Agr. Biol. Chem.* **40**(4), 711-717.
87) Castillo R. and Lenel R. (1978) Determination and metabolism of carotenoid pigments in the hermit crab *Clibanarius erythropus* Latreille (1818) [Syn. *Cl. misanthropus* Heller (1863)]. *Comp. Biochem. Physiol.* **59**B, 67-73.
88) Campbell S. A. (1969) Carotenoid metabolism in the commensal crab *Pinnotheres pisum*. *Comp. Biochem. Physiol.* **30**, 803-812.
89) 松野隆男, 渡辺哲夫 (1974) 甲殻類のカロチノイド成分 — III. アカテガニ, ベンケイガニについて. *Bull. Jap. Soc. Sci. Fish.* **40**(8), 767-774.
90) Kayser H. (1976) Identification of β, β-carotene-2-ol and β, β-carotene-2, 2'-diol in the stick insect, *Carasius morosus* Br. ; a reinvestigation study. *Z. Naturfarsch.* **31**c, 646-651.
91) Kayser H. (1977) Metabolites of β, β-carotene in the stick insect, *Carausius morosus* Br. : Compounds with 2-one and 3, 4-didehydro-2-one structure. *Z. Naturfaosch.* **32**c, 327-336.
92) Kayser H. (1982) Carotenoid biogenesis in the stick insect, *Carausius morosus*, during a larval instar. *Z. Naturforsch.* **37**c, 13-18.
93) Kayser H. (1982) Carotenoids in stick insects (Phasmids). A quantitative comparison of six species at major developmental stages. *Comp. Biochem. Physiol.* **72**B, 427-432.
94) Kayser H. (1981) Carotenoids in the stick insect, *Ectatosoma tiaratum*. Isolation of β, ε-caroten-2-ol and β, ε-caroten-2-one. *Z. Naturforsch.* **36**c, 755-764.
95) Goodwin T. W. and Srisukh S. (1948) The carotenoids of the locust integument. *Nature* **161**, 525-526.
96) Goodwin T. W. and Srisukh S. (1949) The biochemistry of locusts. 1. The carotenoids of the integument of two locust species (*Locusta migratoria migratorioides* R. & F. and *Schistocerca gregaria* Forsk.). *Biochem. J.* **45**, 263-268.
97) Feltwell J. S. E. and Valadon L. R. G. (1972) Carotenoids of *Pieris brassicae*

and of its food plant. *J. Insect Physiol.* **18**, 2203-2215.
98) Kayser H. (1974) Die Rolle der Carotinoide und des Gallenfarbstoffs bei der Farbmodifikation der Puppen von *Pieris brassicae. J. Insect Physiol.* **20**, 89-103.
99) Kayser H. (1975) Fatty-acid esters of lutein in *Pieris brassicae* fed on natural and artificial diets. *Insect Biochem.* **5**, 861-875.
100) Harashima K., Ohno T., Sawachika T., Hidaka T. and Ohnishi E. (1972) Carotenoids in orange pupae of the swallowtail, *Papilio xuthus. Insect Biochem.* **2**, 29-48.
101) 原島圭二 (1979) アゲハチョウのカロチノイド代謝とサナギの色. In "昆虫の生理と化学"(日高敏隆, 高橋正三, 磯江幸彦, 中西香爾編), pp. 89-97. 喜多見書房, 東京.
102) Valadon L. R. G. and Mummery R. S. (1978) A comparative study of carotenoids in *Papilio* spp. *Comp. Biochem. Physiol.* **61B**, 371-374.
103) Kayser H. (1975) The use of argentation chromatography for the analysis of fatty acid esters of polyenes: The structure of carotenoid esters of *Aglais urticae* (Lepidoptera, Insecta). *Z. Naturforsch.* **30c**, 369-378.
104) Mummery R. S., Rothschild M. and Valadon L. R. G. (1975) Carotenoids in two silk moths *Saturnia pavonia* L. and *Actia luna* L. *Comp. Biochem. Physiol.* **50B**, 23-28.
105) Kayser H. (1975) Isolation of 3-hydroxy-β, ε-carotene-3'-one from two moth species, *Actias selene and Cerula vinula. J. Comp. Physiol.* **104**, 27-31.
106) Harashima K. (1970) Carotenoids in haemolymph of a silkworm, *Philosamia cynthia pryeri* Butler: Occurrence of 3-hydroxy-3'-keto-α-carotene. *Int. J. Biochem.* **1**(5), 523-531.
107) Kayser H. (1976) Isolation of β, β-carotene-2-ol from an insect, *Cerula vinula* (Lepidoptera). *Z. Naturforsch.* **31c**, 121-128.
108) Kayser H. (1979) Presence and biosynthetic implications of β, β-carotene-2-one in the moth *Cerura vinula. Z. Naturfarsch.* **34c**, 483-484.
109) Kayser H., Aareskjold K., Borch G. and Liaaen-Jensen S. (1984) Partly racemized 2-hydroxy-β-type carotenoids from the insects *Cerura vinula* and *Ectatosoma tiaratum. Insect Biochem.* **14**(1), 51-54.
110) Kayser H. (1977) Conversion of [^{14}C]β-carotene to its 2-hydroxy and 3-hydroxy metabolites by two moth species. *Comp. Biochem. Physiol.* **58B**, 177-181.

111) Terra W. R., de Bianchi A. G., de Mello M. P. and Basile R. (1976) Some metabolic disorders affecting the carotenoid-linked haemolymph proteins in *Rhynchosciara americana* (Diptera, Sciaridae). *Experientia* **32**, 432-434.
112) Terra W. R., Ferreira C. and de Bianchi A. G. (1980) Carotenoids from midgut and from haemolymph proteins of *Rhynchosciara* (Diptera : Sciaridae) and their metabolic implications. *Comp. Biochem. Physiol.* **66**B, 491-497.
113) Terra W. R., Ferreira C., de Bianchi A. G. and Zinner K. (1981) A violet carotenoprotein, containing echinenone, isolated from the haemolymph of the fly *Rhynchosciara americana. Comp. Biochem. Physiol.* **68**B, 89-93.
114) Valadon L. R. G. and Mummery R. S. (1973) A comparative study of carotenoids of ladybirds (ladybugs) milking aphids feeding on vetch. *Comp. Biochem. Physiol.* **46**B, 427-434.
115) Britton G., Goodwin T. W., Harriman G. E. and Lockley W. J. S. (1977) Carotenoids of the ladybird beetle, *Coccinella septempunctata. Insect Biochem.* **7**, 337-345.
116) Britton G., Lockley W. J. S., Harriman G. A. and Goodwin T. W. (1977) Pigmentation of the ladybird beetle *Coccinella septempunctata* by carotenoids not of plant origin. *Nature* **266**, 49-50.
117) Leuenberger F. and Thommen H. (1970) Keto-carotenoids in the Colorado potato beetle, *Leptinotarsa decemlineata. J. Insect Physiol.* **16**, 1855-1858.
118) Czeczuga B. (1971) Assimilation of carotenoids with food by the beetle, *Leptinotarsa decemlineata. J. Insect Physiol.* **17**, 2017-2925.
119) Mummery R. S. and Valadon L. R. G. (1974) Carotenoids of the lily beetle (*Lilioceris lilii*) and of its food plant (*Lilium hansonii*). *J. Insect Physiol.* **20**, 429-433.
120) Gross J., Carmon M., Lifshitz A. and Sklarz B. (1975) Carotenoids of the invertebrates of the Red Sea (Eilat shore). Carotenoids of the crinoid *Lamprometra klunzingeri* (Echinodermata). *Comp. Biochem. Physiol.* **52**B, 459-464.
121) Matsuno T. and Ito T. (1971) Gonadal pigments of sea-cucumber *Stichopus japonicus* Selenka (Echinodermata). *Experientia* **27**, 509.
122) Matsuno T. and Tsushima M. (1995) Comparative biochemical studies of carotenoids in sea cucumbers. *Comp. Biochem. Physiol.* **111**B(4), 597-605.
123) de Nicola M. (1956) Astaxanthin in asteroid echinoderms *Asterina panceri.*

Exptl. Cell Res. **10**, 441-446.
124) Maoka T., Tsushima M. and Matsuno T. (1989) New acetylenic carotenoids from the starfishes *Asterina pectinifera* and *Asterias amurensis*. *Comp. Biochem. Physiol.* **93B**, 829-834.
125) de Nicola M. (1954) The carotenoids of the carapace of the Echinoderm *Ophidiaster ophidianus*. *Biochem. J.* **56**, 555-558.
126) D'Auria M. V., Riccio R. and Minale L. (1985) Ophioxanthin, a new marine carotenoid sulphate from the ophiuroid *Ophioderma longicaudum*. *Tetrahedron Letters* **26**(15), 1871-1872.
127) de Nicola M. and Goodwin T. W. (1954) Carotenoids in the developing eggs of the sea urchin *Paracentrotus lividus*. *Exptl. Cell Res.* **7**, 23-31.
128) Galasko G., Hora J., Toube T. P., Weedon B. C. L., André D., Barbier M., Lederer E. and Villanueva V. R. (1969) Carotenoids and related compounds. Part XXII. Allenic carotenoids in sea urchins. *J. Chem. Soc.* (C), 1264-1265.
129) Griffiths M. and Perrott P. (1976) Seasonal changes in the carotenoids of the sea urchin *Strongylocentrotus dröbachiensis*. *Comp. Biochem. Physiol.* **55B**, 435-441.
130) Griffiths M. (1966) The carotenoids of the eggs and embryos of the sea urchin *Strongylocentrotus purpuratus*. *Developmental Biol.* **13**, 296-309.
131) Vershinin A. and Lukyanova O. N. (1993) Carotenoids in the developing embryos of sea urchin *Strongylocentrotus intermedius*. *Comp. Biochem. Physiol.* **104B**(2), 371-373.
132) Tsushima M., Kawakami T. and Matsuno T. (1993) Metabolism of carotenoids in sea-urchin *Pseudocentrotus depressus*. *Comp. Biochem. Physiol.* **106B**, 737-741.
133) Tsushima M., Byrne M., Amemiya S. and Matsuno T. (1995) Comparative biochemical studies of carotenoids in sea urchins — III. Relationship between developmental mode and carotenoids in the Australian echinoids *Helicocidaris erythrogramma* and *H. tuberculate* and a comparison with Japanese species. *Comp. Biochem. Physiol.* **110B**, 719-723.
134) Shina A., Gross J., Lifshitz A. and Sklarz B. (1978) Carotenoids of the invertebrates of the Red Sea (Eilat Shore) — II. Caroteboid pigments in the gonads of the sea urchin *Tripneustes gratila* (Echinodermata). *Comp. Biochem. Physiol.* **61B**, 123-128.
135) Belaud C. and Guyat M. (1984) Sidnyaxanthin, a new carotenoid from the

tunicate, *Sidnyumargus. Tetrahedron Letters* **25**(29), 3087-3090.
136) Tsushima M. and Matsuno T. (1990) Comparative biochemical studies of carotenoids in sea-urchins — I. *Comp. Biochem. Physiol.* **96B**, 801-810.
137) Tsushima M., Amemiya S. and Matsuno T. (1993) Comparative biochemical studies of carotenoids in sea-urchins — II. The more primitive sea-urchins belonging to the orders Cidaroidea, Echinothurioda, Diadmatoidea, and Arbacioida. *Comp. Biochem. Physiol.* **106B**, 729-735.
138) 松野隆男, 勝山政明, 植村雅明 (1975) 魚類のカロテノイドに関する比較生化学的研究 — VII. シラウオおよびチカのカロテノイド成分. *Bull. Jap. Soc. Sci. Fish.* **41**(6), 681-684.
139) 松野隆男, 勝山政明, 柏崎美和子 (1976) 魚類のカロテノイドに関する比較生化学的研究 — VIII. シシャモおよびキュウリウオのカロテノイド成分. *Bull. Jap. Soc. Sci. Fish.* **42**(4), 465-467.
140) Schiedt K., Leuenberger F. J., Vecchi M. and Glinz E. (1985) Absorption, retention and metabolic transformation of carotenoids in rainbow trout, salmon and chicken. *Pure & Appl. Chem.* **57**(5), 685-692.
141) Torrissen O. J. (1986) Pigmentation of salmonids — A comparison of astaxanthin and canthaxanthin as pigment sources for rainbow trout. *Aquaculture* **53**, 271-278.
142) Storebakken T. and No H. K. (1992) Pigmentation of rainbow trout. *Aquaculture* **100**, 209-229.
143) Foss P., Storebakken T., Austrenz E. and Liaaen-Jensen S. (1987) Carotenoids in diets for salmonids. V. Pigmentation of rainbow trout and sea trout with astaxanthin and astaxanthin dipalmitate in comparison with canthaxanthin. *Aquaculture* **65**, 293-305.
144) Torrissen O. J. (1985) Pigmentation of salmonids : Factors affecting carotenoid deposition in rainbow trout (*Salmo gairdneri*). *Aquaculture* **46**, 133-142.
145) Choubert G. Jr. and Luquet P. (1983) Utilization of shrimp meal for rainbow trout (*Salmo gairdneri* Rich.) pigmentation. Influence of fat content of the diet. *Aquaculture* **32**, 19-26..
146) Kotik L. V., Tolokonnikov G. Y. and Dubrovin V. N. (1974) The effect of krill meal additions to feeds on muscle pigmentation in the rainbow trout, *Salmo gairdneri. J. Ichthyology* **19**(5), 119-123.
147) Johnson E. A., Villa T. G. and Lewis M. J. (1980) *Phaffia rhodozyma* as an

astaxanthin source in salmonid diets. *Aquaculture* **20**, 123-134.
148) Hata M. and Hata M. (1973) Studies on astaxanthin formation in some fresh-water fishes. *Tohoku J. Agr. Res.* **24**(4), 192-196.
149) Czeczuga B. (1975) Carotenoids in fish IV. Salmonidae and Thymallidae from Polish waters. *Hydrobiologia* **46**, 223-239.
150) Schiedt K., Vecchi M. and Glinz E. (1986) Astaxanthin and its metabolites in wild rainbow trout (*Salmo gairdneri* R.). *Comp. Biochem. Physiol.* **83B**, 9-12.
151) Kamata T., Tanaka Y., Yamada S. and Simpson K. L. (1990) Study of carotenoid composition and fatty acids of astaxanthin diester in rainbow trout *Salmo gairdneri* fed the *Adonis* extract. *Nippon Suisan Gakkaishi* **56** (5), 789-794.
152) Katsuyama M., Komori T. and Matsuno T. (1987) Metabolism of three stereoisomers of astaxanthin in the fish, rainbow trout and tilapia. *Comp. Biochem. Physiol.* **86B**(1), 1-5.
153) Thommen H. and Gloor U. (1965) Zum Vorkommen von Keto-Carotinoiden in der Forelle. *Naturwissenschaften* **52**, 161-162.
154) Schiedt K. (1987) New aspects of carotenoid metabolism in animals. In "Carotenoids. Chemistry and Biology" (Eds. Krinsky N. I., Mathews-Roth M. M. and Taylor R. F.), pp. 247-268, Plenum Press, New York and London.
155) Craik J. C. A. and Harvey S. M. (1986) The carotenoids of eggs of wild and farmed atlantic salmon, and their changes during development to the start of feeding. *J. Fish Biol.* **29**, 549-565.
156) Evelyn T. P. T. (1967) Pigments from a sockeye salmon (*Oncorhychus nerka*) with unusual skin colouration. *J. Fish Res. Canada* **24**(10), 2195-2199.
157) 金光庸俊, 青江　弘 (1958) サケ, マス類のカロチノイド色素の研究 ― I. 筋肉色素の同定. *Bull. Jap. Soc. Sci. Fish.* **24**(3), 209-215.
158) Ando S. (1986) Stereochemical investigation of astaxanthin in the ovaries of chum salmon *Oncorhynchus keta* during spawning migration. *Bull. Fac. Fish Hokkaido Univ.* **37**(4), 309-313.
159) Henmi H., Hata M. and Hata M. (1989) Astaxanthin and/or canthaxanthin-actomyosin complex in salmon muscle. *Nippon Suisan Gakkaishi* **55**(9), 1583-1589.
160) 松野隆男, 勝山政明, 永田誠一 (1980) 魚類のカロテノイドに関する比較生化

学的研究 — XIX. シロザケ, ギンザケ, ビワマス, サツキマス, サクラマス, ヒメマスのカロテノイド, Bull. Jap. Soc. Sci. Fish. 46(7), 879-884.
161) 松野隆男, 永田誠一, 勝山政明, 松高寿子, 眞岡孝至, 秋田俊子 (1980) 魚類のカロテノイドに関する比較生化学的研究 — XVIII. 養殖イワナ, カワマス, レークトラウト, ヤマメ, アマゴ, ニジマス, ブラウントラウトについて. Bull. Jap. Soc. Sci. Fish. 46(4), 473-478.
162) Nelis H. J. C. F., Lavens P., Moens L., Sorgeloos P., Jonckheere J. A., Criel G. R. and Leenheer A. P. (1984) *cis*-Canthaxanthins. Unusual carotenoids in the eggs and the reproductive system of female brine shrimp *Artemia*. *J. Biol. Chem.* **259**(10), 6063-6066.
163) Katayama T., Yokoyama H. and Chichester C. O. (1970) The biosynthesis of astaxanthin — I. The structure of α-doradexanthin and β-doradexanthin. *Int. J. Biochem.* **1**, 438-444.
164) Katayama T., Yokoyama H. and Chichester C. O. (1970) The biosynthesis of astaxanthin — II. The carotenoids in Benibuna, *Carassius auratus*, especially the existence of a new keto carotenoids, α-doradecin and α-doradexanthin. Bull. Jap. Soc. Sci. Fish. **36**(7), 702-708.
165) Hsu W. J., Rodriguez D. B. and Chichester G. O. (1972) The biosynthesis of astaxanthin. VI. The conversion of [^{14}C] lutein and [^{14}C] β-carotene in goldfish. *Int. J. Biochem.* **3**, 333-338.
166) Hata M. and Hata M. (1971) Carotenoid pigments in goldfish (*Carassius auratus*). I. Composition and distribution of carotenoids. *Int. J. Biochem.* **2**, 11-19.
167) Hata M. and Hata M. (1971) Carotenoid pigments in goldfish (*Carassius auratus*). II. Colour change and carotenoid pigment composition. *Int. J. Biochem.* **2**, 182-184.
168) Hata M. and Hata M. (1970) Carotenoid pigments in goldfish (*Carassius auratus* L.). III. Metabolism of ingested cynthiaxanthin. *Tohoku J. Agr. Res.* **21**(3, 4), 183-188.
169) 松野隆男, 松高寿子 (1981) フナ属, 5魚種のカロテノイド成分. Bull. Jap. Soc. Sci. Fish. **47**(1), 85-88.
170) 山川健重, 平尾秀一, 菊地 嶺, 飯塚三哉 (1968) ニシキゴイにおけるカロチノイド蓄積試験. ビタミン **38**(2), 145.
171) Matsuno T., Maoka T. and Ikuno Y. (1986) Comparative biochemical studies of carotenoids in fish — XXVII. Carotenoids in the eggs of three

species of Cyprinidae. *Comp. Biochem. Physiol.* 83B (2), 335-337.
172) Matsuno T. (1987) Animal carotenoids. In "Carotenoids Chemistry and Biology" (Eds. Krinsky N. J., Mathews-Roth M. M. and Taylor R. F.), pp. 59-74, Plenum Press, New York and London.
173) Matsuno T., Nagata S. and Kitamura K. (1976) New carotenoids, parasiloxanthin and 7, 8-dihydroparasiloxanthin. *Tetrahedron Letters* No. 50, 4601-4604.
174) 松野隆男, 永田誠一 (1980) マナマズ特有の主カロチノイド parasiloxanthin (7′,8′-dihydrozeaxanthin), 7,8-dihydroparasiloxanthin の生合成について. *Bull. Jap. Soc. Sci. Fish.* 46(11), 1363-1367.
175) Czeczuga B. (1981) Carotenoids in fish — XXX. Rhodoxanthin in *Ctenopharyngodon idella* Vol. (Cyprinidae), *Comp. Biochem. Physiol.* 69B, 885-887.
176) Grung M., Svendsen Y. S. and Liaaen-Jensen S. (1993) The carotenoids of eggs of wild and farmed cod (*Gadus morhua*). *Comp. Biochem. Physiol.* 106B, 237-242.
177) Katayama T., Hirata K., Yokoyama H. and Chichester C. O. (1970) The biosynthesis of astaxanthin — III. The carotenoids in sea breams. *Bull. Jap. Soc. Sci. Fish.* 36, 709-714.
178) Katayama T., Shintani K. and Chichester C. O. (1973) The biosynthesis of astaxanthin — VII. The carotenoids in sea bream, *Chrysophrys major* Temminck and Schlegel. *Comp. Biochem. Physiol.* 44B, 253-257.
179) Miki W., Yamaguchi K., Konosu S. and Watanabe T. (1984) Metabolism of dietary carotenoids in eggs of red sea bream. *Comp. Biochem. Physiol.* 77B (4), 665-668.
180) Miki W., Yamaguchi K., Konosu S., Takane T., Satake M., Fujita T., Kuwabara H., Shimeno S. and Takeda M. (1985) Origin of tunaxanthin in the integument of yellowtail (*Seriola quinqueradiata*). *Comp. Biochem. Physiol.* 80B (2), 195-201.
181) Matsuno T., Katsuyama M., Maoka T., Hirano T. and Komori T. (1985) Reductive metabolic pathways of carotenoids in fish (3 S, 3′S)-astaxanthin to tunaxanthin A, B and C. *Comp. Biochem. Physiol.* 80B (4), 779-789.
182) Crozier G. F. (1967) Carotenoids of seven species of *Sebastodes*. *Comp. Biochem. Physiol.* 23, 179-184.
183) Crozier G. F. and Wilkie D. W. (1966) Occurrence of a dihydroxy ε-carotene in a fish. *Comp. Biochem. Physiol.* 18, 801-804.

184) Czeczuga B. (1980) Investigations on carotenoids in amphibia — II. Carotenoids occurring in various parts of the body of certain species. *Comp. Biochem. Physiol.* **65B**, 623-630.
185) Czeczuga B. (1980) Carotenoids in some parts of certain species of lizards. *Comp. Biochem. Physiol.* **65B**, 755-757.
186) Czeczuga B. (1979) Carotenoids in the skin of certain species of birds. *Comp. Biochem. Physiol.* **62B**, 107-109.
187) Grimbleby F. H. and Black D. J. G. (1952) Variations in the composition of egg-york pigment. *Brit. J. Nutrition.* **6**, 393-397.
188) Matsuno T., Hirono T., Ikuno Y., Maoka T., Shimizu M. and Komori T. (1986) Isolation of three new carotenoids and proposed metabolic pathways of carotenoids in hen's egg yolk. *Comp. Biochem. Physiol.* **84B**, 477-481.
189) Fox D. L., Hopkins T. S. and Zilversmit D. B. (1965) Blood carotenoids of the roseate spoonbill. *Comp. Biochem. Physiol.* **14**, 641-649.
190) Fox D. L. (1955) Astaxanthin in the American flamingo. *Nature* **175**, 942-943.
191) Fox D. L. and Hopkins T. S. (1966) Comparative metabolic fractionation of carotenoids in three flamingo species. *Comp. Biochem. Physiol.* **17**, 841-856.
192) Fox D. L., Wolfson A. A. and McBeth J. W. (1969) Metabolism of β-carotene in the American flamingo, *Phoenicopterus ruber. Comp. Biochem. Physiol.* **29**, 1223-1229.
193) Fox D. L., McBeth J. W. and Mackinney G. (1970) Some dietary carotenoids and blood-carotenoid levels in flamingos — II. γ-carotene and α-carotene consumed by the American flamingo. *Comp. Biochem. Physiol.* **36**, 253-262.
194) Fox D. L., Smith V. E. and Wolfson A. A. (1967) Carotenoid selectivity in blood and feathers of Lesser (African), Chilean and Greater (European) flamingos. *Comp. Biochem. Physiol.* **23**, 225-232.
195) Fox D. L. and Hopkins T. S. (1965) Exceptional carotenoid metabolism in the Andean flamingo. *Nature* **206**, 301-302.
196) Hudon J. (1991) Unusual carotenoid use by the Western Tanager (*Piranga ludoviciana*) and its evolutionary implications. *Can. J. Zool.* **69**, 2311-2320.
197) Egeland E. S., Parker H. and Liaaen-Jensen S. (1993) Carotenoids in combs of Capercaillie (*Tetrao urogallus*) fed defined diets. *Poultry Science* **72**, 747-751.

198) PHP研究所編 (1989) "図解まるごと上野動物園", p. 86, PHP 研究所, 東京.
199) 松野隆男, 幹 渉 (1990) 動物におけるカロテノイドの生理機能と生物活性, 化学と生物 **28**(4), 219-227.
200) Guillon A., Choubert G., Storebakken T., de la Noüe J. and Kaushik S. (1989) Bioconversion pathway of astaxanthin into retionl$_2$ in mature rainbow trout (*Salmo gaidneri* Rich.). *Comp. Biochem. Physiol.* **94**B, 481-485.
201) Kitahara T. (1983) Behavior of carotenoids in the chum salmon (*Oncorhynchus keta*) during anadromous migration. *Comp. Biochem. Physiol.* **76**B(1), 97-101.
202) Ando S. and Hatano M. (1987) Metabolic pathways of carotenoids in chum salmon *Oncorhynchus keta* during spawning migration. *Comp. Biochem. Physiol.* **87**B(2), 411-416.
203) Ando S. (1986) Studies on the food biochemical aspects of changes in chum salmon, *Oncorhynchus keta,* during spawning migration: Mechanisms of muscle deterioration and nuptial coloration. *Mem. Fac. Fish Hokkaido Univ.* **33**, 1-95.
204) 安藤清一, 羽田野六男 (1986) 秋サケ筋肉の劣化と婚姻色の発現. 化学と生物 **24**(12), 792-798.
205) Ando S. and Hatano M. (1986) Deterioration of chum salmon *Oncorhynchus keta* muscle during spawning migration. XIV. Carotenoids in the serum lipoproteins of chum salmon associated with migration. *Bull. Fac. Fish. Hokkaido Univ.* **37**(2), 148-156.
206) Ando S., Takeyama T. and Hatano M. (1986) Transport associated with serum vitellogenin of carotenoid in chum salmon (*Oncorhynchus keta*). *Agric. Biol. Chem.* **50**(3), 557-563.
207) 中村弘二, 泰 正弘, 泰 満夫 (1985) サケ血清中のアスタキサンチン. *Bull. Jap. Soc. Sci. Fish.* **51**(6), 979-983.
208) Ando S., Takeyama T., Hatano M. and Zama K. (1985) Carotenoid-carrying lipoproteins in the serum of chum salmon (*Oncorhynchus keta*) associated with migration. *Agric. Biol. Chem.* **49**(7), 2185-2187.
209) Kitahara T. (1984) Carotenoids in the Pacific salmon during the marine period. *Comp. Biochem. Physiol.* **78**B(4), 859-862.
210) Crozier G. F. (1970) Tissue carotenoids in prespawning and spawning Sockeye salmon (*Oncorhynchus nerka*). *J. Fish. Res. Board Canada* **27**(5), 973-975.

211) Kitahara T. (1985) Behavior of carotenoids in the masu salmon *Oncorhynchus masou* during anadromous migration. *Bull. Jap. Soc. Sci. Fish.* **51**(2), 253-255.
212) Bjerkeng B., Storebakken T. and Liaaen-Jensen S. (1992) Pigmentation of rainbow trout from start feeding to sexual maturation. *Aquaculture* **108**, 333-346.
213) Wolfe D. A. and Cornwell D. G. (1964) Carotenoids of cavernicolous crayfish. *Science* **144**, 1467-1469.
214) Krinsky N. I. (1979) Carotenoid protection against oxidation. *Pure & Appl. Chem.* **51**, 649-660.
215) 松野隆男, 眞岡孝至 (1981) アカガイおよび近縁二枚貝3種より Diatoxanthin, Pectenoxanthin, Pectenolone および新カロテノイド 3,4,3′-Trihydroxy-7′,8′-didehydro-β-carotene の分離. *Bull. Jap. Soc. Sci. Fish.* **47**(4), 495-499.
216) Gilchrist B. M. (1968) Distribution and relative abundance of carotenoid pigments in Anostraca (Crustacea : Brachiopoda). *Comp. Biochem. Physiol.* **24**, 123-147.
217) Tanaka Y., Matsuguchi H., Katayama T., Simpson K. L. and Chichester C. O. (1976) The biosynthesis of astaxanthin — XVIII. The metabolism of the carotenoids in the prawn, *Penaeus japonicus* Bate. *Bull. Jap. Soc. Sci. Fish.* **42**(2), 197-202.
218) Young N. M. and Williams R. E. (1983) The circular dichroism of ovoverdin and other carotenoproteins from the lobster *Homarus americanus*. *Can. J. Biochem. Cell. Biol.* **61**, 1018-1024.
219) Matsuno T., Nagata S. and Katsuyama M. (1980) The structure of a new carotenoid, salmoxanthin from the salmon *Oncorhynchus keta* Walbaum. *Bull. Jap. Soc. Sci. Fish.* **46**(7), 911.
220) Katayama T., Kamata T., Shimaya M., Deshimaru O. and Chichester C. O. (1972) The biosynthesis of astaxanthin — VIII. The conversion of labelled β-carotene-15, 15′-^{3}H$_2$ into astaxanthin in prawn, *Penaeus japonicus* Bate. *Bull. Jap. Soc. Sci. Fish.* **38**(10), 1171-1175.
221) Kawai N. (1976) Hormonal effects on carotenoid uptake by the silk gland in the silkworm, *Bombyx mori. J. Insect Physiol.* **22**, 207-216.
222) Katagiri K., Koshino Y., Maoka T. and Matsuno T. (1987) Occurrence of pirardixanthin derivatives in the prawm. *Penaeus japonicus. Comp. Biochem. Physiol.* **87B**, 161-163.

223) Matsuno T., Ishida T., Ito T. and Sakushima A. (1969) Gonadal pigment of sea-cucumber (*Holothuria leucospilota* Brandt). *Experientia* **25**, 1253.
224) 松野隆男, 伊藤隆之, 広田さち子 (1971) ニセクロナマコ生殖巣の色素成分について. *Bull. Jap. Soc. Sci. Fish.* **37**, 513-517.
225) Ando S. and Hatano M. (1991) Distribution of carotenoids in the eggs from four species of salmonids. *Comp. Biochem. Physiol.* **99B**, 341-344.
226) Dales R. P. (1962) The nature of the pigments in the crowns of sabellid and serpulid polychaetes. *J. Mar. biol. Ass. U. K.* **42**, 259-274.
227) Vershinin A. (1996) Carotenoids in mollusca : approaching the functions. *Comp. Biochem. Physiol.* **113B**, 63-71.
228) Dembitsky V. M. and Rezanka T. (1996) Comparative study of the endemic freshwater fauna of lake Baikal — VII. Carotenoid composition of the deep-water Amphipod crastacean *Acanthogammarus* (*Brachyuropus*) *grewingkii*. *Comp. Biochem. Physiol.* **114B**, 383-387.
229) Sagi A., Rise M., Isam K. and Arad S. (1995) Carotenoids and their derivatives in organs of the maturing female crayfish *Cherax quadricarinatus*. *Comp. Biochem. Physiol.* **112B**, 309-313.
230) Bell J. G., McEvoy J., Webster J. L., McGhee F., Millar R. M. and Sargent J. R. (1998) Flesh lipid and carotenoid composition of Scottish farmed atlantic salmon (*Salmo salar*). *J. Agric. Food Chem.* **46**, 119-127.
231) Mantiri D. M. H., Nègre-Sadargues G., Castillo R. and Trilles J.-P. (1995) Evolution of carotenoid metabolic capabilities during the early development of the European lobster *Homarus gammarus* (Linné, 1758). *Comp. Biochem. Physiol.* **111B**, 553-558.
232) Ohtaki T. (1960) Humoral control of pupal coloration in the cabbage white butterfly, *Pieris rapae crucivora*. *Annot. Zool. Japon.* **33**, 97-103.
233) Stradi R., Rossi E., Celentano G. and Bellardi B. (1996) Carotenoids in bird plumage : The pattern in three *Loxia* speices and in *Pinicola enucleator*. *Comp. Biochem. Physiol.* **113B**, 427-432.
234) Stradi R., Celentano G., Rossi E., Rovati G. and Pastore M. (1995) Carotenoids in bird plumage — I. The carotenoid pattern in a series of Palearctic Carduelinae. *Comp. Biochem. Physiol.* **110B**, 131-143.
235) Hirose E., Yoshida T., Skiyama T., Ito S. and Iwanami Y. (1998) Pigment cells representing polychromatic colony color in *Botrylloides simodensis* (Ascidiacea, Urochordata) : cell morphology and pigment substances. *Zool.*

Sci. **15**, 489-497.
236) Brush A. H. (1990) Metabolism of carotenoid pigments in birds. *FASEB J.* **4**, 2969-2977.
237) Davies B. B. (1985) Carotenoid metabolism in animals: a biochemist's view. *Pure & Appl. Chem.* **57**, 679-684.

2. フラボノイド

1) Morris S. J. and Thomson R. H. (1963) Flavonoid pigments in the marbled white butterfly (*Melanargia galathea* Seitz). *Tetrahedron Letters* No. 2, 101-104.
2) Morris S. J. and Thomson R. H. (1963) The flavonoid pigments of the marbled white butterfly (*Melanargia galathea* Seitz). *J. Insect Physiol.* **9**, 391-399.
3) Morris S. J. and Thomson R. H. (1964) The flavonoid pigments of the small heath butterfly, *Coenonympha pamphilus* L. *J. Insect Physiol.* **10**, 377-383.
4) Feltwell J. and Valadon L. R. G. (1970) Plant pigments identified in the common blue butterfly. *Nature* **225**, 969.
5) Ford E. B. (1941) Studies on the chemistry of pigments in the Lepidoptera, with reference to their bearing on systematics. 1. The anthoxanthins. *Proc. R. Ent. Soc. Lond.* (A) **16** (Pts. 7-9), 65-90.
6) Ford E. B. (1944) Studies on the chemistry of pigments in the Lepidoptera, with reference to their bearing on systematics. 4. The classification of the Papilionidae. *Trans. R. Ent. Soc. Lond.* **94** (Part 2), 201-223.
7) 奥　正巳 (1934) 家蚕繭色素の化学的研究(第7報) —青白繭(緑繭)の色素に就いて. 日農化 **10**, 1014-1028.
8) 藤本直正, 林屋慶三, 中島計至 (1959) 繭の色素に関する研究(IV). 緑繭色素の造成および透過について. 日蚕雑 **28**, 30-32.
9) 林屋慶三, 杉本　哲, 藤本直正 (1959) 繭の色素に関する研究(III). 緑繭色素の定性. 日蚕雑 **28**, 27-29.
10) Barbier M. (1984) A substance which acts as a pH indicator from the moth *Euchloron megaera* L. *J. Chem. Ecol.* **10**, 1109-1113.
11) Payne N. M. (1931) Hydroid pigments. I. General discussion and pigments of the Sertulariidae. *J. Mar. Biol. Assoc. United Kingdom* **17**, 739-749.
12) Kubista V. (1950) Flavones in *Helix pomatia* L. *Experientia* **6**, 100.

13) Wiesen B., Krug E., Fiedler K., Wray V. and Proksch P. (1994) Sequestration of host-plant-derived flavonoids by lycaenid butterfly. *J. Chem. Ecol.* **20**, 2523-2538.
14) Burghard F., Fiedler K. and Proksch P. (1997) Uptake of flavonoids from *Vicia villosa* (Fabaceae) by the lycaenid butterfly, *Polyommatus icarus* (Lepidoptera : Lycaenidae). *Biochem. System. Ecol.* **25**, 527-536.
15) Wilson A. (1985) Flavonoid pigments of butterflies in the genus *Melanargia*. *Phytochem.* **24**, 1685-1691.
16) Wilson A. (1987) Flavonoid pigments in chalkhill blue (*Lysandra coridon* Poda) and other lycaenid butterflies. *J. Chem. Ecol.* **13**, 473-493.
17) Wilson A. (1986) Flavonoid pigments in swallowtail butterflies. *Phytochem.* **25**, 1309-1313.
18) Hopkins T. L. and Ahmad S. A. (1991) Flavonoid wing pigments in grasshoppers. *Experientia* **47**, 1089-1091.

3. プテリジン系色素

1) Hopkins F. G. (1889) Note on a yellow pigment in butterflies. *Nature* **40**, 335.
2) Hopkins F. G. (1891) Pigment in yellow butterflies. *Nature* **45**, 197-198.
3) Hopkins F. G. (1892) Pigments of Lepidoptera. *Nature* **45**, 581
4) Hopkins F. G. (1895) The pigments of the Pieridae : A contribution to the study of excretory substances which function in ornament. *Phil. Trans. Roy. Soc. London*, Ser. B, **186**, 661-682.
5) Hopkins F. G. (1889) Note on a yellow pigment in butterflies. *Abstracts of the Proceedings of the Chemical Society* Vol. **V** (Nos. 61-75), 117-118.
6) Wierand H. and Schöpf C. (1925) Über den gelben Flügelfarbstoff des Citronenfalters (*Gonepterix rhamni*). *Ber. deut. chem. Ges.* **58**, 2178-2183.
7) Schöpf C. and Wieland H. (1926) Über des Leukopterin, das weisse Flügelpigment der Kohlweisslinge (*Pieris brassicae* und *P. napi*). *Ber. deut. chem. Ges.* **59**, 2067-6072.
8) Schöpf C. and Becker E. (1936) Über neue Pterine. *Justus Liebigs Annln. Chem.* **524**, 49-123.
9) Gearhart J. D. and MacIntyre R. J. (1970) Quantification of drosopterins in single eyes of *Drosophila melanogaster*. *Analytical Biochem.* **37**, 21-25.

10) Melber Ch. and Schmidt G. H. (1994) Quantitative variations in the pteridines during the post-embryonic development of *Dysdercus* species (Heteroptera : Pyrrhocoridae). *Comp. Biochem. Physiol.* **108B**, 79-94.
11) 秋野美樹 (1978) プテリンとその生理作用. 化学と生物 **16**, 762-768.
12) Nakagoshi M., Masada M. and Tsusue M. (1984) The nature of the seasonal colour dimorphism in the scorpion fly, *Panorpa japonica* Thunberg. *Insect Biochem.* **14**, 615-618.
13) Nakagoshi M., Takikawa S. and Tsusue M. (1992) Relation between seasonal dimorphism and pteridines in the scorpion fly, *Panorpa japonica*, Thunberg. *Pteridines* **3**, 69-70.
14) Nakagoshi M., Takikawa S., Negishi S. and Tsusue M. (1992) Pteridines in the yellow-coloured chromatophores of the isopod *Armadillium vulgare*. *Biol. Chem. Hoppe-Seyler* **373**, 1249-1254.
15) Nakagoshi M. and Negishi S. (1992) Morphological and biochemical characterization of the cream markings in the integument of the female isopod, *Armadillium vulgare*. *Pigment Cell Research* **5**, 247-252.
16) Summers K. M. and Howells A. J. (1980) Pteridines in wild type and eye colour mutants of the Australian sheep blowfly, *Lucilia cuprina*. *Insect Biochem.* **10**, 151-154.
17) Tsusue M. (1971) Studies on sepiapterin deaminase from the silkworm, *Bombyx mori. J. Biochem.* **69**, 781-788.
18) 加藤節子, 末岡照美 (1988) テトラヒドロビオプテリン生合成経路の最終段階における最近の問題点. 生化学 **60**, 278-283.
19) 秋野美樹 (1976) プテリジンの生化学, 特にセピアプテリンの還元酵素とフェニルアラニン水酸化酵素に関連して. 動物学雑誌 **85**, 103-117.
20) Obika M. and Bagnara J. T. (1964) Pteridines as pigments in Amphibians. *Science* **143**, 485-487.
21) Takikawa S. and Nakagoshi M. (1994) Developmental changes in pteridine biosynthesis in the toad, *Bufo vulgaris. Zool. Sci.* **11**, 413-421.
22) Dorsett D. and Jacobson K. B. (1982) Purification and biosynthesis of quench spot, a drosopterin precursor in *Drosophila melanogaster. Biochemistry* **21**, 1238-1243.
23) Hearl W. G. and Jacobson K. B. (1984) Eye pigment granules of *Drosophila melanogaster*. Isolation and characterization for synthesis of sepiapterin and precursors of drosopterin. *Insect Biochem.* **14**, 329-335.

24) Switchenks A. C., Primus J. P. and Brown G. M. (1984) Intermediates in the enzymic synthesis of tetrahydrobiopterin in *Drosophila melanogaster*. *Biochem. Biophys. Res. Commun.* **120**, 745-760.
25) Switchenko A. C. and Brown G. M. (1985) The enzymatic conversion of dihydroneopterin triphosphate to tripolyphosphate and 6-pyruvoyl-tetrahydropterin, an intermediate in the biosynthesis of other pterins in *Drosophila melanogaster*. *J. Biol. Chem.* **260**, 2945-2951.
26) Watt W. B. (1973) Adaptive significance of pigment polymorphisms in *Colias* butterflies. III. Progress in the study of the "alba" variant. *Evolution* **27**, 537-548.
27) Fan C. L., Hall L. M., Skrinska A. J. and Brown G. M. (1976) Correlation of guanosine triphosphate cyclohydrolase acitvity and the synthesis of pterins in *Drosophila melanogaster*. *Biochem. Genetics* **14**, 271-280.
28) Evans B. A. and Howells A. J. (1978) Control of drosopterin synthesis in *Drosophila melanogaster* : Mutants showing an altered pattern of GTP cyclohydrolase activity during development. *Biochemical Genetics* **16**, 13-26.
29) Tsusue M., Kuroda S. and Sawada H. (1990) Localization of sepiapterin deaminase and pteridines in the granules in epidermal cells of the silkworm, *Bombyx mori*. *Pteridines* **2**, 175-182.
30) Ford E. B. (1947) A murexide test for the recognition of pterins in intact insects. *Proc. R. ent. Soc. Lond.* (A)**22**, 72-76.
31) Komai T. and Ae A. S. (1953) Genetic studies of the pierid butterfly *Colias hyale polyographus*. *Genetics* **38**, 65-72.
32) 駒井 卓, 阿江 茂 (1956) 蝶2種の集団遺伝学. A. モンキチョウ. In "集団遺伝学" (駒井 卓, 酒井寛一編), pp. 77-79, 培風館, 東京.
33) Remington C. L. (1954) The genetics of *Colias* (Lepidoptera). *Advances in Genetics* **6**, 403-450.
34) Watt W. B. (1964) Pteridine components of wing pigmentation in the butterfly *Colias eurytheme*. *Nature* **201**, 1326-1327.
35) Graham S. M., Watt W. B. and Gall L. F. (1980) Metabolic resource allocation vs. mating attractiveness : Adaptive pressures on the "alba" polymorphism of *Colias* butterflies. *Proc. Natl. Acad. Sci. USA* **77**, 3615-3619.
36) Descimon H. and Pennetier J.-L. (1989) Nitrogen metabolism in *Colias croceus* (Linne) and its "alba" mutant (Lepidoptera, Pieridae). *J. Insect*

Physiol. **35**, 881-885.
37) Makino K., Satoh K., Koike M. and Ueno N. (1952) Sex in *Pieris rapae* L. and the pteridine content of their wings. *Nature* **170**, 933-934.
38) 小原嘉明 (1994) "モンシロチョウの結婚ゲーム", 蒼樹書房, 東京.
39) Shoup J. R. (1966) The development of pigment granules in the eyes of wild type and mutant *Drosophila melanogaster*. *J. Cell Biol.* **29**, 223-249.
40) Matsumoto J. (1965) Studies on fine structure and cytochemical properties of erythrophores in swordtail, *Xiphophorus helleri*, with special reference to their pigment granules (pterinosomes). *J. Cell Biol.* **27**, 493-504.
41) Obika M. and Matsumoto J. (1968) Morphological and biochemical studies on amphibian bright-colored pigment cells and their pterinosomes. *Exptl. Cell Res.* **52**, 646-659.
42) Tabata H., Hasegawa T., Nakagoshi M. and Tsusue M. (1996) Occurrence of biopterin in the wings of *Morpho sulkowskyi*. *Experientia* **52**, 85-87.
43) Forrest H. S., Menaker M. and Alexander J. (1966) Studies on the pteridines in the milkweed bug, *Oncopeltus fasciatus* (Dallas). *J. Insect Physiol.* **12**, 1411-1421.
44) Smith R. L. and Forrest H. S. (1969) The pattern of pteridine accumulation in eggs of *Pyrrhocoris apterus*. *J. Insect Physiol.* **15**, 953-957.
45) Merlini L. and Nasini G. (1966) Insect pigments — IV. Pteridines and colour in some hemiptera. *J. Insect Physiol.* **12**, 123-127.
46) Harmsen R. (1966) A quantitative study of the pteridines in *Pieris brassicae* L. during post-embryonic development. *J. Insect Physiol.* **12**, 9-22.
47) Watt W. B. (1967) Pteridine biosynthesis in the butterfly, *Colias eurytheme*. *J. Biol. Chem.* **242**, 565-572.
48) 後藤幹保 (1964) 天然プテリジン化合物 — 化学構造と生合成. 生化学 **36**, 849-865.
49) Harmsen R. (1970) Biocynthesis of simple pterins in insects. In "Chemistry and Biology of Pteridines" (Eds. Iwai K., Akino M., Goto M. and Iwanami Y.), pp. 405-411, International Academic Printing Co. Ltd., Tokyo.
50) Simon H., Weygand F., Walter J., Wacker H. and Schmidt K. (1963) Zur Biogenese des Leucopterins. Zusammenhange zwischen Purin- und Leucopterin Biogenese in *Pieris brassicae* L. *Z. Naturforschg.* **18b**, 757-764.
51) Weygand F. and Waldschmidt M. (1955) Über die Biosynthese des Leucopterins, untersucht mit ^{14}C-markierten Verbindungen am Kohlweiss-

ling. *Angew. Chem.* **67**, 328.
52) 小原嘉明 (1975) 翅のなぞ — モンシロチョウ. インセクタリウム **12**(3), 52-55.
53) Tsusue M. and Nakagoshi M. (1986) The relationship between pteridines and colour dimorphism in the scorpion fly. In "Chemistry and Biology of pteridines" (Eds. Cooper B. A. and Whitehead V. M.), pp. 271-274, Walter de Gruyter & Co., Berlin.
54) 和久義夫, 北川全宏 (1986) モンシロチョウ鱗片顆粒の形成過程. 応動昆 **30** (1), 35-42.
55) Theobald N. and Pfleiderer W. (1977) Ein Neuer Strukturvorschlag für die Augenpigmente Droso- und Isodrosopterin aus *Drosophila melanogaster*. *Tetrahedron Letters* No. 10, 841-844.
56) Nakagoshi M., Takikawa S. and Tsusue M. (1983) The occurrence of 7-hydroxybiopterin in the scorpion fly, *Panorpa japonica*. *Experientia* **39**, 742-744.
57) Sugiura K., Takikawa S., Tsusue M. and Goto M. (1973) Isolation and characterization of a yellow pteridine from *Drosophila melanogaster* mutant *sepia*. *Bull. Chem. Soc. Jap.* **46**, 3312-3313.
58) Smith J. H. and Forrest H. S. (1976) The possible biological role of an isoxanthopterin-binding protein isolated from *Oncopeltus* embryos. *Insect Biochem.* **6**, 131-134.
59) Watt W. B. and Bowden S. R. (1966) Chemical phenotypes of pteridine colour forms in *Pieris* butterfles. *Nature* **210**, 304-306.
60) Purrmann R. (1940) Über die Flügelpigmente der Schmetterling. VII. Synthese des Leukopterins und Natur des Guanopterins. *Justus Liebigs Annalen der Chemie* **544**, 182-190.
61) Purrmann R. (1940) Die Synthese des Xanthopterins. Über die Flügelpigmente der Schmetterling. X. *Justus Liebigs Annalen der Chemie* **546**, 98-102.
62) Purrmann R. (1941) Konstitution und Synthese des sogenannten Anhydroleucopterins. Über die Flügelpigmente der Schmetterlinge. XII. *Justus Liebigs Annalen der Chemie* **548**, 284-292.
63) Purrmann R. (1943) Über die Farbstoffe der Schmetterlinge. *Angew. Chem.* **56**, 253-258.
64) Vazquez P. R., Silva F. J. and Ferre J. (1996) Characterization of sepiapterin reductase activity from *Drosophila melanogaster*. *Comp. Biochem. Physiol.*

113B, 131-136.
65) 秋野美樹 (1990) プテリンの生化学 — 蝶の翅の色素からヒトの遺伝病へ. In "昆虫生理学 — 現象から分子へ"(大西英爾, 園部治之, 遠藤克彦編), pp. 45-64, 朝倉書店, 東京.
66) Yoon K. H., Cha K. W., Park S. I. and Yim J. J. (1993) Isolation and characterization of sepiapterin reductase from *Drosophila melanogaster*. *Pteridines* **4**, 43-50.
67) Tayeh M. A. and Marletta M. A. (1989) Macrophage oxidation of L-arginine to nitric oxide, nitrite, and nitrate. Tetrahydrobiopterin is required as a cofactor. *J. Biol. Chem.* **264**, 19654-19658.
68) 津末玄夫, 秋野美樹 (1965) カイコ及びショウジョウバエの黄色蛍光物質. 動雑 **74**, 91-94.
69) Kumazawa K., Negita K., Hasegawa T. and Tabata H. (1996) Fluorescence from cover and basal scales of *Morpho sulkowskyi* and *Papilio xuthus* butterflies. *J. Exp. Zool.* **275**, 15-19.
70) Iino T., Dohke K. and Tsusue M. (1992) The purification and characterization of sepiapterin reductase from fat body of the silkworm *Bombyx mori*. *Zool. Sci.* **9**, 119-125.
71) Hirose E., Yoshida T., Akiyama T., Ito S. and Iwanami Y. (1998) Pigment cells representing polychromatic colony color in *Botrylloides simodensis* (Ascidiacea, Urochordata): Cell morphology and pigment sunstances. *Zool. Sci.* **15**, 489-497.
72) Negishi S., Sueoka T., Hasegawa Y. and Katoh S. (1996) Yellow marking and pteridine contents in the integument of albino *Armadillidium vulgare*. *Pigment Cell Res.* **9**, 35-41.
73) Negishi S., Hasegawa Y. and Katoh S. (1998) Involvement of pteridines in the body coloration of the isopod *Armadillidium vulgare*. *Pigment Cell Res.* **11**, 368-374.
74) Frost S. K., Epp L. G. and Robinson S. J. (1986) The pigmentary system of developing axolotls. III. An analysis of the albino phenotype. *J. Embryol. exp. Morph.* **92**, 255-268.

4. メラニン

1) Cabanes J., García-Cánovas F., Lozano J. A. and García-Carmona F. (1987) A kinetic study of the melanization pathway between L-tyrosine and dopachrome. *Biochim. Biophys. Acta* **923**, 187-195.
2) Fitzpatrick T. B. and Szabo G. (1959) The melanocyte: Cytology and Cytochemistry. *J. Invest, Dermatol.* **32**, 197-209.
3) Pawelek J., Körner A., Bergstrom A. and Bologna J. (1980) New regulators of melanin biosynthesis and the autodestruction of melanoma cells. *Nature* **286**, 617-619.
4) Hearing V. J. and Jiménez M. (1987) Mammalian tyrosinase — The critical regulatory control point in melanocyte pigmentation. *Int. J. Biochem.* **19**, 1141-1147.
5) Prota G. and Thomson R. H. (1976) Melanin pigmentation in mammals. *Endeavour* **35**, 32-38.
6) Hearing V. J. Jr., Ekel T. M., Montague P. M. and Nicholson J. M. (1980) Mammalian tyrosinase. Stoichiometry and measurement of reaction products. *Biochim. Biophys. Acta* **611**, 251-268.
7) Prota G. (1980) Recent advances in the chemistry of melanogenesis in mammals. *J. Invest. Dermatol.* **75**, 122-127.
8) Riley P. A. (1988) Radicals in melanin biochemistry. *Ann. New York Acad. Sci.* **551**, 111-120.
9) Barber J. I., Townsend D., Olds D. P. and King R. A. (1984) Dopachrome oxidoreductase: A new enzyme in the pigment pathway. *J. Invest. Dermatol.* **83**, 145-149.
10) Leonard L. J., Townsend D. and King R. A. (1988) Function of dopachrome oxidoreductase and metal ions in dopachrome conversion in the eumelanin pathway. *Biochemistry* **27**, 6156-6159.
11) Aroca P., Garcia-Borron J. C., Solano F. and Lozano J. A. (1990) Regulation of mammalian melanogenesis. I.: Partial purification and characterization of a dopachrome converting factor: dopachrome tautomerase. *Biochem. Biophys Acta* **1035**, 266-275.
12) Jara J. R., Solano F., Garcia-Borron J. C., Aroca P. and Lozano J. A. (1990) Regulation of mammalian melanogenesis. II.: The role of metal cations.

Biocheim. Biophys. Acta **1035**, 276-285.

13) Körner A. and Pawelek J. (1982) Mammalian tyrosinase catalyzes three reactions in the biosynthesis of malanin. *Science* **217**, 1163-1165.

14) Sugumaran M. and Sementi V. (1991) Quinone methide as a new intermediate in eumelanin biosynthesis. *J. Biol. Chem.* **266**, 6073-6078.

15) Aso Y., Imamura Y. and Yamasaki N. (1989) Further studies on dopa quinone imine conversion factor from cuticle of *Manduca sexta* (L.). *Insect Biochem.* **19**, 401-407.

16) 麻生陽一 (1991) 昆虫のメラニン合成関連酵素 ― 生体防御に関与, 急がれる酵素化学的検討. 化学と生物 **29**, 760-761.

17) Miyazaki K. and Ohtaki N. (1975) Tyrosinase as glycoprotein. *Arch. Derm. Forsch.* **252**, 211-216.

18) Herrmann W. P. and Uhlenbruck G. (1975) Serological studies on the carbohydrate moiety of human tyrosinase. *Arch. Derm. Res.* **254**, 275-280.

19) Brunett J. B., Seiler H. and Brown I. V. (1967) Separation and characterization of multiple forms of tyrosinase from mouse melanoma. *Cancer Res.* **27**, 880-889.

20) Burnett J. B. (1971) The tyrosinase of mouse melanoma. Isolation and molecular properties. *J. Biol. Chem.* **246**, 3079-3091.

21) Tomita Y., Montague P. M. and Hearing V. J. (1985) Anti-T_4-tyrosinase monoclonal antibodies ― Specific markers for pigmented melanocytes. *J. Invest. Dermatol.* **85**, 426-430.

22) Valverde P., Garcia-Borron J. C., Martinez-Liarte J. H., Solano F. and Lozano J. A. (1992) Melanocyte stimulating hormone activation of tyrosinase in B 16 mouse melanoma cells. Evidence for a differential induction of two distinct isozymes. *FEBS* **304**, 114-118.

23) Mishima Y. and Imokawa G. (1983) Selective aberration and pigment loss in melanosomes of malignant melanoma cells *in vitro* by glycosylation inhibitors: Premelanosomes as glycoprotein. *J. Invest. Dermatol.* **81**, 106-114.

24) Imokawa G. and Mishima Y. (1984) Functional analysis of tyrosinase isozymes of cultured malignant melanoma cells during the recovery period following interrupted melanogenesis induced by glycosylation inhibitors. *J. Invest. Dermatol.* **83**, 196-201.

25) Imokawa G. and Mishima Y. (1985) Analysis of tyrosinase as asparagin-

linked oligosaccharides by concanavalin A lectin chromatography: Appearance of new segment of tyrosinase in melanoma cells following interrupted melanogenesis induced by glycosylation inhibitors. *J. Invest. Dermatol.* **85**, 165-168.
26) Ohkura T., Yamashita K., Mishima Y. and Kobata A. (1984) Purification of hamster melanoma tyrosinases and structural studies of their asparagine-linked sugar chains. *Arch. Biochem. Biophys.* **235**, 63-77.
27) 跡部 准, 大賀潤子, 安藤 理, 末本保雄, 福田恵温, 栗本雅司, 三嶋 豊 (1992) HBL-38 細胞が産生する Melanogenesis Inhibitory Factor (MeIF)(第1報): 産生細胞の検索および精製. 生化学 Vol. 64, No. 8, p. 905 (1992).
28) 安藤 理, 大賀潤子, 跡部 准, 末本保雄, 福田恵温, 栗本雅司, 三嶋 豊 (1992) HBL-38 細胞が産生する Melanogenesis Inhibitory Factor (MeIF)(第2報): 物理化学的性質および作用メカニズムについて. 生化学 Vol. 64, No. 8, p. 995.
29) 竹内拓司 (1982) マウス毛色遺伝子の働きと細胞間相互作用. In "色素細胞 — この特異な集団"(及川 淳, 井出宏之編), pp. 99-129, 講談社サイエンティフィク.
30) 竹内拓司 (1990) 哺乳類の色素細胞 —その分化と遺伝子の働き—. 遺伝 **44**, 25-30.
31) Sugumaran M. (1991) Molecular mechanisms for mammalian melanogenesis. Comparison with insect cuticular sclerotization. *FEBS Letters* **293**, 4-10.
32) Mojamdar M., Ichihashi M. and Mishima Y. (1983) γ-Glutamyl transpeptidase, tyrosinase, and 5-S-cysteinyldopa production in melanoma cells. *J. Invest. Dermatol.* **81**, 119-121.
33) Dryja T. P., Albert D. M., Rorsman H., Rosengreen E. and Reid T. W. (1977) Presence of cysteinyldopa in the mature bovine eye. *Exp. Eye Res.* **25**, 459-464.
34) Agrup G., Falck B., Rorsman H., Rosengren A. M. and Rosengren E. (1977) Glutathionedopa in malignant melanoma. *Acta Dermatovener* (Stockholm), **57**, 221-222.
35) Prota G., Rorsman H., Rosengren A. M. and Rosengren E. (1977) Isolation of 2-S-cysteinyldopa and 2, 5-S, S-dicysteinyldopa from the urine of patients with melanoma. *Experientia* **33**, 720-721.
36) Ito S., Novellino E., Chioccara F., Misuraca G. and Prota G. (1980) Co-polymerization of dopa and cysteinyldopa in melanogenesis *in vitro*. *Exper-*

文 献

ientia **36**, 822-823.
37) Ito S. and Fujita K. (1985) Microanalysis of eumelanin and pheomelanin in hair and melanomas by chemical degradation and liquid chromatography. *Anal. Biochem.* **144**, 527-536.
38) Ito S., Kato T., Shinpo K. and Fujita K. (1984) Oxdiation of tyrosine residues in proteins by tyrosinase. — Formation of protein-bonded 3,4-dihydroxyphenylalanine and 5-S-cysteinyl-3,4-dihydroxyphenylalanine. *Biochem. J.* **222**, 407-411.
39) Palumbo A., d'Ischia M., Misuraca G., Prota G. and Schultz T. M. (1988) Structural modifications in biosynthetic melanins induced by metal ions. *Biochim. Biophys. Acta* **964**, 193-199.
40) Kemali M. and Gioffra D. (1985) Anatomical localisation of neuromelanin in the brains of the frog and tadpole. Ultrastructural comparison of neuromelanin with other melanins. *J. Anat.* **142**, 73-83.
41) Calvo J., Boya J., Garcia-Mauriño J. E. and Lopez-Carbonell A. (1988) Structure and ultrastructure of the pigmented cells in the adult dog pineal gland. *J. Anat.* **160**, 67-73.
42) Calvo J. L., Boya J., Garcia-Mauriño J. E. and Rancaño D. (1992) Presence of melanin in the cat pineal gland. *Acta. Anat.* **145**, 73-78.
43) Ito S. and Nicol J. A. C. (1974) 5,6-Dihydroxyindole-2-carboxylic acid from the eye of the catfish. *Biochem. J.* **143**, 207-217.
44) Hackman R. H. (1967) Melanin in an insect, *Lucilia cuprina* (Wied.). *Nature* **216**, 163.
45) Hackman R. H. and Goldberg M. (1968) A study of a melanic mutant of the blowfly *Lucilia cuprina*. *J. Insect Physiol.* **14**, 765-775.
46) Fogel W. and Fraenkel G. (1969) The role of bursicon in melanization and endocuticle formation in the adult fleshfly, *Sarcophaga bullata*. *J. Insect Physiol.* **15**, 1235-1247.
47) Fogel W. and Fraenkel G. (1969) Melanin in the puparium and adult integument of the fleshfly, *Sarcophaga bullata*. *J. Insect Physiol.* **15**, 1437-1447.
48) Mills R. R. and Fox F. R. (1972) The sclerotization process by the American cockroach: Contribution of melanin. *Insect Biochem.* **2**, 23-28.
49) Hori M., Hiruma K. and Riddiford L. M. (1984) Cuticular melanization in the tobacco hornworm larva. *Insect Biochem.* **14**, 267-274.

50) Hiruma K., Norman A. and Riddiford L. M. (1993) A neuroendocrine factor essential for cuticular melanization in the tobacco hornworm, *Manduca sexta. J. Insect Physiol.* **39**, 353-360.
51) Koch P. B. (1995) Colour pattern specific melanin synthesis is controlled by ecdysteroids via dopa decarboxylase in wings of *Precis coenia* (Lepidoptera : Nymphalidae). *Eur. J. Entomol.* **92**, 161-167.
52) Koch P. B. and Kaufmann N. (1995) Pattern specific melanin synthesis in a butterfly wing of *Precis coenia* Hübner. *Insect Biochem. Molec. Biol.* **25**, 73-82.
53) Foley J. M. and Baxter D. (1958) On the nature of pigment granules in the cells of the locus coeruleus and substantia nigra. *J. Neuropathology and Exptl. Neurology* **17**, 586-598.
54) Van Woert M. H., Prasad K. N. and Borg D. C. (1967) Spectroscopic studies of *substantia nigra* pigment in human subjects. *J. Neurochemistry* **14**, 707-716.
55) Moses H. L., Ganote C. E., Beaver D. L. and Schuffman S. S. (1966) Light and electron microscopic studies pigment in human and rhesus monkey substantia nigra and locus coeruleus. *Anatomical Record* **155**, 167-184.
56) Barden H. and Levine S. (1983) Histochemical observations on rodent brain melanin. *Brain Res. Bull.* **10**, 847-851.
57) Prota G. (1992) "Melanins and Melanogenesis". Academic press, San Diego, New York, and others.
58) Prota G. (1988) Progress in the chemistry of melanins and related metabolites. *Medical Research Reviews* Vol. 8, No. 4, 525-556.
59) Prota G., Suarato A. and Nocolaus R. A. (1971) The isolation and structure of trichosiderin B. *Experientia* **27**, 1381-1383.
60) Rorsman H., Agrup G., Hansson C., Rosengren A. M. and Rosengren E. (1979) Detection of phaeomelanins. *Pigment Cell* Vol. 4, pp. 244-252, Karger, Basel.
61) Lea A. J. (1945) A neutral solvent for melanin. *Nature* **156**, 478.
62) Van Woert M. H. (1968) Reduced nicotinamide-adenine dinucleotide oxidation by melanin : Inhibition by phenothiazines. *Proc. Soc. Exp. Biol. Med.* **129**, 165-171.
63) Gan E. V., Haberman H. F. and Menon I. A. (1974) Oxidation of NADH by melanin and melanoproteins. *Biochem. Biophys. Acta* **370**, 62-69.

64) Commoner B., Townsend J. and Pake G. E. (1954) Free radicals in biological materials. *Nature* **174**, 689-691.
65) Longuet-Higgins H. C. (1960) On the origin of the free radical property of melanins. *Arch. Biochem. Biophys.* **86**, 231-232.
66) Mason H. S., Ingram D. J. E. and Allen B. (1960) The free radical property of melanins. *Arch. Biochem. Biophys.* **86**, 225-230.
67) Chio S., Hyde J. S. and Sealy R. C. (1982) Paramagnetism in melanins : pH dependence. *Arch. Biochem. Biophys.* **215**, 100-106.
68) Chio S., Hyde J. S. and Sealy R. C. (1980) Temperature-dependent paramagnetism in melanin polymers. *Arch. Biochem. Biophys.* **199**, 133-139.
69) Blois M. S., Zahlan A. B. and Maling J. E. (1964) Electron spin resonance studies on melanin. *Biophysical J.* **4**, 471-490.
70) Pathak M. A. and Stratton K. (1968) Free radicals in human skin before and after exposure to light. *Arch. Biocem. Biophys.* **123**, 468-476.
71) Felix C. C., Hyde J. S., Sarna T. and Sealy R. C. (1978) Interactions of melanin with metal ions. Electron spin resonance evidence for chelate complexes of metal ions with free radicals. *J. Am. Chem. Soc.* **100**, 3922-3926.
72) Larsson B. and Tjälve H. (1978) Studies on the melanin-affinity of metal ions. *Acta Physiol. Scand.* **104**, 479-484.
73) Sarzanini C., Mentansti E., Abollino O., Fasano M. and Aime S. (1992) Metal ion content in *Sepia officinalis* melanin. *Marine Chemistry* **39**, 243-250.
74) Lydén A., Larsson B. S. and Lindquist N. G. (1984) Melanin affinity of manganese. *Acta Pharmacol. et Toxicol.* **55**, 133-138.
75) Felix C. C., Hyde J. S., Sarna T. and Sealy R. C. (1978) Melanin photoreactions in aerated media : Electron spin resonance evidence for production of superoxide and hydrogen peroxide. *BBRC* **84**, 335-341.
76) Felix C. C., Hyde J. S. and Sealy R. C. (1979) Photoreactions of melanin : A new transient species and evidence for triplet state involvement. *Biochem. Biophys. Res. Comm.* **88**, 456-461.
77) Sarna T., Duleba A., Korytowski W. and Swartz H. (1980) Interaction of melanin with oxygen. *Arch. Biochem. Biophys.* **200**, 140-148.
78) Sarna T. and Sealy R. C. (1984) Free radicals from eumelanins : Quantum yields and wavelength dependence. *Arch. Biochem. Biophys.* **232**, 574-578.
79) Sarna T. and Sealy R. C. (1984) Photoinduced oxygen consumption in

4. メラニン 299

melanin systems. Action spectra and quantum yields for eumelanin and synthetic melanin. *Photochem. Photobiol.* **39**, 69-74.
80) Sealy R. C., Sarna T., Wanner E. J. and Reszka K. (1984) Photosensitization of melanin : An electron spin resonance study of sensitized radical production and oxygen consumption. *Photochem. Photobiol.* **40**, 453-459.
81) Kalyanaraman B., Felix C. C. and Sealy R. C. (1984) Photoionization and photohomolysis of melanins : An electron spin resonance-spin trapping study. *J. Am. Chem. Soc.* **106**, 7327-7330.
82) Geremia E., Corsaro C., Bonomo R., Giardinelli R., Pappalardo P., Vanella A. and Sichel G. (1984) Eumelanins as free radicals trap and superoxide dismutase activities in amphibia. *Comp. Biochem. Physiol.* **79B**, 67-69.
83) Sarna T., Pilas B., Land E. J. and Truscott T. G. (1986) Interaction of radicals from water radiolysis with melanin. *Biochim. Phiophys. Acta* **883**, 162-167.
84) Korytowski W., Kalyanaraman B., Menon I. A., Sarna T. and Sealy R. C. (1986) Reaction of superoxide anions with melanins : electron spin resonance and spin trapping studies. *Biochim. Biophys. Acta* **882**, 145-153.
85) Korytowski W., Pilas B., Sarna T. and Kalyanaraman B. (1987) Photoinduced generation of hydrogen peroxide and hydroxyl radicals in melanins. *Photochem. Photobiol.* **45**, 185-190.
86) Cope F. W., Sever R. J. and Polis B. D. (1963) Reversible free radical generation in the melanin granules of the eye by visible light. *Arch. Biochem. Biophys.* **100**, 171-177.
87) Bernstein H., Zvaifler N., Rubin M. and Mansour S. A. M. (1963) The ocular deposition of chloroquine. *Invest. Ophthalmol.* **2**, 384-392.
88) Potts A. M. (1964) Further studies concerning the accumulation of polycyclic compounds on uveal melanin. *Invest. Ophthalmol.* **3**, 399-404.
89) Blois M. S. Jr. (1965) On chlorpromazine binding *in vivo*. *J. Invest. Dermatol.* **45**, 475-481.
90) Potts A. M. (1962) The concentration of phenothiazines in the eye of experimental animals. *Invest. Ophthalmol.* **1**, 522-530.
91) Potts A. M. (1964) The reaction of uveal pigment *in vitro* with polycyclic compounds. *Invest. Ophthalmol.* **3**, 405-416.
92) Smith R. S. and Berson E. L. (1971) Acute toxic effects of chloroquine on the cat retina : Ultrastructural changes. *Invest. Ophthalmol.* **10**, 237-246.

93) Calissendorff B. (1976) Melanotropic drugs and retinal functions. I. Effects of quinine and chloroquine on the sheep ERG. *Acta Ophthalmologica* **54**, 109-117.
94) Calissenderff B. (1976) Melanotropic drugs and retinal functions. II. Effects of phenothiazine and rifampicin on the sheep ERG. *Acta Ophthalmologica* **54**, 118-128.
95) Lindquist N. G. and Ullberg S. (1974) Autoradiography of ^{35}S-chlorpromazine: Accumulation and retention in melanin-bearing tissues. *Adv. Biochem. Psychopharmacol.* **9**, 413-423.
96) Lindquist N. G. (1972) Accumulation *in vitro* of ^{35}S-chlorpromazine in the neuromelanin of human substantia nigra and locus coeruleus. *Arch. Int. Pharmacodyn.* **200**, 190-195.
97) Hashimoto K., Wiener W., Albert J. and Nelson R. G. (1966) A electron microscopic study of chlorpromazine pigmentation. *J. Invest. Dermatol.* **47**, 296-306.
98) Greiner A. C. and Nicolson G. A. (1964) Pigment deposition in viscera associated with prolonged chlorpromazine therapy. *Can. Med. Assoc. J.* **91**, 627-635.
99) Kaplan L. J. and Holasek E. (1983) Ultrasonic chorioretinophathy: A chloroquinone vs control study. *Ann. Ophthalmol.* **15**, 1132-1134.
100) Dencker L. and Lindquist N. G. (1975) Distribution of labeled chloroquine in the inner ear. *Arch. Otolaryngol.* **101**, 185-188.
101) 平田洋子, 永津俊治 (1986) ドーパミン神経毒. メチルフェニルテトラヒドロピリジンによるパーキンソン病の発症機構. 蛋白質・核酸・酵素 **31**, 398-409.
102) Lydén A., Bondesson U., Larsson B. S. and Lindquist N. G. (1983) Melanin affinity of 1-methyl-4-phenyl-1,2,5,6-tetrahydropyridine, an inducer of chronic Parkinsonism in humans. *Acta Pharmacol. Toxicol.* **53**, 429-432.
103) Lindquist N. G. (1986) Melanin affinity of xonobiotics. *Upsala J. Med. Sci.* **91**, 283-288.
104) Barbeau A., Dallaire L., Buu N. T., Veilleux F., Boyer H., Lamney L. E., Irwin I., Langston E. B. and Langston J. W. (1985) New amphibian models for the study of 1-methyl-4-phenyl-1,2,3,6-tetrahydropyridine (MPTP). *Life Sci.* **36**, 1125-1134.
105) Larsson B. and Tjälve H. (1979) Studies on the mechanism of drug-binding to melanin. *Biochem. Pharmacol.* **28**, 1181-1187.

106) Atlasik B., Stepien K. and Wilczok T. (1980) Interaction of drugs with ocular melanin *in vitro. Exp. Eye Res.* **30**, 325-331.
107) Satanove A. (1965) Pigmentation due to phenothiazines in high and prolonged dosage. *JAMA* **191**, 263-268.
108) Luther J. P. and Lipke H. (1980) Degradation of melanin by *Aspergillus fumigatus. Applied and Environmental Microbiol.* **40**, 145-155.
109) Fox D. L. and Kuchnow K. P. (1965) Reversible, light-screening pigment of Elasmobranch eyes : Chemical indentity with melanin. *Science* **150**, 612-614.
110) Kemali M., Milici N. and Kemali D. (1983) Modification of the pigment screening of the frog retina following administration of neuroactive drugs. *Exp. Eye Res.* **37**, 439-498.
111) Kayser-Wegmann I. and Kayser H. (1983) Black pigmentation of insect cuticle : a view based on microscopic and autographic studies. In "The Larval Serum Proteins of Insects : Function, Biosynthesis, Genetics" (Ed. Scheller K.), pp. 151-167, Georg Thieme, Stuttgart.
112) Riddiford L. M. and Hiruma K. (1988) Regulation of melanization in insect cuticke. *Adv. Pig. Cell Res.*, pp. 423-436.
113) Bagnara J. T. and Ferris W. (1974) Localization of rhodomelanochrome in melanosomes of leaf frogs. *J. Exp. Zool.* **190**, 367-372.
114) Bagnara J. T., Ferris W., Turner W. A. Jr. and Taylor J. D. (1978) Melanophore differentiation in leaf frogs. *Develop. Biol.* **64**, 149-163.
115) Jimbow K. and Takeuchi T. (1979) Ultrastructural comparison of pheo- and eumelanogenesis in animals. *Pigment Cell.* Vol. **4**, pp. 308-317, Karger, Basel.
116) Iozumi K., Hoganson G. E., Pennella R., Everett M. A. and Fuller B. B. (1993) Role of tyrosinase as the determinant of pigmentation in cultured human melanocytes. *J. Invest. Dermatol.* **100**, 806-811.
117) Jackson I. J. (1988) A cDNA encoding tyrosinase-related protein maps to the brown locus in mouse. *Proc. Natl. Acad. Sci. USA* **85**, 4392-4396.
118) Bennett D. C., Huszar D., Laipis P. J., Jaenisch R. and Jackson I. J. (1990) Phenotypic rescue of mutant brown melanocytes by a retrovirus carrying a wild-type tyrosinase-related protein gene. *Development* **110**, 471-475.
119) Quevedo W. C. Jr., Szabo G., Virks J. and Sinesi S. J. (1965) Melanocyte population in UV-irradiated human skin. *J. Invest. Dermatol.* **15**, 295-298.
120) Lavker R. M. and Kaidbey K. H. (1982) Complexes within keratinocytes

following UV-A irradiation : A possible mechanism for cutaneous darkening in man. *Arch. Dermatol. Res.* **272**, 215-228.

121) Beitner H. and Wennersten G. (1985) A qualitative and quantitative transmission electronmicroscopic study of the immediate pigment darkening reaction. *Photodermatology* **2**, 273-278.

122) Hönigsmann H., Schuler G., Aberer W. Romani N. and Wolff K. (1986) Immediate pigment darkening phenomenon. A reevaluation of its mechanisms. *J. Invest. Dermatol.* **87**, 648-652.

123) Friedmann P. S. and Gilchrest B. A. (1987) Ultraviolet radiation directly induces pigment production by cultured human melanocytes. *J. Cellular Physiol.* **133**, 88-94.

124) Rosen C. F., Seki Y., Farinelli W., Stern R. S., Fitzpatrick T. B., Pathak M. A. and Gange R. W. (1987) A comparison of the melanocyte response to narrow band UVA and UVB exposure *in vivo*. *J. Invest. Dermatol.* **88**, 774-779.

125) Libow L. F., Scheide S. and Deleo V. A. (1988) Ultraviolet radiation acts as an independent mitogen for normal human melanocytes in culture. *Pigment Cell Res.* **1**, 397-401.

126) Bolognia J., Murray M. and Pawelek J. (1989) UVB-Induced melanogenesis may be mediated through the MSH-receptor system. *J. Invest. Dermatol.* **92**, 651-656.

127) 眞柄綱夫, 村井一郎, 古川揚子, 飯田達能, 長沼雅子, 福田　実, 中川滋木 (1992) Hairless mouse 皮膚色素産生に対する下垂体後葉の生理的意義(II). 生化学 Vol. **64**, No. 1, p. 913.

128) Yohn J. J., Lyons M. B. and Norris D. A. (1992) Cultured human melanocytes from black and white donors have different sunlight and ultraviolet A radiation sensitivities. *J. Invest. Dermatol.* **99**, 454-459.

129) 松本二郎 (1982) 色素細胞の腫瘍 ― その生物学的側面. In "色素細胞 ― この特異な集団"(及川　淳, 井出宏之編), pp. 130-154, 講談社サイエンティフィク.

130) Fernandez P. J. and Bagnara J. T. (1993) Observation on the development of unusual melanization of leopard frog ventral skin. *J. Morphology* **216**, 9-15.

131) Varga J. M., Dipasquale A., Pawelek J., McGuire J. S. and Lerner A. B. (1974) Regulation of melanocyte stimulating hormone action at the receptor level : Discontinuous binding of hormone to synchronized mouse

melanoma cells during the cell cycle. *Proc. Nat. Acad. Sci. USA* **71**, 1590-1593.
132) Jiménez M., Kameyama K., Maloy W. L., Tomita Y. and Hearing V. J. (1988) Mammalian tyrosinase : Biosynthesis, processing, and modulation by melanocyte-stimulating hormone. *Proc. Natl. Acad. Sci. USA* **85**, 3830-3834.
133) Martinez-Liarte J. H., Solano F., Garcia-Borron J. C., Jara J. R. and Lozano J. A. (1992) α-MSH and other melanogenic activators mediate opposite effects on tyrosinase and dopachrome tautomerase in B 16/F 10 mouse melanoma cells. *J. Invest. Dermatol.* **99**, 435-439.
134) Castrucci A. M., Visconti M. A., Matsunaga T. O., Hadley M. E. and Hruby V. J. (1992) Enzymological studies of melanin concentrating hormone (MCH) and related analogues. *Comp. Biochem. Physiol.* **103**B, 317-320.
135) Andersen A. C., Jegou S., Eberle A. N., Tonon M. C., Pelletier G. and Vaudry H. (1987) Coexistence of melanin-concentrating hormone (MCH) and alpha-melanocyte-stimulating hormone (α-MSH) in the preoptic nucleus of the frog brain. *Brain Res. Bull.* **18**, 257-259.
136) 小倉信夫 (1979) アワヨトウ幼虫の体色とホルモン. In "昆虫の生理と化学" (日高敏隆, 髙橋正三, 磯江幸彦, 中西香爾編), pp. 75-88, 喜多見書房, 東京.
137) Matsumoto S., Isogai A., Suzuki A., Ogura N. and Sonobe H. (1981) Purification and properties of the melanization and reddish colouration hormone (MRCH) in the armyworm, *Leucania separata* (Lepidoptera). *Insect Biochem.* **11**, 725-733.
138) Truman J. W., Riddiford L. M. and Safranek L. (1973) Hormonal control of cuticle coloration in the tobacco hornworm, *Manduca sexta* : Basis of an ultrasensitive bioassay for juvenile hormone. *J. Insect Physiol.* **19**, 195-203.
139) Scalia M., Geremia E., Corsaro C., Santoro C., Sciuto S. and Sichel G. (1988) The extracutaneous pigmentary system : Evidence for the melanosynthesis in Amphibia and Reptilia liver. *Comp. Biochem. Physiol.* **89**B, 715-717.
140) Cicero R., Sciuto S., Chillemi R. and Sichel G. (1982) Melanosynthesis in the Kupffer cells of Amphibia. *Comp. Biochem. Physiol.* **73**A, 477-479.
141) Kalashnikova M. M. (1992) Erythrophagocytosis and pigmented cells of the amphibian liver. *Bull. Exptl. Biol. Med.* **113**, 119-122.
142) Scalia M., Geremia E., Corsaro C., Santoro C., Baratta D. and Sichel G. (1990) Lipid peroxidation in pigmented and unpigmented liver tissues :

Protective role of melanin. *Pigment Cell Res.* **3**, 115-119.
143) Hiruma K., Matsumoto S., Isogai A. and Suzuki A. (1984) Control of ommochrome synthesis by both juvenile hormone and melanization hormone in the cabbage armyworm, *Mamestra brassicae. J. Comp. Physiol.* **154B**, 13-21.
144) Morita M., Hatakashi M. and Tojo S. (1988) Hormonal control of cuticular melanization in the common cutworm, *Spodoptera litura. J. Insect Physiol.* **34**, 751-758.
145) 芦田正明 (1995) ヘモシアニンから進化したフェノール酸化酵素前駆体. In "昆虫の生化学・分子生物学" (大西英爾, 園部治之, 高橋　進編), pp. 447-468, 名古屋大学出版会.
146) Ashida M. and Yamazaki H. (1990) Biochemistry of the phenoloxidase system in insects : with special reference to its activation. In "Molting and Metamorphosis" (Eds. Ohnishi E. and Ishizaki H.), pp. 239-265, Japan Sci. Soc. Press, Tokyo.
147) 堀　克重 (1966) イエバエの分類. 遺伝 **20**, No. 7, 4-7.
148) 篠永　哲 (1990) イエバエの国籍. インセクタリウム **27**, No. 2, p. 50.
149) Cicero R., Mallardi A., Maida I., Gallone A. and Pintucci G. (1989) Melanogenesis in the pigment cells of *Rana esculenta* L. liver : Evidence for tyrosinase-like activity in the melanosome protein fraction. *Pigment Cell Res.* **2**, 100-108.
150) Czapla T. H., Hopkins T. L. and Kramer K. J. (1990) Catecholamines and related *o*-diphenols in cockroach hemolymph and cuticle during sclerotization and melanization : Comparative studies on the order Dictyoptera. *J. Comp. Physiol.* B. **160**, 175-181.
151) 小比賀正敏 (1982) 脊椎動物の色素細胞. In "色素細胞 — この特異な集団" (及川　淳, 井出宏之編), pp. 32-58, 講談社サイエンティフィク.
152) White L. P. (1958) Melanin : A naturally occurring cation exchange material. *Nature* **182**, 1427-1428.
153) 及川　淳 (1976) メラノサイトとメラニン. 生化学 **48**, 872-888.
154) 及川　淳 (1982) 色素細胞の色素 — その化学と生化学. In "色素細胞 — この特異な集団" (及川　淳, 井出宏之編), pp. 4-31, 講談社サイエンティフィク.
155) Hiruma K. and Riddiford L. M. (1993) Molecular mechanism of cuticular melanization in the tobacco hornworm, *Manduca sexta* (L.) (Lepidoptera : Sphingidae). *Int. J. Insect Molphol. & Embryol.* **22**, 103-117.

156) Koch P. B. (1994) Wings of the butterfly *Precis coenia* synthesize dopamine melanin by selective enzyme activity of dopadecarboxylase. *Naturwissenschaften* **81**, 36-38.
157) Park H. Y., Russakovsky V., Ohno S. and Gilchrest B. A. (1993) The β-isoform of protein kinase C stimulates human melanogenesis by activating tyrosinase in pigment cells. *J. Biol. Chem.* **268**, 11742-11749.
158) 麻生陽一 (1994) 昆虫におけるカテコールアミンの酸化. 日本農薬学会誌 **19**, 61-65.
159) Gordon P. R. and Gilchrest B. A. (1989) Human melanogenesis is stimulated by diacylglycerol. *J. Invest. Dermatol.* **93**, 700-702.
160) Morishita F., Shimada A., Fujimoto M., Katayama H. and Yamada K. (1993) Inhibition of adenylate cyclase activity in the goldfish melanophore is mediated by α_2-adrenoceptors and a pertussis toxin-sensitive GTP-binding protein. *J. Comp. Physiol.* **B163**, 533-540.
161) Sakurai T., Ochiai H. and Takeuchi T. (1975) Ultrastructural change of melanosomes associated with agouti pattern formation in mouse hair. *Develop. Biol.* **47**, 466-471.
162) Beermann F., Ruppert S., Hummler E., Bosch F. X. Müller G., Rüther U. and Schütz G. (1990) Rescue of the albino phenotype by introduction of a functional tyrosinase gene into mice. *EMBO J.* **9**, 2819-2826.
163) Nicolaus R. A. (1968) Melanins. Hermann, Paris.
164) Riley P. A. (1980) Melanins and melanogenesis. *Pathobiology Annual* **10**, 223-251.
165) Prota G. (1988) Some new aspects of eumelanin chemistry. In "Advances in Pigment Cell Research" (Ed. J. T. Bagnara), pp. 101-124, Alan Liss, New York.
166) Riley P. A. (1997) Molecules in Focus. Melanin. *Int. J. Biochem. Cell Biol.* **29**, 1235-1239.
167) Tsuji T. and Seno S. (1990) Melano-macrophage centers in the aglomerular of the sea horse (Teleosts) : Morphologic studies on its formation and possible function. *Anatomical Rec.* **226**, 460-470.
168) Jong P. W. and Brakefield P. M. (1998) Climate and change in clines for melanism in the two-spot ladybird, *Adalia bipunctata* (Coleoptera : Coccinellidae). *Proc. R. Soc. Lond.* **B265**, 39-43.
169) Relethford J. H. (1997) Hemispheric difference in human skin color. *Am. J.*

Physical Anthropol. **104**, 449-457.
170) Hiruma K. and Riddiford L. M. (1984) Regulation of melanization of tobacco hornworm larval cuticle *in vitro. J. Exp. Zool.* **230**, 393-403.
171) Hiruma K. and Riddiford L. M. (1988) Granular phenoloxidase involved in cuticular melanization in the tobacco hornworm : Regulation of its synthesis in the epidermis by juvenile hormone. *Develop. Biol.* **130**, 87-97.
172) Starnecker G. (1996) Color preference for pupation sites of the butterfly larvae *Inachis io* and the significance of the pupal malanization reducing factor. *Naturwissenschaften* **83**, 474-476.
173) Starnecker G. (1996) Occurrence of a pupal melanization reducing factor in different insects. *Z. Naturforsch.* **51c**, 759-762.
174) Fujii R. and Oshima N. (1986) Control of chromatophore movements in teleost fishes. *Zool. Sci.* **3**, 13-47.
175) Fujii R., Tanaka Y. and Hayashi H. (1993) Endothelin-1 causes aggregation of pigment in teleostean melanophores. *Zool. Sci.* **10**, 763-772.
176) Hayashi H., Nakamura S. and Fujii R. (1996) The endothelin receptors that mediate aggregation of pigment in fish melanophores. *Comp. Biochem. Physiol.* **115B**, 143-152.
177) Obika M. (1986) Intracellular transport of pigment granules in fish chromatophores. *Zool. Sci.* **3**, 1-11.
178) Takeuchi S., Suzuki H., Yabuuchi M. and Takahashi S. (1996) A possible involvement of melanocortin 1-receptor in regulating feather color pigmentation in the chicken. *Biochem. Biophys. Acta* **1308**, 164-168.
179) Yamamoto H., Takeuchi S., Kudo T., Makino K., Nakata A., Shinoda T. and Takeuchi T. (1987) Cloning and sequencing of mouse tyrosinase cDNA. *Jpn. J. Genet.* **62**, 271-274.
180) 高橋明義, 川内浩司 (1996) メラニン凝集ホルモンとその神経中枢作用. 化学と生物 **34**, 444-450.
181) Hearing V. J. and Tsukamoto K. (1991) Enzymatic control of pigmentation in mammals. *FASEB J.* **5**, 2902-2909.
182) Bückmann D. and Maisch A. (1987) Extraction and partial purification of the pupal melanization reducing factor (PMRF) from *Inachis io* (Lepidoptera). *Insect Biochem.* **17**, 841-844.
183) Maish A. and Bückmann D. (1987) The control of cuticular melanin and lutein incorporation in the morphological colour adaptation of a nymphalid

pupa, *Inachis io* L. *J. Insect Physiol.* **33**, 393-402.
184) Jackson I. J. and Bennett D. C. (1990) Identification of the albino mutation of mouse tyrosinase by analysis of an *in vitro* revertant. *Proc. Natl. Acad. Sci. USA* **87**, 7010-7014.
185) Pawelek J. M. (1991) After dopachrome? *Pigment Cell Res.* **4**, 53-62.
186) Robbins L. S., Nadeau J. H., Johnson K. R., Kelly M. A., Roselli-Rehfuss L., Baack E., Mountjoy K. G. and Cone R. D. (1993) Pigmentation phenotypes of variant extension locus alleles result from point mutations that alter MSH receptor function. *Cell* **72**, 827-834.
187) Burchill S. A., Thody A. J. and Ito S. (1986) Melanocyte-stimulating hormone, tyrosinase activity and the regulation of eumelanogenesis and phaeomelanogenesis in the hair follicular melanocytes of the mouse. *J. Endocr.* **109**, 15-21.
188) Ohta T. (1983) Melanosome dispersion in direct response to light in melanophores of *Rhodeus ocellatus* Fry. *Annot. Zool. Japon.* **56**, 155-162.
189) Oikawa T. (1971) Uptake of labeled dopa by chromaffin cells corresponding to colorless melanophores *in vivo*. *Annot. Zool. Japon.* **44**, 210-213.
190) Koch P. B., Keys D. N., Rocheleau T., Aronstein K., Blackburn M., Carroll S. B. and French-Constant R. H. (1998) Regulation of dopa decarboxylase expression during colour pattern formation in wild-type and melanic tiger swallowtail butterflies. *Development* **125**, 2303-2313.
191) d'Ischia M., Napolitano A. and Prota G. (1991) Peroxidase as an alternative to tyrosinase in the oxidative polymerization of 5,6-dihycroxyindole to melanin(s). *Biochim. Biophys. Acta* **1073**, 423-430.
192) Ito S. (1986) Reexamination of the structure of eumelanin. *Biochim. Biophys. Acta* **883**, 155-161.
193) Tamate H. B. and Takeuchi T. (1984) Action of the *e* locus of mice in the response of phaeomelaninic hair follicles to α-melanocyte-stimulating hormone *in vitro*. *Science* **224**, 1241-1242.
194) Bultman S. J., Michaud E. D. and Woychik R. P. (1992) Molecular characterization of the mouse agout locus. *Cell* **71**, 1195-1204.
195) della-Cioppa G., Garger S. J., Sverlow G. G., Turpen T. H. and Grill L. K. (1990) Melanin production in *Escherichia coli* from a cloned tyrosinase gene. *Bio/technology* **8**, 634-638.
196) Chakraborty D. P., Roy S., Chakraborty A. K. and Rakshit R. (1989)

Tryptophan participation in melanogenesis : Modification of Raper-Mason-Pawelek scheme of melanin formation. *J. Indian Chem. Soc.* **66**, 699-702.
197) Allegri G., Costa C., Biasiolo M. and Arban R. (1991) Content of tryptophan in human hair. In "Kynurenine and Serotonin Pathways. Progress in Tryptophan research" (Eds. Schwarcz, Young S. N. and Brown R. R.) (Proceedings of the International Study Group for Tryptophan Research, 6th International Meeting, 1989), pp. 467-470, Plenum Press, New York.
198) Allegri G. (1992) Role of tryptophan in melanogenesis. In "Advances in Tryptophan Research" (Eds. Ishiguro I., Kido R., Nagatsu T., Nagamura Y. and Ohta Y.) (Proceedings, 7th Meeting of the International Study Group for Tryptophan Research, 1992), pp. 185-189, Fujita Health Univ. Press, Toyoake, Japan.
199) Koga A. and Hori H. (1997) Albinism due to transporsable element insertion. *Pigment Cell Res.* **10**, 377-381.
200) Asada N., Fujimoto K., Tanaka M. and Ohnishi E. (1993) Genetic polymorphism of prophenoloxidase A, in *Drosophila melanogaster. Jpn. J. Genet.* **68**, 219-227.
201) Kawabata T., Yasuhara Y., Ochiai M., Matsuura S. and Ashida M. (1995) Molecular cloning of insect pro-phenol oxidase : A copper-containing protein homologous to arthropod hemocyanin. *Proc. Natl. Acad. Sci. USA* **92**, 7774-7778.
202) Fujimoto K., Okino N., Kawabata S., Iwanaga S. and Ohnishi E. (1995) Nucleotide sequence of the cDNA encoding the proenzyme of phenol oxidase A_1 of *Drosophila melanogaster. Proc. Natl. Acad. Sci. USA* **92**, 7769-7773.
203) Halaban R. and Moellmann G. (1992) Recent advances in the molecular biology of pigmentation : Mouse models. *Pig. Cell Res.* Suppl. **2**, 67-78.

5. インドール系色素

1) 吉岡常雄（1983）帝王紫探訪. 紫紅社, 京都.
2) Baker J. T. (1974) Tyrian purple : an ancient dye, a modern problem. *Endeavour* **33**, 11-17.
3) 貝紫, 世界大博物図鑑, 別巻 2, 水生無脊椎動物, pp. 136-137 (1944).
4) 藤瀬　裕（1989）ローマ紫の夢. 浜松医科大学附属図書館報. ひくまの No. 18,

pp. 1-2.
5) 飯山達雄 (1984) 今に伝わる帝王紫の染色法. 科学朝日 **44**(9), 92-93.
6) Fujise Y., Miwa K. and Ito S. (1980) Structure of tyriverdin, the immediate research of tyrian purple. *Chemistry Letters* 631-632.
7) 上野民夫 (1991) 帝王紫の謎. 化学 **46**(7), 465.

6. キノン系色素

1) Anderson H. A., Mathieson J. W. and Thomson R. H. (1969) Distribution of spinochrome pigments in Echinoids. *Comp. Biochem. Physiol.* **28**, 333-345.
2) Mukai T. (1958) A new pigment from the sea cucumber, *Polycheira rufescens* (Brandt). *Mem. Fac. Sci. Kyushu Univ.*, Ser. C. **3**, 29-33.
3) Mukai T. (1960) Structure of Namakochrome. I. *Bull. Chem. Soc. Japan* **33**, 453-456.
4) Mukai T. (1960) Structure of Namakochrome. II. *Bull. Chem. Soc. Japan* **33**, 1234-1235.
5) Service M. and Wardlaw A. C. (1984) Echinochrome-A as a bactericidal substance in the coelomic fluid of *Echinus esculentus* (L.). *Comp. Biochem. Physiol.* **79**B, 161-165.
6) Salague A., Barbier M. et Lederer E. (1967) Sur la biosynthese de l'echinochrome A par l'oursin *Arbacia pustulosa. Bull. Soc. Chim. Biol.* **49** (7), 841-848.
7) Baranyovits F. L. C. (1978) Cochineal carmine : an ancient dye with a modern role. *Endeavour* New Series vol. **2**, no. 2, 85-92.
8) Eisner T. and Nowicki S. (1980) Red cochineal dye (carminic acid) : Its role in nature. *Science* **208**, 1039-1042.
9) Burwood R., Read G., Schofield K. and Wright D. E. (1965) The pigments of stick lac. Part I. Isolation and preliminary examination. *J. Chem. Soc.* 6067-6073.
10) Burwood R., Read G., Schofield K. and Wright D. E. (1967) The pigments of stick lac. Part II. The structure of laccaic acid A_1. *J. Chem. Soc.* (C), 842-851.
11) Pandhare E. D., Rama Rao A. V., Srinivasan R. and Venkataraman K. (1966) Lac pigments. *Tetrahedron*, Suppl. **8**, Part I. 229-239.
12) Powell V. H., Sutherland M. D. and Wells J. W. (1967) Pigments of marine

animals. V. Rubrocomatulin monomethyl ether, an anthraquinoid pigment of *Comatula* genus of crinoids. *Aust. J. Chem.,* **20**, 535-540.
13) Sutherland M. D. and Wells J. W. (1967) Pigments of marine animals. IV. The anthraquinoid pigments of the crinoids, *Comatula pectinata* L. and *C. cratera* A. H. Clark. *Aust. J. Chem.* **20**, 515-533.
14) Powell V. H. and Sutherland M. D. (1967) Pigments of marine animals. VI. Anthraquinoid pigments of the crinoids *Ptilometra australis* Wilton and *Tropiometra afra* Hartlaub. *Aust. J. Chem.* **20**, 541-553.
15) Prota G., D'Agostino M. and Misuraca G. (1972) The structure of hallachrome: 7-Hydroxy-8-methoxy-6-methyl-1, 2- anthraquinone. *J. Chem. Soc.* **1**, 1614-1616.
16) Calderbank A., Cameron D. W., Cromartie R. T. T., Hamied Y. K., Haslam E., Kingston D. G. I., Todd L. and Watkins J. C. (1964) Colouring matters of the Aphididae. Part XX. The structure of the xanthoaphins and chrysoaphins. *J. Chem. Soc.* 80-89.
17) Cameron D. W., Cromartie R. I. T., Hamied Y. K., Scott P. M. and Todd L. (1964) Colouring matters of the Aphididae. Part XVIII. The structure and chemistry of the erythroaphins. *J. Chem. Soc.* 62-72.
18) Cameron D. W., Cromartie R. I. T., Kingston D. G. I. and Todd L. (1964) Colouring matters of the Aphididae. Part XVII. The structure and absolute stereochemistry of the protoaphins. *J. Chem. Soc.* 51-61.
19) Cameron D. W., Sawyer W. H. and Trikojus V. M. (1977) Colouring matters of the Aphidoidea. XLII. Purification and properties of the cyclising enzyme [Protoaphin dehydratase (cyclising)] concerned with pigment transformation in the wooly aphid *Eriosoma lanigerum* Hausmann (Hemiptera: Insecta). *Aust. J. Biol. Sci.* **30**, 173-181.
20) Bowie J. H., Cameron D. W., Findlay J. A. and Quartey J. A. K. (1966) Haemolymph pigments of aphids. *Nature* **210**, 395-397.
21) Weiss U. and Altland H. W. (1965) Red pigments of *Dactynotus rudbeckiae* and *D. ambrosiae* [Homoptera, Aphididae]. *Nature* **207**, 1295-1297.
22) Brown K. S. Jr., Cameron D. W. and Weiss U. (1969) Chemical constituents of the bright orange aphid, *Aphis nerii* Fonscolombe. I. Neriaphin and 6-hydroxymusizin 8-O-β-D-glucoside. *Tetrahedron Letters* No. **6**, 471-476.
23) ヨハン ベックマン (1981) "ケルメスとコチニール. 西洋事物起原 II" (ヨハン ベックマン著), pp. 523-545, ダイヤモンド社 (昭56年), 東京.

24) リッチ C. I. (1979) "虫たちの歩んだ歴史―人間と昆虫の物語", pp. 165-176, 共立出版 (昭 55 年), 東京.
25) クラウズリ J. L.-トンプソン (1976) "歴史を変えた昆虫たち", pp. 338-341, 思索社 (昭 57 年), 東京.
26) Blumer M. (1960) Pigments of a fossil echinoderm. *Nature* **188**, 1100-1101.
27) Blumer M. (1962) The organic chemistry of a fossil ― I. The structure to the fringelite-pigments. *Geochim. Cosmochim. Acta* **26**, 225-230.
28) Blumer M. (1965) Organic pigments: Their long-term fate. *Science* **149**, 722-726.

7. オモクローム

1) Becker E. (1939) Über die Natur des Augenpigments von *Ephestia kühniella* und seinen Vergleich mit den Augenpigmenten anderer Insekten. *Biol. Zbl.* **59**, 597-627.
2) Becker E. (1941) Die Pigmente der Ommin- und Ommatingruppe, eine neue Klasse von Naturfarbstoffe. *Naturwissenschaften* **29**, 237-238.
3) Becker E. (1942) Über eigenschaften, Verbreitung und die genetisch-entwicklungs-physiologische Bedeutung der Pigmente der Ommatin- und Ommingruppe (Ommochrome) bei den Arthropoden. *Z. VererbLehre* **80**, 157-204.
4) Linzen B. (1974) The tryptophan → ommochrome pathway in insects. In "Advances in Intect Physiology Vol. 10" (Eds. Treherne J. E., Berridge M. J. and Wigglesworth V. B), pp. 117-246. Academic Press, London and New York.
5) Butenandt A. and Schäfer W. (1962) Ommochromes. In "Recent Progress in the Chemistry of Natural and Synthetic Colouring Matters and related Fields" (Eds. Gore T. S., Joshi B. S., Sunthankar S. V. and Tilak B. D.), pp. 13-33, Academic Press, New York and London.
6) 梅鉢幸重 (1962) オンモクローム, 生化学 **34**, 543-555.
7) Linzen B. (1967) Zur Biochemie der Ommochrome. Unterteilung, Vorkommen, Biosynthese und physiologische Zusammenhange. *Naturwissenschaften* **54**, 259-267.
8) Butenandt A. (1957) Über Ommochrome, eine Klasse naturlicher Phenoxazon-Farbstoffe. *Angew. Chem.* **69**, 16-23.

9) Butenandt A., Schiedt U., Biekert E. and Kornmann P. (1954) Über Ommochrome, I. Mitteilung: Isolierung von Xanthommatin, Rhodommatin und Ommatin C aus den Schlupfsekreten von *Vanessa urticae*. *Liebig's Ann. Chem.* **586**, 217-228.
10) Butenandt A. and Neubert G. (1955) Über Ommochrome, V. Mitteilung. Xanthommatin, ein Augenfarbstoff der Schmeissfliege *Calliphora erythrocephala*. *Hoppe-Seyler's Z. physiol. Chem.* **301**, 109-114.
11) Butenandt A., Schiedt U. and Biekert E. (1954) Über Ommochrome, II. Mitteilung: Alkalischer und fermentativer Abbau von Xanthommatin und Rhodommatin. Alkalischer Abbau der Kynurenin-Seitenkette. *Liebig's Ann. Chem.* **586**, 229-239.
12) Butenandt A., Schiedt U., Biekert E. and Cromartie R. J. T. (1954) Über Ommochrome, IV. Mitteilung: Konstitution des Xanthommatins. *Liebig's Ann. Chem.* **590**, 75-90.
13) Butenandt A., Schiedt U. and Biekert E. (1954) Über Ommochrome, III. Mitteilung: Synthese des Xanthommatins. *Liebig's Ann. Chem.* **588**, 106-116.
14) Sullivan D. T., Grillo S. L. and Kitos R. J. (1974) Subcellular localization of the first three enzymes of the ommochrome Synthetic pathway in *Drosophila melanogaster*. *J. Exp. Zool.* **188**, 225-234.
15) Dustmann J. H. (1973) Kynurenin-3-Hydroxylase in den Augen der Honigbiene *Apis mellifica*. *Hoppe-Seyler's Z. physiol. Chem.* **354**, 1068-1072.
16) Linzen B. and Hendrichs-Hertel U. (1970) Kynurenin-3-Hydroxylase in der Metamorphose von *Bombyx mori rb* : Organ- und stadienspezifische Wechsel der Enzymaktivität. *Wilhelm Roux' Archiv.* **165**, 26-34.
17) Stratakis E. (1981) Submitochondrial localization of kynurenine 3-hydroxylase from ovaries of *Ephestia kühniella*. *Insect Biochem.* **11**, 735-741.
18) Ghosh D. and Forrest H. S. (1967) Enzymatic studies on the hydroxylation of kynurenine in *Drosophila melanogaster*. *Genetics* **55**, 423-431.
19) Sullivan D. T., Kitos R. J. and Sullivan M. C. (1973) Developmental and genetic studies on kynurenine hydroxylase from *Drosophila melanogaster*. *Genetics* **75**, 651-661.
20) Akaboshi E. (1979) Kynurenine hydroxylase in *Musca domestica* L. *Comp. Biochem. Physiol.* **62B**, 549-555.
21) Pinamonti S. and Chiarelli-Alvisi G. (1974) Studies on the kynurenine-

3-hydroxylase of *Schistocerca gregaria*. *Insect Biochem.* **4**, 9-16.
22) Summers K. M. and Howells A. J. (1978) Xanthommatin biosynthesis in wild-type and mutant strains of the Australian sheep blowfly *Lucilia cuprina*. *Biochem. Genet.* **16**(11/12), 1153-1163.
23) Dustmann J. H. (1968) Pigment studies on several eye-colour mutants of the honey bee, *Apis mellifera*. *Nature* **219**, 950-952.
24) Dustmann J. H. (1969) Eine chemische Analyse der Augenfarbmutanten von *Apis mellifica*. *J. Insect Physiol.* **15**, 2225-2238.
25) Linzen B. and Schartau W. (1974) A quantitative analysis of tryptophan metabolism during development of the blowfly *Protophormia terrae-novae*. *Insect Biochem.* **4**, 325-340.
26) Butenandt A., Biekert E. and Linzen B. (1956) Über Ommochrome, VII. Mitteilung. Modellversuche zur Bildung des Xanthommatins *in vivo*. *Hoppe-Seyler's Z. physiol. Chem.* **305**, 284-289.
27) Pinamonti S. and Petris A. (1966) Studies on tryptophan pyrrolase of *Schistocerca gregaria* Försk. (Orthoptera). *Comp. Biochem. Physiol.* **17**, 1079-1087.
28) Egelhaaf A. (1963) Über das Wirkungsmuster des *a*-Locus von *Ephestia kühniella*. *Z. VererbLehre* **94**, 348-384.
29) Baglioni C. (1959) Genetic control of tryptophan peroxidase-oxidase in *Drosophila melanogaster*. *Nature* **184**, 1084-1085.
30) Hiraga S. (1964) Tryptophan metabolism in eye-color mutants of the housefly. *Jap. J. Genet.* **39**, 240-253.
31) Pinamonti S., Petris A. and Colombo G. (1966) Nucleic acids, proteins, and tryptophan pyrrolase activity of the fat body of *Schistocerca gregaria* Försk. (Orthoptera) during ovarian maturation. *J. Insect Physiol.* **12**, 1403-1410.
32) Marzluf G. A. (1965) Enzymatic studies with the suppressor of vermilion of *Drosophila melanogaster*. *Genetics* **52**, 503-512.
33) Rizki T. M. (1961) Intracellular localization of kynurenine in the fat body of *Drosophila*. *J. Biophy. Biochem. Cytology* **9**, 567-572.
34) Rizki T. M. and Rizki R. M. (1963) An inducible enzyme system in the larval cells of *Drosophila melanogaster*. *J. Cell Biol.* **17**, 87-92.
35) Rizki T. M. (1964) Mutant genes regulating the inducibility of kynurenine synthesis. *J. Cell Biol.* **21**, 203-211.
36) Rizki T. M. and Rizki R. M. (1964) Factors affecting the intracellular

synthesis of kynurenine. *J. Cell Biol.* **21**, 27-33.
37) Baglioni C. (1960) Genetic control of tryptophan pyrrolase in *Drosophila melanogaster* and *D. virilis*. *Heredity* **15**, 87-96.
38) Kaufman S. (1962) Studies on tryptophan pyrrolase in *Drosophila melanogaster*. *Genetics* **47**, 807-817.
39) Marzluf G. A. (1965) Tryptophan pyrrolase of *Drosophila* : Partial purification and properties. *Z. VererbLehre.* **97**, 10-17.
40) Schartau W. and Linzen B. (1976) The tryptophan 2, 3-dioxigenase of the blowfly, *Protophormia terrae-novae* : Partial purification and characterization. *Hoppe-Seyler's Z. physiol. Chem.* **357**, 41-49.
41) Yim. J. J., Yoon J., Park Y. S., Grell E. H. and Jacobson K. B. (1987) Mechanism of suppression in *Drosophila* : Regulation of tryptophan oxygenase by the *su* (s) allele. *Biochem. Genetics* **25**, 359-374.
42) Cochran D. G. (1976) Kynurenine formamidase activity in the American cockroach. *Insect Biochem.* **6**, 267-272.
43) Moore G. P. (1978) Biochemical and genetic characterization of kynurenine formamidase from *Drosophila melanogaster*. *Biochem. Genetics* **16**, 619-634.
44) Glassman E. (1956) Kynurenine formamidase in mutants of *Drosophila*. *Genetics* **41**, 566-574.
45) Pinamonti S., Chiarelli-Alvisi G. and Colombo G. (1973) The xanthommatin forming enzyme system of the desert locust, *Schistocerca gregaria*. *Insect Biochem.* **3**, 289-296.
46) Phillips J. P., Simmons J. R. and Bowman J. T. (1970) Terminal synthesis of xanthommatin in *Drosophila melanogaster*. I. Roles of phenol oxidase and substrate availability. *Biochem. Genetics* **4**, 481-487.
47) Phillips J. P. and Forrest H. S. (1970) Terminal Synthesis of xanthommatin in *Drosophila melanogaster*. II. Enzymatic formation of the phenoxazinone nucleus. *Biochem. Genetics* **4**, 489-498.
48) Phillips J. P., Forrest H. S. and Kulkarni D. (1973) Terminal synthesis of xanthommatin in *Drosophila melanogaster*. III. Mutational pleiotropy and pigment granule association of phenoxazinone synthetase. *Genetics* **73**, 45-56.
49) Wiley K. and Forrest H. S. (1981) Terminal synthesis of xanthommatin in *Drosophila melanogaster*. IV. Enzymatic and nonenzymatic catalysis. *Biochem. Genetics* **19**, 1211-1121.

50) Ryall R. L., Ryall R. G. and Howells A. J. (1976) The ommochrome biosynthetic pathway of *Drosophila melanogaster* : The Mn^{2+}-dependent soluble phenoxazinone synthase activity. *Insect Biochem.* **6**, 135-142.
51) Yamamoto M., Howells A. J. and Ryall R. L. (1976) The ommochrome biosynthetic pathway in *Drosophila melanogaster* : The head particulate phenoxazinone synthase and the developmental onset of xanthommatin synthesis. *Biochem. Genetics* **14**, 1077-1090.
52) Ogawa H., Nagamura Y. and Ishiguro I. (1983) Cinnabarinic acid formation in Malpighian tubules of the silkworm, *Bombyx mori*. Participation of catalase in cinnabarinic acid formation in the presence of manganese ion. *Hoppe-Seyler's Z. physiol. Chem.* **364**, 1059-1066.
53) Ogawa H., Nagamura Y. and Ishiguro I. (1983) Cinnabarinate formation in Malpighian tubules of the silkworm, *Bombyx mori* : Reaction mechanism of cinnabarinate formation in the presence of catalase and manganese ions. *Hoppe-Seyler's Z. physiol. Chem.* **364**, 1507-1518.
54) Stratakis E. (1982) Distribution and ontogeny of kynurenine 3-hydroxylase in *Ephestia kühniella* and its relation to metabolite levels. *Insect Biochem.* **12**, 419-426.
55) Santoro P. and Parisi G. (1987) Biosynthesis of dehydroxanthommatin. *In vitro* enzymatic reduction of xanthommatin. *Insect Biochem.* **17**, 635-638.
56) Hiruma K., Matsumoto S., Isogai A. and Suzuki A. (1984) Control of ommochrome synthesis by both juvenile hormone and melanization hormone in the cabbage armyworm, *Mamestra brassicae. J. Comp. Physiol.* **154**B, 13-21.
57) Linzen B. (1959) Über Ommochrome, XV. Über die Identifizierung des "Urechochroms" als Xanthommatin. *Hoppe-Seyler's Z. physiol. Chem.* **314**, 12-14.
58) Needham A. E. (1970) The integumental pigments of some isopod crustacea. *Comp. Biochem. Physiol.* **35**, 509-534.
59) Schäfer W. and Geyer I. (1972) Über das Redoxverhalten der Ommochrme UV/S-Spectren von 3 H-Phenoxazinonen-(3) und Phenoxazinen. *Tetrahedron* **28**, 5261-5279.
60) Nicholls E. M. and Rienits K. G. (1971) Tryptophan derivatives and pigment in the hair of some Australian marsupials. *Int. J. Biochem.* **2**, 593-603.
61) Nicholls E. M. and Rienits K. G. (1973) Marsupial pigments. In "Pigment

Cell" (Ed. Riley V. R.). Vol. 1. *Mechanism in Pigmentation* (Eds. McGovern V. J. and Russell P.), pp. 142-150, Karger, Basel.
62) Tomoda A., Shirasawa E., Nagao S., Minami M. and Yoneyama Y. (1984) Involvement of oxidoreductive reactions of intracellular haemoglobin in the metabolism of 3-hydroxy-anthranilic acid in human erythrocytes. *Biochem. J.* **222**, 755-760.
63) Dustmann J. H. (1964) Die Redoxpigments von *Carausius morosus* und ihre Bedeutung für den morphologischen Farbwechsel. *Z. vergl. Phisiologie* **49**, 28-57.
64) Riddiford L. M. and Hiruma K. (1984) Hormonal control of pigmentation in *Manduca sexta*. In "Progress in Tryptophan and Serotonin Research" (Eds. Schlossberger H. G., Kochen W., Linzen B. and Steinhart H.), pp. 723-731. Walter de Gruyter, Berlin, New York.
65) Tearle R. (1991) Tissue specific effects of ommochrome pathway mutations in *Drosophila melanogaster. Genet. Res. Camb.* **57**, 257-266.
66) Silva F. J. and Mensua J. L. (1988) Effect of some tryptophan metabolism on the biosynthesis of pteridines in the mutant red Malpighian tubules of *Drosophila melanogaster. Insect Biochem.* **18**, 675-679.
67) Parisi G., Carfagna M. and D'Amora D. (1976) A proposed biosynthesis pathway of drosopterins in *Drosophila melanogaster. J. Insect Physiol.* **22**, 415 -423.
68) Parisi G., Carfagna M. and D'Amora D. (1976) Biosynthesis of dihydroxanthommatin in *Drosophila melanogaster* : Possible invovement of xanthine dehydrogenase. *Insect Biochem.* **6**, 567-570.
69) Parisi G., D'Amora D. and Franco A. R. (1977) Pterin and ommochrome pigments in *Drosophila melanogaster* : Phenocopy of the mutant *mal* from the double mutant *mal v. Insect Biochem.* **7**, 1-2.
70) Shoup J. R. (1966) The development of pigment granules in the eyes of wild type and mutant *Drosophila melanogaster. J. Cell Biol.* **29**, 223-249.
71) Negishi S. and Hasegawa Y. (1991) Pigment granule formation in the isopod, *Armadillidium vulgare. Invertebrate Reproduction and Development* **19**, 167-173.
72) Negishi S. and Hasegawa Y. (1992) Alterations in the integument of *Armadillidium vulgare* masculinized by implantation of androgenic glands. *Invertebrate Reproduction and Development* **21**, 179-186.

7. オモクローム　317

73) Negishi S., Hasegawa Y., Martin G., Juchault P. and Katakura Y. (1994) Morphological characterization of three phenotypes of the isopod *Armadillidium vulgare*. *Pigment Cell Res.* **7**, 184-190.
74) Castrucci A. M. L. and Mendes E. G. (1975) Ultrastructure of the pigmentary system and chromatophorotropic activity in land isopods. *Biol. Bull.* **149**, 467-479.
75) Ōhashi M., Tsusué M., Yoshitake N., Sakate S. and Kiguchi K. (1983) Epidermal pigments affecting the larval colouration of the silkworm, *Bombyx mori*. *J. Seric. Sci. Jpn.* **52**, 498-504.
76) Sawada H., Tsusué M., Yamamoto T. and S. Sakurai S. (1990) Occurrence of xanthommatin containing pigment granules in the epidermal cells of the silkworm, *Bombyx mori*. *Insect Biochem.* **20**, 785-792.
77) Sawada H., Tsusué M. and Iino T. (1994) Identification of Ommin in the integument of the silkworm, *Bombyx mori*. *Biol. Chem. Hoppe-Seyler* **375**, 425-427.
78) Koga N. and Goda Y. (1962) 3-Hydroxy-kynurenine in frisch gelegten *Bombyx*-Eiern. *Hoppe-Seyler's Z. physiol chem.* **328**, 272-274.
79) Koga N. and Osanai M. (1967) Der Gehalt an Tryptophan, Kynurenine, 3-Hydroxy-kynurenin und Ommochromen bei den überwinternden Eiern des Seidenspinners *Bombyx mori* während der Entwicklung. *Hoppe-Seyler's Z. physiol. Chem.* **348**, 979-982.
80) Linzen B. and Bückmann D. (1961) Biochemische und histologishe Untersuchungen zur Umfärbung der Raupe von *Cerula vinula* L. *Z. Naturforschg.* **16**, 6-18.
81) Bückmann D. (1965) Das Redoxverhalten von Ommochrom *in vivo*. Untersuchungen an *Cerula vinula* L. *J. Insect Physiol.* **11**, 1427-1462.
82) Linzen B. (1963) Eine spezifische quantitative Bestimmung des 3-Hydroxykynurenine. 3-Hydroxykynurenine und Xanthommatin in der Imaginalentwicklung von *Calliphora*. *Hoppe-Seyler's Z. physiol. Chem.* **333**, 145-148.
83) Ryall R. L. and Howells A. J. (1974) Ommochrome biosynthetic pathway of *Drosophila melanogaster*. Variations in levels of enzyme activities and intermediates during adult development. *Insect Biochem.* **4**, 47-61.
84) Osanai M. (1966) Über die Umfärbung der Raupen von *Hestina japonica* zu Beginn der Überwinterung. II. Pigmente der Raupen von *Hestina japonica*

und *Sasakia charonda. Hoppe-Seyler's Z. physiol. Chem.* **347**, 145-155.
85) Osanai M. (1966) Über die Umfärbung der Raupen von *Hestina japonica* zu Beginn der Überwinterung. III. Ein Redoxverhalten in der Haut der *Hestina*-Raupe. *J. Insect Physiol.* **12**, 1295-1301.
86) Ōhashi M., Tsusué M. and Kiguchi K. (1983) Juvenile hormone control of larval colouration in the silkworm *Bombyx mori* : Characterization and determination of epidermal brown colour induced by the hormone. *Insect Biochem.* **13**, 123-127.
87) Stratakis E. (1979) Ommochrome synthesis and kynurenic acid excretion in relation to metamorphosis and allatectomy in the stick insect, *Carausius morosus* Br. *J. Insect Physiol.* **25**, 925-929.
88) Koch P. B. (1991) Precursors of pattern specific ommatin in red wing scales of the polyphenic butterfly *Araschnia levana* L. : Haemolymph tryptophan and 3-Hydroxykynurenine. *Insect Biochem.* **21**, 785-794.
89) Dustmann J. H. (1966) Über Pigmentuntersuchungen an den Augen der Honigbiene *Apis mellifica. Naturwissenschaften* **53**, 208.
90) Ikemoto H. (1975) Hormonal control of the body-colour change in larvae of the Larger Pellucid Hawk Moth, *Cephonodes hylas* L. (1). *Botyu-Kagaku* **40**, 59-62.
91) Ikemoto H. (1976) Hormonal control of the body-colour change in larvae of the Larger Pellucid Hawk Moth, *Cephonodes hylas* L. (2). *Botyu-Kagaku* **41**, 192-194.
92) Sawada H. (1994) Biochemical studies on the pigment granules of insects. Accumulation and localization of ommochrome in epidermal cells of the silkworm, *Bombyx mori*. Dissertation (Tokyo Metropolitan Univ.).
93) Joshi S. and Brown R. R. (1959) Pigment formation from hydroxykynurenine by a rat liver system. *Fed. Proc.* **18**, 255.
94) Nagasawa H. T. and Gutmann H. R. (1959) The oxidation of o-aminophenols by cytochrome c and cytochrome oxydase. I. Enzymatic oxidations and binding of oxidation products to bovine serum albumin. *J. Biol. Chem.* **234**, 1593-1599.
95) Nagasawa H. T., Gutmann H. R. and Morgan M. A. (1959) The oxidation of o-aminophenols by cytochrome c and cytochrome oxidase. II. Synthesis and identification of oxidation product. *J. Biol. Chem.* **234**, 1600-1604.
96) Gutmann H. R. and Nagasawa H. T. (1960) The oxidation of o-

aminophenols by cytochrome c and cytochrome oxidase. III. 2,3-Fluorenoquinone from o-amino-3-fluorenol and binding of quinoid oxidation products to bovine serum albumin. *J. Biol. Chem.* **235**, 3466-3471.

97) Schwinck I. (1953) Über den Nachweis eines Redox-Pigmentes (Ommochrom) in der Haut von *Sepia officinalis*. *Naturwissenschaften* **40**, 365.

98) Hasegawa Y., Negishi S., Naito J., Ishiguro I., Martin G., Juchault P. and Katakura Y. (1997) Genetic and biochemical studies on ommochrome genesis in an albino strain of a terrestrial isopod, *Armadillidium vulgare*. *Pigment Cell Res.* **10**, 265-270.

99) Yoshida M., Ohtsuki H. and Suguri S. (1967) Ommochrome from anthomedusan ocelli and its photoreduction. *Photochem. Photobiol.* **6**, 875-884.

100) Dales R. P. (1962) The nature of the pigments in the crowns of sabellid and serpulid polychaetes. *J. Mar. biol. Ass. U. K.* **42**, 259-274.

101) Walker A. R., Howells A. J. and Tearle (1986) Cloning and characterization of the *vermilion* gene of *Drosophila melanogaster*. *Mol. Gen. Genet.* **202**, 102-107.

102) Searles L. L. and Voelker R. A. (1986) Molecular characterization of the *Drosophila* vermilion locus and its suppressible alleles. *Proc. Natl. Acad. Sci. USA* **83**, 404-408.

103) Searles L. L., Ruth R. S., Pret A.-M., Fridell R. A. and Ali A. J. (1990) Structure and transcription of the *Drosophila melanogaster* vermilion gene and several mutant alleles. *Mol. Cell. Biol.* Apr. 1990, 1423-1431.

104) Naito J., Ishiguro I., Nagamura Y. and Ogawa H. (1989) Tryptophan-2, 3-dioxigenase activity in rat skin. *Arch. Biochem. Biophys.* **270**, 236-241.

105) Ishiguro I., Naito J., Saito K. and Nagamura Y. (1993) Skin L-tryptophan-2, 3-dioxigenase and rat hair growth. *FEBS* **329**, 178-182.

106) Hayaishi O., Yoshida R., Takikawa O. and Yasui H. (1984) Indoleamine dioxigenase — A possible biological function. In "Progress in Tryptophan and Serotonin Research" (Eds. Schlossberger H. G., Kochen W., Linzen B. and Steinhart H.), pp. 33-42. Walter de Gruyter, Berlin.

8. 昆虫クチクラの硬化と着色

1) Hackman R. H. (1974) Chemistry of the insect cuticle. *The physiology of Insecta* **6**, 215-270.

2) Andersen S. O. (1979) Biochemistry of insect cuticle. *Ann. Rev. Entomol.* **24**, 29-61.
3) Andersen S. O. (1977) Arthropod cuticles: Their composition, properties and functions. *Symp. zool. Soc. Lond.* No. **39**, 7-32.
4) Brunnet P. C. J. (1967) Sclerotins. *Endeavour* **26**, 68-74.
5) Brunnet P. C. J. (1980) The metabolism of the aromatic amino acids concerned in the cross-linking of insect cuticle. *Insect Biochem.* **10**, 467-500.
6) Andersen S. O. (1976) Cuticular enzymes and sclerotization in insects. In "Insect Integument" (Ed. Hepburn H. R.), pp. 121-144, Elsevier Scientific.
7) Andersen S. O. (1985) Sclerotization and tanning of the cuticle. In "Comparative Insect Physiology, Biochemistry and Pharmacology" (Eds. Kerkut G. A. and Gilbert L. I.), pp. 59-74, Pergamon Press, Oxford.
8) Andersen S. O. (1971) Phenolic compounds isolated from insect hard cuticle and their relationship to the sclerotization process. *Insect Biochem.* **1**, 157-170.
9) Andersen S. O. (1972) An enzyme from loculst cuticle involved in the formation of crosslinks from N-acetyldopamine. *J. Insect. Physiol.* **18**, 527-540.
10) Andersen S. O. and Roepstorff P. (1982) Sclerotization of insect cuticle — III. An unsaturated derivative of N-acetyldopamine and its role in sclerotization. *Insect Biochem.* **12**, 269-276.
11) Andersen S. O. (1970) Isolation of arterenone (2-amino-3′,4′-dihydroxyacetophenone) from hydrolysates of sclerotizatized insect cuticle. *J. Insect Physiol.* **16**, 1951-1959.
12) Andersen S. O. and Barrett F. M. (1971) The isolation of ketocatechols from insect cuticle and their possible role in sclerotization. *J. Insect Physiol.* **17**, 69-83.
13) Andersen S. O. (1974) Evidence for two mechanisms of sclerotisation in insect cuticle. *Nature* **251**, 507-508.
14) Andersen S. O. (1975) Cuticular sclerotization in the beetles *Pachynoda epphipiate* and *Tenebrio molitor*. *J. Insect Physiol.* **21**, 1225-1232.
15) Stay B. and Roth L. M. (1962) The colleterial glands of cockroaches. *Ann. ent. Soc. Am.* **55**, 124-130.
16) Pan R. N. and Acheson R. M. (1968) The identification of 3-hydroxy-4-O-β-glucosido-benzyl alcohol in the left colleterial gland of *Blaberus dis-*

coidalis. Biochim. Biophys. Acta **158**, 206-211.
17) Sugumaran M. (1987) Quinone methide sclerotization. In "Molecular Entomology", pp. 357-367, Alan R. Liss, Inc.
18) Sugumaran M. (1987) Quinone methide sclerotization: A revised mechanism for β-sclerotization of insect cuticle. *Bioorganic Chemistry* **15**, 194-211.
19) Sugumaran M. (1988) Quinone methide — and not dehydrodopamine derivatives — as reactive intermediates of β-sclerotization in the puparia of flesh fly *Sarcophaga bullata. Arch. Insect Biochem. Physiol.* **8**, 73-88.
20) Sugumaran M., Saul S. J. and Semensi V. (1988) On the mechanism of formation of N-acetyldopamine quinone methide in insect cuticle. *Arch. Insect Biochem. Physiol.* **9**, 269-281.
21) Saul S. J. and Sugumaran M. (1989) o-Quinone/quinone methide isomerase: a novel enzyme preventing the destruction of self-matter by phenoloxidase-generated quinones during immune response in insects. *FEBS Letters* **249**, 155-158.
22) Saul S. and Sugumaran M. (1988) A novel quinone: quinone methide isomerase generates quinone methides in insect cuticle. *FEBS Letters* **237**, 155-158.
23) Saul S. J., Dali H. and Sugumaran M. (1991) Quinone and quinone methide as transit intermediates involved in the side chain hydroxylation of N-acyldopamine derivatives by soluble enzymes from *Manduca sexta* cuticle. *Arch. Insect Biochem. Physiol.* **16**, 123-138.
24) Saul S. J. and Sugumaran M. (1990) 4-Alkyl-o-quinone/2-hydroxy-p-quinone methide isomerase from the larval hemolymph of *Sarcophaga bullata. J. Biol. Chem.* **265**, 16992-16999.
25) Ashida M. and Yamazaki H. I. (1990) Biochemistry of the phenoloxidase system in insects: with special reference to its activation. In "Molting and Metamorphosis" (Eds. Ohnishi E. and Ishizaki H.), pp. 239-265, Japan Sci. Soc. Press, Tokyo/Springer-Verlag, Berlin.
26) Andersen S. O. (1990) Sclerotization of insect cuticle. In "Molting and Metamorphosis" (Eds. Ohnishi E. and Ishizaki H.), pp. 133-155, Japan Sci. Soc. Press, Tokyo/Springer-Verlag, Berlin.
27) Hackman R. H. and Goldberg M. (1968) A study of a melanic mutant of the blowfly *Lucilia cuprina. J. Insect Physiol.* **14**, 765-775.
28) Mills R. R. and Fox F. R. (1972) The sclerotization process by the American

cockroach: Contribution of melanin. *Insect Biochem.* **2**, 23-28.
29) 矢後素子 (1996) 昆虫の硬化のしくみ. クスサンの繭とカマキリの卵嚢を中心に. 化学と生物 **34**, 725-729.
30) Andersen S. O., Peter M. G. and Roepstoff P. (1996) Cuticular sclerotization. *Comp. Biochem. Physiol.* **113**B, 689-705.

9. パピリオクローム

1) Umebachi Y. (1961) Yellow pigments in the wings of the Papilionid butterflies. V. Some chemical properties of the yellow pigments of *Papilio xuthus*. *Sci. Rep. Kanazawa Univ.* **7**, 139-150.
2) Umebachi Y. and Yoshida K. (1970) Some chemical and physical properties of papiliochrome II in the wings of *Papilio xuthus*. *J. Insect Physiol.* **16**, 1203-1228.
3) Umebachi Y. (1975) Further studies on the dopamine derivative, SN-1 derived from the yellow pigments of *Papilio xuthus*. *Insect Biochem.* **5**, 73-92.
4) Umebachi Y. (1975) Yellow pigments in the wings of *Papilio xuthus* (Papilionid butterfly). *Acta Vitaminol. Enzymol.* (Milano) **29**, 219-222.
5) Umebachi Y. (1980) Wing-pigments derived from tryptophan in butterflies. In "Biochemical and Medical Aspects of Tryptophan Metabolism" (Eds. Hayaishi O., Ishimura Y. and Kido R.), pp. 117-123, Elsevier, Amsterdam.
6) Umebachi Y. (1985) Papiliochrome, a new pigment group of butterfly. *Zool. Sci.* **2**, 163-174.
7) Rembold H., Rascher J., Eder J. and Umebachi Y. (1978) Partial structure of Papiliochrome, the yellow wing pigment of the Papilionid butterflies. *Z. Naturforsch.* **33**c, 498-503.
8) Umebachi Y. (1990) Beta-alanine and pigmentation of insect cuticle. In "Molting and Metamorphosis" (Eds. Ohnishi E. and Ishizaki H.), pp. 157-171, Japan Sci. Press, Tokyo/Springer-Verlag, Berlin.
9) Umebachi Y. (1993) The third way of dopamine. *Trends in Comparat. Biochem. Physiol.* **1**, 709-720.
10) Umebachi Y. and Yamashita H. (1976) Clear evidence for the presence of β-alanine as a constituent of papiliochrome II. *Comp. Biochem. Physiol.* **54**B, 55-62.

11) Umebachi Y. and Yamashita H. (1977) Beta-alanine as a constituent of the dopamine derivative, SN-1 of *Papilio xuthus*. *Comp. Biochem. Physiol.* **56B**, 5-8.
12) Rembold H. and Umebachi Y. (1984) The structure of papiliochrome II, the yellow wing pigment of the Papilionid butterflies. In "Progress in Tryptophan and Serotonin Research" (Eds. Schlossberger H. G., Kochen W., Linzen B. and Steinhart H.), pp. 743-746, Walter de Gruyter & Co., Berlin.
13) Kawasaki H. and Yago M. (1983) The identification of two N-acyldopamine glucosides in the left colleterial gland of the praying mantid, *Tenodera aridifolia sinensis* Saussure, and their role in the oothecal sclerotization. *Insect Biochem.* **13**, 267-271.
14) Yago M., Sato H. and Kawasaki H. (1984) The identification of N-acyldopamine glucosides in the left colleterial gland of the praying mantids, *Mantis religosa* L., *Satilia maculata* Thunberg and *Tenodera angustipennis* Saussure. *Insect Biochem.* **14**, 7-9.
15) Yago M. and Kawasaki H. (1984) The identification of five N-acyldopamine glucosides in the left colleterial gland of the praying mantid, *Hierodula patellifera* Seroille. *Insect Biochem.* **14**, 487-489.
16) Yago M., Sato H. and Kawasaki H. (1987) Synthesis of papiliochrome II by phenoloxidase from praying mantis. *Zool. Sci.* **4**, 1010.
17) Yago M. (1989) Enzymic synthesis of papiliochrome II, a yellow pigment in the wings of papilionid butterflies. *Insect Biochem.* **19**, 673-678.
18) Sugumaran M., Saul S. J. and Dali H. (1990) On the mechanism of side chain oxidation of N-β-alanyldopamine by cuticular enzymes from *Sarcophaga bullata*. *Arch. Insect Biochem. Physiol.* **15**, 255-269.
19) Saul S. J. and Sugumaran M. (1991) Quinone methide as a reactive intermediate formed during the biosynthesis of papiliochrome II, a yellow wing pigment of papilionid butterflies. *FEBS* **279**, 145-148.
20) Umebachi Y. and Yokoyama T. (1991) Enzymatic synthesis of papiliochrome II. In "Kynurenine and Serotonin Pathways" (Eds. Schwarcz, Young S. N. and Brown R. R.), pp. 573-577, Plenum Press, New York and London.
21) Umebachi Y. (1987) Some chemical properties of the deep yellow pigment of *Papilio machaon* (Lepidoptera: Papilionidae). In "Progress in Tryptophan and Serotonin Research" (Eds. Bender D. A., Jaseph M. H., Kochen W.

and Steinhart H.), pp. 405-408, Walter de Gruyter & Co., Berlin and New York.
22) Umebachi Y. (1984) Some chemical properties of papiliochrome R. In "Progress in Tryptophan and Serotonin Research" (Eds. Schlossberger H. G., Kochen W., Linzen B. and Steinhart H.), pp. 747-750, Walter de Gruyter & Co., Berlin and New York.
23) Umebachi Y. (1978) Red pigments in the wings of papilionid butterflies. Extraction and purification. *Sci. Rep. Kanazawa Univ.* **23**, 119-128.
24) 梅鉢幸重 (1988) 蝶の翅の色素, とくに系統・分類との関係について. In "蝶類学の最近の進歩"(白水隆各誉会長記念論文集), 日本鱗翅学会特別報告第 6 号, pp. 427-446.
25) Umebachi Y. (1959) Yellow pigments in the wings of the papilionid butterflies. III. The radioautographs of the wings of five species of *Papilio* injected with C^{14}-labeled tryptophan. *Annot. Zool. Japon.* **32**, 112-116.
26) Ishizaki Y. and Umebachi Y. (1990) Further studies on dopamine and N-acyldopamine during the pupal stage of *Papilio xuthus* (Lepdoptera: Papilionidae). *Comp. Biochem. Physiol.* **97**B, 563-567.
27) Umebachi Y. (1989) Kynurenine, β-alanine, and dopamine in the deep yellow pigment of *Papilio machaon* (Lepidoptera: Papilionidae). *Comp. Biochem. Physiol.* **94**B, 207-211.
28) Umebachi Y. and Katayama M. (1966) Tryptophan and tyrosine metabolism in the pupa of papilionid butterflies. II. The general pattern of tryptophan metabolism during the pupal stage of *Papilio xuthus*. *J. Insect Physiol.* **12**, 1539-1547.
29) Ishizaki Y. and Umebachi Y. (1988) Level changes of β-alanine, dopamine, and N-β-alanyldopamine during the pupal stage of *Papilio xuthus* (Lepidoptera: Papilionidae). *Comp. Biochem. Physiol.* **90**C, 83-87.
30) Umebachi Y. and Ishizaki Y. (1986) Accumulation and excretion of beta-alanine in *Papilio xuthus* (Lepidoptera: Papilionidae). *Comp. Biochem. Physiol.* **85**B, 503-506.
31) Umebachi Y. and Yamada M. (1964) Tryptophan and tyrosine metabolism in the pupa of papilionid butterflies. I. Accumulation of the bound form of kynurenine in *Papilio xuthus*. *Annot. Zool. Japon.* **37**, 51-57.
32) Umebachi Y. (1977) Distribution of papiliochrome in papilionid butterflies. *Sci. Rep. Kanazawa Univ.* **22**, 187-195.

33) Umebachi Y. (1983) Some properties of the kynurenine present in wing-scales of *Papilio* butterflies. *Comp. Biochem. Physiol.* **75**B, 571-574.
34) 矢後素子 (1996) 昆虫の硬化のしくみ．クスサンの繭とカマキリの卵嚢を中心に．化学と生物 **34**, 725-729.

10. テトラピロール系色素

1) Hoshi T. and Nagumo S. (1964) Studies on physiology and ecology of plankton. XVII. Notes of the blood haemoglobin of a water flea, *Moina macrocopa. Sci Rep. Niigata Univ., Ser. D.* (*Biology*) **1**, 85-95.
2) 星　猛夫 (1980) ミジンコ・ヘモグロビンの呼吸生理—日本における研究の開始と進展．遺伝 **34**, 15-24.
3) 入江俊明・田中　博 (1981) 海産二枚貝ウチムラサキ *Saxidomas purpurata* の神経節における色素および色素顆粒の性質．貝雑 (*Venus*) **40**, 138-149.
4) 河合清三・八里正三 (1980) 神経組織のヘモグロビン．遺伝 **34**, 25-30.
5) Usuki I. and Hino A. (1991) Changes in relative concentrations of the hemoglobin components in *Paramecium* caused by cell growth and temperature of the culture. *J. Cell Sci.* **100**, 635-639.
6) 血色素の分子生理と分子病理(米山良昌編)．蛋白質・核酸・酵素 Vol. **32**, No. 6 (臨時増刊) (1987).
7) Iwahashi Y. and Akamatsu S. (1994) Porphyrin pigment in black-lip pearls and its application to pearl identification. *Fisheries Science* **60**, 69-71.
8) Soh T., Fujihara N. and Koga O. (1993) Observations of pigment accumulation in the epithelium of the shell gland and superficial pigmentation on the egg shell in Japanese quail. *J. Fac. Agr. Kyushu Univ.* **38**, 73-80.
9) Chapman D. J. and Fox D. L. (1969) Bile pigment metabolism in the seahare *Aplysia. J. exp. mar. Biol. Ecol.* **41**, 71-78.
10) Winkler L. R. (1959) Intraspecific variation in the purple secretion of the California Sea Hare, *Aplysia californica* Cooper. *Pacific Science* **13**, 357-361.
11) Rüdiger W. (1967) Über die Abwehrfarbstoffe von Aplysia-Arten, II. Die struktur von Aplysioviolin. *Hoppe-Seyler's Z. physiol. Chem.* **348**, 1554.
12) Nishibori K. (1960) Studies on the Pigments of marine animals. IX. Pigments of the sea-slug *Aplisia kurodai. Publ. Seto Mar. Biol. Lab.*, **8**(2), 327-335.
13) 臼杵　格 (1981) アメフラシの紫汁におよぼす pH, 光および熱の影響．佐渡博

物館研究報告 第 8 集, 121-127.
14) Kayser H. (1974) Die Rolle der Carotinoide und des Gallenfarbstoffs bei der Farbmodifikation der Puppen von *Pieris brassicae*. *J. Insect Physiol.* **20**, 89-103.
15) Christomanos A. (1955) Nature of the pigment of *Aplysia depilans*. *Nature* **175**, 310.
16) Kayser H. and Dettner K. (1984) Biliverdin IXr in beetles (Dytiscidae: Laccophilinae). *Comp. Biochem. Physiol.* **77**B, 639-643.
17) Choussy M., Barbier M., Rüdiger W. and Klose W. (1973) Preliminary report on the neopterobilins, blue-green pigments from Lepidoptera. *Comp. Biochem. Physiol.* **44**B, 47-52.
18) Holden H. M., Rypniewski W. R., Law J. H. and Rayment I. (1987) The molecular structure of insecticyanin from the tobacco hornworm *Manduca sexta* L. at 2.6 A resolution. *The EMBO Journal* **6**, 1565-1570.
19) Bois-Choussy M. and Barbier M. (1977) Structure de la sarpédobiline, pigment biliaire de Lépidoptère (Structure of sarpedobilin, a butterfly bile pigment). *Experientia* **33**, 1407-1410.
20) Barbier M. (1984) Sarpedorubins A and B from the reduction of Sarpedobilin dimethyl ester. *Naturwissenschaften* **71**, 580-581.
21) Barbier M. (1981) The status of blue-green bile pigments of butterflies, and their phototransformations. *Experientia* **37**, 1060-1062.
22) Choussy M. and Barbier M. (1975) Ptérobiline et néoptérobilines, réactivité et structures. *Helvetica Chimica Acta* **58**, 2651-2661.
23) Barbier M. (1983) The pigments of *Papilio graphium weiskei*: Sarpedobilin and ommin responsible for a unique pattern in a butterfly wing membrane. *Comp. Biochem. Physiol.* **76**B, 57-59.
24) Barbier M. (1986) Butterfly and moth neopterobilins: Sarpedobilin as a natural metachromatic pigment. *Comp. Biochem. Physiol.* **84**B, 619-621.
25) Rügiger W., Klose W., Vuillaume M. and Barbier M. (1968) On the structure of pterobilin, the blue pigment of *Pieris brassicae. Experientia* **24**, 1000.
26) Vuillaume M. and Barbier M. (1985) Sarpedobilin: *In vitro* interactions with ATP and growth inhibiting properties. *Comp. Biochem. Physiol.* **80**B, 547-550.
27) Barbier M. (1985) Interactions between the butterfly bile pigment, sarpedobilin and polycarboxylic acids *in vitro. Insect Biochem.* **15**, 651-654.

28) Chino H., Abe Y. and Takahashi K. (1983) Purification and characterization of a biliverdin-binding cyanoprotein from the locust hemolymph. *Biochem. Biophys. Acta* **748**, 109-115.
29) Chinzei Y., Haruna T., Miura K., Numata H. and Nakayama S. (1990) Purification and characterization of biliverdin-associated cyanoprotein from eggs and hemolymph of the been bug, *Riptortus clavatus* (Heteroptera : Alydidae). *Insect Biochem.* **20**, 545-555.
30) 境 正 (1990) 魚類の胆汁色素排泄の多様性—魚類によりヘム代謝に特異性. ビリルビンのラジカル消去作用に興味—. 化学と生物 **28**, 7-9.
31) Avery E. H., Lee B. L., Freadland R. A. and Cornelius C. E. (1992) Bile pigments in gallbladder and freshly-secreted hepatic duct bile from fed and fasted rainbow trout, *Oncorhynchus mykiss. Comp. Biochem. Physiol.* **101**A, 857-861.
32) Poole H. K. (1965) Spectrophotometric identification of eggshell pigments and timing of superficial pigment deposition in the Japanese quail. *Proc. Soc. Exp. Biol. Med.* **119**, 547-551.
33) Poole H. K. (1967) A microscopic study of uterine eggshell pigment in Japanese quail. *J. Hered.* **58**, 200-203.
34) Fox H. M., Hardcastle S. M. and Dresel F. I. B. (1949) Fluctuations in the haemoglobin content of *Daphnia. Proc. Roy. Soc.* B **136**, 388-399.
35) Fox H. M. and Phear E. A. (1953) Factors influencing haemoglobin synthesis by *Daphnia. Proc. Roy. Soc.* B **141**, 179-189.
36) Fox H. M. (1955) The effect of oxygen on the concentration of haem in invertebrates. *Proc. Roy. Soc.* B **143**, 203-214.
37) Rüdiger W. (1967) Über die Abwehrfarbstoffe von *Aplysia*-Arten, I. Aplysioviolin, ein neuartiger Gallenfarbstoff. *Hoppe-Seyler's Z. physiol. Chem.* **348**, 129-138.
38) Rügiger W. (1968) Ein neuer Typ von Gallenfarbstoffen aus dem Abwehrsekret eines Seehasen. *UMSCHAU* **13**, 405-406.
39) Scheer H. and Kayser H. (1988) Conformational studies of biliproteins from the insects *Pieris brassicae* and *Cerula vinula. Z. Naturforsch.* **43**c, 84-90.
40) Willig A. (1969) Die Carotinoide und der Gallenfarbstoff der Stabheuschrecke, *Carausius morosus* und ihre Beteiligung an der Entstehung der Farbmodifikationen. *J. Insect Physiol.* **15**, 1907-1927.
41) Schindelmeiser I., Kuhlmann D. and Nolte A. (1979) Localization and

characterization of hemoproteins in the central nervous tissue of some Gastropods. *Comp. Biochem. Physiol.* **64**B, 149-154.
42) Mikšík I., Holáň V. and Deyl Z. (1996) Avian eggshell pigments and their variability. *Comp. Biochem. Physiol.* **113**B, 607-612.
43) Mikšík I., Holáň V. and Deyl Z. (1994) Quantification and Variability of eggshell pigment content. *Comp. Biochem. Physiol.* **109**A, 769-772.
44) Kennedy G. Y. and Vevers H. G. (1976) A survey of avian eggshell pigments. *Comp. Biochem. Physiol.* **55**B, 117-123.
45) Goodman W. G., Adams B. and Trost J. T. (1985) Purification and characterisation of a biliverdin-associated protein from the hemolymph of *Manduca sexta*. *Biochemistry* **24**, 1168-1175.
46) Fox H. M. (1949) Blood-pigmemts. *Endavour* **8**, 43-47.
47) Yoshiga T., Murata K. and Tojo S. (1998) Developmental changes of storage proteins and biliverdin-binding proteins in the haemolymph and fat body of the common cutworm, *Spodoptera litura*. *J. Insect Physiol.* **44**, 67-76.
48) 後藤寿夫, 鈴木知彦 (1989) 環形動物巨大ヘモグロビンの分子構築. 生化学 **61**, 1478-1482.
49) 小林道頼 (1992) ミジンコのヘモグロビンについて. 陸水学雑誌 **53**, 385-394.
50) 小林道頼 (1994) ミジンコのヘモグロビンによる低酸素適応. 比較生理生化学 **11**, 311-317.
51) 小林道頼 (1995) ミジンコの低酸素適応—ヘモグロビンの協同現象の巧妙な活用—. 遺伝 **49**, 48-52.
52) 落合威彦 (1985) ミミズ巨大ヘモグロビンの分子構築と機能. 生化学 **57**, 313-320.
53) 鈴木和彦 (1991) 巨大ヘモグロビンの分子構築と進化. 生化学 **63**, 1293-1308.
54) 高次 尚 (1994) ヘモグロビンからみた原生動物. 蛋白質・核酸・酵素 **39**, 137-146.
55) Saito H. and Shimada M. (1997) Insecticyanin of *Agrius convolvuli* : Purification and characterization of the biliverdin-binding protein from the larval hemolymph. *Zool. Sci.* **14**, 777-783.
56) Shishikura F. and Nakamura M. (1996) A comparative study on earthworm hemoglobins: An amino acid sequence comparison of monomer globin chains of species, *Pontodrillus matsushimensis* and *Pheretima communissima* that belong to the family Hegascolecidae. *Zool. Sci.* **13**, 849-856.
57) Riddiford L. M., Palli S. R., Hiruma K., Li W.-C., Green J., Hice R. H.,

Wolfgang W. J. and Webb B. A. (1990) Developmental expression, synthesis, and secretion of insecticyanin by the the epidermis of the tobacco hornworm, *Manduca sexta*. *Arch. Insect Biochem. Physiol.* **14**, 171-190.

58) Suzuki T., Takagi T., Okuda K., Furukohri T. and Ohta S. (1989) The deep-sea tube worm hemoglobin : Subunit structure and phylogenetic relationship with annelid hemoglobin. *Zool. Sci.* **6**, 915-926.

59) Sakai T., Tabata N. and Suiko M. (1989) Occurrence of biliverdin IX$_a$ in the gallbladder bile of hagfish, *Eptatretus burgeri*. *Zool. Sci.* **6**, 173-176.

60) Suzuki T., Shiba M., Furukohri T. and Kobayashi M. (1989) Hemoglobin from the two closely related clams *Barbatia lima* and *Barbatia virescenes*. Comparison of their subunit structures and N-terminal sequence of the unusual two-domain chain. *Zool. Sci.* **6**, 269-281.

61) Saito H. (1998) Purification and properties of two blue biliproteins from the larval hemolymph and integument of *Rhodinia fugax* (Lepidoptera : Saturniidae). *Insect. Biochem. Mol. Biol.* **28**, 995-1005.

11. その他の色素

1) Khayat M., Funkenstein B., Tietz A. and Lubzens E. (1995) *In vivo, in vitro* and cell-free synthesis of hemocyanin in the shrimp *Penaeus semisulcatus*. *Comp. Biochem. Physiol.* **112B**, 31-38.

2) Linzen B., Soeter N. M., Riggs A. F., Schneider H. J., Schartau W., Moore M. D., Yokota E., Behrens P. O., Nakashima H., Takagi T., Nemoto T., Vereijiken J. M., Bak H. J., Beintema J. J., Volbeda A., Gaykema W. P. J. and Hol W. G. J. (1985) The structure of arthropod hemocyanins. *Science* **229**, 519-524.

3) Wood E. J., Bannister W. H., Oliver C. J., Lontie R. and Witters R. (1971) Diffusion coefficients and molecular weights of some gastropod hemocyanins. *Comp. Biochem. Physiol.* **40B**, 19-24.

4) Herskovits T. T., Edwards M. D. and Hamilton M. G. (1995) The hemocyanin of the Californian black sea hare, *Aplysia vaccaria* Winkler. *Comp. Biochem. Physiol.* **110B**, 515-521.

5) Makino N. (1971) Hemocyanin from *Dolabella auricularia*. I. Preparation and properties. *J. Biochem.* **70**, 149-155.

6) Hamilton M. G., Herskovits T. T., Furcinitti P. S. and Wall J. S. (1989)

Scanning transmission electron microscopic study of molluscan hemocyanins in various aggregation states : Comparison with light scattering molecular weights. *J. Ultrastructure and Molecular Structure Research* **102**, 221-228.

7) Swerdlow R. D., Ebert R. F., Lee P., Bonaventura C. and Miller K. I. (1996) Keyhole limpet hemocyanin : Structural and functional characterization of two different subunits and multimers. *Comp. Biochem. Physiol.* **113B**, 537-548.

8) Bannister W. H. and Wood E. J. (1971) Ultraviolet fluorescence of *Murex trunculus* haemocyanin in relation to the binding of copper and oxygen. *Comp. Biochem. Physiol.* **40B**, 7-18.

9) Shaklai N. and Daniel E. (1970) Fluorescence properties of hemocyanin from *Levantina hierosolima*. *Biochemistry* **9**, 564-568.

10) Fan C. C. and York J. L. (1969) Implication of histidine at the active site of hemerythrin. *Biochem. Biophys. Res. Comm.* **36**, 365-372.

11) Fan C. C. and York J. L. (1972) The role of tyrosine in the hemerythrin active site. *Biochem. Biophys. Res. Comm.* **47**, 472-476.

12) Mangum C. P., Greaves J. and Rainer J. S. (1991) Oligomer composition and oxygen binding of the hemocyanin of the blue crab *Callinectes sapidus*. *Biol. Bull.* **181**, 435-458.

13) Spindler K.-D., Hennecke R. and Gellissen G. (1992) Protein production and the molting cycle in the crayfish *Astacus leptodactylus* (Nordmann, 1842). II. Hemocyanin and protein synthesis in the midgut gland. *General and Comparative Endocrinology* **85**, 248-253.

14) Morse M. P., Meyhöfer E., Otto J. J. and Kurzirian A. M. (1986) Hemocyanin respiratory pigment in bivalve Mollusks. *Science* **231**, 1302-1304.

15) 牧野誠夫 (1987) ヘモシアニン. 蛋白質・核酸・酵素 Vol. 32, No. 6 (臨時増刊), 771-776.

16) Gellissen G., Hennecke R. and Spindler K.-D. (1991) The site of synthesis of hemocyanin in the crayfish, *Astacus leptodactylus*. *Experientia* **47**, 194-195.

17) 建入芳昭・木原　裕 (1987) ヘムエリスリン. 蛋白質・核酸・酵素 Vol. 32, No. 6 (臨時増刊), 777-784.

18) Bevelaqua F. A., Kim K. S., Kumarasiri M. H. and Schwartz J. H. (1975) Isolation and characterization of acetylcholinesterase and other particulate

proteins in the hemolymph of *Aplysia california*. *J. Biol. Chem.* **250**, 731-738.
19) Mangum C. P. and Rainer J. S. (1988) The relationship between subunit composition and O_2 binding of blue crab hemocyanin. *Biol. Bull.* **174**, 77-82.
20) Gebauer W., Harris J. R., Heid H., Süling M., Hillenbrand R., Söhngen S., Wegener-Strake A. and Markl J. (1994) Quaternary structure, subunits and domain patterns of two discrete forms of keyhole limpet hemocyanin: KLH 1 and KLH 2. *Zoology* **98**, 51-68.
21) Ghiretti-Magaldi A., Salvado B., Tallandini L. and Beltramini M. (1979) The hemocyanin of *Aplysia limacina* : Chemical and functional characterization. *Comp. Biochem. Physiol.* **62**A, 579-584.
22) Miller K. I., Schabstach E. and van Holde K. E. (1990) Arrangement of subunits and domains within the *Octopus dofleini* hemocyanin molecule. *Proc. Natl. Natl. Acad. Sci. USA* **87**, 1496-1500.
23) Markl J. (1986) Evolution and function of structurally diverse subunits in the respiratory protein hemocyanin from arthropods. *Biol. Bull.* **171**, 90-115.
24) Holde K. E., Miller K. I. and Lang W. H. (1992) Molluscan hemocyanins: Structure and function. *Adv. Comp. Environ. Physiol.* **13**, 257-300.
25) Fox H. M. (1949) Blood-pigments. *Endeavour* **8**, 43-47.
26) Holde K. E. and Miller K. I. (1982) Haemocyanins. *Quarterly Rev. Biophys.* **15**, 1-129.
27) Ellerton H. D., Ellerton N. F. and Robinson H. A. (1983) Hemocyanin — A current perspective. *Prog. Biophys. molec. Biol.* **41**, 143-248.
28) Ch. P. Mangum (1992) Respiratory function of the Molluscan hemocyanins. *Adv. Comp. Environ. Physiol.* **13**, 301-323.
29) H. Sugita and Murayama H. (1998) N-Terminal amino acid sequence comparison of Asian horseshoe crab hemocyanins: Immunologically identical hemocyanin subunits are orthologous in Asian horseshoe crabs. *Zool. Sci.* **15**, 295-299.
30) Drexel R., Siegmund S., Schneider H., Linzen B., Gielens C., Préaux G., Lontie R., Kellermann J. and Lottspeich F. (1987) Complete amino-acid sequence of a functional unit from a molluscan hemolymph (*Helix pomatia*). *Biol. Chem. Hoppe-Seyler* **368**, 617-635.
31) Beintema J. J., Stam W. T., Hazes B. and Smidt M. P. (1994) Evolution of arthropod hemocyanins and insect storage proteins (Hexamerins). *Mol. Biol. Evol.* **11**, 493-503.

332 文　献

32) Kawabata T., Yasuhara Y., Ochiai M., Matsuura S. and Ashida M. (1995) Molecular cloning of insect pro-phenol oxidase : A copper-containing protein homologous to arthropod hemocyanin. *Proc. Natl. Acad. Sci. USA* **92**, 7774-7778.
33) Fujimoto K., Okino N., Kawabata S., Iwanaga S. and Ohnishi E. (1995) Nucleotide sequence of the cDNA encoding the proenzyme of phenol oxidase A_1 of *Drosophila melanogaster*. *Proc. Natl. Acad. Sci. USA* **92**, 7769-7773.

12.　構　造　色

1) Hirata K. and Ohsako N. (1966) Studies on the structure of scales and hairs of insects. IV. Microstructure of scales of the butterfly, *Morpho menelaus nakaharai* LeMoult. *Sci. Rep. Kagoshima Univ.* **115**, 49-55.
2) 田畑　洋, 田中信吾, 滝本淳一, 秋本眞喜雄, 並木秀男, 吉田昭広 (1993) 生物の色彩光学—蝶翅鱗粉の構造性発色と光学特性—. 光学 **22**(10), 618-624.
3) Ghiradella H. (1984) Structure of iridescent Lepidopteran scales : Variations on several themes. *Annals of the Entomological Society of America* **77** (6), 637-645.
4) Ghiradella H., Aneshansley D., Eisner T., Silberglied R. E. and Hinton H. E. (1972) Ultraviolet reflection of a male butterfly : Interference color caused by thin-layer elaboration of wing scales. *Science* **178**, 1214-1217.
5) Ghiradella H. and Radigan W. (1976) Development of butterfly scales. II. Struts, lattices and surface tension. *J. Morph.* **150**, 279-298.
6) Huxley J. (1975) The basis of structural colour variation in two species of *Papilio*. *J. Ent.* (A) **50**(1), 9-22.
7) Ghiradella H. (1985) Structure and development of iridescent Lepidopteran scales : The Papilionidae as a showcase family. *Ann. Entomol. Soc. Am.* **78**, 252-264.
8) Kosaku A. and Miyamoto K. (1994) Art of structural coloration in insects. *Forma* **9**, 297-302.
9) 上島孝久 (1991) 虹色素胞：動物における構造性発色. 細胞 **23**, 501-506.
10) Morris R. B. (1975) Iridescence from diffraction strucrures in the wing scales of *Callophrys rubi,* the green hairstreak. *J. Ent.* (A) **49**, 149-154.
11) Huxley J. (1976) The coloration of *Papilio zalmoxis* and *P. antimachus,* and

the discovery of Tyndall blue in butterflies. *Proc. R. Soc. Lond.* B **193**, 441-453.

12) Lippert W. and Gentil K. (1959) Über lamellare Feinstrukturen bei den Schillerschuppen der Schmetterlinge vom Urania- und Morpho-Typ. *Z. Morph. Ökol Tiere* **48**, 115-122.

13) Schmidt K. und Paulus H. (1970) Die Feinstruktur der Flugelschuppen einiger Lycaeniden (Insecta, Lepidoptera). *Z. Morph. Tiere* **66**, 224-241.

14) Neville A. C. (1975) *Biology of the Arthropod Cuticle.* Springer-Verlag, Berlin.

15) Hinton H. E. (1976) Recent work on physical colours of insect cuticle. In "The Insect Integument" (Ed. Hepburn H. R.), pp. 475-496, Elsevier Scientific Publishing Company, Amsterdam.

16) Hackman R. H. (1984) Cuticle: Biochemistry. In "Biology of the Integument. 1. Invertebrates" (Eds. Bereiter-Hahn J., Matoltsy A. G. and Richards K. S.), pp. 583-610, Springer-Verlag, Berlin.

17) Neville A. C. and Caveney S. (1969) Scarabaeid beetle exocuticle as an optical analogue of cholesteric liquid crystals. *Biol. Rev.* **44**, 531-562.

18) Hinton H. E. and Jarman G. M. (1973) Physiological colour change in the elytra of the hercules beetle, *Dynastes hercules. J. Insect Physiol.* **19**, 533-549.

19) 川越健司（1997）モルフォチョウの翅の色の謎にせまる（日本鱗翅学会近畿支部第114回例会）．やどりが No.172, p.58. このほか，大阪大学理学部物理学科の卒業論文および理学研究科物理学専攻での報告．

20) Iga T. and Mio T. (1993) Leuchophores of the dark-banded rockfish *Sebastes inermis* I. Adrenergic mechanismus that control the movements of pigment. *Zool. Sci.* **10**, 903-912.

21) Fujii R., Kasukawa H., Miyaji K. and Oshima N. (1989) Mechanisms of skin coloration and its changes in the blue-green damselfish, *Chromis viridis. Zool. Sci.* **6**, 477-486.

22) Nagaishi H. and Oshima N. (1992) Ultrastructure of the motil iridophores of the neon tetra. *Zool. Sci.* **9**, 65-75.

23) Goda M., Toyohara J., Visconti M. A., Oshima N. and Fujii R. (1994) The blue coloration of the common surgeonfish, *Paracanthurus hepatus* — I. Morphological features of chromatophores. *Zool. Sci.* **11**, 527-535.

24) Matsuno A. and Iga T. (1989) Ultrastructural observations of motile iridophores from the freshwater goby, *Odontobutis obscura. Pigment Cell Res.* **2**,

431-438.
25) Fujii R., Hayashi H., Toyohara J. and Nishi H. (1991) Analysis of the reflection of light from motil iridophores of the dark sleeper, *Odontobutis obscura. Zool. Sci.* 8, 461-470.

G. 全般的参考書

G 1) Fox D. L. (1953) "Animal Biochromes and Structural Colours". The University press, Cambridge.
G 2) Fox D. L. (1979) "Biochromy. Natural Coloration of Living Things". University of California Press, Berkeley.
G 3) Fox H. M. and Vevers G. (1960) "The Nature of Animal Colours". Sidgwick abd Jackson Limited, London.
G 4) Needham A. E. (1974) "The Significance of Zoochromes". Zoophysiology and Ecology. 3. Springler-Verlag, Berlin.
G 5) Vevers G. (1982) "The Colours of Animals. Studies in Biology", No. 146. Edward Arnold Limited, London.
G 6) Britton G. (1983) "The biochemistry of natural pigments", Cambridge University Press, Cambridge.
G 7) Vuillaume M. (1969) "Les Pigments des Invertebres. Biochimie et Biologie des Colorations". Masson et Cie, Éditeurs, Paris.
G 8) Needham A. E. (1978) Insect Biochromes : Their Chemistry and Role. In "Biochemistry of Insects" (Ed. Rockstein M.), pp. 233-305, Academic Press, New York.
G 9) Kayser H. (1985) Pigments. In "Comprehensive Insect Physiology, Biochemistry and Pharmacology" Vol. 10. Biohcemistry" (Eds. Kerkut G. A. and Gilbert L. T.), pp. 367-415, Pergamon Press, Oxford.
G 10) 安田 齊 (1993) "花色の生理・生化学（増補版）". 内田老鶴圃, 東京.
G 11) 藤井良三 (1994) 魚類の体色と色素胞. 遺伝 48(7), 69-75.
G 12) 藤井良三 (1976) "色素細胞 (UP Biology)". 東京大学出版会.
G 13) 及川 淳, 井出宏之編 (1982) "色素細胞—この特異な集団". 講談社サイエンティフィク.
G 14) 日高敏隆 (1983) "動物の体色 (UP Biology)". 東京大学出版会.
G 15) Tedder J. M., Nechvatal A., Murray A. W. and Carnduff J. (井上博夫, 上田伸一, 井上謙一郎, 武田美雄共訳) (1976) "天然物化学". 廣川書店, 東京.

G 16) 岡本敏彦, 村上孝夫 (1971) "天然物化学 (改稿版)". 廣川書店, 東京.
G 17) 二宮一弥編 (1985) "生体成分の化学". 南江堂, 東京.
G 18) 松本二郎 (1978) 色素顆粒の細胞内運動―体色変化を演出する機構―. 蛋白質・核酸・酵素 **23**, 349-360.

事項索引

ア 行

アウロン（オーロン）（aurone） ……………………………………………………101,102
赤潮（redtide） ………………………………………………………………………………14
赤眼（a）（コナマダラメイガの） ………………………………………………………185
アグチ（agouti）（マウスの） ……………………………………………………130,131
アクチニオエリスリン（actinioerythrin） …………………………………………18,19
アクチニオエリスロール（actinioerythrol） …………………………………………18
アクリディオマチン（acridiommatin） ………………………………………………182,192
アスタキサンチン（astaxanthin）
　　………………7,9,11,12,16-18,22,27,29,37,46,48,56-60,64,67,69-71,79,83,84
アスタシン（astacene） ……………………………………………………25,27,37,56
アステリアルビン（asteriarubin） ………………………………………………………13
アステロイデノン（asteroidenone） ……………………………………………………48,49
N-アセチル-β-アラニルドーパミン（N-acetyl-β-alanyldopamine） ………213,220
N-アセチルドーパミン（N-acetyldopamine） ……………………………………210,212
アドニキサンチン（adonixanthin） ……………………………………………………57,64
アドニルビン（adonirubin） ……………………………………………………………19
アフィニン（aphinin） …………………………………………………………………173
アフィン色素 ………………………………………………………………………172-174
アフィンサイクライジング酵素（aphincyclizing enzyme） ………………………172,173
アプリシオアズリン（aplysioazurin） …………………………………………………242
アプリシオヴィオリン（aplysioviolin） …………………………………………………241,242
アプリシオロディン（aplysiorhodine） …………………………………………………242
アポカロチノイド（apocarotenoid） ……………………………………………………4
アマロウシアキサンチンAおよびB（amarouciaxanthin A and B） ………24,54
N-β-アラニルドーパミン（N-β-alanyldopamine） ………………………………218-220
N-β-アラニルノルエピネフリン（N-β-alanylnorepinephrine） ………………………218
β-アラニン（β-alanine） …………………………………………………………………218
アルビニズム（albinism） ………………………………………………………………142,143
アルビノ（albino） …………………………………………………………………………138,143
アロキサンチン（alloxanthin） …………………………………………………24,38,56,62

アンテラキサンチン (antheraxanthin) …………………………………………26,60
アンテレアビリン (anthereabilin) ……………………………………………243
アントキサンチン (anthoxanthin) ……………………………………………96
アントシアニジン (anthocyanidin) ……………………………………95,96
アントシアニン (anthocyanin) …………………………………………………96
アントラキノン色素 ………………………………………………………………165

イソキサントプテリン (isoxanthopterin) ……………………………106
イソクリプトキサンチン (isocryptoxanthin) ………18,20,26,45,51,53,66,79,82
イソゼアキサンチン (isozeaxanthin) ………………21,45-47,51,67,73,79
イソセピアプテリン (isosepiapterin) …………………………………109
イソドロソプテリン (isodrosopterin) …………………………………111
イソフコキサンチン (isofucoxanthin) …………………………………51
イソフラボン (isoflavone) ……………………………………………………95
イソミチロキサンチン (isomytiloxanthin) …………………………24
イソレニエラチン (isorenieratene) ……………………………15,21,26
イソロドプチロメトリン (isorhodoptilometrin) …………………170
イドキサンチン (idoxanthin) ………………………………………33,59,87
イヒチオプテリン (ichthyopterin) ……………………………………110
イリドフォア (虹色細胞) (iridophore) …………………………259,260
インセクティシアニン (insecticyanin) ………………………………243
インセクトベルジン (insectverdin) …………………………………242
インドール系色素 …………………………………………………………………155
インドールブロッキング因子 (indole blocking factor) ………128
インドール変換因子 (indole conversion factor) ………………128
インドールメラニン ……………………………………………………………125

ヴィオラキサンチン (violaxanthin) ………………………21,28,43,60
ヴェレラ (*Velella*) の青色色素 ……………………………………12,13,18
ウラニア (*Urania*) 型干渉色 …………………………………………………257
ウロポルフィリン (uroporphirin) ……………………………………229

エカプテリン (ekapterin) ……………………………………………………107
エキネノン (echinenone) ……………………………18,27,46,48,51,53,72,73,79
エキノクローム (echinochrome) ………………………………………163
エキノクロームの生合成 ………………………………………………………165
エストロゲン (estrogen) ……………………………………………………149

エチレンクロロヒドリン (ethylene chlorohydrin) ……133
MCH (melanin-concentrating hormone) ……147, 148
α-MDH (α-methyl-α-hydrazino-β-phenylpropionic acid) ……150
MSH (melanophore [melanocyte]-stimulating hormone) ……145-147
エリスロアフィン-fb (erythroaphin-fb) ……173
エリスロアフィン-sl (erythroaphin-sl) ……173
エリスロプテリン (erythropterin) ……106, 107
エリスロラッカイン (erythrolaccain) ……170
エンジ虫 ……166
エリスロクルオリン (erythrocuruolin) ……237

黄色素胞 (xanthophore) ……68, 93, 94
オーロキサンチン (auroxanhtin) ……67
オーロドロソプテリン (aurodrosopterin) ……111
オーロクローム (aurochrome) ……23, 67, 88
オフィオキサンチン (ophioxanthin) ……49
オボヴェルジン (ovoverdin) ……11, 12
オボルビン (ovorubin) ……12
オマチン (ommatin) ……176-182
オマチンD ……180, 181
オミジン (ommidin) ……183, 192
オミン (ommin) ……183, 184
オモクローム (ommochrome) ……175
オモクロームの色素細胞および色素顆粒 ……196-199
オモクロームとプテリジンとの関係 ……194-196
オモクロームとメラニンとの関係 ……193, 194
オモクロームの生合成 ……184-191
オモクロームの分布 ……192, 193
オモクロームの量的変化 ……199-205

カ 行

貝殻の色素 ……239
回折による色 ……260-262
貝紫 ……158
家蚕の繭の緑色色素 ……100
カーミン酸 (carminic acid) ……165-167

カプサンチン（capsanthin） ……………………………………………26,55
カプソルビン（capsorubin） ……………………………………………26,55
カロチノイド（carotenoid） ………………………………………………1
カロチノイドの基本構造 …………………………………………………1-4
カロチノイドの代謝（酸化的代謝，還元代謝） ……………………79-89
カロチノイド代謝と内外要因 …………………………………………86-93
カロチノプロテイン（carotenoprotein） ………………………………5-13
α-カロチン（α-carotene） ………………………………………………3
β-カロチン（β-carotene） ………………………………………………3
γ-カロチン（γ-carotene） ………………………………………………3
β-カロチン-2-オール（β-carotene-2-ol） ………………………39,82,83
β-カロチン-2,2′-ジオール（β-carotene-2,2′-diol） ……………39,82,83
β-カロチン-2-オン（β-carotene-2-one） ……………………………39,82,83
β-カロチン-2,2′-ジオン（β-carotene-2,2′-dione） ………………39,82,83
ガロフェオメラニン（gallophaeomelanine） …………………………132
干渉による色 ……………………………………………………………255-260
カンタキサンチン（canthaxanthin） ………18,23,27,46,48,59,69-73,79,83,84

キサントアフィン-fb（xanthoaphin-fb） ………………………………172
キサントダクチナフィン-jc（(xanthodactynaphin-jc） ………………174
キサントフィル（xanthophyll） …………………………………………4
キサントプテリン（xanthopterin） ……………………………………105,106
キサントマチン（xanthommatin） ……………………………………176-179
キノン系色素 ……………………………………………………………163
キノンタンニング（quinone-tanning） ………………………………208-211
キノンタンニング剤 ……………………………………………………210
p-キノンメサイド（p-quinonemethide） ………………………………212
キノンメサイド説 ………………………………………………………212
キヌレニン（kynurenine） ……………………………………………186,218,219
キヌレニン-3-ヒドロキシラーゼ（kynurenine-3-hydroxidase） ……187
休眠卵（家蚕） …………………………………………………………199

グアノフォア（guanophore） …………………………………………259
グアラキサンチン（guaraxanthin） …………………………………73
クエイル・ミュータント（*quail* mutant）（家蚕の） ………………194,198
ククマリアキサンチン（cucumariaxanthin） ………………………47,85,87
クチクラ（cuticle）（昆虫の） …………………………………………207

クチクラの硬化・着色 ……………………………………………………208
クラスタキサンチン（crustaxanthin）………………………………33, 87
クラスタシアニン（crustacyanin）…………………………………7-9
クラスリアキサンチン（clathriaxanthin）…………………………13
クリゾアフィン-fb（crysoaphin-fb）…………………………………173
クリゾプテリン（chrysopterin）……………………………………107
α-クリプトキサンチン（α-cryptoxanthin）……………21, 23, 26, 48
β-クリプトキサンチン（β-cryptoxanthin）………16, 20, 21, 23, 26, 48, 62, 67-69, 74
クリプトフラビン（cryptoflavin）……………………………………23
クリプトミジン（cryptommidin）……………………………183, 192
黒真珠 ……………………………………………………………………239
クロルプロマジン（chlorpromazine）………………………………136
クロロキン（chloroquine）……………………………………………136
クロロクルオリン（chlorocruorin）…………………………237, 238

ケトカテコール（ketocatechol）………………………………………211
4-ケトルティン（4-keto-lutein）→（フリッチエラキサンチン）
ケルセチン-3,4′-ジグルコシド（quercetin-3,4′-diglucoside）………97
ケルメシン酸（kermesic acid）………………………………………168
ケルメス（kermes）……………………………………………168, 169
ケルメス虫 ………………………………………………………………168

β-硬化（α, β-硬化）……………………………………………211-213
硬化剤（硬化物質）……………………………………………………210
膠質腺（colleterial gland）…………………………………209, 220
構造色（structural color）……………………………………………255
黒質部（脳幹）（substantia nigra）…………………………………132
コチニール（cochineal）………………………………………………166
コチニールカーミン ……………………………………………………166
コチニールエンジ虫 …………………………………………166, 167
コチニールカイガラムシ ………………………………………………166
コプロポルフィリン（coproporphyrin）……………………………228
婚姻色（nuptial color）………………………………………………89-91

サ　行

鰓下腺（hypobranchial gland）……………………………155, 156

サルペードビリン (sarpedobilin) ································244, 245
サルモキサンチン (salmoxanthin) ·······························56, 60

ジアジノキサンチン (diadinoxanthin) ···························60
ジアトキサンチン (diatoxanthin) ············19, 24, 47, 48, 56, 60, 63
シェラック (shellac) ··169
紫外線 (UVA, UVB) ··141, 142
色素細胞 (pigment cell) ············93, 94, 118, 123, 138, 196, 198
5-S-システイニルドーパ (5-S-cysteinyldopa) ···············130, 131
GTP シクロヒドロラーゼ (GTP cyclohydrolase) ·········112, 116
3,4-ジデヒドロ-β,β-カロチン-2,2′-ジオン
　　(3,4-didehydro-β,β-carotene-2,2′-dione) ·················39
3,4-ジヒドロキシン安息香酸 (3,4-dihydroxyaromatic acid) ···209
ジヒドロキサントマチン (dihydroxanthommatin) ·············177
5,6-ジヒドロキシインドール (5,6-dihydroxyindole) ···········127
5,6-ジヒドロキシインドール-2-カルボン酸
　　(5,6-dihydroxyindole-2-carboxylic acid) ···············127
N-(3,4-ジヒドロキシフェニルラクチル)
　　ドーパ (N-(3,4-dihydroxyphenyllactyl) dopa) ·········213
3,4-ジヒドロキシベンジルアルコール (3,4-dihydroxybenzylalcohol) ······209
6,6′-ジブロモインジゴチン (6,6′-dibromoindigotin) ······159, 161
6,8-ジメチルロドコマツリン (6,8-dimethyl-rhodocomatulin) ······170
神経冠 (neural crest) ··138
真珠貝 ··259, 262
真正メラニン (ユーメラニン) (eumelanin) ···············125, 126
シンチアキサンチン (cynthiaxanthin) ····························60, 63
シンナバー (*cinnabar, cn*) (キイロショウジョウバエの) ·········187
シンナバーリン酸 (cinnabarinic acid) ···························182

スカーレット (*scarlet, st*) (キイロショウジョウバエの) ·········195
スカーレット (色) ··168
スクレロチン (sclerotin) ··211
スピノクローム (spinochrome) ·································163, 164

ゼアキサンチン (zeaxanthin) ·······16, 18, 20, 21, 48, 56, 58, 60-62, 65, 69, 81
青斑核 (locus coerulens) ··132
A 型赤色色素 (鱗翅目昆虫の) ·································225, 226

B型赤色色素（鱗翅目昆虫の） ……………………………………225, 226
赤色素胞（erythrophore） ………………………………………93, 94
セピア（sepia, se）（キイロショウジョウバエの） ………………109
セピアキサンチン（sepiaxanthin） ………………………………26
セピアプテリン（sepiapterin） ……………………………109, 110
セピアプテリン還元酵素（sepiapterin reductase） ………110, 116
セピアプテリンデアミナーゼ（sepiaterin deaminase） …………110
セピアルマジン（sepialumazine） ………………………………119

タ 行

第1白卵（家蚕の） ………………………………………………187
体色黒化赤化ホルモン（MRCH） ………………………………150
体色の摂取カロチノイド依存 …………………………………77-79
体色変化 ……………………………………………143-145, 265
卵の黄味のカロチノイド ……………………………………69, 70
タラキサンチン（taraxanthin） …………………………43, 58, 69
胆汁色素 ……………………………………………………231

チリキキサンチン（chiriquixanthin） ……………………………67
チロシナーゼ（tyrosinase） …………………………………126-129
チロシン（tyrosine） ……………………………………125, 126
チンダルブルー（チンダル散乱） …………………………262, 263

ツナキサンチン（tunaxanthin） ………………………56, 60, 64, 65, 67
ツニカマイシン（tunicamycin） …………………………………129
ツラシン（turacin） ………………………………………………238

帝王紫（royal purple, Tyrian purple） …………………………155
帝王紫の構造，生成 ………………………………………159-161
テストステロン（testosterone） …………………………………149
テチアチン（tethyatene） …………………………………………16
テチアニン（tethyanine） …………………………………………16
3,4,3′,4′-テトラデヒドロ-β,β-カロチン-2,2′-ジオン
　　（3,4,3′,4′-tetradehydro-β,β-carotene-2,2′-dione） …………39
テトラピロール系色素 ……………………………………………227
α,β-デヒドロ-N-アセチルドーパミン（α,β-dehydro-N-acetyldopamine） ………212

ドーパ (dopa) ……………………………………………………127
ドーパキノン (dopaquinone) ……………………………………127
ドーパキノンイミン変換因子 ……………………………………129
ドーパクローム (dopachrome) …………………………………127
ドーパクローム・オキシドリダクターゼ (dopachrome oxidoreductase) ……128
ドーパクローム・トートメラーゼ (dopachrome tautomerase) ……………128
ドーパクローム変換因子 (dopachrome conversion factor) ……………128
ドーパミン (dopamine) ……………………………………132, 218
ドラデキサンチン (α- or β-doradexanthin) ……………38, 56, 60, 62, 81, 82
ドラデシン (doradecin) ……………………………………………38
トリシン (tricin) ……………………………………………………97
トリケントリオフィディン (trikentriophidin) ……………………16
トリケントリオロジン (trikentriorhodin) …………………………16
トリコクローム (trichochrome) …………………………………133
トリフェン-オキサジン-チアジン (triphen-oxazin-thiazin) ………183
トリプトファン・オキシゲナーゼ (tryptophan oxygenase) ……184-186
トリプトファン代謝 …………………………………………………184
トルレン (tolulene) …………………………………………………15
ドロソプテリン (drosopterin) ……………………………………110, 111

ナ 行

ナフトキノン系色素 ………………………………………………163-165
ナマコクローム (namakochrome) …………………………………164

肉垂 (シチメンチョウの) ……………………………………………233
虹色素胞 (iridophore) ………………………………………259, 260
ニューロメラニン ……………………………………………………132

ネオキサンチン (neoxanthin) ……………………………………21, 28, 45
ネオドロソプテリン (neodrosopterin) ……………………………111
ネオプテロビリン (neopterobilin) ………………………………244
ネリアフィン (neriaphin) …………………………………………174

2-ノルアスタキサンチン (2-norastaxanthin) ……………………18, 19

ハ　行

バイオプテリン（biopterin） ……………………………………………107-109
配糖体（glycoside） …………………………………………………………96
バーシコン（bursicon） ……………………………………………………150
バスタキサンチン C（bastaxanthin C） …………………………………16
パピリオエリスリン（papilioerythrin） ………………………………42, 81
パピリオエリスリノン（papilioerythrinone） …………………………42, 81
パピリオクローム（papiliochrome） ……………………………………215
パピリオクローム II ……………………………………………………216-220
パピリオクローム II の酵素的合成 …………………………………220, 221
パピリオクローム M ……………………………………………………222-224
パピリオクローム R ……………………………………………………224, 225
パープル腺（purpurigenous gland） ………………………………………156
バーミリオン（*vermilion, v*）（キイロショウジョウバエの） ………185
ハラクローム（hallachrome） ……………………………………………171
パラジロキサンチン（parasiloxanthin） …………………………………64
パラセントロチン（paracentrotin） ………………………………………51
パラセントロン（paracentrone） …………………………………………51
ハリオティスヴィオリン（haliotisviolin） ………………………………241
ハリオティスルビン（haliotisrubin） ……………………………………241
ハロシンチアキサンチン（halocynthiaxanthin） ……………………21, 55

3-ヒドロキシアントラニール酸（3-hydroxyanthranilic acid）
　……………………………………………………………………176, 182
3-ヒドロキシキヌレニン（3-hydroxykynurenine） ……176, 177, 189, 199, 203
皮膚（節足動物の） ……………………………………………………207, 208
ピラルディキサンチン（pirardixanthin） …………………………………17
ビリクローム（bilichrome） ………………………………………………240
ビリベルジン（biliverdin） …………………………………………………231
ビリベルジン IXα ……………………………………………………231, 232
ビリベルジン IXγ ………………………………………………232, 242, 243
ビリルビン（bilirubin） ……………………………………………………231
ビリン（bilin） ………………………………………………………227, 231
6-ピルボイルテトラヒドロプテリン合成酵素
　（6-pyruvoyl-tetrahydropterin synthase） ……………………………112

フィロサミアキサンチン (philosamiaxanthin) ……44,79
フェオメラニン (phaeomelanin) ……130,132
フェオメラノソーム (phaeomelanosome) ……139
フェニコキサンチン (phoenicoxanthin) ……20,23,27,38,64,70-73,81
フェニコプテロン (phoenicopterone) ……70-72,81,82
フェノキサジン (phenoxazine) ……176,177
フェノキサジン合成活性 (酵素) ……190
フェノキサジノン (phenoxazinone) ……177
フェノチアジン (phenothiazine) ……136
フェノールオキシダーゼ (phenol oxidase) ……209,212
フォルカビリン (phorcabilin) ……244,245
複眼 (昆虫の) ……196,197
フコキサンチン (fucoxanthin) ……23,24,51,52
フコキサンチノール (fucoxanthinol) ……24,51,52
プチロメトリック酸 (ptylometric acid) ……170
プテリジン系色素 ……103
プテリジン色素の生合成 ……111-116
プテリノソーム (pterinosome) ……123
プテリン (pterin) ……105
プテロビリン (pterobilin) ……242
プテロロジン (pterorhodin) ……110
ブラウン (*brown, bw*) (キイロショウジョウバエの) ……195
フラボキサンチン (flavoxanthin) ……37,38,43,48
フラボクローム (flavochrome) ……48
フラボノイド (flavonoid) ……95
フラボノール (flavonol) ……95,96
フラボン (flavone) ……95,96
フリッチエラキサンチン (fritschiellaxanthin) ……20,27,63
プリメラニン顆粒 (premelanin granule) ……151
フリンジェライト (fringelite) ……174
プロゲステロン (progesterone) ……150
プロトアフィン-fb (protoaphin-fb) ……172
プロトアフィンデヒドラターゼ (protoaphin dehydratase) ……173
プロトカテキュー酸 (protocatecuic acid) ……209
プロトダクチナフィン-jc (protodactynaphin-jc) ……174
プロトヘム (protohaem) ……230
プロトポルフィリン (protoporphyrin) ……229,230

ペクチノキサンチン (pectenoxanthin) ……………………………………………25
ペクテノール (pectenol) ……………………………………………………24, 25
ペクテノロン (pectenolone) ………………………………………………24, 25
ヘム (haem) ………………………………………………………………………230
ヘムエリスリン (haemerythrin) ……………………………………………254
ヘモグロビン (haemoglobin) …………………………………………230, 233-237
ヘモシアニン (haemocyanin) ……………………………………………249-254
ヘリオポロビリン (helioporobilin) ……………………………………………240
ペリディニン (peridinin) …………………………………………………24, 25

ホプキンシアキサンチン (hopkinsiaxanthin) ……………………………………23
ポリサイクリックキノン (polycyclic quinone) …………………………………172
ポルフィリン (porphyrin) ……………………………………………227, 238
ポルフィリン金属錯体 ………………………………………………………230
ポルフィリンの生合成と分解 ……………………………………………230-232
ポルフィン (porphin) ……………………………………………………227
ボンビシン (bombycin) ……………………………………………………100
ボンビセチン (bombycetin) ………………………………………………100

マ 行

マージナリン (marginalin) …………………………………………………101
N-マロニル-β-アラニルドーパミン (N-maronyl-β-alanyldopamine) ……213, 220
N-マロニルドーパミン (N-maronyldopamine) …………………………213, 220
繭の硬化と着色 …………………………………………………………213

ミチロキサンチノン (mytiloxanthinone) ………………………………………54
ミチロキサンチン (mytiloxanthin) ……………………………………24, 54, 55

ムタトキサンチン (mutatoxanthin) ………………………………………20, 23, 67
ムタトクローム (mutatochrome) …………………………………………23, 67, 87

3-O-メチルケンフェロール (3-O-methyl-kaemferol) ……………………………97
1-メチル-4-フェニル-1, 2, 3, 6-テトラヒドロピリジン
　(1-methyl-4-phenyl-1, 2, 3, 6-tetrahydro-pyridine) ……………………137
6-メチル-ロドコマツリン (6-methyl rhodocomatulin) …………………………170
メラトニン (melatonin) ……………………………………………………148

メラニン（melanin） ················125
メラニン（肝臓の） ················151,152
メラニンの構造 ··················131-133
メラニンの生合成 ·················126-131
メラニンの物理的，化学的性質 ··········133-138
メラノクローム（melanochrome） ········127
メラノサイト（melanocyte） ···········138
メラノソーム（melanosome） ··········139,140
メラノフォア（melanophore） ·········138,144
メラノーマ（melanoma） ··············142

毛包（囊） ·······················138
モルフォ（Morpho）型干渉色 ···········257

ラ 行

ラック（lac） ····················169
ラックカイガラムシ ···················169
ラッカイン酸（laccaic acid） ··········169,170
ラック染料 ······················169
卵殻（鳥類の）の色素 ············239,240,246,247
卵囊（ゴキブリ，カマキリの）の硬化 ······208,209,213

リコペン（lycopene） ··················3
リポクローム（lipochrome） ···············4
リューコフォア（白色素胞）（leucophore） ····259,260
リンキアシアニン（likiacyanin） ···········13
（蝶の）鱗粉の構造 ················255-257

ルテイン（lutein） ·········23,45,47-49,56,60,62,67-69,74
ルテインエポキシド（lutein epoxide） ···16,23,47,67,68,70,74
ルテオリン（luteolin） ················97
ルテキシン（lutexin） ·················97
ルブロコマツリン（rubrocomatulin） ·········170

レニエラチン（renieratene） ··············15
レニエラプルプリン（renierapurpurin） ········15

事項索引　*349*

レピドプテリン（lepidopterin） ……………………………………………107
レモン（*lemon, lem*）（家蚕の） ……………………………………………109

ロイコプテリン（leucopterin） ………………………………………………106
ロドキサンチン（rhodoxanthin） ……………………………………………64
ロドコマツリン（rhodocomatulin） …………………………………………170
ロドダクチナフィン-jc（rhododactynaphin-jc） ……………………………174
ロドプチロメトリン（rhodoptilometrin） …………………………………170
ロドマチン（rhodommatin） …………………………………………179, 180

動物名索引（学名，和名）

原生動物（原生生物）

ゾウリムシ ··236
Chlamydomonas nivalis（植物性鞭毛虫，クラミドモナスの類）············14
Dunaliella salina（a red biflagellated agal spedies）················14
Euglena gracilis（植物性鞭毛虫類，ユーグレナの類）··················14
Glaucoma（繊毛虫類）···236
Globigerina（有孔虫の類）···15
Gonyaulax polyedra（渦鞭毛虫類）··14
Gonyaulax tamarensis（渦鞭毛虫類）······································14
Gymnodinioides（繊毛虫の後口類）··15
Paramecium（繊毛虫類）···236
Polyspira ··15
Porocentrum micans（渦鞭毛虫類）··14
Spirophyra（繊毛虫類，隔口類）··15

海綿動物

Acanthella acuta（ウスカワカイメン科の類）······························16
Axinella crista-galli（チュウジクカイメン科の類）······················16
Ficulina ficus ···16
Hymeniacidon sanguineum ···16
Inanthella basta ···16
Reniera japonica ···15
Suberites domuncula（コルクカイメン科の類）····························16
Tethya amamensis（トウナスモドキ）······································16
Tethya aurantium ···16

腔腸動物

Actinia equina（ウメボシイソギンチャク）························18,77,91
Actinostola callosa（セトモノイソギンチャクと同属）····················19

Alcyonium digitatum（ウミトサカ科の類） …… 18
Alcyonium palmatum …… 18
Allopora californica（サンゴモドキ科の類） …… 17
Aurelia flavidula（ミズクラゲの類） …… 18
Bolocera tuediae（ウメボシイソギンチャク科の類） …… 19
Bunodosma cavernata（花虫綱，六放サンゴ亜綱） …… 19
Bunodosma granulifera …… 19
Clava squamata（Clavidae の類） …… 17
Corallium rubrum（貴重サンゴ） …… 18
Distichopora coccinia（サンゴモドキ科の類） …… 17
Distichopora nitida …… 17
Distichopora violacea（ムラサキサンゴ） …… 17
Epiactis prolifera（コモチイソギンチャクの類） …… 19
Eugorgia ampla（花虫綱，八放サンゴ亜綱） …… 18
Eunicella verrcosa（フトヤギ科の類，シロヤギと同属） …… 18
Funiculina quadrangularis（ムチウミエラ） …… 18
Gyrostoma sp.（花虫綱，六放サンゴ亜綱） …… 19
Heliopora caerula（アオサンゴ） …… 18, 240
Hydra attenuata（ヒドラ科の類） …… 17
Hydra circumcinta …… 17
Hydra fusca …… 17
Hydra littoralis …… 17
Hydra pirardi …… 17
Hydra vulgaris …… 17
Lophelia pertusa（花虫綱，八放サンゴ亜綱） …… 18
Metridium senile（ヒダベリイソギンチャク） …… 19
Paragorgia arborea（花虫綱，八放サンゴ亜綱） …… 18
Paramuricea sp.（花虫綱，八放サンゴ亜綱） …… 18
Pennatula phosphorea（ヒカリウミエラ） …… 18
Physalia physalis（カツオノエボシ） …… 240
Porpita（ギンカクラゲの類） …… 18
Primnoa resedae formis（オオキンヤギ） …… 18
Sertularella gayi（ウミシバ科の類） …… 101
Sertularella polyzonias …… 101
Sertularia argentea（ウミシバ科の類） …… 101
Sertularia pumila …… 101
Stenogorgia rosea（花虫綱，八放サンゴ亜綱の類） …… 18

Stylaster elegans（サンゴモドキ科の類） ··17
Stylaster roseus ··17
Stylaster sanguineus ···17
Tealia felina（オオイボイソギンチャクの類）·····································19, 91
Thuiaria articulata（ヒドロ虫綱の類）···101
Tubipora musica（クダサンゴ）···18
Velella lata（カツオノカンムリ）···13
Velella velella ···13

袋 形 動 物

ワムシの類 ···92
Ascaris（カイチュウの類）··236
Priapulus（エラヒキムシ科の類）··254

環 形 動 物

ミミズ ···238, 259
Ampharetidae（カザリゴカイ科）···237, 238
Aphrodita（コガネウロコムシ科の類）··234, 259
Aphrodita aculeata（コガネウロコムシ）··261
Arenicola（タマシキゴカイ科の類）··234, 237
Chlorhaemidae ··237, 238
Glycera（チロリ科の類）···237
Halla parthenopeia（アカムシ）··171
Halosydna（ウロコムシ科の類）··234
Hirudo medicinalis（ヒルの類）···236
Lamellibrachia（deep-sea tube worm）··234
Lumbricus（貧毛綱，ツリミミズ亜目の類）···237
Magelona（モロテゴカイ科の類）··254
Nereis diversicolor（ゴカイ）···241
Notomastus（イトゴカイ科の類）··237
Potamilla（ケヤリ科の類）···238
Protula tubularia（ナガレカンザシ）··27
Sabella spallanzanii（ケヤリ科の類）···237
Sabella ventilabrum ··237
Sabellidae（ケヤリ科）···27, 237, 238

Serpula（カンザシゴカイ科の類） ……………………………………………………238
Serpulidae（カンザシゴカイ科） ……………………………………………27, 237, 238
Thalassema（ミドリユムシの類） ……………………………………………………234
Urechis caupo（ユムシ） ………………………………………………………………192

軟体動物

アメフラシの類 …………………………………………………………………………236
イカ …………………………………………………………………………………………192
ウバガイの類 ……………………………………………………………………………236
タコ …………………………………………………………………………………………192
ホネガイ ……………………………………………………………………………………157
モノアラガイの類 ………………………………………………………………………236
Acila castrensis（マメクルミガイ科，キララガイの類） ……………………253
Akera bullata（ウツセミガイ科の類） ……………………………………………239
Anisodoris noblis（腹足綱，裸鰓亜目） ……………………………………………21
Anodonta cygnea（シラトリドブガイ） ……………………………………………25
Aplysia（アメフラシ科の類） ………………………………………………235, 252
Aplysia california ……………………………………………………………241, 253
Aplysia depilans ………………………………………………………21, 239, 242
Aplysia fasciata ……………………………………………………………………………21
Aplysia kurodai（アメフラシ） ……………………………………………………242
Aplysia punctata ……………………………………………………………………239, 242
Aplysia limacina ……………………………………………………………………242, 253
Aplysia rosea ………………………………………………………………………………21
Aplysia vaccaria ………………………………………………………………………252
Arca（フネガイ科の類） ……………………………………………………………235
Archachatina marginata ……………………………………………………………252
Arion ater（コウラクロナメクジ） ………………………………………………239
Barbatia（エガイの類） ………………………………………………………………235
Buccinum（エゾバイ科の類） ………………………………………………………235
Busycon contrarium（テングニシ科，コブシボラの類） ……………………253
Cepaea nemoralis（モリマイマイ） ………………………………………………236
Chaetoderma nitidulum（ケハダウミヒモ科の類） ……………………………19
Chiton（ヒザラガイ類） ………………………………………………………………235
Chlamys nipponensis akazara（アカザラガイ） …………………………………25
Chlamys nobilis（ヒオウギガイ） …………………………………………………25

Cipangopaludina longispira（ナガタニシ） ················236
Concholepas peruvianus（アワビモドキ）··············156
Dendrodoris fulva（クロシタナシウミウシ科）·········21
Diodora graeca（スカシガイ科の類）···················19
Dolabella auricularia（タツナミガイ）················253
Doriopsilla albopuncta（腹足綱の類）·················21
Durvaucelia plebia（腹足綱，後鰓亜綱，裸鰓類）······239
Eledone cirrosa（ジャコウダコと同属）··················26
Fasciolaria tulipa（チューリップボラ）················253
Flabellinopsis iodinea（腹足綱の類）··················22
Fusinus forceps（イトマキナガニシ）····················20
Fusinus perplexus（ナガニシ）·······················20, 85
Haliotis（ミミガイ科の類）···························241
Helix pomatia（食用エスカルゴ）············23, 101, 236, 252
Hexabranchus sp.（ミカドウミウシの類）················22
Hopkinsia rosacea（腹足綱の類）························23
Lima excavata（ミノガイ科の類）························25
Limnea (*Lymnaea*)（モノアラガイ科の類）············235
Limnaea stagnalis ································23, 236
Littorina（タマキビガイ科の類）·····················235
Loligo forbesi ···26
Loligo opalescence ····································26
Loligo vulgaris（ジンドウイカ科の類）·················26
Lunatia heros（タマガイ科の類）······················253
Megathura crenulata（ダイオウテンガイガイ）·········253
Modiolus modiolus（エゾヒバリガイ）··············24, 25
Mopalia muscosa（ヒゲヒザラガイ科の類）············253
Murex brandaris（アクキガイ科，シリアツブリ）······156
Murex cornulus ······································156
Murex erinaceus ·····································156
Murex trunculus（シロツヅリ）···········156, 157, 252, 253
Mytilus californianus（カシュウイガイ）···············24
Mytilus coruscus（イガイ）····························24
Mytilus edulis（ヨーロッパイガイ，ムラサキイガイ）·······24, 25, 87
Nucella (*Purpura*) *lapillus*（ヨーロッパチヂミボラ）······156, 158, 161
Octopus bimaculatus（マダコ科の類）···················26
Octopus dofleini ································252, 253

Octopus vulgaris（マダコ）……………………………………………252
Ommastrephes pteropus（スルメイカ科の類）………………………26
Ostrea edulis（カキ）………………………………………………241
Parasepia elegans（頭足綱の類）……………………………………26
Patella（ツタノハガイ科の類）……………………………………235
Patella depressa ………………………………………………………20
Patella vulgata（セイヨウカサガイ）………………………………20
Patinopecten yessoensis（ホタテガイ）………………………………25
Pecten albicans（イタヤガイ）………………………………………25
Pecten maximus（ヨーロッパホタテガイ）……………………12,25
Pila leopoldvillensis（タニシモドキ科の類）………………………252
Pinctada margaritifera（クロチョウガイ）………………………239
Planorbarius corneus（ヒラマキガイ科の類）……………………236
Planorbis（ヒラマキガイ科の類）……………………………235,237
Planorbis corneus ……………………………………………………23
Pleurobranchus elegans（ウミフクロウの類）………………………23
Pleuroploca gigantea（ダイオウイトマキボラ）…………………253
Pomacea sp. …………………………………………………………23
Pomacea canaliculata …………………………………………………12
Pomacea canaliculata australis（淡水産腹足類）……………………23
Pomacea sordia ………………………………………………………23
Purpura aperta ………………………………………………………156
Purpura haemastoma（ベニレイシガイ）…………………………156
Purpura madreporarum ………………………………………………156
Purpura patula（サラレイシガイ）…………………………………156
Purpura persica（ホソスジテツボラ）……………………………156
Rapana thomasiana（アカニシ）………………………………156,159
Rossia macrosoma（ダンゴイカ科の類）……………………………26
Saxidomus purpurata（ウチムラサキガイ）………………………235
Scapharca broughtonii（アカガイ）…………………………………25
Scapharca globosa（クマサルボウガイの類）………………………25
Scapharca satowi（サトウガイ）……………………………………25
Scapharca subcrenata（サルボウガイ）……………………………25
Sepia（コウイカ科の類）…………………………………………259
Sepia officinalis（ヨーロッパ産のコウイカ類）……………………26
Sepiola scandica（ダンゴイカ科の類）………………………………26
Sinotaia quadratus（ヒメタニシ）…………………………………236

動物名索引　357

Solen（マテガイ科の類）	235
Stenoplax conspicua（ウスヒザラガイ科の類）	253
Thais clavigera（イボニシ）	156, 159
Thais inteostma（クリフレイシ）	156
Todaropsis eblanae（頭足綱の類）	26
Triopha carpenteri（海産腹足類）	21
Viviparus（タニシ科の類）	235
Yoldia limatula（二枚貝綱，ソデガイの類）	253

剣 尾 類

カブトガニ	27
Limulus	249
Limulus polyphemus	27

蛛 形 類

Bryobia praetiosa（クローバーハダニ）	28
Hydrachna geografica（オオマルダニ科の類）	27
Micrathena schreibersi（クモの類）	261
Panonychus citri（ミカンハダニ）	28
Piona nidata（ツチダニ科の類）	27
Tetranychus cinmabarinus（ニセナミハダニ）	28
Tetranychus pacificus（ハダニ科の類）	28
Tetranychus urticae（ナミハダニ）	27

甲 殻 類

カニ	250
ザリガニ	107, 250
ハマトビムシ	192
フナムシ	192
ヘラムシ	85, 192
ワラジムシ	192
Acanthephyra quadripinosa（ヒオドシエビ科の類）	35
Aristeus antennatus（クルマエビ科の類）	10
Armadillidium vulgare（ダンゴムシ，オカダンゴムシ）	109, 117, 118, 192, 198

Artemia salina (brine-shrimp) ···17, 29, 235
Astacus leptodactylus (ザリガニ科の類) ·································11, 251, 252
Branchinecta lindahli (ホウネンエビモドキ科の類) ···························30
Branchinecta packardi (ホウネンエビモドキ科の類) ·························29
Branchinella kugenumaensis (ホウネンエビ) ·································30
Callinectes sapidus (ワタリガニ科の類) ································250, 251
Cambarus bartonii tenebrosus ···92
Cancer pagurus (イチョウガニ科の類) ·····································12, 252
Carcinus (ワタリガニ科の類) ··250
Carcinus maenas (ワタリガニ科の類) ··10, 37
Chinoecetes opillio (ズワイガニ) ··38
Chirocephalus diaphanus (ホウネンエビ科の類) ··························29, 30
Clibanarius erythropus (= *Cl. misanthropus*) (ヤドカリ科の類) ······10, 38, 79
Cyclocypris laevis (貝虫亜綱の類) ··30
Daphnia (ミジンコの類) ···30, 77, 234
Daphnia magna (オオミジンコ) ·······································30, 82, 91, 234
Daphnia pulex (ミジンコ) ··30
Emerita analoga (sand crab) (スナホリガニ科の類) ···························37
Eriphia spinifrous (オウギガニ科の類) ··10
Eupagurus bernhardus (ホンヤドカリ科の類) ····································12
Galathea strigosa (十脚目, エビカニの類) ··11
Gammarus duebeni (端脚目, ヨコエビの類) ······································91
Gammarus lacustris ···11
Heterocypris incongruens (貝虫亜綱の類) ··30
Homarus americanus (ウミザリガニ科の類) ·····················7, 11, 12, 251
Homarus gammarus (= *H. vulgaris*) (ウミザリガニ科の類) ·······7, 11, 36, 37
Idotea granulosa (ヘラムシ科の類) ··31, 32
Idotea metallica (ナガレモヘラムシ) ···33, 87
Idotea montereyensis (ヘラムシ科の類) ·······································31, 32
Idotea resecata (ヘラムシ科の類) ··32, 82
Lepas fascicularis (ウキエボシ, エボシガイ科) ··································30
Ligia oceanica (フナムシの類) ···33
Limnadia (ヒメカイエビ科の類) ···259
Lucifer sp. (ユメエビ科の類) ··35
Metapenaeus monoceros (ヨシエビ, クルマエビ科) ···························35
Moina (タマミジンコの類) ···234
Nephrops norvegicus (アカザエビの類) ··36

Niphargus（端脚目，ヨコエビ科の類） ……………………………………91
Orconectes limosus（ザリガニの類） ………………………………9, 36
Orconectes pellucidus pellucidus ……………………………………92
Pachygrapsus marmoratus（イワガニ科の類） ……………………10
Palinurus vulgaris（イセエビ科の類） ………………………10, 192, 250
Pandalus borealis（ホッコクアカエビ） ………………………………36
Panulirus japonicus（イセエビ） ………………………………36, 79
Paralithodes brevipes（ハナサキガニ） …………………………37
Penaeus japonicus（クルマエビ） ………………………………34, 79
Penaeus monodon（ウシエビ） …………………………………35
Penaeus orientalis（＝*P. chinensis*）（コウライエビ） ……………35
Penaeus semisulcatus（クルマエビの類） ………………………251
Penaeus vannamei（クルマエビ科の類） …………………………35
Pinnotheres pisum（カクレガニ科の類） …………………………38
Plesionika edwardsi ………………………………………………12
Porcellio（ワラジムシの類） ………………………………………262
Portunus trituberculatus（ガザミ） ………………………………38
Procambarus clarkii（アメリカザリガニ） …………………………9
Sapphirina（サッピリナ科の類） ……………………………………259
Scyllarus arctus（セミエビ科の類） ………………………………10
Sergestes lucens（サクラエビ） ……………………………………35
Sergestes prehensilis（サクラエビの類） …………………………35
Sesarma（*Holometopus*）*haematocheir*（アカテガニ） ………11, 38
Sesarma intermedia（ベンケイガニ） ……………………………38
Simocephalus（ミジンコ科の類） …………………………………77
Streptocephalus dichotomus（鰓脚類，無甲目の類） ……………30
Streptocephalus proboscideus ……………………………………30
Streptocephalus toruicornis ………………………………………30
Tanymastix lacunae（鰓脚類，無甲目の類） ……………………29
Thamnocephalus platyurus（無甲目＝ホウネンエビ目） ………30
Upogebia pusilla（アナジャコの類） ………………………………10

昆 虫 類

アブラムシ …………………………………………………………172
カイガラムシ ………………………………………………165, 168, 169
カマキリ ……………………………………………………………213, 220

索引

カメムシ	258
クスサン	213
ケルメス虫	168
コガネムシ	258
ゴキブリ	208, 209
コチニールエンジ虫	166
シャチホコガ	199, 200
スズメバチ	105
バッタ	92, 182, 187, 211, 263
ハムシ	258
ハンミョウ	258
モルフォチョウ	120, 255, 256, 257
ユスリカ	235, 245
Acrophylla wulfingi（ナナフシ目の類）	39
Actia luna（*Actias luna*）	43, 244
Actias artemis（オオミズアオ，ヤママユガ科）	244
Actias selene	43, 244
Actias senensis	244
Adalia bipunctata	153
Aeschna cyanea（ヤンマ科の類）	264
Aglais urticae（コヒオドシ）	43, 175
Anax walsinghami（ヤンマ科の類）	262
Antheraea pernyi（サクサン）	243, 244
Anthocaris cardamines（クモマツマキチョウ）	104
Aphis corniella（アリマキ科，アブラムシの類）	173
Aphis fabae	40, 44, 172
Aphis farinosa	173
Aphis nerii	174
Aphis rumicis	173
Aphis sambuci	173
Apis mellifera（ミツバチ）	46, 107, 187
Appias nero（ベニシロチョウ）	106, 110
Argemma mittrei	244
Asilus chrysitis	101
Athalia spinarum（ハバチ科の類）	101
Atrophaneura（アケボノアゲハの類）	100, 225
Bacillus rossius（ナナフシ目の類）	39

Battus（アゲハチョウ科，アオジャコウ属）···225
Bombyx mori（カイコ）·················43,100,109,119,175,182,187,191,194,198,199
Bhutanitis（シボリアゲハ属）···216
Bhutanitis lidderdalei（シボリアゲハ）···222
Brachycaudus ···173
Byasa alcinous（ジャコウアゲハ）···43
Calliphora erythrocephala（クロバエ）···109,187,203
Callophrys rubi（ウラアオシジミ）···261
Carausius（= *Dixippus*）···242
Carausius morosus（インドナナフシ）···39,194,199
Cassid beetle ···258
Catopsilia（*Phoebis*）*argante*（ウスキシロチョウ属の類）···106,110
Catopsilia（*Phoebis*）*rurina* ···107,243
Catopsilia（*Phoebis*）*statira* ···243
Cephonodes hylas（オオスカシバ）···201
Cerula vinula（モクメシャチホコ，シャチホコガ科）·················44,82,194,199-201
Chironomus（ユスリカ科の類）···44
Cionus oleus ···101
Coccinella septempunctata（ナナホシテントウ）···44,45
Coccus cacti ···166
Coccus ilici ···168
Coccus laccae ···169
Coenonympha pamphilus（ヒメヒカゲ属の類）···97
Coenonympha tullia ···97
Colias（シロチョウ科，モンキチョウの類）···120,121
Colias croceus ···104
Colias edusa ···107
Colias erate（モンキチョウ）···105,121
Colias eurytheme ···109,257
Colias fieldi ···104
Colias hyale ···104
Colias philodice ···42
Coptocycla（ハムシ科の類）···258
Ctenomorphodes brieveus（ナナフシ目の類）···39
Dactylopius cacti（*Coccus cacti*）···166
Dactylopius coccus（コチニールカイガラムシ）···166
Dactylopius confusus ···168

362 索引

Dactynotus (アリマキ科の類) ……………………………………173,174
Dactynotus ambrosiae ……………………………………………174
Dactynotus jaceae …………………………………………………174
Dactynotus rudbeckiae ……………………………………………174
Delias eucharis (スジグロカザリシロチョウ, スジグロベニモンシロチョウ) …104
Dismorphia (シロチョウ科の類) …………………………………100
Dismorphia praxinoë ………………………………………………104
Dissoteira carolina (バッタ科の類) ………………………………101
Drosophila melanogaster (キイロショウジョウバエ)
  ……………………………………………107,109,116,122,175,185-187
Dynastes hercules (カブトムシの仲間) ……………………………265
Dysdercus (アカホシカメムシの類) ………………………………106
Dysdercus cardinelis ………………………………………………107
Dysdercus intermedius ……………………………………………107
Dysdercus nigrofasciatus …………………………………………107
Dytiscus marginalis (ゲンゴロウモドキの類) ……………………101
Ectatosoma tiaratum (ナナフシ目の類) ……………………………39
Enallagma (イトトンボ科の類) ……………………………………263
Ephestia (メイガ科の類) …………………………………………110
Ephestia kühniella (コナマダラメイガ) ………107,175,184,185,187,194
Eriosoma ……………………………………………………………173
Eriosoma lanigerum (wooly aphid)) ………………………………173
Erynnis tages (ヒメミヤマセセリ) …………………………………99
Euchloe (*Anthocoris*) *cardamines* (ハナカメムシ科の類) …………107
Euchloron megaera (スズメガ科の類) ……………………………100
Eudia pavonia ……………………………………………………245
Eupithecia oblongata (シャクガ科の類) …………………………101
Eurema lisa (シロチョウ科, キチョウと同属) ……………………104,257
Eurydema ornata (カメムシ科の類) ………………………………40
Eurytides lysithous …………………………………………………99
Eurytides marcellus (トラフタイマイ) ……………………………99
Gasterophilus (ウマバエ科の類) ……………………………235,237
Gonepterix rhamni (ヤマキチョウ) ……………103,105,106,110,243
Graphium …………………………………………………100,215,225
Graphium agamemnon ………………………………………………99
Graphium sarpedon (アオスジアゲハ) ……………………………99,244
Graphium weiskei (ミイロタイマイ) ………………………………244

動物名索引　363

Hestina japonica（ゴマダラチョウ） ……202
Inachis io（クジャクチョウ） ……151
Kermococcus ilicis（*Kermes ilicis*）（カーミンカイガラムシ） ……168
Kermococcus vermilio ……168
Laccifer lacca（ラックカイガラムシ） ……169
Laccophilus minutus（ゲンゴロウ科の類） ……243
Lecanium ilia ……168
Lecanium ilicis ……168
Leptidea ……100
Leptinotarsa decemlineate（コロラドハムシ） ……45
Leucania separata（アワヨトウ） ……150
Lilioceris lilii（ハムシ科の類） ……45
Locusta ……242
Locusta migratoria（トノサマバッタ） ……40, 243
Lucilia cuprina（ヒツジキンバエ） ……109, 185-187
Lühdorfia（アゲハチョウ科，ギフチョウ属） ……216
Lühdorfia japonica（ギフチョウ） ……222
Lühdorfia puziloi（ヒメギフチョウ） ……222
Lytta（*Cantharis*）*resicatoria*（ツチハンミョウ科の類） ……258
Lysandra coridon（コリドンルリシジミ） ……99
Macrosiphum liliodendri（半翅目，同翅亜目の類） ……40
Mamestra brassicae（ヨトウガ） ……151, 194
Manduca sexta ……151, 194, 243
Mantis（カマキリ科の類） ……242
Melanargia galathea（セイヨウシロジャノメ） ……97
Mesothemis simplicicollir（トンボの類） ……263
Morpho（モルフォチョウの類） ……255, 256
Musca domestica（イエバエ） ……109, 153, 185, 187
Myzus（アリマキ科の類） ……173
Nezara viridula（カメムシ科の類） ……40
Oncopeltus fasciatus ……107
Pachlioptera aristolochiae（ベニモンアゲハ） ……226
Panorpa japonica（シリアゲムシ） ……109, 110, 118, 119
Papilio ……215, 216, 222, 224, 226
Papilio castor（オナシモンキアゲハ） ……222
Papilio dardanus（オスジロアゲハ） ……222
Papilio demoleus（オナシアゲハ） ……216, 223, 226

Papilio helenus（モンキアゲハ）……………………………………………222
Papilio karna ………………………………………………………………257
Papilio machaon（キアゲハ）………………………………………99, 222-226
Papilio palinurus（オビクジャクアゲハ）………………………………257
Papilio phorcas（フォルカスアゲハ）……………………………………244
Papilio polytes（シロオビアゲハ）………………………………………222
Papilio protenor（クロアゲハ）……………………………………43, 222
Papilio xuthus（アゲハ，ナミアゲハ）………………………42, 216, 218, 223
Papilio zalmoxis ……………………………………………………………262
Pararge aegeria（キマダラジャノメ）……………………………………97
Parnassius（アゲハチョウ科，ウスバシロチョウ属）……………100, 215, 225
Perillus bioculatus（半翅目，異翅亜目の類）………………………40, 78
Philosamia（=*Samia*）*cynthia pryeri*（シンジュサン）…………………43
Phoebis argante → （*Catopsilia*）を見よ
Phyllobius brevitarsis（コヒゲボソゾウムシ）…………………………261
Pieris brassicae（オオモンシロチョウ）…………………41, 42, 104, 122
Pieris napi（エゾスジグロシロチョウ）………………………………104, 243
Pieris rapae（モンシロチョウ）……………………………42, 106, 122, 243
Poecilocoris lewisi（アカスジキンカメムシ）…………………………258
Polyommatus icarus（イカロスシジミ）……………………………………97-99
Precis coenia（タテハチョウ科の類）……………………………………151
Protophormia terrae-novae ………………………………………………204
Pseudopieris ………………………………………………………………100
Ptychopoda …………………………………………………………………110
Pyrgus malvae ………………………………………………………………99
Pyrrhocoris apterus（ホシカメムシ科の類）………………………40, 107
Rhodonius（サシガメ科の類）………………………………………………245
Rhopalosiphum（アリマキ科）………………………………………………173
Rhynchosciara americana（双翅目の類）……………………………………44
Riptortus clavatus（半翅目，異翅亜目の類）……………………………243
Sappaphis（アリマキ科）……………………………………………………173
Sarcophaga bullata（ニクバエの類）………………………………………150
Sasakia charonda（オオムラサキ）…………………………………………202
Saturnia pavonia（テグスガの類）…………………………………………43
Saturnia pyri ………………………………………………………………245
Scarabaeoidea（コガネムシ主科）……………………………………………258
Schistocerca（直翅目の類）…………………………………………………242

動物名索引　365

Schistocerca gregaria ……………………………………………………………………40
Schizolachnus（アリマキ科の類）……………………………………………173
Serica sericea（ヒゲナガビロウドコガネ属の類）……………………261
Sericinus（アゲハチョウ科，ホソオチョウ属）…………………………216
Sericinus telamon（ホソオチョウ）……………………………………………222
Sipyloidea sipylus（ナナフシ目の類）…………………………………………39
Spodoptera litura ……………………………………………………………151,243
Techardia lacca ……………………………………………………………………169
Tettigonia（キリギリス科，ヤブキリの類）………………………………242
Tenebrio molitor（チャイロコメノゴミムシダマシ）…………………126
Troides（キシタアゲハ属）………………………………………………………225
Tuberolachnus salignus（アリマキ科の類）………………………………173
Urania ……………………………………………………………………………………257
Zerynthia（アゲハチョウ科，タイスアゲハ属）…………………………216
Zerynthia polyxena（タイスアゲハ）…………………………………………222
Zerynthia rumina（スカシタイスアゲハ）…………………………………222

星口動物

Golfingia ………………………………………………………………………………254
Golfingia gouldii（ホシムシの類）……………………………………………254
Physcosoma（=*Phoscolosoma*）（ホシムシ科の類）……………………254
Siphonosoma cumanense（スジホシムシモドキ）………………………254
Sipunculus（ホシムシ科の類）………………………………………………254,259

触手動物

Lingula unguis（シャミセンガイの類）………………………………………254

棘皮動物

ウニ ……………………………………………………………………………49,82,163
オニヒトデ ……………………………………………………………………………164
ガンガセ ………………………………………………………………………………164
クモヒトデ ……………………………………………………………………………164
ナマコ ……………………………………………………………………87,164,236
バフンウニ ……………………………………………………………………………164

索引

ヒトデ	82
ブンブク	164
ムラサキクルマナマコ	164
Anthocidaris crassispina（ムラサキウニ）	53
Araeosoma owstoni（フクロウニ目の類）	54
Arbacia	164
Arbacia pustulosa（アルバキア科の類）	164
Asterias amurensis（ヒトデ）	48
Asterias rubens	13, 49, 239
Asterina pectinifera（イトマキヒトデ）	48
Asterina panceri	48
Asthenosoma ijimai（イイジマフクロウニ）	54
Astriclypeus manni（スカシカシパン）	51, 53
Astrometus sertulifera（ヒトデ科の類）	49
Astropecten californicus（ヒトデ綱，モミジガイの類）	49
Astropecten irregularis（モミジガイと同属）	239
Brissus agassizi（オオブンブク）	53
Clypeaster japonicus（タコノマクラ）	51, 53, 164
Comanthus pervicirra（コアシウミシダ）	170
Comatula cratera（ウミシダの類）	170
Comatula pectinata	170
Cucumaria echinata（グミ）	47
Cucumaria japonica（キンコ）	47
Cucumaria lubrica	47
Diadema savignyi（アオスジガンガゼ）	54
Echinometra mathaei（ナガウニ）	53, 164
Echinostrephus aciculatus（タワシウニ）	53
Echinus esculentus	164
Eucidaris metularia（マツカサウニ）	54
Florometra serretissima（ウミユリ綱の類）	46
Glyptocidaris crenularis（ツガルウニ）	54
Helicocidaris erythrogramma（ホンウニ目の類）	52
Helicocidaris tuberculata	52
Holothuria leucospilota（ニセクロナマコ）	47
Holothuria moebi（テツイロナマコ）	47
Holothuria pervicax（トラフナマコ）	47
Holothuria tubulosa（フジナマコの類）	47

Lamprometra kluzingeri（トゲウミシダ科の類）……………46
Linckia laevigata（アオヒトデ）………………13
Luidia ciliaris（スナヒトデ科の類）……………239
Mespilia globulus（コシダカウニ）………………53
Ophidiaster ophidianus（オフィディアステル科の類）……49
Ophioderma longicaudum（クモヒトデ綱の類）……49
Ophiothrix（トゲクモヒトデ科の類）……………49
Paracentrotus (*Strongylocentrotus*) *lividus*（オオバフンウニ科の類）……51
Patiria miniata（イトマキヒトデ科の類）……………49
Pentacta australis（ゴカクキンコ）……………47
Peronella agassizi ……………51
Peronella japonica（ヨツアナカシパン）……………53
Phyllacanthus dubius（バクダンウニ）……………54
Pisaster giganteus（Asteriinae の類）……………49
Pisaster ochraceous ……………49
Prionocidaris baculosa（ノコギリウニ）……………54
Pseudocentrotus depressus（アカウニ）……………52, 53
Ptilometra australis（ウミユリ綱の類）……………170
Scaphechinus mirabil(*l*)*is*（ハスノハカシパン）……………53
Spatangus purpureus（モチブンブク科の類）……………51
Stichopus regalis ……………46
Stichopus japonicus（マナマコ）……………46
Strongylocentrotus dröbachiensis ……………51
Strongylocentrotus intermedius（エゾバフンウニ）……………52, 164
Strongylocentrotus purpuratus ……………52
Temnopleurus toreumaticus（サンショウウニ）……………53
Tripneustes gratil(*l*)*a*（シラヒゲウニ）……………53
Tropiometra afra（オオウミシダ）……………170

原 索 動 物

Ascidia virginica（管鰓類，アスキジア科の類）……………55
Botrylloides simodensis（イタボヤの類）……………55, 124
Botryllus schlosseri（ウスイタボヤ）……………55
Ciona intestinalis（ユウレイボヤ）……………55
Corella parallelograma（ドロボヤと同属）……………55
Dendroda grossularia（ムラボヤと同属）……………55

368　索　　引

Halocynthia（Cynthia） papillosa ……………………………………………55
Halocynthia roretzi（マボヤ）……………………………………………55
Molgula acculata（アイダボヤ，クマサカボヤと同属）………………55
Sidnyum argus ……………………………………………………………55
Styela rustica（シロボヤ，エボヤと同属）……………………………55

魚　　類

サバ ……………………………………………………………………82,246
ティラピア ……………………………………………………………………82
トビウオ ………………………………………………………………………82
マグロ …………………………………………………………………………246
マスの類 ……………………………………………………………………78,89
メダカ …………………………………………………………………………143
Anabantidae（キノボリウオ科）…………………………………………111
Apodichthys flavidus ………………………………………………………66
Arius felis（sea catfish）……………………………………………132,145
Belone belone（ダツ科の類）……………………………………………246
Belonidae（ダツ科）………………………………………………………245
Beryx decadactylus（ナンヨウキンメ）…………………………………66
Carassius auratus（ヒブナ）（金魚）（オランダシシガシラ）………62,63,82,92,94,107
Carassius carassius buergeri（キンブナ）………………………………63
Carassius carassius grandoculis（ニゴロブナ）…………………………63
Carassius cuvieri（ゲンゴロウブナ）……………………………………63
Carassius gibelio langsdorft（ギンブナ）………………………………63
Cichlida（カワスズメ科の類）……………………………………………111
Coryphaena hippurus（シイラ）………………………………………66,82
Cottida（カジカ目）………………………………………………………245
Ctenopharyngodon idella（ソウギョ）……………………………………64
Cyprinus carpio（コイ）……………………………………………………63
Eptatretus burgeri（メクラウナギの類）………………………………246
Gadus morhua（タラの類）……………………………………………64,78
Gobius（ハゼ科の類）……………………………………………………263
Hypomesus japonicus（チカ）……………………………………………56
Hypomesus olidus（ワカサギ）……………………………………………56
Lampetra（円口目の類）…………………………………………………237
Oncorhynchus gorbuscha（カラフトマス）………………………………59

Oncorhynchus keta（Chum salmon）(サケ，シロザケ) ·················60, 61, 89
Oncorhynchus kisutch（ギンザケ，ギンマス）·····························60
Oncorhynchus masou（サクラマス，ヤマメ）························60, 61, 90
Oncorhynchus masou macrostomus（アマゴ，サツキマス）················61
Oncorhynchus nerka（Sockeye salmon）(ベニザケ，ヒメマス，ベニマス)
···59, 60, 61, 90
Oncorhynchus rhodurus（ビワマス）·····································60
Oncorhynchus tschawytscha（マスノスケ）······························59
Osmerus dentex（キュウリウオ）······································56
Pagrus major（マダイ）··64
Parasilurus asotus（マナマズ）··64
Plecoglossus altivelis（アユ）··56
Poeciliida（カダヤシ科の類）··111
Prognichthys agooagoo（トビウオ科，ダルマトビ属の類）················66
Protopterus aethiopicus（プロトプテルス科，プロトプテルス属の類）·······263
Pseudoblennius percoides（アナハゼ）·································245
Salangichthys microdon（シラウオ）····································56
Salmo gairdneri（Rainbow trout）(ニジマス)·············57, 58, 61, 82, 83, 90
Salmo salar（Scottish salmon, Atlantic salmon）(タイセイヨウサケ)········59
Salmo trutta（sea trout）(ブラウントラウト)··························58, 61
Salvelinus fontinalis（カワマス）·······································61
Salvelinus leucomaenis（イワナ）······································61
Salvelinus namaycush（レイクトラウト）······························61
Sarocheilichthys variegatus（ヒガイ）··································63
Scarus gibbus（ナンヨウブダイ）····································246
Sebastes atrovirens（フサカサゴ科，メバル属の類）······················66
Sebastes carnatus···66
Sebastes constellatus···66
Sebastes eos···66
Sebastes flavidus···66
Sebastes miniatus··66
Sebastes umbrosus···66
Seriola guingueradiate（ブリ）·································65, 82, 83
skipjack（カツオなどの類）···246
Spirinchus lanceolatus（シシャモ）····································56
Strongylura exilis（ダツ科，ダツ属の類）····························246
Thunnus obesus（メバチ）···65

Tilapia nilotica（メカダイ）……66
Trachinus（トゲミシマ科，トラキヌス属）……263
Xiphophorus helleri（劍尾魚）……123

両 生 類

アマガエル ……263
イモリ ……107
サンショウウオ ……107
Atelopus chiriquiensis（アテロプス科の類）……67
Bombina bombina（スズガエルの類）……66
Bufo bufo（ヒキガエルの類）……66
Bufo vulgaris（ヒキガエル）……124
Hyla arborea（ヨーロッパアマガエル）……66
Pachymedusa (*Agalychnis*) *dacnicolor* (leaf frog) ……140
Pelobatus fuscus ……66
Proteus anguineus ……67
Rana arvalis（ヌマアカガエル）……66
Rana catesbiana（ウシガエル）……67
Rana chiricahuensis ……146
Rana esculenta ……67
Rana japonica（ニホンアカガエル）……124
Rana lessonae ……66
Rana nigromaculate（トノサマガエル）……107, 124
Rana ridibunda ……66
Rana temporaria（ヨーロッパアカガエル）……66, 152
Salamandra salamandra（サンショウウオの類）……66
Triturus cristatus ……66
Triturus vulgaris（ヨーロッパで最も普通のイモリ）……66

爬 虫 類

Agama cyanogaster（アガマ科の類）……263
Anguis fragilis（アンギス科の類）……68
Anolis carolinensis（イグアナ科の類）……111
Anolis cristatellus ……111
Anolis pulchellus ……111

動物名索引　*371*

Chamaeleon（カメレオンの類） ………………………………………………68
Chelonia mydas（アオウミガメ） ………………………………………………68
Chlorophis irregularis（ヘビの類） ……………………………………………264
Chrysemys scripta elegans（カメ科，エミス亜科） …………………………68
Clemmys insculpta（イシガメ属の類） ………………………………………68
Crotalus terrificus（ガラガラヘビの類） ……………………………………69
Ctenosaura hemilopha（spiny-tailed iguana） ………………………………68
Eumeces skiltonianus（トカゲ属の類） ……………………………………263
Lacerta（トカゲ目，カナヘビ科の類） ………………………………………68
Lacerta agilis ……………………………………………………………………68
Lacerta viridis ……………………………………………………………………68
Lacerta vivipara（コモチカナヘビ） …………………………………………68
Testudo graeca（カメ亜科の類） ……………………………………………151
Xenodon merremii ………………………………………………………………69

鳥　　類

カナリヤ ……………………………………………………………………………78
カワセミ …………………………………………………………………………263
クジャク …………………………………………………………………………260
ハゲタカ …………………………………………………………………………233
ハチドリ …………………………………………………………………………260
フラミンゴ ……………………………………………………………………78, 81
ホオジロ …………………………………………………………………………153
ホロホロチョウ …………………………………………………………………263
ライチョウ ………………………………………………………………………153
Ajaia ajaia（roseate spoonbill）（ベニヘラサギ） ……………………………70
Anas platyrhynchos domestica（domestic duck）（マガモ）……………74, 260
Anser anser domestica（domestic goose）（ガチョウ） ……………………74
Apus apus（アマツバメ属） ……………………………………………………240
Ara macao（コンゴウインコ） ………………………………………………263
Bombycilla（レンジャク属） …………………………………………………75
Carduelis（アトリ科，ヒワ属） ………………………………………………75
Casuarius gelateus（ヒクイドリ属の類） ……………………………………263
Casuarius galatea ………………………………………………………………246
Colaptes（ハシボソキツツキ属） ……………………………………………75
Chloris（カワラヒワ属） ………………………………………………………75

Chloronerpes ……………………………………………………………………75
Coracias（ブッポウソウ科）……………………………………………264
Coturnix coturnix（ウズラ）………………………………………240, 246
Cyanocitta（カラス科，アオカケスの類）……………………………263
Dromiceus novae hullanidae（＝*Dromaius novaehollandiae*）（エミウ）……246
Emberiza ………………………………………………………………………75
Emberiza citrinella（ホオジロ科）……………………………………239
Euplectes（ハタオリドリ科）……………………………………………75
Eurystomus ………………………………………………………………264
Fulmarus glacialis（フルカモメ）………………………………………74
Gallus domesticus（ニワトリ）…………………………………69, 70, 79, 139
Gentoo penguin（*Pygoscelis papua*）（ジェンツーペンギン）………74
Guara rubra（ショウジョウトキ）………………………………………73
Halcyon（アカショウビンの類）………………………………………264
Laniarius（モズ科の類）…………………………………………………75
Lanius collurio（セアカモズ）……………………………………239, 240
Megaloprepia（ハト科の類）……………………………………………75
Meleagris gallopavo（シチメンチョウ）……………………………69, 233
Melopsittacus undulatus（セキセイインコ）…………………………264
Motacillia（セキレイ科の類）……………………………………………75
New Hamshire …………………………………………………………132, 133
Oriolus（コウライウグイス科の類）……………………………………75
Palaeornis cyanocephalus（＝*Psittacula cyanocephalus*, コセイインコ）………264
Parus（シジュウカラの類）……………………………………………75
Parus cristatus（カンムリガラ）………………………………………240
Passer montanus（スズメ属の類）……………………………………240
Perdix perdix（ヨーロッパヤマウズラ）………………………………74
Pharomacrus（カザリキヌバネドリ属の類）…………………………75
Phasianus colchicus（コウライキジ）…………………………………69
Phoenicircus（カザリドリ科の類）……………………………………75
Phoeniconaias minor（コフラミンゴ，コガタフラミンゴ）………71, 72
Phoenicoparrus andinus（アンデスフラミンゴ）……………………71, 72
Phoenicoparrus jamesi（コバシフラミンゴ）………………………71, 72
Phoenicopterus antiquorum（＝*P. ruber roseus*）…………………71, 72
Phoenicopterus chilensis（チリーフラミンゴ）………………………71, 72
Phoenicopterus ruber（アメリカオオフラミンゴ）…………………71, 81
Phylloscopus collybita …………………………………………………239

Picus（キツツキ科，アオゲラの類） ……………………………………75
Piranga ludoviciana ……………………………………………………73
Piranga olivacea（アカフウキンチョウ）……………………………73
Prunella modularis（ヨーロッパカヤクグリ）……………………240, 246
Ptilinopus（ハト科の類） ………………………………………………75
Ramphocelus（ホオジロ科，フウキンチョウの類） …………………75
Rhamphastos ……………………………………………………………75
Rupicola（カザリドリ科，イワドリの類） …………………………75
Serinus（カナリアの類） ………………………………………………75
Sturnus（ムクドリ科の類） ……………………………………………91
Sylvia nisoria（シマムシクイ）………………………………………239
Tetrao urogallus（ヨーロッパオオライチョウ）……………………73
Touracos（エボシドリの類） …………………………………………238
Turdus merula（クロウタドリ）………………………………………239
Xipholena（カザリドリ科，ムラサキカザリドリ属）………………75

哺　乳　類

イタチ ……………………………………………………………………153
ウサギ ……………………………………………………………………76
ウシ ………………………………………………………………76, 79, 132
ウマ …………………………………………………………………76, 132
キツネ ……………………………………………………………………76
クジラ ……………………………………………………………………76
ノウサギ …………………………………………………………………153
ヒツジ ……………………………………………………………………76
ヒト …………………………………………………………76, 140, 141, 147, 153
ヒヒ ………………………………………………………………………233
ブタ ………………………………………………………………………76
ヘアレスマウス …………………………………………………………147
マウス ……………………………………………129-131, 139, 143, 146, 147
ヤギ ………………………………………………………………………76
Chrysochloris（キンモグラ科の類）…………………………………260
Mandrillus sphinx（マンドリル）……………………………………263
Megaleia rufa（赤カンガルー）………………………………………193
nilgai antelope（大型カモシカ）………………………………………263
vervet monkey（ベルベットザル，オナガザル科）……………………263

著者略歴

梅鉢 幸重（うめばち　よししげ）

1951 年　東北大学理学部生物学科卒
1961 年　理学博士
1974 年　金沢大学理学部教授
1991 年　金沢大学名誉教授
　　　　　現在に至る
専　門　昆虫生化学（とくに色素代謝）

2000 年 5 月 25 日　第 1 版発行

著者の了解により検印を省略いたします

動物の色素
―多様な色彩の世界―

著　者 © 梅 鉢 幸 重

発 行 者　内　田　　　悟

印 刷 者　山　岡　景　仁

発行所　株式会社　内田老鶴圃　〒112-0012 東京都文京区大塚 3-34-3
電話 (03)3945-6781・FAX (03)3945-6782
印刷/三美印刷 K.K.・製本/榎本製本 K.K

Published by UCHIDA ROKAKUHO PUBLISHING CO., LTD.
3-34-3 Otsuka, Bunkyo-ku, Tokyo 112-0012, Japan

U. R. No. 502-1

ISBN 4-7536-4039-6 C2043

花色の生理・生化学
―増補版―

安田 齊 著
A5判・296頁・3500円

花色をつくりだすカロチノイド，フラボノイド，アントシアニンなどの色素群についての多くの知見，それらの生合成の研究を花の色と題してまとめた書．
総論／色素の化学／色素の生合成／花色変異の機構／花色の遺伝生化学

植物生長の遺伝と生理

中山 包 著
A5判・240頁・4000円

本書は主に植物の発育・生長の生理の遺伝関係を解説することを主眼とする．
組織培養／種子と発芽／胎生／形態形成の立場から／凋萎／葉と葉色の変異／光合成の立場から／特異の生長型1／特異の生長型2／根系の生長／矮性／腫瘍／倍数体と生長／ヘテロシス／遺伝死

新日本海藻誌
日本産海藻類総覧

吉田忠生 著
B5判・1248頁・46000円

本書は古典的名著である，岡村金太郎著「日本海藻誌」(1936)をあらたに全面的に書き下ろしたものである．「海藻誌」以来約60年の研究の進歩を要約し，日本産として報告のある海藻1400種について詳述する．
〔収録〕緑藻綱14目25科，褐藻綱13目35科，紅藻綱16目50科

淡水藻類入門
淡水藻類の形質・種類・観察と研究

山岸高旺 著
B5判・700頁・25000円

極めて多様な淡水藻類の世界を形質，種類で総合的に分類するとともに，多くの第一線の研究者が参加し，具体的な観察方法などを丁寧に述べる．初心者から専門家，研究者まで必携の書．
淡水藻類の形質／淡水藻類の種類／淡水藻類の観察と研究

原生生物の世界
細菌，藻類，菌類と原生動物の分類

丸山 晃 著　丸山雪江 絵
B5判・440頁・28000円

細菌・藻類・菌類と原生動物の分類という壮大な世界を一巻に収めた類例のない書．生物界全体を概観した後，生命の歴史，その分類の歴史をたどり，形と機能から生物を段階的に区分する．
生物群の概説／生命の歴史／分類の歴史／形と機能を分ける／生物を分ける／生物界を再編する

内田老鶴圃　　価格はすべて税抜きです．